计算机基础课程系列教材

Visual Basic .NET 程序设计教程

第2版

郑阿奇 彭作民 主编
崔海源 徐卫军 等编著

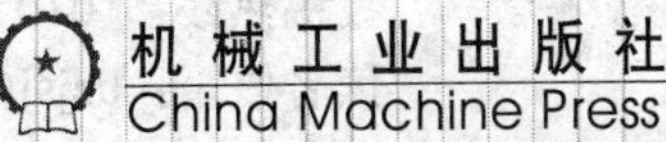

机械工业出版社
China Machine Press

本书以Visual Basic .NET 2008为平台，分别介绍Visual Basic .NET 2008开发环境，Visual Basic语言编程基础，窗体和常用控件，菜单、工具栏和状态条，面向对象程序设计，多重窗体和多文档界面，图形图像应用，数据文件，数据库应用等，比较系统地介绍了Visual Basic .NET 2008开发和应用方法。全书分三部分，第一部分是教程，第二部分为实验，第三部分是课程设计。为了方便教学，本书配有PPT和配套的应用程序实例。阅读本书，认真完成实验指导和课程设计，就能在较短的时间内基本掌握Visual Basic .NET 2008及其应用技术。

本书可作为高等学校有关专业程序设计课程的教材，也可以供Visual Basic .NET 2008软件开发人员参考。

图书在版编目（CIP）数据

Visual Basic .NET程序设计教程 / 郑阿奇，彭作民主编. —2版. —北京：机械工业出版社，2011.1
（计算机基础课程系列教材）

ISBN 978-7-111-32630-4

Ⅰ. V…　Ⅱ. ① 郑…　② 彭…　Ⅲ. BASIC语言－程序设计－高等学校－教材　Ⅳ. TP312

中国版本图书馆CIP数据核字（2010）第230780号

机械工业出版社（北京市西城区百万庄大街22号　邮政编码　100037）
责任编辑：刘立卿
三河市明辉印装有限公司印刷
2011年1月第2版第1次印刷
185mm × 260mm · 21.5印张
标准书号：ISBN 978-7-111-32630-4
定价：36.5元

凡购本书，如有缺页、倒页、脱页，由本社发行部调换
客服热线：（010）88378991；88361066
购书热线：（010）68326294；88379649；68995259
投稿热线：（010）88379604
读者信箱：hzjsj@hzbook.com

前 言

Visual Basic是当今流行的编程语言，用Visual Basic .NET解决应用问题简单方便。Visual Basic .NET 2008作为Visual Studio .NET 2008的重要组成部分，是目前备受推崇的应用程序开发平台。

本书系统介绍Visual Basic .NET 2008，分为三个部分。第一部分是Visual Basic .NET 2008教程，每章后面有习题；第二部分为实验；第三部分为课程设计，内容为开发学生成绩管理系统，综合应用Visual Basic .NET解决问题。

第一部分的内容安排有如下特点：

1）首先介绍Visual Basic .NET开发环境、.NET框架，然后通过简单程序实例介绍开发过程，并且对简单程序实例进行分析，方便学生深入理解。

2）第2～4章是Visual Basic语言编程基础，由于有第1章的简单程序实例介绍，这里的实例表达比较简单。每一章的后面有小的综合实例，以帮助消化此前介绍的内容。

3）第5～6章的窗体和常用控件及菜单、工具栏和状态条是用Visual Basic .NET开发的基本内容，通过综合实例介绍Visual Basic .NET解决基本应用问题的方法。

4）第7章面向对象程序设计进一步介绍Visual Basic语言编程方法。

5）第8章和第9章介绍多重窗体和多文档界面、图形图像应用，通过综合实例消化本章内容。

6）第10章和第11章介绍数据文件和数据库应用。在介绍数据库应用前，还有知识准备，所以学习起来比较轻松。

本书配有教学课件和配套的应用程序实例，需要者可以到华章网站www.hzbook.com免费下载。

实际上，本教程不仅适合教学，也非常适合Visual Basic .NET 2008的各类培训和应用程序开发人员学习和参考。阅读本书，并结合实验进行练习，就能在较短的时间内基本掌握Visual Basic .NET 2008及其应用技术。

本书主要由南京师范大学彭作民、崔海源、徐卫军编写，南京师范大学郑阿奇对全书进行统编、定稿。本书的作者还包括梁敬东、顾韵华、丁有和、朱毅华、时跃华、赵青松、王燕平、汤玫、刘毅等，刘建、刘中、郑进、李莉等其他很多同志对本书的编写提供了帮助，在此一并表示感谢!

由于作者水平有限，不当之处在所难免，恳请读者批评指正。

编 者

2010年10月

目　录

第二部分 实验

第三部分 课程设计

第一部分 教 程

第1章 VB.NET 2008起步

微软公司在2000年推出了.NET战略，它是微软面向互联网时代构筑的新一代平台，是微软在21世纪初的一个重大战略步骤。为了实现.NET 技术，微软公司开发了一整套工具组件，这些组件被集成到Visual Studio（简称VS）开发环境中，在VS环境中可以开发运行新的.NET平台上的应用程序。VS是基于.NET框架重新设计的集成开发环境，而VB.NET就是它的一个组成部分。在VS中，除了包括VB.NET开发工具之外，还包括Visual C#.NET、Visual J# .NET、Visual C++.NET、ASP.NET等开发工具。VB.NET是在VB 6.0的基础之上产生的，它的语法与VB基本相同，但是它具有很多新的特性，这些特性大大增强了VB的性能，而且使用起来更加方便。本书介绍VB.NET 2008，简称VB.NET。

1.1 VS 2008软硬件要求

通常，可以通过两种方式来开发VB.NET应用程序，一种是直接利用.NET框架SDK（Software Developer's Kit），这种方式不需要IDE及其附带的各种集成工具，对于习惯在文本编辑器中工作的人，或者具有ASP、Unix、Open、VMS编程背景的人，可选择这种方式。另一种是使用集成开发环境IDE（Integrated Development Environment），即VS.NET，对于大多数程序员，特别是习惯于VB应用程序开发的人，IDE是理想的选择。

VS.NET功能强大，对硬件和软件有较高的需求。

1. 硬件需求

VS.NET 2008必须安装在本地驱动器上，它对硬件的具体要求见表1-1。

表1-1 VS.NET 2008对硬件的需求

硬件类型	需 求
处理器（CPU）	最低要求：1.6 GHz；建议配置：2.2 GHz 或更快的CPU
内存（RAM）	最低要求：384 MB RAM；建议配置：1024 MB 或更大容量的RAM
硬盘空间	最低要求：5400 RPM硬盘；建议配置：7200 RPM 或更高转速的硬盘
显示器	最低要求：1024×768显示器；建议配置：1280×1024显示器
CD-ROM	应配置CD-ROM或DVD-ROM以便从光盘进行安装

注：在Windows Vista 上的最低要求是2.4 GHz CPU、768 MB RAM。

2. 软件需求

安装VS.NET 2008软件的要求主要是针对操作系统，所支持的操作系统有：

- Microsoft Windows XP。
- Microsoft Windows Server 2003。
- Windows Vista。

1.2 VS 2008集成开发环境

VS 2008集成开发环境与以前的VB、VC等开发环境有很大的区别。以前的VB、VC等IDE都是各自独立的，而VS 2008集成开发环境将VB.NET、VC.NET、VC#.NET、VJ#.NET等多种开发语言统一到一个集成开发环境中，给用户以统一的界面，从而为使用多种语言带来了方便，提高了开发效率。

1.2.1 启动和退出VB.NET 2008

因为VB.NET是集成在VS中的，为了使用VB.NET开发应用程序，就必须启动VS。因此，启动VS实际上就启动了VB.NET。对于开发环境（IDE）来讲，没有VB.NET开发环境，只有VS开发环境。

当开机进入Windows操作系统后，可以用多种方法启动VS 2008。

方法一：从“开始”菜单启动。单击“开始 \ 所有程序 \ Microsoft Visual Studio 2008 \ Microsoft Visual Studio 2008”菜单项即可启动VS 2008集成开发环境。

方法二：直接执行“文件”启动。打开资源管理器，进入VS 2008启动程序的安装目录。一般情况下，安装目录位于“C:\ Program Files\Microsoft Visual Studio 9.0\Common7\IDE”。双击该目录中的devenv.exe文件即可启动VS.NET集成开发环境。

启动后，将显示“起始页”，如图1-1所示，在“起始页”中，允许用户打开或新建项目。若要打开已有项目，可单击最近的项目列表中的某个项目名称；也可以依次单击菜单“文件”→“打开”→“项目/解决方案”，在弹出的“打开项目”对话框中选择要打开的项目，如图1-2所示。

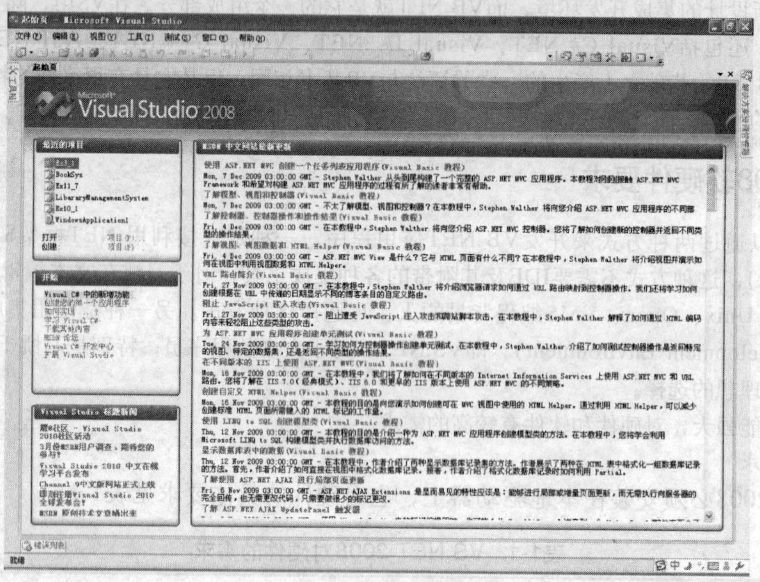

图1-1　VS 2008起始页

若要新建项目，可单击“新建项目”，将弹出“新建项目”对话框，如图1-3所示。首先，在“项目类型”栏中选择要建立的项目类型，然后在右侧的“模板”栏中选择某个模板类型，选择模板后，在“名称”栏中输入项目的名称，在“位置”栏中输入保存项目的路径，在“解决方案名称”栏中输入解决方案的名称，单击“确定”按钮即可进入项目集成开发环境。新建立的项目都放在设定的解决方案中，一个解决方案可以含有一个或多个项目。默认情况下，解决方案的名字与项目名称相同，而且存放项目和解决方案的文件夹名就是项目名称。如果要将新建的项目添入当前打开的解决方案中，在“解决方案名称”栏中选择“添入解决方案”选项，单击“确定”按钮后，则将把新建立的项目添加到打开的解决方案中，如图1-4所示。

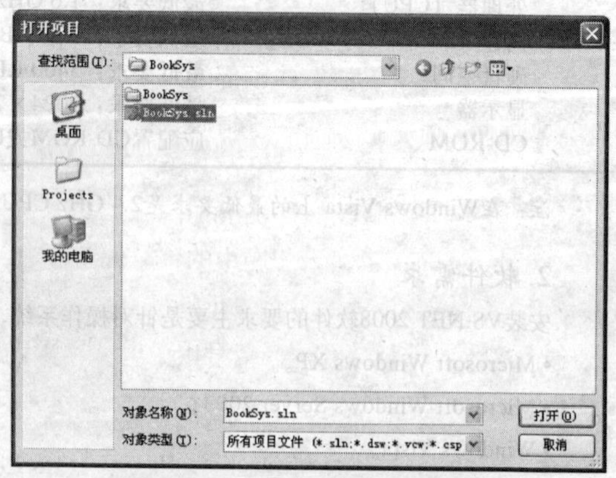

图1-2　“打开项目”对话框

当正确地选择项目类型和模板后，将进入VB.NET 2008开发环境，如图1-5所示。从图中可以看出，屏幕被分成若干部分，包括标题栏、菜单栏、工具栏、窗体设计器窗口、工具箱窗口、解决方案资源管理器窗口、属性窗口、输出窗口等。这些部分的使用将在下面的各节中逐一介绍。

若要退出VB.NET开发环境，可以单击“文件”菜单中的“退出”子菜单，或者关闭VB.NET窗口。

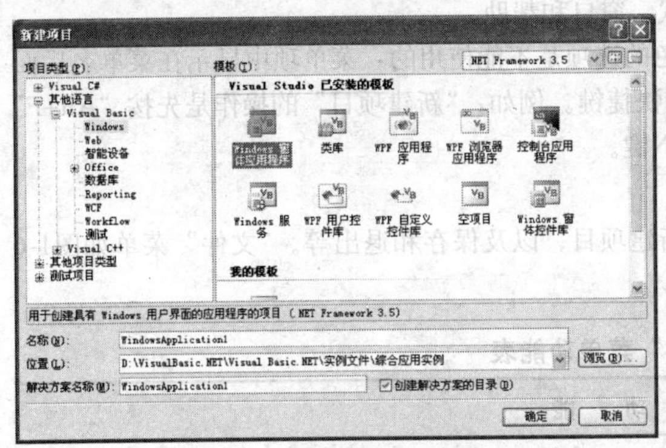

图1-3 “新建项目”对话框

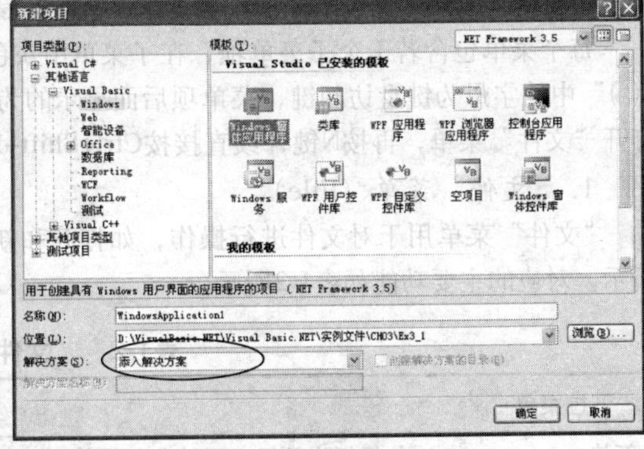

图1-4 添入解决方案

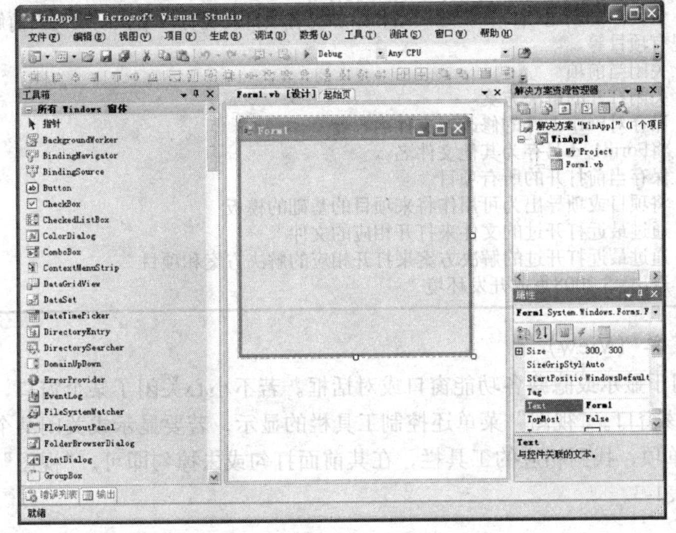

图1-5 VB.NET 2008开发环境

1.2.2 标题栏

标题栏是VS 2008窗口顶部的水平条，它显示的是应用程序的名字。默认情况下，用户建立一个新项目后，标题栏显示的是如下信息：

```
WindowsApplication1 - Microsoft Visual Studio
```

其中，“WindowsApplication1”代表解决方案名称。随着工作状态的变化，标题中的信息也随之改变。当处于调试状态时，标题中的信息如下：

```
WindowsApplication1（正在调试） - Microsoft Visual Studio
```

在上面的标题信息中，括号中的“正在调试”表明当前的工作状态处于“调试阶段”。当处于运行状态时，该括号中的信息为“正在运行”，表明当前的工作状态处于“运行阶段”。

1.2.3 菜单栏

在标题栏的下面是集成环境的主菜单。菜单是VB.NET开发环境的重要组成部分，开发者要完成的主要功能都是通过菜单或通过与菜单对应的工具栏按钮和快捷键来实现的。在不同的状态下，菜单栏中的菜单项的个数是不一样的，例如，启动VB.NET后，建立项目前（即在“起始页”状态下），菜单栏中有7个菜单项，即文件、编辑、视图、工具、测试、窗口和帮助。而当建立或打开项目后，如果当前活动的窗口是窗体设计器，则菜单栏中有12个菜单项，即文件、编辑、视图、项目、生成、调试、数据、格式、工具、测试、窗口和帮助；如果当前活动的窗口是代码窗口，则菜单栏中有11个菜单项，即文件、编辑、视图、项目、生成、调试、数据、工具、测试、窗口和帮助。

每个菜单包含若干个子菜单项，在子菜单中灰色的选项是不能使用的；菜单项中显示在菜单名后面“( )”中的字母为键盘访问键，菜单项后面显示的为快捷键。例如，“新建项目”的操作是先按“Alt+F”打开“文件”菜单，再按N键，或直接按Ctrl+Shift+N键。

1.“文件”菜单（File）

“文件”菜单用于对文件进行操作，如打开和新建项目，以及保存和退出等。“文件”菜单如图1-6所示，对应的主要功能如表1-2所示。

表1-2 “文件”菜单功能表

下拉菜单	功 能
新建	包括新建项目、网站和文件等
打开	包括打开项目\解决方案、网站和文件等
添加	包括添加新建项目、新建网站和添加现有项目及现有网站，以及向当前解决方案添加新项目或现有项目等
关闭	关闭当前项
关闭解决方案	关闭打开的解决方案
保存Form1.vb	保存对Form1.vb的修改，文件名不变
Form1.vb另存为	将Form1.vb另存为其他文件名
全部保存	保存当前打开的所有项目
导出模板	将项目或项导出为可用作将来项目的基础的模板
最近的文件	通过最近打开过的文件来打开相应的文件
最近的项目	通过最近打开过的解决方案来打开相应的解决方案和项目
退出	退出VS 2008集成开发环境

2.“视图”菜单（View）

“视图”菜单用于显示或隐藏各功能窗口或对话框。若不小心关闭了某个窗口，可以通过选择“视图”菜单项来显示该窗口。“视图”菜单还控制工具栏的显示，若要显示或关闭某个工具栏，只需点击“视图/工具栏”菜单项，找到相应的工具栏，在其前面打勾或去掉勾即可。“视图”菜单如图1-7所示，对应的主要功能见表1-3。

表1-3 “视图”菜单功能表

下拉菜单	功 能
服务器资源管理器	打开服务器资源管理器窗口
解决方案资源管理器	打开解决方案资源管理器窗口
类视图	打开类视图窗口
代码定义窗口	显示活动项目中存储或引用的代码文件中的符号定义
对象浏览器	打开对象浏览器窗口
属性窗口	打开用户控件的属性页
工具箱	打开工具箱窗口
其他窗口	打开命令、Web浏览器、起始页等其他窗口
工具栏	打开或关闭各种快捷工具栏

3.“项目”菜单（Project）

“项目”菜单主要用于向程序中添加或移除各种元素，如窗体、模块、组件、类等。“项目”菜单如图1-8所示，菜单中的一般功能使用较简单，有两个重要功能见表1-4。

4.“格式”菜单（Format）

“格式”菜单用于设计阶段窗体上各个控件的布局。利用它可以对所选定的对象调整格式，在设计多个对象时用来使界面整齐及进行统一操作。“格式”菜单如图1-9所示，主要功能见表1-5。

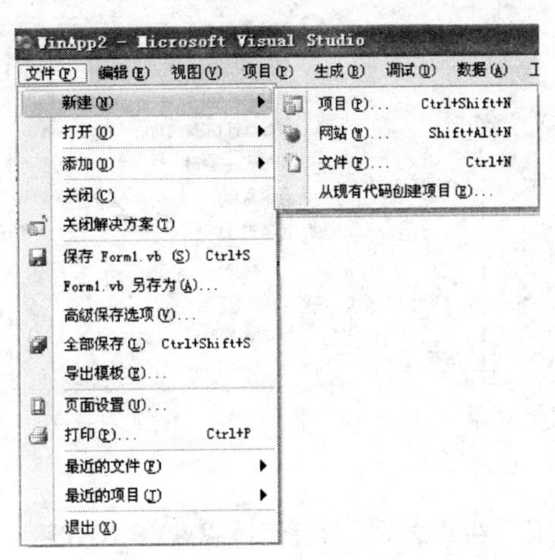

图1-6 “文件”菜单

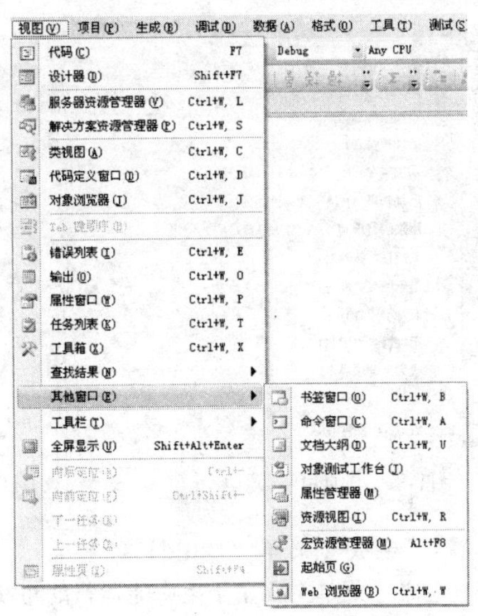

图1-7 “视图”菜单

表1-4 “项目”菜单功能表

下拉菜单	功 能
添加Windows窗体	向项目中添加新窗体
添加服务引用	添加一个Web服务引用或添加WCF服务引用

5. “调试”菜单（Debug）

“调试”菜单用于选择不同的调试程序的方法，如逐语句、监视窗口、设断点等。“调试”菜单如图1-10所示，对应的主要功能见表1-6。

表1-5 “格式”菜单功能表

下拉菜单	功 能
对齐	所有选中的对象对齐
使大小相同	所有选中的对象按宽或高统一尺寸
水平间距	对所有选中的对象的水平间距统一调整
垂直间距	对所有选中的对象的垂直间距统一调整
在窗体中居中	对象在窗体中居中对齐
顺序	对象按前、后顺序放置
锁定控件	使所选中的控件锁定，不能调整位置

表1-6 “调试”菜单功能表

下拉菜单	功 能
启动调试	以调试模式运行
开始执行（不调试）	不调试，直接运行
逐语句	一句一句运行
逐过程	一个过程一个过程运行
新建断点	用于设置新断点
删除所有断点	清除所有已设置的断点

6. “工具”菜单（Tools）

“工具”菜单用于选择设计工程时的一些工具，例如，可用来添加/删除工具箱项、连接数据库、连接服务器等。“工具”菜单如图1-11所示。

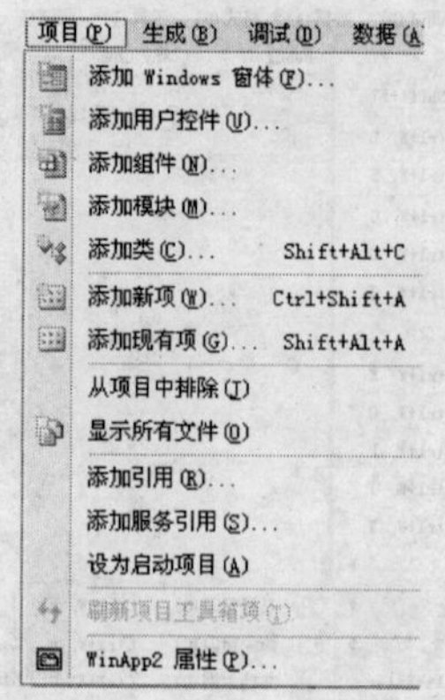

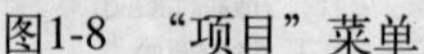

图1-8 “项目”菜单

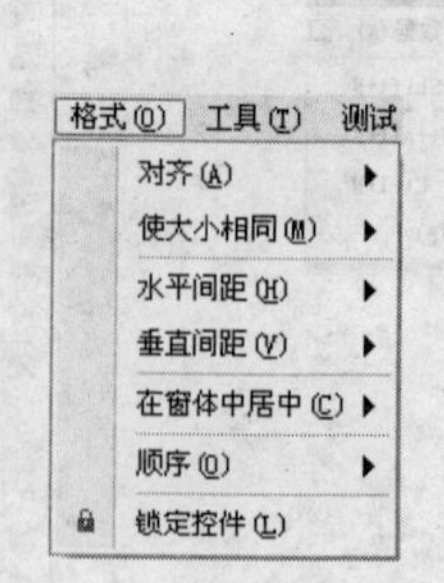

图1-9 “格式”菜单

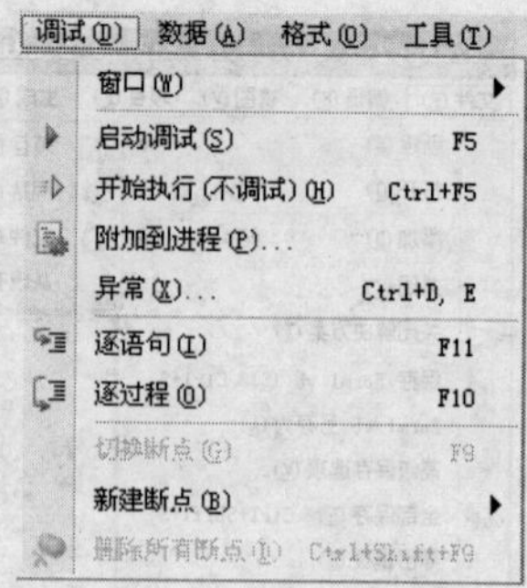

图1-10 “调试”菜单

7. “生成”菜单（Build）

“生成”菜单主要用于生成能运行的可执行程序文件。生成之后的程序可以脱离VB.NET环境独立运行，也可以用于发布程序。

8. “帮助”菜单（Help）

学会使用帮助是学习和掌握VB.NET的捷径。VB.NET可以通过内容、索引和搜索的方法寻求帮助，“帮助”菜单如图1-12所示。

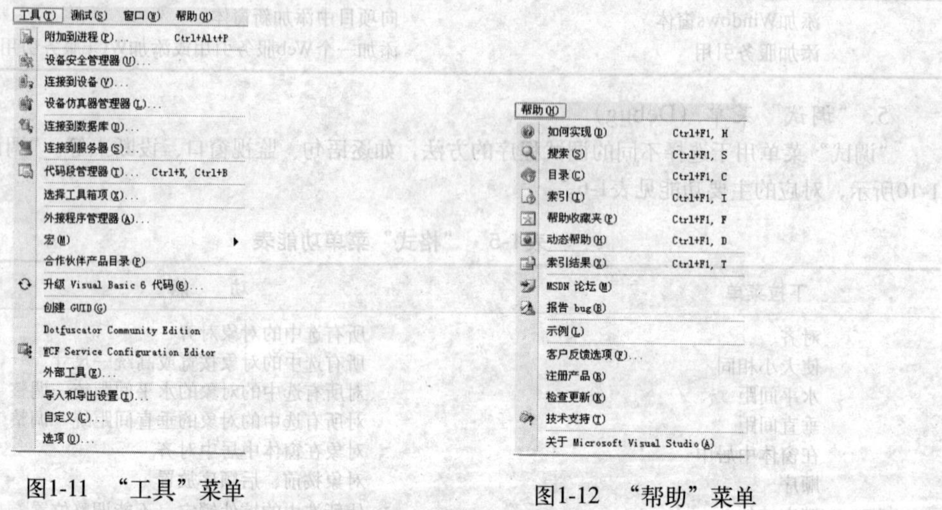

图1-11 “工具”菜单

图1-12 “帮助”菜单

9. 其他菜单

菜单栏中还有“编辑”和“窗口”菜单，这些菜单中的功能与其他Windows程序基本相同，在此不再详细介绍。

另外，除了菜单栏中的菜单外，若在不同的窗口中单击鼠标右键，可以得到相应的专用快捷菜单，也称为上下文菜单或弹出菜单。

1.2.4 工具栏

工具栏是在编程环境下提供的对常用命令的快速访问。单击工具栏上的按钮，则执行该按钮所代表的操作。VB.NET提供了多种工具栏，并可根据需要定义用户自己的工具栏。默认情况下，VB.NET中只显示标准工具栏和文本编辑器工具栏，其他工具栏可以通过“视图”菜单中的“工具栏”命令打开（或关闭）。每种工具栏都有固定和浮动两种形式，把鼠标光标移到固定形式工具栏中没有图标的地方，按住左键向下拖动鼠标，即可把工具栏变为浮动的，而如果双击浮动工具栏的标题，则可将其变为固定工具栏。

默认的工具栏如图1-13所示，这是启动VB.NET之后显示的“标准”工具栏，当鼠标停留在工具栏按钮上时可显示出该按钮的功能提示。工具栏中的按钮的作用见表1-7。

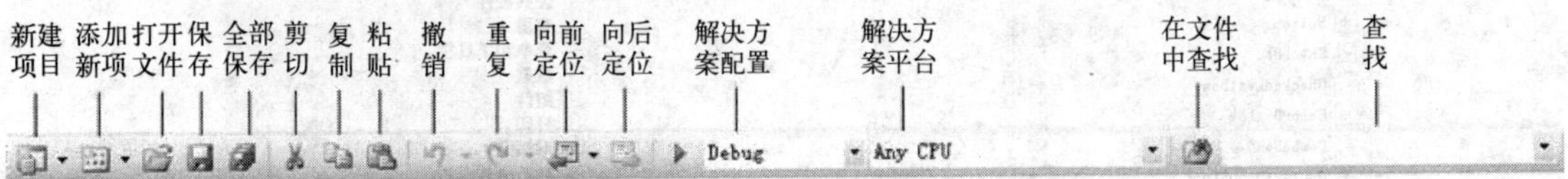

图1-13 工具栏按钮

表1-7 工具栏

工具栏按钮名称	作 用
新建项目	相当于“文件”菜单中“新建”菜单项
添加新项	包括添加Windows窗体、用户控件、组件、模块、类和现有项等
打开文件	相当于“文件”菜单中“打开\文件”菜单项
保存	相当于“文件”菜单中“保存…”菜单项
全部保存	相当于“文件”菜单中“全部保存”菜单项
剪切、复制、粘贴、查找、撤销、重复	相当于“编辑”菜单中“剪切”、“复制”、“粘贴”、“查找”、“撤销”、“重复”菜单项
启动	相当于“调试”菜单中“启动调试”菜单项

1.2.5 控件箱

控件箱也称为工具箱（Toolbox）。它提供了一组控件，用户设计界面时可以从中选择所需的控件放入窗体中。工具箱位于屏幕的左侧，默认情况下是自动隐藏的，当鼠标接近工具箱敏感区域时，工具箱会自动弹开，如图1-14所示，当鼠标离开时又会自动隐藏。

从图1-14可以看出，工具箱是由众多控件组成的。为便于管理，VB.NET将常用的控件分别放在“所有Windows窗体”、“公共控件”、“容器”、“菜单和工具栏”、“数据”、“组件”、“打印”、“对话框”、“WPF互操作性”、“报表”、“Visual Basic PowerPacks”、“常规”12个选项卡中，如图1-15所示，比如，在“所有Windows窗体”选项卡中，存放了常用的命令按钮、标签、文本框等控件。12个选项卡中存放的内容在表1-8中说明。

表1-8 工具箱

选项卡名称	内容说明
所有Windows 窗体	存放Windows程序界面设计所有的控件
公共控件	存放常用的控件
容器	存放容器类的控件
菜单和工具栏	存放菜单和工具栏的控件
数据	存放操作数据库的控件
组件	存放系统提供的组件
打印	存放打印相关的控件
WPF互操作性	存放WPF相关的控件
对话框	存放各种对话框控件
报表	存放Crystal Reports报表控件
Visual Basic PowerPacks	存放Visual Basic PowerPacks相关控件
常规	保存了用户常用的控件，包括自定义控件

选项卡中的控件不是一成不变的，可以根据需要增加或删除。在“工具箱”窗口中单击鼠标右键，在弹出的菜单中选择“选择项”，会弹出一个包含所有可选控件的“选择工具箱”对话框，通过勾选或取消勾选其中的各控件，即可添加或删除选项卡中的控件。

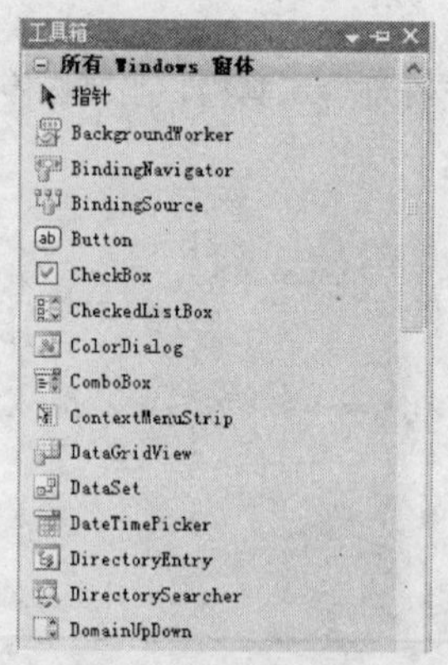

图1-14　控件工具箱

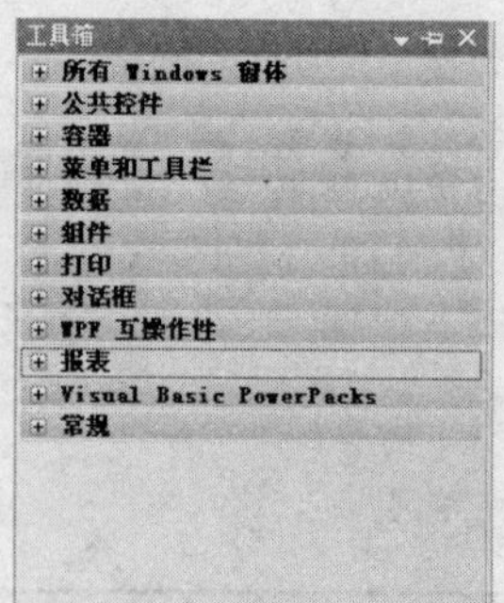

图1-15　工具箱选项卡

1.2.6 窗口

在前面提到过几个窗口，包括“解决方案资源管理器”、“属性”、“窗体设计器”窗口。集成开发环境中显示的窗口可由用户通过“视图”菜单来设置。

1.“窗体设计器”窗口

“窗体设计器”窗口简称窗体（Form），是用户自定义窗口，用来设计应用程序的界面，它对应的是程序运行的最终结果。各种图形、图像、数据等都是通过窗体或其中的控件显示出来的。“窗体设计器”窗口如图1-5所示，设计器窗口的标题是“Form1.vb [设计]”。

在程序窗体的左上角是窗体的标题（如图1-5中的“Form1”），右上角有三个图标，分别为“最小化”、“还原”和“关闭”。建立一个新的项目后，系统将自动建立一个窗体，其默认名称和标题为Form1。

在设计应用程序时，用户根据需要，从工具箱中选择所需要的工具（控件），然后在窗体的工作区中画出相应的控件对象，这样就完成了窗体的界面设计。

2.“解决方案资源管理器”窗口

“解决方案资源管理器”窗口位于窗体设计器的右边，它是用来列出当前解决方案中所有项目的，如图1-16所示。“解决方案”相当于以前VB中的“工程组”，不同的是，“工程组”中只能含有Visual Basic项目，而“解决方案”中可以包含不同语言的项目。

利用解决方案资源管理器可以方便地组织需要开发的项目、文件，配置应用程序或组件。在“解决方案资源管理器”窗口中，以树型结构显示了解决方案及其项目的层次结构，可以方便地打开、修改、管理其中的对象，这些对象都是以文件的形式保存在磁盘中的，其中常用的有下列三种：

（1）解决方案文件

解决方案文件以.sln为扩展名，相当于VB 6.0中的工程组（.vbp）文件。在建立一个新项目时，默认的解决方案文件名与项目文件同名，当然可以修改为其他的名字，解决方案名称通常显示在VB.NET的标题栏中。一个解决方案可以由多个项目构成，在“解决方案资源管理器”窗口中，解决方案名后的括号中的数字表示解决方案中项目的数量。

（2）项目文件

项目文件以.vbproj为扩展名，每个项目对应一个项目文件，从图1-17中可以看出，项目的名称是WinApp1，其存盘文件名即为WinApp1.vbproj，解决方案的存盘文件名默认为WinApp1.sln。项目通常由引用和代码模块组成，其中引用含有项目运行时所需的程序集（Assembly）或组件，如.NET程序集、COM组件或其他项。图1-17显示的是建立新项目时系统添加的引用内容。

（3）代码模块文件

代码模块文件以.vb为扩展名，在VB.NET中，所有包含代码的源文件都以.vb为扩展名。因此，窗体模块、类模块、其他代码模块在存盘时，扩展名都是.vb，只是主文件名不同而已。

图1-16　“解决方案资源管理器”窗口

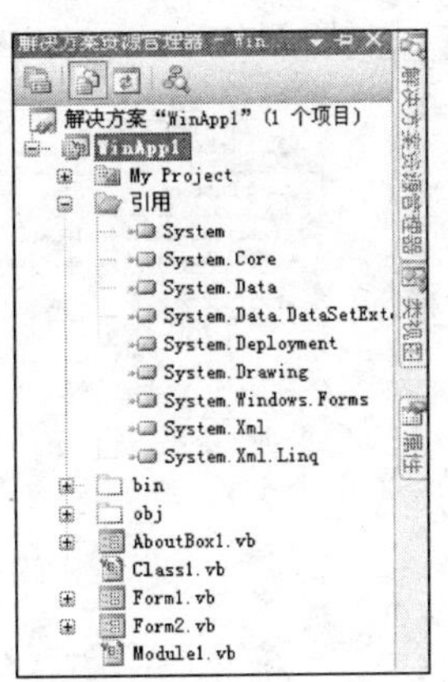

图1-17　系统添加的引用内容

3．“属性”窗口

“属性”窗口位于解决方案资源管理器的下方，用于列出当前选定窗体和控件的属性设置，属性即对象的特征。如图1-18所示是名称为“Form1”的窗体对象的属性。

属性显示方式可以有两种，图1-18是按“分类顺序”排列各个属性，图1-19是按“字母顺序”排列各个属性，在“属性”窗口的上部有一个工具栏（见图1-19），用户可以通过单击其中相应的工具按钮来选择显示方式。“属性”窗口中的“标题栏”用于显示对象名，“属性值”是属性名对应的设置值，“属性说明”用于说明该属性的用途。类和命名空间位于“属性”窗口的顶部，其下拉列表中的内容为应用程序中每个类的名字及类所在的命名空间。启动VB.NET后，类和命名空间中只有窗体的信息。随着窗体中控件的增加，将把这些对象的有关信息加入到命名空间框的下拉列表中。

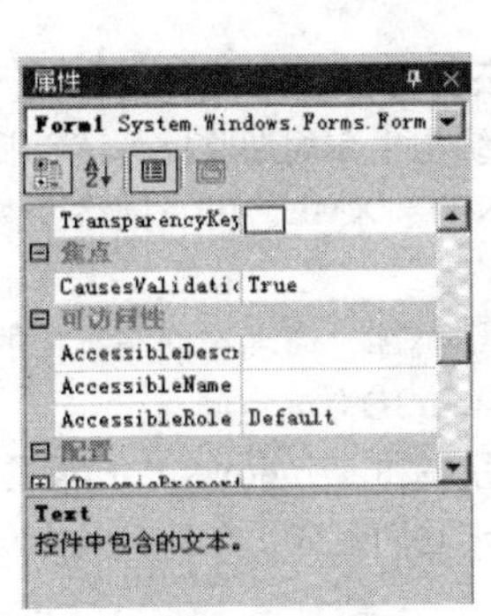

图1-18　“属性”窗口

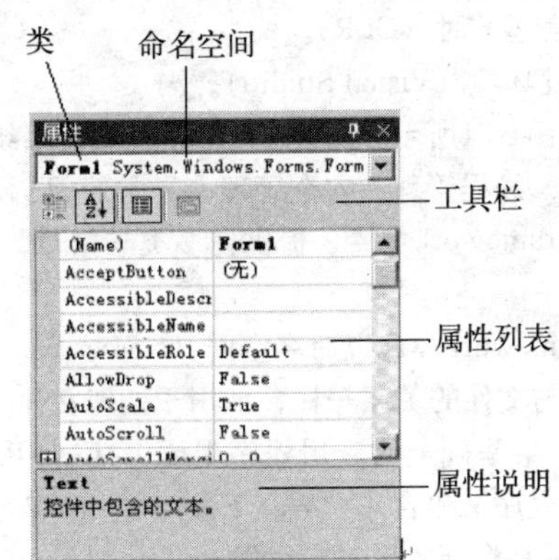

图1-19　属性工具栏

4．“代码”窗口

“代码”窗口与“窗体设计器”窗口在同一位置，但被分别放在不同的标签页中，如图1-20所示，其中Form1窗体的代码窗口的标题是“Form1.vb”。“代码”窗口用于输入应用程序代码，又称为代码编辑器。它包含对象列表框、事件过程列表框和代码编辑框。对象列表框显示和该窗体有关的所有对象的清单，事件过程列表框列出对象列表框中所选对象的全部事件，代码编辑框用于编辑对应事件的程序代码。在图1-20中，“代码”窗口显示的是Form1窗体中Button1对象的Click事件的程序代码。程序代码的第一行和最后一行是系统自动生成的，中间部分是用户自己编写的。

除了上述几种窗口外，在集成环境中还有其他一些窗口，包括输出、命令、任务列表等，它们将在以后的有关章节中介绍。

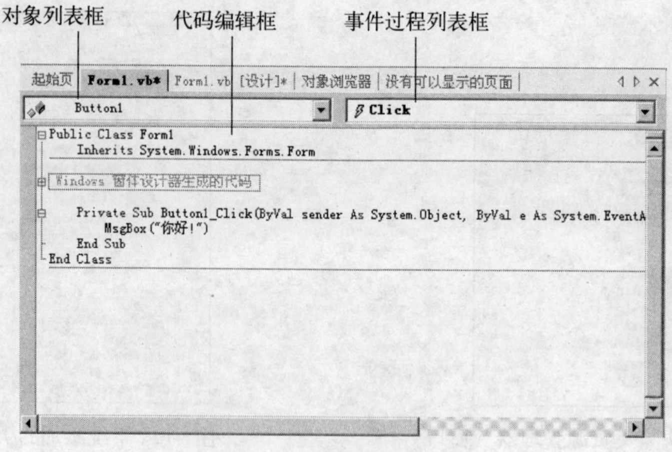

图1-20　“代码”窗口

1.3 .NET框架

.NET框架（.NET FrameWork）是.NET战略的核心。这个框架执行应用程序和Web服务，包括类库（称为.NET框架类库或FCL），提供安全性并提供许多其他编程功能，可以建立.NET应用程序。使用.NET开发的程序需要在.NET框架下才能运行。

.NET框架的体系结构包括5大部分，分别为：

- 程序设计语言及公共语言规范（CLS）。
- 应用程序平台（ASP.NET及Windows应用程序等）。
- ADO.NET及类库。
- 公共语言运行时（CLR）。
- 程序开发环境（Visual Studio）。

其结构如图1-21所示。构建在Windows操作系统之上的是公共语言运行时，其作用是负责执行程序，提供内存管理、线程管理、安全管理、异常处理、通用类型系统与生命周期监控等核心服务。在CLR之上的是.NET Framework类库，提供许多类与接口，包括ADO.NET、XML、IO、网络、调试、安全和多线程等。

.NET Framework类库以命名空间（Namespace）方式来组织类库，命名空间与类库的关系就像文件系统中的目录与文件的关系一样，如用于处理文件的类属于System.IO命名空间。

在.NET框架基础上的应用程序主要包括 ASP.NET 应用程序和 Windows Forms 应用程序，其中ASP.NET应用程序又包含了“Web Forms”和“Web Service”，它们组成了全新的因特网应用程序；而Windows Forms是全新的窗口应用程序。

在.NET框架之上，无论哪种编程语言编写的程序，都被编译成中间语言（IL），IL经过再次编译形成机器码，完成IL到机器码编译任务的是JIT（Just In Time）编译器。上述处理过程如图1-22所示。

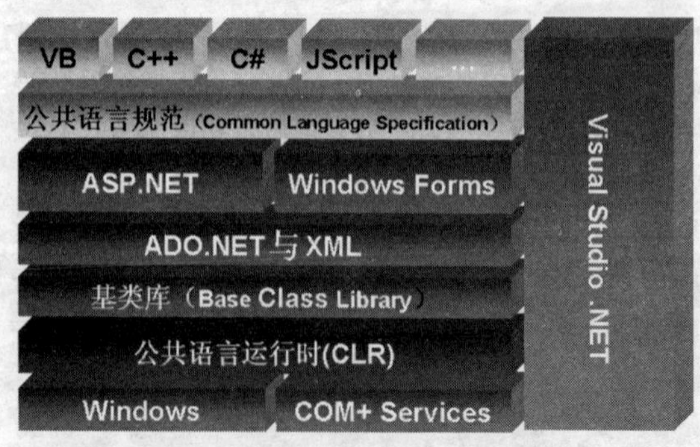

图1-21　.NET框架结构

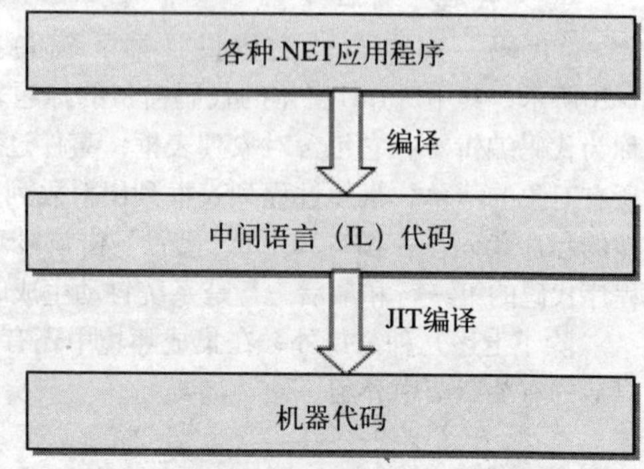

图1-22　.NET应用程序的编译过程

随着.NET技术的不断发展，.NET框架的发展也经历了几个阶段，从早期的.NET FrameWork 1.0、1.1发展到.NET FrameWork 2.0，标示着.NET技术走向成熟，功能更加强大。在2008年，随着微软公司推出Visual Studio 2008开发平台，.NET框架又由2.0更新为3.0和3.5，.NET FrameWork 3.0、3.5是在.NET FrameWork 2.0的基础上进行扩展的，增加了很多新特性，例如WCF、WPF、WF、LINQ和AJAX等，使.NET技术更加强大和成熟。在利用VS 2008进行项目开发的时候，可以根据所要使用的特性选择所采用的.NET框架版本，实现与早期版本的兼容。

1.4 简单程序实例

使用VB.NET编程，一般先设计应用程序的界面，然后再分别编写各对象事件的程序代码或其他处理程序。本节将通过一个简单的实例来介绍如何使用VB.NET创建项目和应用程序。

1.4.1 创建应用程序的主要步骤

下面介绍创建VB.NET应用程序的步骤。

1. 创建应用程序界面

界面是用户和程序交互的桥梁，用VB.NET创建的Windows应用程序的界面一般由窗体、按钮、菜单、文本框和图像框等构成。根据程序的功能要求和用户与程序之间的信息交流的需要来确定需要哪些对象，规划界面的布局。

2. 设置窗体和控件的属性

根据规划的界面要求设置各个窗体和控件对象的属性，比如对象的外貌、名称、颜色、大小等。大多数属性取值既可以在设计时通过“属性”窗口来设置，也可以在程序运行时通过编程来动态地设置或修改。

3. 编写程序代码

VB.NET采用事件驱动的编程机制，大部分程序都是针对窗体中各控件所支持的事件或方法编写的（关于事件驱动的编程机制在第5章介绍），因此当界面设计完成后，就可以通过代码编辑器来编写事件过程代码，以实现对相应事件作出响应、信息处理等任务。

4. 保存应用程序

一个VB.NET程序就是一个项目，在建立一个新的应用程序（项目）时，系统要求用户输入一个项目的名字和存放路径，然后根据用户提供的项目名，在指定的文件夹中建立一个用项目名命名的子文件夹，并在这个子文件夹中保存与应用程序有关的所有文件，包括解决方案文件（.sln）、项目文件（.vbproj）、窗体文件（.vb）等。当打开一个项目（文件）时，该项目有关的所有文件同时被装载。

5. 运行和调试程序

程序设计并保存后，需要运行程序以便发现错误，可以通过“调试”菜单中的“启动”菜单项来运行程序，也可以通过工具栏中的“启动”按钮或F5热键来运行程序。当出现错误时，VB.NET系统将在“输出”窗口的“调试”窗口中显示错误信息。若程序没有错误，运行后将在项目所存放的文件夹中的“bin”子文件夹中，生成应用程序的可执行程序文件（扩展名为.exe），生成的可执行文件是可以脱离VB.NET环境单独运行的。

1.4.2 创建简单程序实例

根据前面叙述的创建VB.NET应用程序的步骤，下面介绍一个简单的应用实例。

【例1.1】 窗体界面由2个标签（Label）、2个文本框（TextBox）和2个命令按钮（Button）组成。在设计时，文本框中为空白。在运行时，输入半径后单击命令按钮“计算”，“圆面积”文本框中会显示面积值，单击命令按钮“退出”，将结束程序运行，运行结果如图1-23所示。

1. 创建应用程序界面

(1) 创建解决方案和项目

启动VB.NET，依次单击菜单“文件”→“新建”→“项目”，在弹出的“新建项目”对话框中选择“Visual Basic/ Windows”项目类型，“模板”选择“Windows窗体应用程序”，然后指定该应用程序的保存路径，确定后系统则新建了一个解决方案（默认名为WindowsApplication1），该解决方案中包含一个VB.NET项目（默认名为WindowsApplication1），该项目中包含一个窗体文件（默认名为Form1.vb），此时屏幕上会出现一个空白窗体。

（2）向窗体中添加控件

对于本例界面，使用工具箱中的标签（Label）、按钮（Button）和文本框（TextBox）三种控件在窗体中进行绘制：将鼠标移到左侧"工具箱"位置，自动弹出"工具箱"窗口，选择其中的"Label"控件对象并将其拖曳到窗体中或者双击此控件，即完成了向窗体中添加一个标签的操作，另外两种控件使用类似的方法即可添加到窗体中。

（3）调整和移动控件

用鼠标单击要调整尺寸的控件，将鼠标指针指向控件右边界或下边界或右下角，当出现尺寸柄时，拖动该尺寸柄直到对象达到所希望的大小。若想移动控件，先单击控件对象，然后移动鼠标即可。如图1-24所示为调整后的标签（Label1、Label2）、文本框（TextBox1、TextBox2）和按钮（Button1、Button2）的界面。

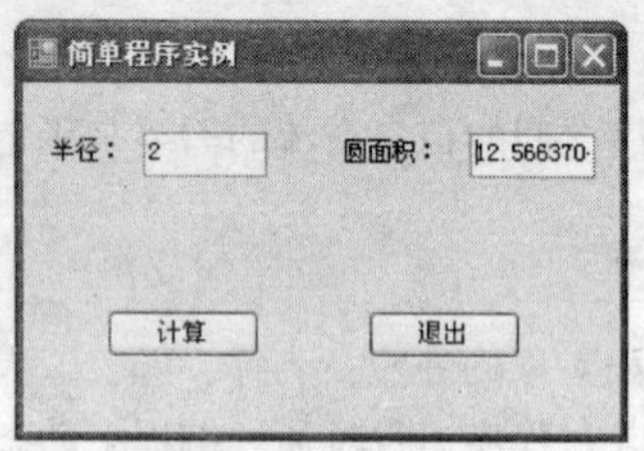

图1-23　运行结果

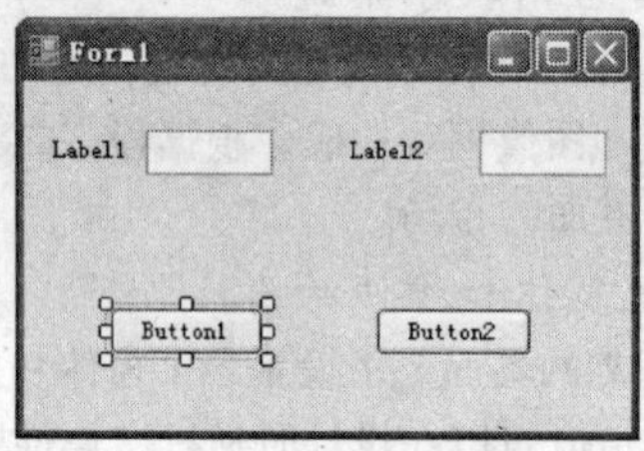

图1-24　调整后的界面

2. 设置窗体和控件的属性

窗体和控件的大小及位置调整好后，就可以通过"属性"窗口给窗体和控件设置属性。单击按钮"Button1"，在"属性"窗口中出现按钮"Button1"的所有属性，在窗口中滚动属性列表，选定属性名"Text"，在右列中输入属性值为"计算"，属性窗口的设置如图1-25所示。同样在"Button2"的属性窗口中，将"Text"属性值设置为"退出"。

单击窗体Form1，在"属性"窗口中，将"Text"属性值"Form1"改为"简单程序实例"。如图1-26所示。

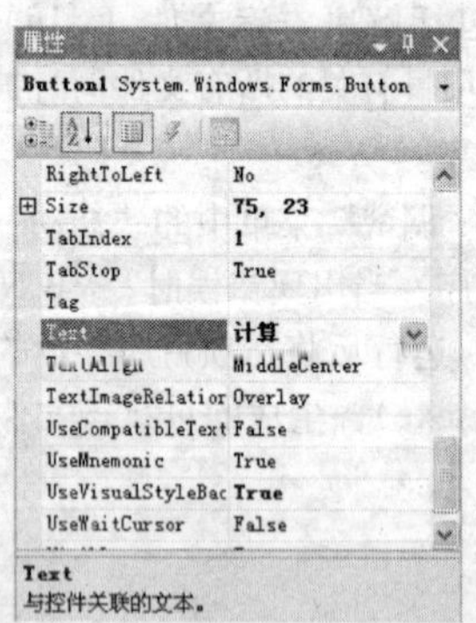

图1-25　"Button1"属性设置

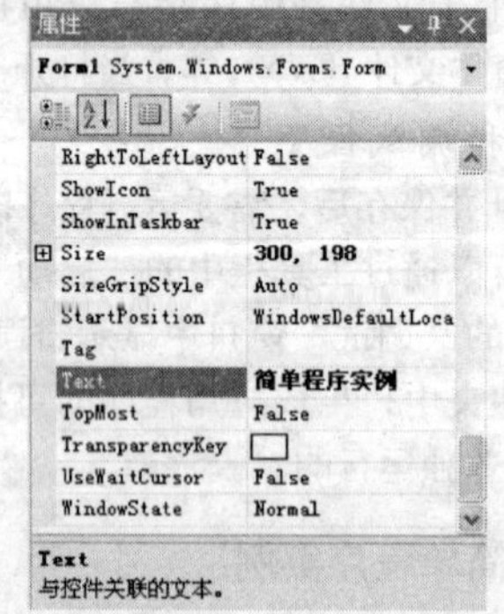

图1-26　"Form1"属性设置

单击标签"Label1"，在"属性"窗口中出现标签"Label1"的所有属性，在窗口中滚动属性列表，选定属性名"Text"，在右列中输入属性值为"半径："。同理，将标签"Label2"的"Text"属性值设置为"圆面积："。

3. 编写程序代码

当窗体和控件的布局及其属性设置完成后，下一步就要编写代码来实现功能了。本例中有两个事件要处理，分别是“计算”和“退出”按钮的鼠标单击事件，VB.NET的集成开发环境能自动生成事件代码的模板，用户只需在生成的模板中添加自己的代码即可。

添加按钮对象“计算”的鼠标单击事件代码有几种方法：

1）双击要编写代码的命令按钮，系统自动打开代码编辑器，并出现如下代码行：

```
Private Sub Button1_Click( ByVal sender As System.Object,ByVal e As System.EventArgs) _
                                         Handles Button1.Click
    ......
End Sub
```

双击时在代码编辑器的过程列表框中出现Click事件，它是该控件的默认事件。

2）从“窗体设计器”窗口中，右击“Form1”窗体，在弹出的快捷菜单中选择“查看代码”项，就打开了代码编辑器。在代码窗口中有对象列表框和过程列表框，要编写的代码是在鼠标单击命令按钮时发生的事件，因此在对象列表框选择Button1，在过程下拉列表中选择Click（单击）事件，选择Click后，在代码窗口中也会自动生成事件代码的模板，如图1-27所示。

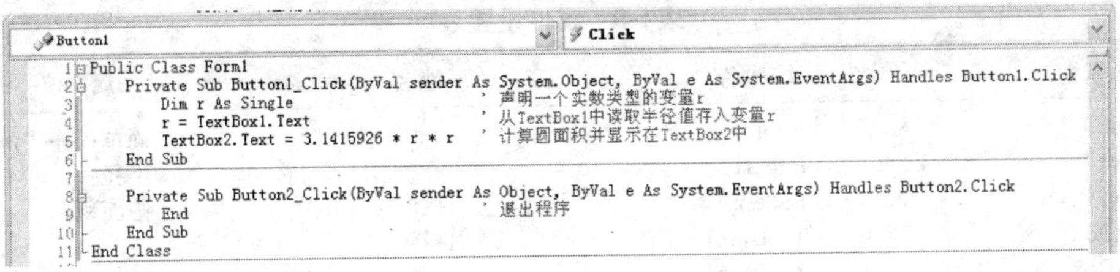

```
Button1                                        Click
Public Class Form1
    Private Sub Button1_Click(ByVal sender As System.Object, ByVal e As System.EventArgs) Handles Button1.Click
        Dim r As Single                          ' 声明一个实数类型的变量r
        r = TextBox1.Text                        ' 从TextBox1中读取半径值存入变量r
        TextBox2.Text = 3.1415926 * r * r        ' 计算圆面积并显示在TextBox2中
    End Sub

    Private Sub Button2_Click(ByVal sender As Object, ByVal e As System.EventArgs) Handles Button2.Click
        End                                      ' 退出程序
    End Sub
End Class
```

图1-27 事件代码

选择Click事件后，即可在 Sub 和 End Sub 语句之间输入下列代码，使单击Button1按钮时，计算圆面积并在TextBox2文本框中显示结果：

```
Private Sub Button1_Click( ByVal sender As System.Object,ByVal e As System.EventArgs) _
                                         Handles Button1.Click
    Dim r As Single                          ' 声明一个实数类型的变量r
    r = TextBox1.Text                        ' 从TextBox1中读取半径值存入变量r
    TextBox2.Text = 3.1415926 * r * r        ' 计算圆面积并显示在TextBox2中
End Sub
```

添加按钮对象“退出”的鼠标单击事件代码与“计算”按钮类似，编写的单击事件代码如下：

```
Private Sub Button2_Click( ByVal sender As System.Object,ByVal e As System.EventArgs) _
                                         Handles Button2.Click
        End                                  ' 退出程序
End Sub
```

4. 保存应用程序

使用“文件”菜单中的“保存”命令或单击工具栏上的“保存”按钮，可以将正在编辑的代码和设计的窗体存盘；若使用“文件”菜单中的“全部保存”命令或单击工具栏上的“全部保存”按钮，则可保存当前项目中的所有文件。

5. 运行和调试程序

运行程序有几种方法：

1）从“调试”菜单中选择“启动调试”命令。

2）单击工具栏中的按钮 ▸ 。

3）按F5键。

运行程序后，即显示用户界面，输入半径后单击命令按钮“计算”(Button1)，“圆面积”文本框中会显示面积值，如图1-23所示，再单击命令按钮“退出”(Button2)，程序即结束运行，窗口被关闭。

1.5 简单程序实例分析

通过上面的简单实例，用户创建了一个简单的VB.NET的应用程序。本例虽然很简单，但它却包含了VB.NET应用程序的完整的设计开发过程及方法。下面对这个例子的设计方法做一个综合分析。

1. 界面设计

首先，根据例1.1中对程序功能的要求，程序界面设计为由一个窗体（Form）对象、2个标签（Label）对象、2个文本框（TextBox）对象和2个命令按钮（Button）对象构成。

2. 控件的设置

其次，需要设置窗体及其中各控件的相关属性，以满足要求。窗体的标题应为“简单程序实例”，因此需将窗体对象（名字为Form1）的“Text”属性值设置为“简单程序实例”；为了表示文本框的含义，分别在2个文本框左侧添加了一个标签控件，利用标签显示的文字来说明其右侧的文本框的含义，标签显示的文字是由其“Text”属性决定的，故分别设置标签Label1和Label2的“Text”属性值为“半径：”和“圆面积：”；在程序界面中还有两个命令按钮（名字分别为Button1、Button2），按钮上显示的文字是由其“Text”属性决定的，故分别设置Button1和Button2的“Text”属性值为“计算”和“退出”。各控件相应的属性设置如表1-9所示。

表1-9　属性设置表

对象	控件名	属性名	属性值
Form	Form1	Text	简单程序实例
Label	Label1	Text	半径：
Label	Label2	Text	圆面积：
TextBox	TextBox1	Text	
TextBox	TextBox1	Text	
Button	Button1	Text	计算
Button	Button2	Text	退出

3. 事件代码

最后，就是要编写实现功能的程序代码。VB.NET的应用程序是以事件驱动模式运行的，程序要实现的功能通常是由对某个事件的响应来完成的。而在VB.NET中，每个控件可以响应的事件很多，应根据需要编写特定事件的响应程序以实现相应的功能。本例中，对“计算”命令按钮（即Button1）的鼠标单击事件（即Click事件）要求编写代码，实现获取输入的半径，并计算圆面积，最后在文本框（TextBox2）中显示面积值。

若要从文本框中获取半径，只需获取文本框的“Text”属性即可，由于通过“Text”属性直接获取的半径值是字符型数据，为了进行面积计算，还需将其转换为实数型数据，这可以通过定义一个实数型变量r，再将直接获取的半径值赋值给变量r，系统会自动将其转换为实数型数据。另外，要在文本框中显示计算结果，只需将要显示的结果赋值给文本框的“Text”属性即可。代码如下：

```
Dim r As Single                          ' 声明一个实数类型的变量r
r = TextBox1.Text                        ' 从TextBox1中读取半径值存入变量r
TextBox2.Text = 3.1415926 * r * r        ' 计算圆面积并显示在TextBox2中
```

在“退出”命令按钮（即Button2）的鼠标单击事件（即Click事件）代码中，语句“End”的作用是关闭窗口，结束程序运行。

在Visual Studio IDE中书写语句时，IDE会对语句的语法进行检查。如果语句书写完毕后，出现绿色的下划波浪线，则说明该语句存在语法错误。将鼠标悬停在带有下划波浪线的语句上，即可查看到错误信息。如果不更正，代码将无法正确地编译。

4. VB.NET语句的书写方式

VB.NET中的语句书写非常灵活，可以一行放入多条语句，语句之间用冒号（:）分隔。如：

```
Dim r As Single : r = TextBox1.Text
TextBox2.Text = 3.1415926 * r * r
```

虽然VB.NET允许一行上写多条语句，但是我们仍然建议最好保持一行一条语句，因为多条语句放在同一行上会使得代码混乱和难以阅读。

但是当语句太长时，也可以一条语句跨多行书写。此时需要使用行继续符在下一行继续该语句。行继续符依次包含一个空格、一个下划线字符（_）和一个回车符。如：

```
Private Sub Button1_Click(ByVal sender As System.Object, ByVal e As System.EventArgs) _
                                                    Handles Button1.Click

    Dim r As Single
    r = TextBox1.Text
    TextBox2.Text = 3.1415926 * r * r
End Sub
```

5. VB.NET中的注释语句

VB.NET程序中还可以添加注释。因为源代码并非始终一目了然，即使对于编写它的程序员来说也是如此。因此，为了帮助说明其代码，大部分程序员大量使用嵌入的注释。代码中的注释可以向以后阅读或使用过程或特定指令的人员进行解释说明。Visual Basic在编译过程中忽略注释，并且注释不影响编译后的代码。

注释行以撇号（'）开头或以REM开头，后跟一个空格。注释可以添加在代码中的任意位置，但不能添加在字符串中。若要将注释追加到某语句，可以在该语句后插入一个撇号或REM，后面添加注释。注释还可以位于单独的行中。如：

```
Dim r As Single                          ' 声明一个实数类型的变量r
r = TextBox1.Text                        REM从TextBox1中读取半径值存入变量r
TextBox2.Text = 3.1415926 * r * r        REM计算圆面积并显示在TextBox2中
```

6. 项目

本例中，当程序保存后，生成的项目保存在指定路径下的“WindowsApplication1”文件夹中，而生成的可执行程序文件“WindowsApplication1.exe”保存在“WindowsApplication1”文件夹中的“bin\Debug”子文件夹中。可以在VB.NET环境中运行程序，也可以脱离VB.NET开发环境，直接运行生成的“WindowsApplication1.exe”程序文件。

1.6 使用帮助

VB.NET的帮助系统是集成在VS帮助系统中的，并以MSDN（Microsoft Developer Network）的形式发行，在安装VS时，应选择安装“安装产品文档”，即可安装帮助系统，否则帮助系统无法使用。

在安装了MSDN的VB.NET系统中，用户可随时通过“帮助”菜单获得帮助。启动了帮助后的画面如图1-28所示。

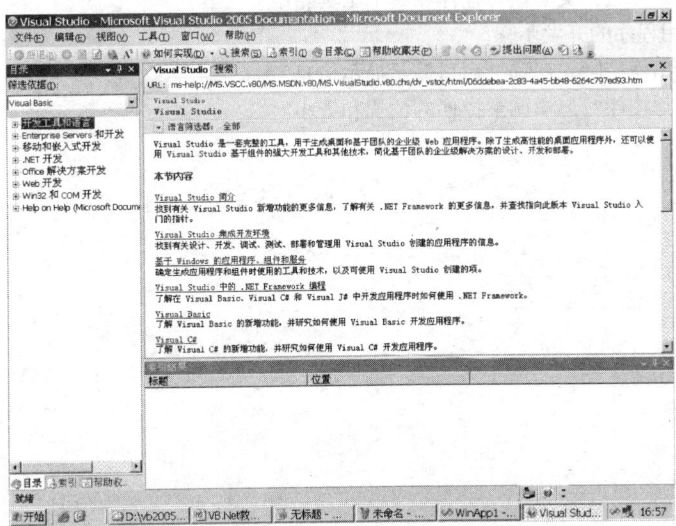

图1-28　VB.NET帮助系统画面

在图1-28中，“筛选依据”列表框用于筛选MSDN帮助内容的某一个子集；“目录”窗口以树型结构显示帮助文档目录，当选择了某个章节，右边的窗口中即显示相应的内容；“索引”窗口中，用户可以在“查找”文本框中输入感兴趣的关键字（如图1-29所示），并在下面的列表框中双击选定的具体项目，右边的“索引结果”窗口中即显示相应的内容，然后再单击“索引结果”窗口中的项目，即可在其上面的窗口中显示相应的帮助内容。

在VB.NET的帮助中，不仅包含了VB.NET语法的详细说明，同时还给出了大量的程序示例，因此它是学习VB.NET的重要工具之一。

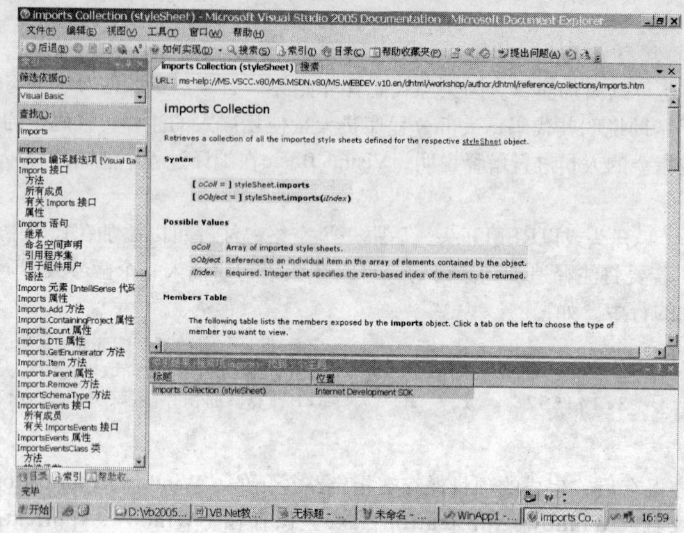

图1-29 使用查找和筛选

习题

1. 安装VB.NET 2008对计算机硬件和软件的要求是什么？
2. VB.NET有哪些特点？
3. 什么是VB.NET解决方案？什么是VB.NET项目？如何新建一个项目？
4. 什么是.NET框架？包括哪些部分？
5. 常用的命令按钮、标签、文本框等控件在哪个工具箱中？
6. 试述VB.NET应用程序的开发步骤。
7. 当调试或生成应用程序时，在哪个窗口显示提示信息？
8. 如何向窗体中添加控件？怎样调整控件的位置和大小？

第2章 编程基础

前一章通过一个简单的程序实例介绍了用VB.NET 2003设计应用程序的一般过程。在VB.NET应用程序中，语句是构成VB.NET程序的最基本成分。所有语句的集合就是VB.NET语言。将VB.NET语句进行有机组合完成某个特定功能就是程序。界面＋程序就能解决某个应用问题。本章介绍构成VB.NET语句的基本元素，包括数据类型、常量、变量、内部函数、运算符、表达式、输入输出语句和控制结构等。

2.1 基本数据类型

在应用程序中总是要处理各种不同的数据，比如设计学生成绩管理系统程序，就要对学生的姓名、性别、年龄、成绩等数据进行处理。这些不同类型的数据，取值范围各异，例如成绩取值是0～100之间的小数，而性别只能取男或女两个值。对于这些不同的数据，应该用不同大小的存储空间进行存储，否则会造成很大的存储空间的浪费。因此，编程语言要规定一些数据类型来存储不同类型的数据，在VB.NET应用程序中，每个变量、常数、属性、过程参数和过程返回值都是具有某种数据类型的。

VB.NET内置了12种基本数据类型，每个类型拥有一个固定名字，表2-1列出了所有的基本数据类型。这12种类型可以分为三大类：字符数据类型、数值数据类型和其他数据类型。下面分别对这三类进行介绍。

表2-1 VB.NET基本数据类型

数据类型	关键字	存储空间（字节）	取值范围
字符型	Char	2	0～65 535（无符号）
变长字符串型	String	取决于实现平台	0～约21亿个Unicode字符
字节型	Byte	1	0～255
短整型	Short	2	−32 768～32 767
整型	Integer	4	−2 147 483 648～2 147 483 647
长整型	Long	8	−9 223 372 036 854 775 808～9 223 372 036 854 775 807
小数型	Decimal	16	当小数位为28的时候，为− 7.922 816 251 426 433 759 354 395 033 5～7.922 816 251 426 433 759 354 395 033 5
单精度浮点型	Single	4	负数范围−3.402 823 E38～−1.401 298 E-45 正数范围 1.401 298 E-45～3.402 823 E38
双精度浮点型	Double	8	负数范围 −1.797 693 134 862 32 E308～− 4.940 656 458 412 47 E-324 正数范围 4.940 656 458 412 47 E-324～1.797 693 134 862 32 E308
布尔型	Boolean	2	True或False
日期型	Date	8	0001年1月1日0:00:00～9999年12月31日23:59:59
对象型	Object	4	任何类型数据都可以存储在Object类型的变量中

2.1.1 字符数据类型

字符数据类型包括字符型（Char）和字符串型（String）两种类型。

1. 字符型（Char）

Char数据类型是单个双字节（16位）Unicode字符，以16位C2个字节，无符号的数值形式存储，一个Unicode字符用2个字节数值存储。

一般来说，Char数据类型用于存储单个字符，如下面代码将字符“A”赋值给chrMyChar变量。

```
Dim chrMyChar As Char
```

```
chrMyChar = "A"
```

采用这种方式，可以将单个符号放入定义为Char类型的变量中，且它以0～65 535之间的数的形式存储，而如果显示Char类型变量内容的话，用户看到的仍然是一个文本符号。

注意：

- Unicode是以数字形式表示符号的国际标准码，它克服了不同编码系统存在的问题。Unicode与语言、平台以及程序无关。在网站www.unicode.org可以了解更多信息。
- 虽然Char数据类型是以无符号的数值形式存储，但是不能直接在Char类型和数值类型之间转换，可以使用AscW和ChrW函数来转换。

2. 字符串型（String）

字符串是一个字符序列，以不带符号的16位（两个字节）数字序列形式存储，每个数字的取值范围是0～65 535，每个数字表示一个Unicode字符。一个字符串可以存储0～2^{31}（约21亿）个Unicode字符。

String类型的字符串放在一对双引号内，其中长度为0的字符串（不含任何字符）称为空字符串。例如，下面的代码将“张三”赋值给strMyName变量，为strMyStr变量赋予一个空字符串，将“2.0”赋值给strMyNumStr变量。

```
Dim  strMyName  As  String
Dim  strMyStr  As  String
Dim  strMyNumStr  As  String
strMyName  =  "张三"
strMyStr  =  ""
strMyNumStr  =  "2.0"
```

2.1.2 数值数据类型

数值数据类型包括字节型（Byte）、短整型（Short）、整型（Integer）、长整型（Long）、小数型（Decimal）、单精度浮点型（Single）和双精度浮点型（Double）7种类型。

1. 字节型（Byte）

字节型是无符号整型的数据类型，以1个字节（8位）来存储，用于存储0～255 ($+2^8-1$)范围的整数。例如，下面的代码将128 赋值给bytMyByte变量：

```
Dim  bytMyByte  As  Byte
bytMyByte  =  128
```

Byte是非常有用的数据类型，字节是计算机的基本存储单元，以字节为单位的处理或算术运算速度较快。

2. 短整型（Short）

短整型是整型数据类型，以两个字节（16位）来存储，用于存储带符号的整数，其可表示的整数范围是−32 768～+32 767，即-2^{15}～$+2^{15}-1$。例如，下面的代码将−20 128赋值给shoMyShort变量：

```
Dim  shoMyShort  As  Short
shoMyShort  = -20128
```

3. 整型（Integer）

整型也用于存储带符号的整数，以4个字节（32位）存储，其可表示的整数范围是−2 147 483 648～+2 147 483 647，即-2^{31}～$+2^{31}-1$。例如，下面的代码将200 012赋值给intMyInteger变量：

```
Dim  intMyInteger  As  Integer
intMyInteger  = 200012
```

4. 长整型（Long）

长整型是以8个字节（64位）来存储带符号的整型数据类型，其可表示的整数范围是−9 223 372 036 854 775 808～+9 223 372 036 854 775 807，即-2^{63}～$+2^{63}-1$。例如，下面的代码将200 012赋值给lngMyLong变量：

```
Dim  lngMyLong  As  Long
lngMyLong  =  200012
```

5. 小数型（Decimal）

小数型是非整型数据类型，用来存储小数，它以16个字节（128位）来存储。当小数位为0时，它所支持的最大可能值为+/−79 228 162 514 264 337 593 543 950 335。对于28位小数而言，最大支持数非常小，为+/−7.922 816 251 426 433 759 354 395 033 5 ，而最小的非0值为+/−0.000 000 000 000 000 000 000 000 000 1（28位小数）。例如，下面的代码将0.000 12赋值给decMyDecimal变量：

```
Dim  decMyDecimal  As  Decimal
decMyDecimal  =  0.00012
```

Decimal数据类型比较适合财务类的计算，即需要记录的数的位数很大，但又不允许出现四舍五入误差。

6. 单精度浮点型（Single）

单精度浮点型是用来存储单精度浮点数的，它以4个字节（32位）来存储，其中符号占1位，指数占8位，其余23位表示尾数。单精度浮点数的范围比Decimal类型的数要大，但可能会导致四舍五入误差。单精度浮点数可以精确到7位十进制数，其负数的取值范围为−3.402 823 E+38～−1.401 298 E−45，其正数的取值范围为1.401 298 E−45～3.402 823 E+38。例如，下面的代码将−1.4E06赋值给sngMySingle变量：

```
Dim  sngMySingle  As  Single
sngMySingle  =  -1.4E06
```

注意：

- 浮点数可以用mmmEeee格式来表示，其中mmm表示尾数部分（有效数字），eee表示指数部分（10的幂）。

7. 双精度浮点型（Double）

双精度浮点型也是用来存储双精度浮点数的，它以8个字节（64位）来存储，其中符号占1位，指数占11位，其余52位表示尾数。双精度浮点数比单精度浮点数支持更大数据范围。双精度浮点数可以精确到15位或16位十进制数，其负数的取值范围为−1.797 693 134 862 32 E+308～−4.940 656 458 412 47 E−324，其正数的取值范围为4.940 656 458 412 47 E−324～1.797 693 134 862 32 E+308。例如，下面的代码将1.400 012 3 E106赋值给dblMyDouble变量：

```
Dim  dblMyDouble  As  Double
dblMyDouble  = 1.4000123E106
```

2.1.3 其他数据类型

其他数据类型包括布尔型（Boolean）、日期型（Date）和对象型（Object）3种类型。

1. 布尔型（Boolean）

布尔型变量以两个字节（16位）的数值形式存储，其值称为逻辑值，它的取值只能是True或False。在VB.NET中，如果将这两个值转换成整数类型，对应的值分别为−1和0。当将布尔值转换为除数字类型之外的其他类型时，False转换为0，True转换为1。当将其他数值类型转换为布尔值时，0转换为False，其他值则转换为True。

布尔变量可用于记录布尔变量的状态，因为一个布尔型变量的状态如果不是True，那肯定就是False。当用户要完成某一任务时（如打开一个窗口），可将变量设置成布尔变量，并通过变量确定具体的执行过程，例如下面的代码根据布尔型变量blnMyBoolean的值确定执行A操作还是B操作：

```
Dim  blnMyBoolean  As  Boolean
blnMyBoolean  =  False
If  blnMyBoolean = False Then
      ' 执行A操作
```

```
Else
      ' 执行B操作
End If
```

注意：

- 永远不要编写依赖True和False的等价数值代码。只要有可能，就应当限定将Boolean变量作为逻辑值使用，而不要用与其等价的数值1或0来使用。

2. 日期型（Date）

日期型变量以8个字节（64位）的整数值形式存储。VB.NET对Date数据类型的处理与数字类型区分开来，Date数据类型必须以mm/dd/yyyy（月/日/年）的格式定义，如12/15/1986。日期文字必须以一对"#"括起来，如#12/15/1986#，该类型可表示的日期范围从公元1年1月1日～9999年12月31日。例如，可以按以下方式定义存储日期的变量。

```
Dim  datMyDate1  As  Date
datMyDate1  = #12/15/1986#
```

Date数据类型也用于存储时间信息，所存储的时间范围可以是00:00:00～23:59:59之间的任意值，时间数据必须以hh:mm:ss（小时:分钟:秒）的格式定义，如16:20:09。例如可以按以下方式定义存储时间的变量。

```
Dim  datMyDate2  As  Date
datMyDate2  = #16:20:09#
```

Date数据类型也可同时存储日期时间信息，日期时间数据必须以"mm/dd/yyyy hh:mm:ss"（月/日/年 小时:分钟:秒）的格式定义，例如可以按以下方式定义存储日期时间的变量。

```
Dim  datMyDate3  As  Date
datMyDate2  =  #12/6/2004 10:30:00#
```

3. 对象型（Object）

对象型变量以4个字节（32位）的地址形式存储，此地址为对象引用。可以为声明是Object类型的变量分配任何引用类型（字符串、数组、类或接口），Object变量也可引用其他任何数据类型的数据（数值、Boolean、Char、Date、结构或枚举）。

以上介绍了VB.NET的基本数据类型。除了基本数据类型外，在VB.NET中还可以使用其他一些数据类型，如枚举、数组、结构、集合等，这些数据类型将在第3章介绍。

【例2.1】 计算矩形的面积。

功能要求：根据所输入的矩形两边长计算矩形面积。

界面设计：由7个控件组成，分别是标签（Label1、Label2和Label3）、文本框（TextBox1、TextBox2和TextBox3）和命令按钮（Button1），界面如图2-1所示。

程序代码如下：

```
Public Class Form1
    Private Sub Button1_Click(ByVal sender As System.Object, ByVal e As System.EventArgs) _
                                                              Handles Button1.Click
        Dim a As Double
        Dim b As Double
        Dim c As Double
        a = Double.Parse(TextBox1.Text)
        b = Double.Parse(TextBox2.Text)
        c = a * b
        TextBox3.Text = c.ToString()
    End Sub
End Class
```

运行程序：按【F5】快捷键运行程序，单击"计算"按钮，运行的界面如图2-2所示。

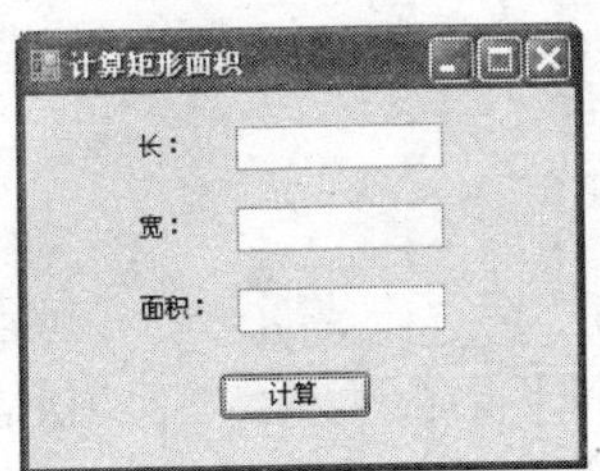

图2-1 界面设计

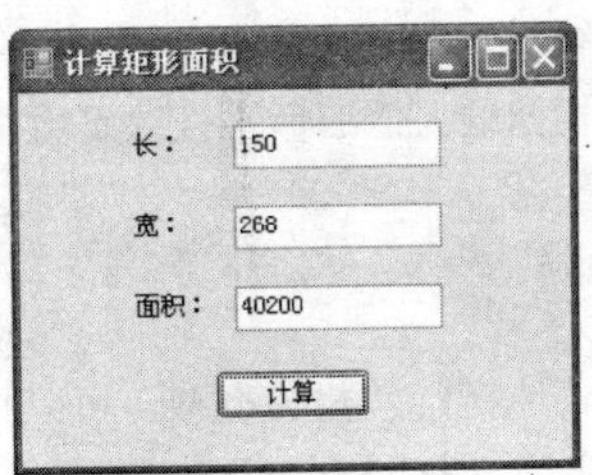

图2-2 运行结果

程序分析：

- 变量a和b用于记录矩形的长和宽的值，有小数部分，因此使用双精度浮点型（Double）。
- “Double.Parse”语句将所输入的字符串类型的长度转化为双精度浮点型。
- 计算结果c显示在文本框中，“TextBox3.Text = c.ToString()”语句将计算结果转换为字符串型并显示在文本框中。
- “*”符合为乘号，表示将两个数相乘。

2.2 常量和变量

前一节介绍了VB.NET的12种基本数据类型。在程序中需要处理各种类型的数据，数据可以以常量的形式出现，也可以以变量的形式出现。

2.2.1 常量

常量也叫常数，是指在程序执行期间其值不发生改变的量，它可以是任何数据类型。VB.NET中常数分为一般常数和符号常数。

1. 一般常数

一般常数包括：数值常数、字符常数、逻辑型常数和日期常数。下面先看各种一般常数的实例。

数值常数（由正负号、数字和小数点组成）：例如，123，−265，−75.32。

字符常数（用双引号括起来）：例如，"abC"，"李明"，"你好！"。

逻辑常数（只有两个）：例如，True（真），False（假）。

日期常数（用#括起来的日期）：例如，#15/3/2000#，#January 1, 1993#。

数值整数大多数都是十进制的（基数为10），但有时也用十六进制数（基数为16）或八进制数（基数为8）。各种数值常数表示的实例如下：

1）十进制数：例如，123，−456，0。

2）八进制数：用前缀 &O 表示八进制数。例如，&O123。

3）十六进制数：用前缀 &H 表示十六进制数。例如，&H123。

表2-2中为十进制数、八进制数和十六进制数的实例对应关系。

表2-2 十进制数、八进制数和十六进制数的对应表

十进制数	八进制数	十六进制数
9	&O11	&H9
15	&O17	&HF
16	&O20	&H10
20	&O24	&H14
255	&O377	&HFF

4）浮点数：用尾数、指数符号、指数来表示，其中指数符号有E和D两种，用E表示的是单精度浮点数，用D表示的是双精度浮点数。例如，123.45E-3表示单精度浮点数，它的值为123.45乘上10的−3次方；而236D5表示双精度浮点数，它的值为236乘上10的5次方。

VB.NET规定，输入的常数是根据输入值的形式来决定保存它所使用的数据类型。在默认情况下，

VB.NET把整数常量作为Integer数据类型处理，把小数常量作为Double数据类型处理。

例如，根据输入值的形式来决定数据类型：

```
Var1 = 30                    ' 此值为Integer类型
Var2 = 18.4                  ' 此值为Double类型
Var3 = True                  ' 此值为Boolean类型
```

为了显式地指定常数的类型，可以用VB.NET提供的类型字符来指定常数的类型，方法是在值的后面加上类型字符。表2-3列出了VB.NET提供的类型字符及用法示例。

表2-3 值类型字符表

值类型字符	数据类型	示 例
C	Char	Var1 = "hello"C
S	Short	Var1 = 314 S
I	Integer	Var1 = 314 I
L	Long	Var1 = 314 L
D	Decimal	Var1 = 314 D
S	Single	Var1 = 314 F
R	Double	Var1 = 314 R

注意：

• 表中未列出的其他数据类型，没有相应的值类型字符。

2. 符号常数

VB.NET中可以定义符号常数来代替数值或字符串。定义符号常数语法如下：

语法：

[Public|Private] Const 常量名 [As 类型] = 表达式[, 常量名[As 类型] = 表达式]...

说明：

1）Public或Private：可选项。Public表示所定义的常数在整个项目中都是可见的；Private表示所定义的常数只在所声明的程序模块中都是可见的。

2）常量名：必选项。它代表所定义的常数的符号名称，命名规则应符合VB.NET变量命名的规则。

3）As 类型：可选项。类型可以是VB.NET支持的所有数据类型，每个常量都必须用单独的As子句，若省略“As 类型”，则默认为Object类型。

4）表达式：必选项。“表达式”由文字常量、算术运算符（指数运算符 ^ 除外）、逻辑运算符组成，也可以使用如“Hello world”之类的字符串，但不能使用字符串连接符、变量、用户定义的函数或内部函数。

例如，下面两条语句分别定义了一个字符串常量和一个整型常量：

```
Public  Const  MyVar1  As  String = "hello"   ' 定义字符串常数
Private  Const  MyVar2  As  Integer = 18       ' 定义整型常量
```

也可以在一条语句中定义两个以上的符号常量，举例如下：

```
Public  Const  MyVar3  As  Integer = 18  , Const  MyVar4  As  Double = MyVar3 + 13.2
```

除了使用“As 类型”子句来指定常数的类型，还可以用VB.NET提供的值类型字符（见表2-3）或类型说明符（见表2-6）来指定常数的类型，举例如下：

```
Public  Const  PAI@ = 3.1415926                 ' 定义实数常数
Const  NIAN  =  365L                            ' 定义整型常量
```

上例中定义了一个符号常量PAI，通过在其常量名后加上类型说明符“@”，表明定义了一个Decimal类型的常量，值为3.141 592 6；另外还定义了一个符号常量NIAN，通过在其值的表达式后加上值类型字符“L”，表明定义了一个Long类型的常量，值为356。

2.2.2 变量

变量（Variable）是指在程序运行过程中其值是可变的量，变量实际代表内存中指定的存储单元。变量具有名称和数据类型，名称表示内存的位置，通过名称就可以访问变量中的数据；数据类型则决定了该变量的存储方式。

1. 变量命名

变量名是代表数据的一个名称，通过变量来引用它所存储的值。给变量命名必须遵循下列规则：

1）变量名必须以英文字母开头，不能以数字或其他字符开头。例如，6ABC、$ABC都是不合法的。最后一个字符可以是类型声明字符（%、$、@、#、&、!）。

2）变量名只能由字母、数字或下划线（_）组成，不能包含句号（。）或者空格。例如，ab.、a%b、How are、A$B等都是不合法的。

3）变量名最长不能超过 255 个字符。

4）变量名不能和VB.NET的关键字（见附录）同名。例如Or、If、Loop、Len、Abs、Mod等都是关键字，不能作为变量名；另外，变量名也不能是末尾带有类型声明字符的关键字，如变量Object和Object$都是非法的；但可以把关键字嵌入变量名中，如变量Object_Object是合法的。

实际上，在VB.NET中变量名以及过程名、结构类型名、数组名、元素名和符号常量名都必须遵循上述规则。

在VB.NET中变量名的大小写是不敏感的，即VB.NET不区分变量名中字母的大小写，例如counter和COUNTER被解释为同一变量。为了便于阅读，在给变量命名时，每个单词的第一个字母一般用大写，如PrintText。

2. 命名约定

如果在一个程序中有许多变量，那么需要一种方式，以知道变量包含什么类型的数据，比如是整数还是字符串，然而仅从变量的名称来判别是不够的。为了让程序员一眼就能从变量名看出变量的类型，对变量的命名应采用良好的约定。

命名约定不是强迫性的，通常取决于程序员所使用的命名习惯，目前最为常用的命名约定是Hungarian标记法（Hungarian Notation，匈牙利标记法），它用变量名的前3个小写字母表示数据类型，第4个字母大写，表示从这开始是变量的具有实际意义的名字。表2-4列出了本书建议的变量的命名约定。

表2-4 变量的命名约定

数据类型	前 缀	示 例
Char	chr	chrChar
String	str	strName
Byte	byt	bytByte
Short	sho	shoShort
Integer	int	intAge
Long	lng	lngLong
Decimal	dec	decScore
Single	sng	sngSingle
Double	dbl	dblDouble
Boolean	bln	blnSex
Date	dat	datBirthday
Object	obj	objObject

3. 变量声明

VB.NET需要精确定义数据的类型。任何变量都具有一定的数据类型，用户可以通过声明来定义不同的数据类型。变量的声明分为“显式声明”和“隐式声明”。

（1）显式声明

显式声明是在变量使用之前，用Dim、Public、Private、Static、Protected、Friend Protected、Friend、Shared等语句声明变量。其中Dim语句是常用的声明变量的语句，它可以声明一个变量或多个变量。

语法：

```
Dim  变量名  As  数据类型
Dim  变量名  As 数据类型, 变量名  As 数据类型...
```

例如，下面两行代码中，分别声明了一个字符串类型的变量strSomeString和一个日期类型的变量datSomeDate 。

```
Dim  strSomeString  As  String
Dim  datSomeDate  As  Date
```

在一个声明语句中也可以声明多个变量，变量的类型可以不同。若变量是相同类型的，只需使用一个As子句。例如，下面两行代码中，第一行采用一次声明多个不同类型的变量，第二行采用一次声明多个Char类型的变量。

```
Dim  strX  As  String , datY  As  Date , intZ  As  Integer
Dim  chrA , chrB , chrC  As  Char
```

变量可以具有初始值，可以在声明变量的同时初始化它的内容。例如，下面代码中，声明了一个Integer变量、一个Boolean变量、一个Object变量，并分别将它们初始化为80、True、新创建的Label类实例。

```
Dim  intScore  As Integer = 80
Private  blnSex  As Boolean = True
Protected  objLabel  As New  Label
```

也可以在声明多个不同类型变量的同时初始化它们的内容。例如，下面代码中，声明了一个Integer变量、一个Boolean变量，并分别将它们初始化为80、True。

```
Dim intScore  As  Integer = 80 , blnSex  As  Boolean = True
```

但是，在声明多个同类型变量的同时不能初始化它们的内容。例如，下面两行代码都是错误的。

```
Dim  intScore  = 80 ,  intAge = 20  As  Integer
Dim  intScore , intAge  As Integer = 50
```

如果在声明时没有指定变量的初始值，VB.NET将把它初始化为相应数据类型的默认值。各种数据类型的默认初始值见表2-5。

表2-5 各种数据类型的默认初值

数据类型	默认初值
Char类型	二进制0
所有数值类型（包括Byte）	0
所有引用类型（包括Object、String和所有数组）	Nothing
Boolean类型	False
Date类型	公元1年1月1日12:00 AM

显式声明的语法还有Static、Public、Private 、Protected、Friend、Friend Protected、Shared等语句，用它们声明变量的方法与Dim语句相似。

注意：

- 应该将所有声明语句放在变量所出现的区域（如模块或过程）的开头。如果声明语句要初始化变量的值，则应在其他语句引用该变量之前执行。

（2）隐式声明

除了用显式声明语句声明变量之外，还可以使用隐式声明。隐式声明是在使用一个变量之前不需要声明这个变量，而是用一个特殊的类型符号加在变量名后面来说明数据类型，表2-6所示数据类型与类型声明符号的对应关系。

表2-6 类型说明符号表

说明符号	数据类型	意义
%	Integer	整型
&	Long	长整型
$	String	字符型
!	Single	单精度浮点型
#	Double	双精度浮点型
@	Currency	货币型

在默认情况下，VB.NET编译器强制使用显式声明。也就是说，每个变量在使用前必须声明，否则会出错。利用编译器选项，可以改变这种限制。

在VB.NET中，可以通过Option Exlpicit语句控制编译器的行为方式，以便根据不同的要求设置相应的默认操作。Option Exlpicit语句的语法格式如下：

语法：

```
Option Explicit  [On|Off]
```

Option Exlpicit语句后可以使用1个参数，若为On则要求每个变量必须先声明后使用；若为Off则编译器不检查变量是否已声明，可以使用隐式声明的变量；如果省略参数，则默认为On。

例如，下面代码允许使用隐式声明变量：

```
Option Explicit Off
Public Class Form1
Private Sub Button1_Click(ByVal sender As System.Object, ByVal e As System.EventArgs) _
                                                              Handles Button1.Click
    strMyCountry$ = "中国"
    intMyAge%  = 20
End Sub
End Class
```

变量strMyCountry被"隐式说明"为字符串型，值为"中国"；变量intMyAge被"隐式说明"为整型，值为20 。

注意：

• 尽管隐式声明比较方便，但如果将变量名拼错的话，就会导致难以查找的错误。

4. 变量的作用域

变量的作用域是指变量有效的范围，即变量的"可见性"。每一个变量都有一个使用范围，超出这个范围，该变量将不可访问。根据定义变量的位置和定义变量的语句的不同，在VB.NET中变量可以分为4个级别，即代码块级变量、过程级变量、模块级变量和全局变量。

(1) 代码块级变量

代码块是一个程序段，它一般是指一个控制结构，如If...End If、For...Next、Do...Loop等。在代码块中声明的变量称为代码块变量，代码块变量只在代码块中有效，其作用域为所在的代码块。可以用Dim 关键字来声明它们。

语法：

```
Dim 变量名 As 数据类型
```

例如，下面是声明代码块变量的一个例子。

```
Dim  i  As  Integer
Dim  aver  As  Single, sum  As  Single
For  i = 1 To 100
     Dim  sngX  As Single               ' 定义代码块级变量
     sum = sum + i
     sngX  = sum
Next
```

```
    aver = sngX                                    ' 此句出错
```

在上面的程序中，变量sngX是代码块级变量，其作用域是For...Next程序段，若在代码块外引用变量sngX将会出错。

（2）过程级变量

在过程（通用过程或事件过程）内声明的变量称为过程级变量，也称为局部变量。过程级变量的作用域是它所在的过程，用户无法在其他过程中访问或改变该变量的值。局部变量可以用 Dim 或者 Static 关键字来声明它们。

语法：

```
Dim 变量名 As 数据类型
Static 变量名 As 数据类型
```

例如，下面的例子是在事件过程内声明局部变量。

```
Private Sub  Button1_Click (ByVal sender As System.Object, ByVal e As _
                                       System.EventArgs) Handles Button1.Click
    Dim  intSum  As Integer                              ' 定义过程级变量
    Static  dblScore  As  Double                         ' 定义过程级变量
    ......
End Sub
```

在上面的程序中，定义一个整型变量intSum和一个双精度型的静态变量dblScore，它们都是过程级变量。

对任何临时的计算，采用局部变量是最佳选择。例如，有多个不同的过程，每个过程都包含变量名为i的变量。只要每个i都声明为局部变量，尽管变量名都相同，但是每个过程只识别它自己的变量i，改变它自己的变量i的值，而不会影响别的过程中的变量i。因此，不同过程中定义的同名的局部变量，它们之间没有任何关系。

注意：

- 在Sub过程中显式定义的变量（使用 Dim语句）都是局部变量。而没有在过程中显式定义的变量也是局部变量，除非其在该过程外更高级别的位置显式定义过。

（3）模块级变量

在VB.NET中，模块通常指的是一个类，例如窗体是一个类，称为窗体模块。模块级变量指的是在模块中所有的过程和代码块之外声明的变量。

模块级变量必须先声明后使用，即不能隐式声明。按照默认规定，模块级变量对该模块的所有过程都有效，在模块中的任何过程都可以访问该变量，但其他模块的过程则不可用。可在窗体模块和标准模块顶部用Dim 或者Private 关键字声明模块级变量。

语法：

```
Dim 变量名 As 数据类型
Private 变量名 As 数据类型
```

例如，下面代码在模块Form1的窗体文件Form1.vb程序代码中创建了一个模块级变量strComm。

```
Private  strComm  As  String              ' 声明一个模块级变量
Private Sub  Button1_Click(ByVal sender As System.Object, ByVal e As _
                                     System.EventArgs)  Handles Button1.Click
    StrComm = "学号"                      ' 在过程中访问模块级变量
    ......
End Sub
```

（4）全局变量

全局变量也称为公用变量，其作用范围可以是应用程序的所有过程。全局变量只能在模块顶部的声明段中用Public关键字声明。模块可以通过“项目”菜单中的“添加模块”命令来建立。声明全局变量的语法如下：

语法：

```
Public 变量名 As 数据类型
```

例如，创建标准模块并声明全局变量数组sngSalary1和sngSalary2。标准模块文件Module1.bas程序代码如下。

```
Option Explicit
Public sngSalary1 As Single, sngSalary2 As Single
```

5. 变量的生存期

变量除了使用范围外，还有生存期，即变量能够保持其值的时期。模块级变量和全局变量的生存期是整个应用程序的运行期间。

对于在过程中用 Dim 声明的局部变量仅当本过程执行期间存在，当一个过程执行完毕，它的局部变量的值就不存在了，局部变量所占的内存也被释放。当下一次执行该过程时，所有局部变量将重新初始化。

要将局部变量定义成静态变量可以在过程中使用Static关键字来声明变量，其用法和Dim 语句完全一样。静态变量在过程结束后仍保留变量的值，即其占用的内存单元未释放。比较下面两段代码的输出结果可以看出静态变量的作用。

```
Private Sub Button1_Click(ByVal sender As System.Object, ByVal e As _
                              System.EventArgs)  Handles Button1.Click
    Static intScore As Integer                       ' 定义静态变量
        MsgBox(intScore)                             ' 显示静态变量intScore的值
    intScore = intScore +10
End Sub
```

程序运行后，单击一下命令按钮，在弹出对话框中显示0，再单击一下，显示10，依此下去，显示20、30等。

```
Private Sub Button1_Click(ByVal sender As System.Object, ByVal e As _
                              System.EventArgs)  Handles Button1.Click
    Dim intScore As Integer                          ' 定义局部变量
        MsgBox(intScore)                             ' 显示局部变量intScore的值
    intScore = intScore +10
End Sub
```

程序运行后，单击一下命令按钮，在弹出对话框中显示0，以后无论单击多少次，始终显示0，因为Dim定义的intScore变量每次进入过程时都被初始化为0，而用Static定义的intScore变量进入过程时，其上一次的结果仍然存在，所以有此区别。

【例2.2】计算圆形的面积。

功能要求：根据所输入的圆形半径计算圆形面积。

界面设计：由5个控件组成，分别是标签（Label1和Label2）、文本框（TextBox1和TextBox2）和命令按钮（Button1），界面如图2-3所示。

程序代码如下：

```
Public Class Form1
    Public Const PAI@ = 3.1415926
    Private Sub Button1_Click(ByVal sender As System.Object, ByVal e As _
                                  System.EventArgs)Handles Button1.Click
        Dim r As Double
        Dim area As Double
        r=Double.Parse(TextBox1.Text)
        area = PAI * r * r
        TextBox2.Text = area.ToString()
    End Sub
End Class
```

运行程序：按【F5】快捷键运行程序，单击“计算”按钮，运行的界面如图2-4所示。

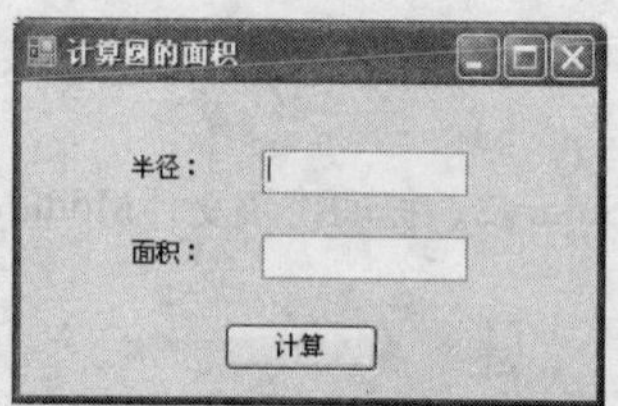

图2-3　界面设计

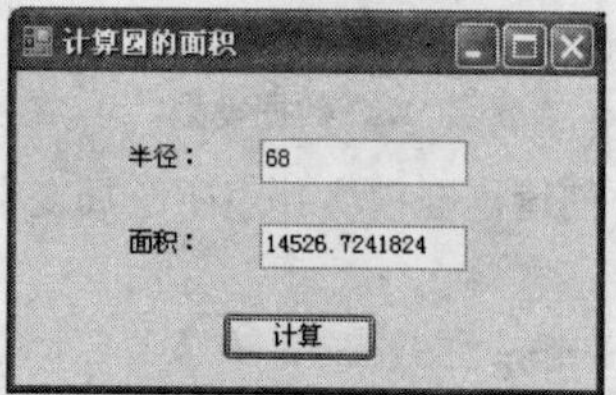

图2-4　运行结果

程序分析：

- 变量r和area用于记录圆形的半径和面积的值，使用双精度浮点型（Double）。
- 符号常量PAI，通过在其常量名后加上类型说明符“@”，表明定义了一个Decimal类型的常量，值为3.1415926。

2.3 运算符和表达式

运算符是操作数据的符号表示。表达式是用运算符和数据连接而成的式子，如X−8、Y+Sin(a)、Z=A+B等都是表达式，单个变量或常量也可以看成是一个表达式。VB.NET的运算符有算术运算符、赋值运算符、关系运算符、连接运算符、逻辑运算符和复合运算符。

2.3.1 算术运算符

算术运算符是用来进行数值计算的运算符。表2-7列出了VB.NET的算术运算符。

表2-7　算术运算符

运算符	说　明	表达式示例
+	加法	X + Y
−	减法	X − Y
*	乘法	X * Y
/	浮点除法（结果为浮点数）	X / Y
\	整数除法（结果为整数）	X \ Y
Mod	取模运算（结果为余数）	X Mod Y
^	指数运算	^ X
−	取负	− X

算术表达式是用算术运算符将运算元素连接起来的式子，表达式的值是数值型的。

举例如下：

```
MyValue = 2 ^ 2                          ' 返回 4
MyValue = 10 / 4                         ' 返回 2.5
MyValue = 11 \ 4                         ' 返回 2
MyResult = 10 Mod 3                      ' 返回 1
```

【例2.3】根据华氏温度计算出摄氏温度。采用以下公式：

$$C=\frac{5}{9}(F-32)$$

式中的F表示华氏温度，C表示摄氏温度。

功能要求：单击命令按钮“计算”（cmdStart），计算出华氏温度为78时的摄氏温度值，在文本框（txtTemperature）中显示出计算的摄氏温度的结果。

界面设计：由三个控件组成，分别是标签（labF）、文本框（txtTemperature）和命令按钮（btnStart），界面如图2-5所示。

程序代码如下：

```
Private Sub btnStart_Click(ByVal sender As System.Object, ByVal e As _
```

```
                                    System.EventArgs)  Handles btnStart.Click
    ' 计算温度
    Dim f As Single, c As Single
    f = 78
    c = 5 / 9 * (f - 32)
    txtTemperature.Text = c
End Sub
```

运行程序：按【F5】快捷键运行程序，单击“计算”按钮，运行的界面如图2-6所示。

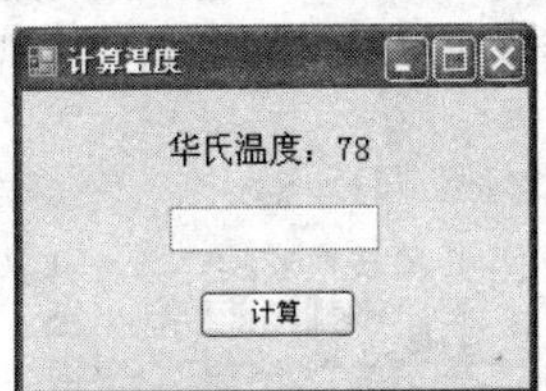

图2-5 界面设计

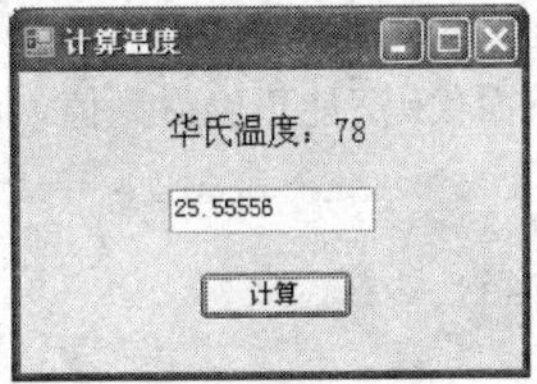

图2-6 计算结果

程序分析：

- 变量f和c用于计算温度值，有小数部分，因此使用单精度型（Single）。
- 计算结果c显示在文本框中，“txtTemperature.Text = c”语句自动转换为字符串型。

2.3.2 赋值运算符

赋值运算符即赋值语句，用“=”符号表示，它用于将运算符右侧的值赋给运算符左侧的变量或属性。

语法：

变量或属性名 = 值

说明：

语句左侧可以是任何变量或可写的属性，语句右侧的值可以是任何文本、常数、表达式或返回值的函数。

例如，给文本框的Text属性赋值：

```
Text1.Text = "你好"
```

例如，给MyStr变量赋值：

```
Dim MyStr As String
MyStr = "Hello World"
```

例如，引用符号常量CONPI来赋值给变量dblSquare：

```
Const CONPI = 3.14159265358979
Dim dblSquare As Double
dblSquare = CONPI * 5 * 5
```

如果赋值运算符两边的数据类型不一致，系统将按下面4个原则进行处理：

1）当赋值运算符右边的表达式为数值型但与左边的变量类型不同时，系统将强制把表达式转换成左边的类型精度。但是当Option Strict为On时，由高向低转换可能会引发编译错误。

例如，下面代码由低向高转换能正确执行：

```
Dim X  As Double
Dim Y  As Integer =2
Dim Z  As Integer = 3
X = Y + Z                                                   '编译成功
```

然而，下面代码由高向低转换就会出错：

```
Dim X  As Integer
Dim Y  As Double = 2
Dim Z  As Double = 3
X = Y + Z                                                   '编译出错
```

注意：

• 由高向低转换可能会丢失数据，在程序中应尽量避免出现这种情况。

2）当赋值运算符右边的表达式是数字字符串而左边的变量是数值类型时，系统自动把表达式转换为数值类型后，再赋值给左边的变量。但是当表达式中有非数字字符串或空格时，将会出错。

例如，下面代码X能正确得到值，而Y和Z会出错：

```
Dim X ,Y , Z  As Double
X = "100"                                                   '转换成功，X = 100
Y = "12a3"                                                  '类型不匹配，出错
Z = ""                                                      '类型不匹配，出错
```

3）当逻辑表达式赋值给数值型变量时，True转换为-1，False转换为0；反之，当数值型表达式赋值给逻辑型变量时，0转换为False，非0值转换为True。示例如下：

```
Dim X  As Double = 6
Dim Y  As Boolean  = False
Y = X                                                       'Y值为True
X = Y                                                       'X值为-1
```

4）任何非字符类型值赋值给字符类型，自动转换为字符类型。示例如下：

```
Dim X  As String
Dim Y  As Char
Y = 150                                                     'Y值为字符串"150"
X = 12.05                                                   'X值为字符串"12.05"
```

注意：

• “=”是给变量或属性赋值的符号，与作为关系运算符的“=”（等于）不同。

2.3.3 关系运算符

关系运算符也称为比较运算符，是用来进行比较的运算符。用关系运算符连接两个表达式所组成的式子称为关系表达式，关系表达式的结果是一个Boolean值，其值只能是True或False。VB.NET提供了8个关系运算符，见表2-8。用关系运算符既可以对数值进行比较，也可以对字符串进行比较，还可以比较两个对象。

表2-8　关系运算符

关系符	比较关系	表达式例子
<	小于	X < Y
<=	小于等于	X < = Y
>	大于	X > Y
>=	大于等于	X > = Y
=	等于	X = Y
<>	不等于	X <> Y
Like	比较模式	"ABC"　Like　"A*C"
Is	比较对象变量	X　Is　Y

1. 数值比较

数值比较通常是对两个算术表达式进行比较，对数值进行比较的运算常用表2-8中的前6种关系符。例如：

```
Var1 + Var2 > (X - 1)/2
```

上述关系表达式中，如果Var1+Var2的值大于（X−1)/2的值，则表达式的值为True，否则比较运算的结果为False。

注意：

- 当两个表达式都是Byte、Boolean、Integer、Long、Single、Double、Decimal或Date 类型，可进行数值比较。
- 当一个表达式的值是数值型而另一个是String型，则String被转换成Double后进行数值比较。如果String不能转换成Double，则出错。

2. 字符串比较

字符串比较通常是对两个字符串进行比较，对字符串进行比较的运算常用表2-8中的前7种关系符。字符串比较的规则是从前到后逐个字符按ASC II码比较，ASC II码大的字符则大；如果前面部分相同，则串长的则大；字符串全部一样并长度相同，才能相等。

示例如下：

```
"5" > "24"                                  '结果为True
"aaa" > "aa"                                '结果为True
"54" = "5"                                  '结果为False
"54" < "9"                                  '结果为False
"54" >= "5"                                 '结果为True
```

Like运算符是用来比较两个字符串的模式是否匹配，即判断一个字符串是否符合某一模式。在Like表达式中可使用通配符，如表2-9所示。

表2-9 匹配模式表

通配符	含 义	实 例	可匹配字符串
*	可匹配多个字符	S*	Sos,Smith,…
?	可匹配单个字符	S?	So,Sm,…
#	可匹配单个数字	123#	1234,1238,…
[list]	可匹配列表中的单个字符	[a-f]	b,e,f,…
[!list]	可匹配列表以外的单个字符	[!a-f]	G,h,s,…

示例如下：

```
"264" Like "2?4"                            ' 结果为True
"a2a" Like "a#a"                            ' 结果为True
"V" Like "[A-Z]"                            ' 结果为True
"V" Like "[!A-Z]"                           ' 结果为False
"aBBBa" Like "a*a"                          ' 结果为True
```

3. 对象比较

可以用Is运算符来比较对象，其语法为：

语法：

```
对象名1  Is  对象名2
```

Is运算符用来判断两个对象是否引用同一个对象，它不执行值的比较。如果两个对象变量都引用同一个对象，Is运算的结果为True，否则为False。

示例如下：

```
Dim  objX  As  Button
Dim  objY  As  New  Button
objX = objY
MyResult = objX  Is  objY                   ' 结果为True
```

上述示例中，objX Is objY计算为True，因为两个变量引用的是同一个Button实例。而下面的例子的运算结果则为False：

```
Dim  objX  As  Button
Dim  objY  As  New  Button
MyResult = objX  Is  objY                                    '结果为False
```

示例分析：

- 上面示例中，虽然两个变量都是同一类型，但它们引用的不是同一个Button实例，因此objX Is objY计算结果为False。

2.3.4 连接运算符

连接运算符是用来合并字符串的运算符，包括&和+运算符。&和+运算符是用来强制两个表达式做字符串连接。

用连接运算符将两个表达式连接起来的式子称为连接表达式。

例如：

```
Dim  strMyStrA , strMyStrB , strMyStrC  As  String
strMyStrA = "Hello" + " World"                    '结果为"Hello World"
strMyStrB = "How" & " Are" & " You"               '结果为"How Are You"
strMyStrC = strMyStrA &  strMyStrB                '结果为"Hello World How Are You"
```

注意：

- 在使用"+"运算符时有可能无法确定是做加法还是做字符串连接。为避免混淆，请使用"&"运算符进行连接。

2.3.5 逻辑运算符

逻辑运算也称为布尔运算，逻辑运算符是用来执行逻辑运算的运算符。VB.NET提供了6个逻辑运算符，见表2-10。

表2-10 逻辑运算符

逻辑运算符	名 称	表达式例子	说 明
And	与	X And Y	两边同时为True，结果为True，否则为False
Or	或	X Or Y	两边同时为False，结果为False，否则为True
Xor	异或	X Xor Y	两边逻辑值不同，结果为True，否则为False
Not	非（取反）	Not X	对逻辑值取反
AndAlso	短路与	X AndAlso Y	类似And运算
OrElse	短路或	X OrElse Y	类似Or运算

用逻辑运算符将逻辑变量连接起来的式子称为逻辑表达式，也称为布尔表达式。

1. 逻辑运算

逻辑运算就是用逻辑运算符来比较逻辑表达式，其返回的结果是布尔值。逻辑运算可以使用表2-10中的所有6种逻辑运算符。这6种逻辑运算的规则见表2-11，示例如下：

```
Dim  blnMyStrA , blnMyStrB , blnMyStrC  As  Boolean
blnMyStrA = (3>5) Or (15<40)                                ' blnMyStrA = True
blnMyStrB = (3>5) And (15<40)                               ' blnMyStrB = False
blnMyStrC = (3>5) Xor (15<40)                               ' blnMyStrC = True
blnMyStrA = Not (3>5)                                       ' blnMyStrA = True
blnMyStrA = 12 > 45  AndAlso  (32*128<5000)                 ' blnMyStrA = False
blnMyStrA = 45 > 12  OrElse  (32*128<5000)                  ' blnMyStrA = True
```

注意：

- AndAlso与And运算符功能类似，但有区别。若AndAlso左边的表达式值为False时，则不计算右边的表达式值，直接得到结果为False。

- OrElse与Or运算符功能类似，但有区别。若OrElse左边的表达式值为True时，则不计算右边的表达式值，直接得到结果为True。

表2-11 逻辑运算规则

a	b	a And b	a Or b	a Xor b	Not a	a AndAlso b	a OrElse b
False	False	False	False	False	True	False	False
False	True	False	True	True	True	False	True
True	False	False	True	True	False	False	True
True	True	True	True	False	False	True	True

2. 按位运算

当And（与）、Not（非）、Or（或）和Xor（异或）这4种逻辑运算符对数值使用时，还可以执行按位运算。所谓按位运算，就是以二进制格式进行逻辑运算，即以二进制的对应位的值（0或1）进行逻辑运算，然后基于运算结果再赋值。二进制位的逻辑运算规则与布尔值的运算相同，只需将1和0分别对应布尔值的True和False。示例如下：

```
Dim intMyStrA  As  Integer
intMyStrA  =  3  And  5                              ' intMyStrA = 1
```

示例分析：

- 首先将值转换为二进制格式。3转换为011，5转换为101。
- 将3和5的二进制值按位分别进行逻辑与的运算，结果为001，即十进制1。

在按位运算时，要注意如下几点。

注意：

- Not运算将单个数值的所有位（包括符号位）都取反，然后将值赋予结果。
- 只能对整数执行按位运算，浮点数必须先转换为整数后，才能按位运算。
- 由于逻辑运算的优先级比其他算术和关系运算低，应将按位运算括在括号中以确保准确执行。
- 如果由一个布尔值和一个数值进行逻辑运算，则布尔值会被转换为数值（True转为-1，False转为0），再与数值进行按位运算。

2.3.6 复合运算符

部分算术运算符可以和赋值运算符结合使用构成复合运算符，复合运算符也称为自反赋值运算符。各种复合运算符见表2-12。

表2-12 复合运算符

复合运算符	名 称	表达式例子	等价表达式
-=	自反减赋值	X - = Y	X = X - Y
+=	自反加赋值	X + = Y	X = X + Y
*=	自反乘赋值	X * = Y	X = X * Y
/=	自反浮点除赋值	X / = Y	X = X / Y
\=	自反整数除赋值	X \ = Y	X = X \ Y
^=	自反指数赋值	X ^ = Y	X = X ^ Y
&=	自反字符串连接赋值	X & = Y	X = X & Y

下面举例说明复合运算符的使用方法：

```
Dim  intA  As  Integer = 10
Dim  intB  As  Integer = 3
intA  -= intB                                  ' 结果为 intA = 7
intA  += intB                                  ' 结果为 intA = 13
intA  *= intB                                  ' 结果为 intA = 30
```

```
intA  ^= intB                                ' 结果为 intA = 1000
intA  /= intB                                ' 结果为 intA = 3.33333
intA  \= intB                                ' 结果为 intA = 3
Dim  intC  As  String = "你好"
Dim  intD  As  String = "中国"
intC  &= intD                                ' 结果为 intC = "你好中国"
```

2.3.7 表达式与运算符优先顺序

当在表达式中运算符不止一种时，系统会按预先确定的顺序进行计算，这个顺序称为运算符的优先顺序。运算符优先顺序（从高到低）如下：

算术运算符→字符串连接运算符（&）→关系运算符→逻辑运算符

1）算术运算符的优先顺序（从高到低）如下：

^ → －（负号）→ *、/ → \（整数除法）→ Mod → +、－

2）逻辑运算符优先顺序（从高到低）如下：

Not → And → Or → Xor → AndAlso → OrElse

3）所有关系运算符的优先顺序都相同，按从左到右顺序进行。

例如，对A、B、C变量进行逻辑运算：

```
Dim A, B, C,  MyCheck
A = 10
B = 8
C = 6
MyCheck = A > B AndAlso B > C
'MyCheck 为True ，先">"运算，再"AndAlso"运算
MyCheck = A > B OrElse B > C                        ' 返回 True
MyCheck = A > B Xor B > C                           ' 返回 False
MyCheck = A >= 2 * 3.1415926 * B And C <> 5         ' 返回 False
```

例如，在例1.1中TextBox1.Text属性值为空，如果将单击按钮的代码改成：

```
Private Sub Button1_Click(ByVal sender As System.Object, ByVal e As _
                                  System.EventArgs)  Handles Button1.Click
    Dim x As Integer
    x = 5
    TextBox1.Text = x > 2 Or TextBox1.Text = "欢迎使用学生成绩管理系统！"
End Sub
```

在逻辑表达式中先计算x>2，结果为True；再计算TextBox1.Text = “欢迎使用学生成绩管理系统！”，结果为False；再进行Or运算，结果为True。因此单击“运行”按钮后显示“True”，如图2-7所示。

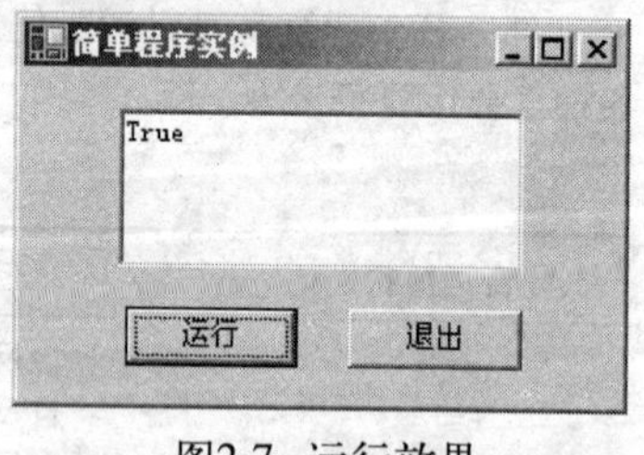

图2-7　运行效果

2.4 程序控制结构

当用VB.NET语言编程时，可以用三种类型的结构（控制结构）来控制代码行的执行顺序，这三种基本控制结构是：顺序结构、分支结构和循环结构。三种基本结构具有单入口、单出口的特点，各种复杂的程序就是由若干个基本结构组成。

在本节将介绍实现三种基本控制结构的流程控制语句，掌握了这些语句，就可以编写功能复杂的程序了。

2.4.1 顺序结构

顺序结构如图2-8a，整个程序按语句的书写顺序依次执行。如图2-8所示，先执行A，再执行B，即自上而下依次运行。

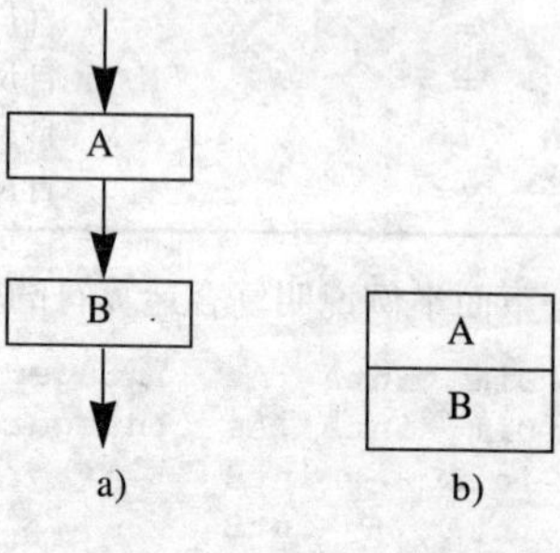

A　B　a)　A　B　b)

图2-8　顺序结构

图2-8b为N-S结构化流程图。N-S图规定了一些图形元素，以

表示三种基本结构。

2.4.2 分支结构

分支结构如图2-9所示，通过E判断后分支，满足条件执行A，不满足条件的执行B。

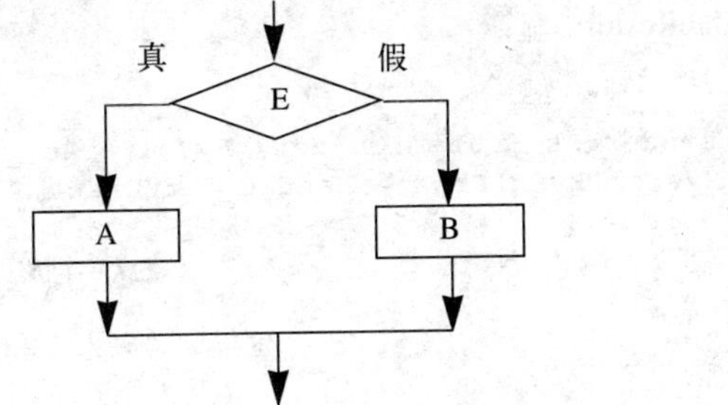

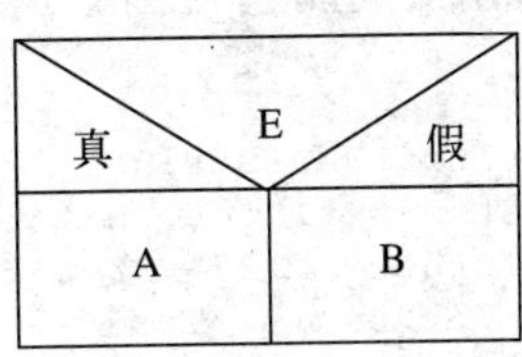

图2-9 分支结构

分支结构用于判断并分支，根据判定的结果（True或False）决定执行语句，分支结构有三种形式。

1. If...Then结构

If...Then结构表示“如果…就”，是条件转移语句，根据条件测试后的结果，决定程序的下一步。

语法：

```
If 条件 Then 语句
```

或者：

```
If 条件 Then
    语句块
End If
```

其中，条件（表达式）的值应为Boolean型。若条件为True，则执行Then关键字后面的语句或语句块；否则，直接执行下一条语句或“End If”的下一条语句。若条件的值为数值，则当值为零是False，而任何非零数值都看做True。

例如，当满足条件x <y时，执行Sum = Sum+1：

```
If x <y Then Sum = Sum+1
```

如果条件为 True 时要执行多行代码，则必须使用 If...Then...End If。例如：

```
If x <y Then
    Sum = Sum+1
    z=x
End If
```

2. If...Then...Else结构

If...Then...Else结构表示“如果…就…否则”，比前面的If...Then结构的条件选择和范围更广。

语法：

```
If 条件1 Then
    语句块1
 [ElseIf  条件2 Then
    语句块2] ...
...
[Else
    语句块n]
End If
```

运行步骤：

首先测试条件1，如果它为 False，就测试条件2，依此类推，直到找到一个为 True 的条件就执行相应的语句块。如果条件都不是True，则执行Else语句块。

【例2.4】设计一个查询是否中奖的程序。通过该程序查询是否中奖以及所中奖的等级。

界面设计：界面由4个控件组成，分别是标签（labResult）、文本框（txtInput）、命令按钮“查询”（btnCheck）和标签（Label1）。程序运行时界面如图2-10所示。

功能要求：从文本框txtInput中输入奖券号码，单击“查询” btnCheck按钮，在btnCheck的Click事件中查询是否中奖及中奖的等级。中奖号码为“123”，与中奖号码相同的为一等奖；前两位相同为二等奖；前一位相同为三等奖。将中奖信息在标签labResult中显示。

程序代码如下：

```
Private Sub btnCheck_Click(ByVal sender As System.Object, ByVal e As _
                               System.EventArgs)  Handles btnCheck.Click
    ' 单击按钮查询
    Dim strInput As String                                          '定义字符串型
    strInput = txtInput.Text
    If strInput = "123" Then                                        '号码为"123"
            labResult. Text = "恭喜你,中了一等奖!"
    ElseIf strInput Like "12?" Then                                 '号码前两位为"12"
            labResult. Text = "恭喜你,中了二等奖!"
    ElseIf strInput Like "1??" Then                                 '号码第一位为"1"
            labResult. Text = "恭喜你,中了三等奖!"
    Else
            labResult. Text = "谢谢你的参与!"
    End If
End Sub
```

程序分析：

- 通配符“?”表示匹配单个字符。“12？”表示前两位为“12”的三位数。
- If条件的顺序是：将“123”除外→将“12”除外→将“1”除外→剩余为不中奖的。

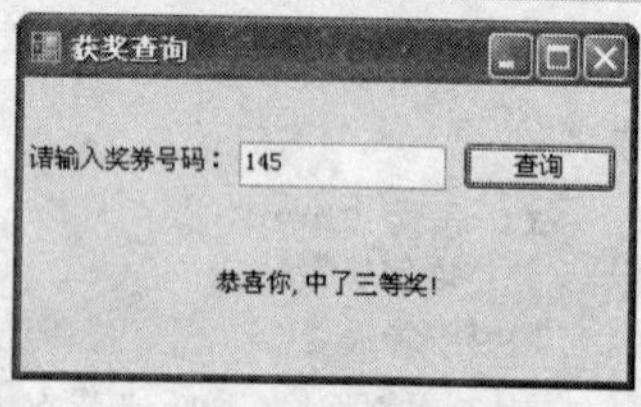

图2-10　运行界面

3. Select Case结构

Select Case 结构与 If...Then...Else 结构类似，但对多重选择的情况，用Select Case 语句代码效率更高，更易读。

语法：

```
Select Case 变量 | 表达式
Case 值1
   语句块1
[Case 值2
   语句块2]
...
[Case Else
   语句块n]
End Select
```

说明：

值1、值2等可以取以下几种形式：

1）具体常数。例如，1、2、“A”等。

2）连续的数据范围，例如，1 To 100、A To Z等。

3）满足某个条件的表达式。例如，I>0等。

4）也可以同时设置多个不同的范围，用逗号（,）将它们分隔开。例如，−10，1 To 100。Select Case 程序结构图如图2-11所示。

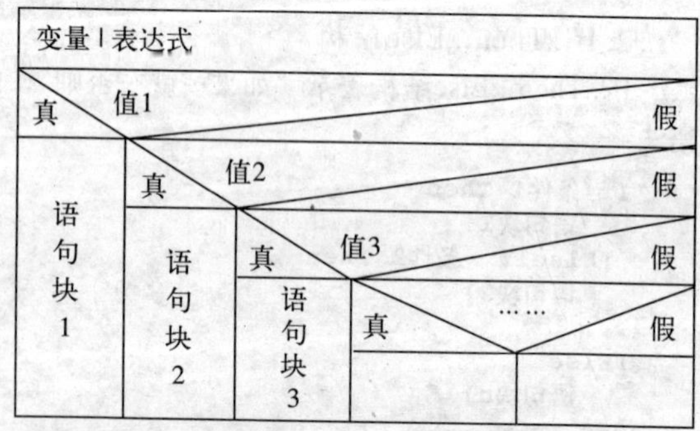

图2-11　流程图

Select Case只计算一次表达式值，然后将表达式的值与结构中的每个Case的值进行比较。如果相等，就执行与该Case的语句块。如果没有匹配，则执行 Case Else子句中的语句。

【例2.5】采用Select Case结构来设计查询是否中奖的程序。

```
Private Sub btnCheck_Click(ByVal sender As System.Object, ByVal e As _
                              System.EventArgs)  Handles btnCheck.Click
        Dim strInput As String                        '定义字符串型
        strInput = txtInput.Text
        Select Case strInput
        Case 123
            labResult. Text = "恭喜你,中了一等奖!"
        Case 120 To 129
            labResult. Text = "恭喜你,中了二等奖!"
        Case 100 To 199
            labResult. Text = "恭喜你,中了三等奖!"
        Case Else
            labResult. Text = "谢谢你的参与!"
        End Select
End Sub
```

注意：

- Select Case 结构在开始处计算表达式的值，而 If...Then...Else 结构在每个 ElseIf 语句计算表达式。
- 只有当If语句和每个ElseIf语句的变量或表达式相同时，才能用Select Case结构替换 If...Then...Else 结构。因此If结构应用范围更广。
- 如果不止一个 Case与测试表达式相匹配，则只执行第一个匹配的 Case语句块。
- Case Else应放在Select Case 结构的最后。

4. 嵌套

嵌套是指把一个控制结构放入另一个控制结构之内。例如在 If...Then中嵌套 If...Then结构或Select Case结构等，控制结构的嵌套层数没有限制。

【例2.6】计算下列函数：

$$y=\begin{cases}-1 & (x<0)\\ 0 & (x=0)\\ 1 & (x>0)\end{cases}$$

分支结构分成三个分支，即$x<0$、$x>0$和$x=0$时执行不同的语句块。

方法1：用If嵌套结构来设计，将x>0的判断嵌套在x<>0的分支结构中：

```
y = -1
If x <> 0 Then
   If x > 0 Then
         y = 1
   End If
Else
   y = 0
End If
```

方法2：用If嵌套结构来设计，将x>0和x=0的判断嵌套在x>=0的分支结构中：

```
If x >= 0 Then
   If x > 0 Then
         y = 1
   Else
        y = 0
   End If
Else
   y = -1
End If
```

方法3：用If...Then...Else结构来设计：

```
If x < 0 Then
   y = -1
ElseIf x = 0 Then
   y = 0
Else
   y = 1
End If
```

注意：

- 在嵌套的 If 语句中，End If 语句自动与最靠近的前一个 If 语句配对。
- 按一般习惯，为了使判定结构和循环结构更具可读性，总是用缩进方式书写判定结构或循环的语句块。

2.4.3 循环结构

循环结构是用于处理重复执行的结构，可重复执行若干条语句。

1. Do循环结构

可使用Do 循环语句执行不确定次数的循环。Do 循环有两种形式，即“Do结构”和“Do While结构”。

“Do While”循环的定义如下：

语法：

```
Do While | Until条件
    语句块
    [Exit Do]
    语句块
Loop
```

“Do”循环的定义如下：

语法：

```
Do
    语句块
    [Exit Do]
    语句块
Loop While | Until 条件
```

Do While型循环结构程序流程图如图2-12所示。

“Do While”循环的步骤：执行Do While循环时首先测试条件；只要条件为True就执行语句块；如果条件为False，则跳过所有语句到循环体外。然后循环执行Do While语句测试条件。

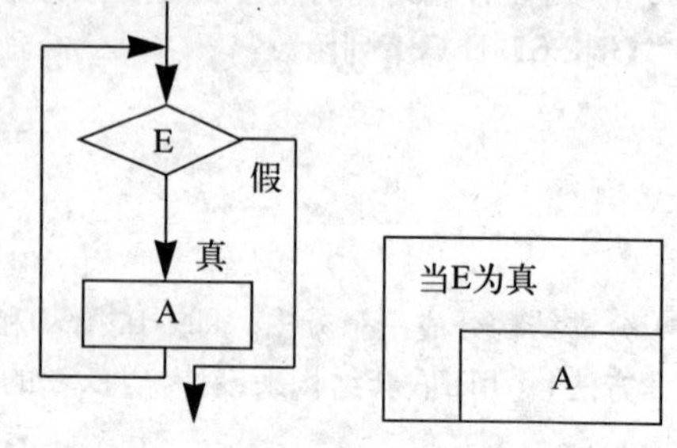

图2-12　Do While循环结构程序流程图

而Do型循环结构程序流程图如图2-13所示。

“Do型”循环与“Do While型”循环所不同的是先执行语句，然后测试条件，只要条件为True 就执行语句，然后再测试条件；如果条件为False，则跳过循环体，这种“Do型”循环保证语句块至少被执行一次。

在Do…Loop结构中Until和While不同，判断条件正好相反。Until结构是只要条件为False （而不是True)，它们就执行循环，否则跳出循环体。Until结构程序流程图如图2-14所示。

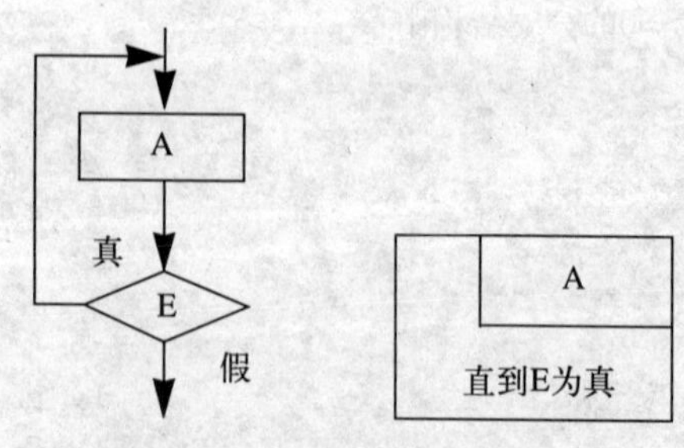

图2-13　Do循环结构程序流程图

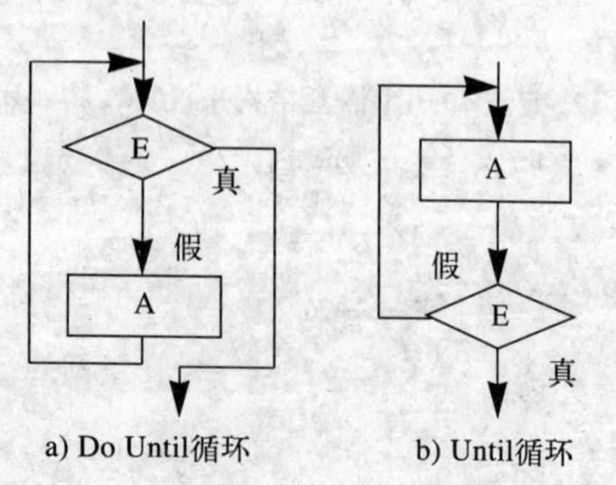

图2-14　Until循环结构

【例2.7】用“Do While型”循环计算1～100的和。

```
Dim i As Integer, Sum As Integer
Sum = 0: i = 1                                    ' 置初始值
Do While i <= 100
   Sum = Sum + i
   i = i + 1
Loop
```

Sum的结果是：5050

【例2.8】用“Do型”循环计算1～100的和。

```
Dim i As Integer, Sum As Integer
Sum = 0: i = 1                                    ' 置初始值
Do
    Sum = Sum + i
    i = i + 1
Loop While i <= 100
```

Sum的结果是：5050

如果将循环体外的置初始值语句由“i = 1”改为“i = 101”，则两种不同的Do...Loop结构结果就不同了：在例2.7中判断条件后直接跳出循环，Sum的结果是0；在例2.8中进入循环体一次后，再判断条件跳出循环，Sum的结果是101。

2. While循环结构

可使用While 循环语句执行不确定次数的循环，While 循环也称为“当型”循环。

“当型”循环的定义如下：

语法：

```
While  条件
   语句块
   [Exit While]
   语句块
End While
```

“当型”循环的步骤：执行While 循环时首先测试条件；只要条件为 True 就执行语句块；如果条件为False，则跳过所有语句到循环体外。然后循环执行 While 语句测试条件。

“当型”循环结构程序流程图如图2-15所示。

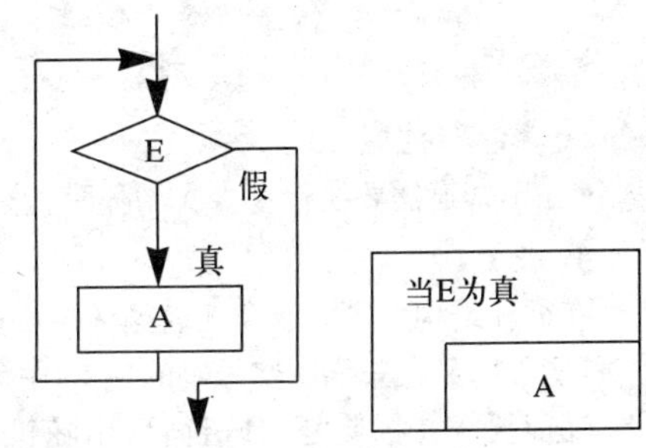

图2-15　While循环结构程序流程图

【例2.9】用While循环计算1～100的和。

```
Dim i As Integer, Sum As Integer
Sum = 0: i = 1                                    ' 置初始值
While i <= 100
   Sum = Sum + i
   i = i + 1
End While
```

Sum的结果是：5050

可以看出，“当型”循环与“Do While型”循环的程序执行流程基本相同。

3. For循环结构

For循环结构使用最为灵活。For循环使用一个计数器，每循环一次，计数器变量的值就会增加或者减少。

语法：

```
For 计数器 = 初始值 To 终止值 [Step 步长]
   语句块
   [Exit For]
```

```
Next [计数器]
```

执行For循环的步骤如下：

1）设置计数器等于初始值。

2）如果步长为正，测试计数器是否大于终止值。若步长为负，则测试计数器是否小于终止值。如果是，则退出循环。

3）执行语句块。

4）计数器＝计数器＋步长。

5）转到步骤2。

For循环结构如图2-16所示。

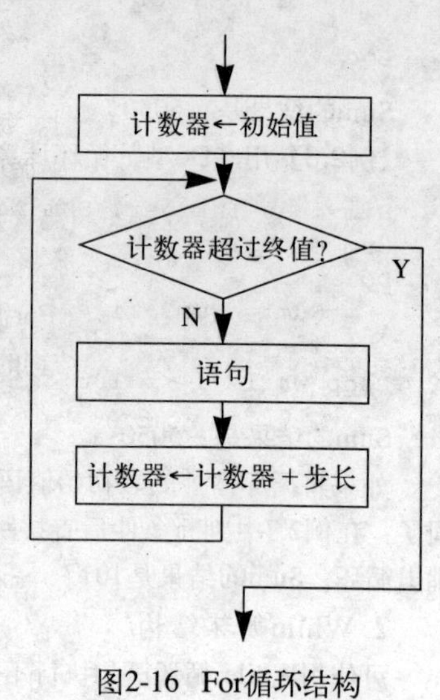

图2-16　For循环结构

注意：

- 步长可正可负。如果为正，则初始值必须小于等于终止值，否则不能执行循环内的语句。
- 如果没有设置 Step，则步长默认值为 1。

【例2.10】 用For循环结构来计算1～100的和，步长为1。

```
Dim i As Integer, Sum As Integer
Sum = 0
For i = 1 To 100                        ' 步长默认为1
      Sum = Sum + i
Next i
```

【例2.11】 用For循环结构步长为-1来计算1～100的和。

```
Dim i As Integer, Sum As Integer
Sum = 0
For i = 100 To 1 Step -1
      Sum = Sum + i
Next i
```

注意：

- 在不知道需要执行多少次循环时，适宜用Do循环，否则最好使用For循环。

4. 嵌套

在循环结构中可以嵌套任何循环结构，也可以嵌套分支结构。

【例2.12】 在查询中奖号码的例2.4中添加摇奖程序。

功能要求：摇奖是用For循环由随机数生成器循环产生三位数的中奖号码，为了获得摇奖的效果，出现每个号码之间有一段时间间隔，用一个For循环生成延时程序。

界面中增设一个文本框txtPrize、一个“摇奖”按钮（btnStart）和一个标签。单击“摇奖”按钮的界面如图2-17所示。

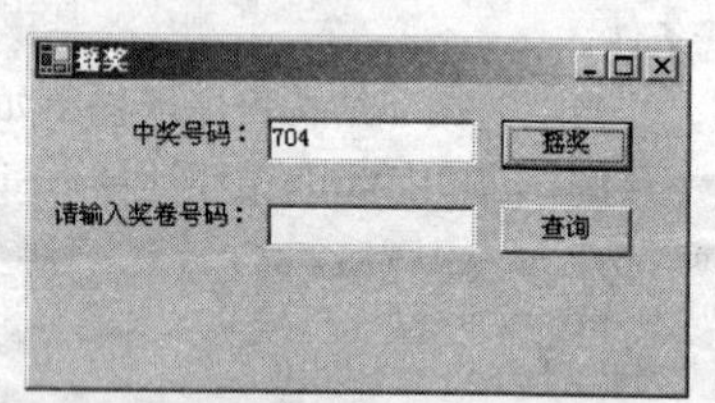

图2-17　单击“摇奖”按钮后的界面

程序代码如下：

```
Private Sub btnStart_Click(ByVal sender As System.Object, ByVal e As _
                           System.EventArgs)  Handles btnStart.Click
' 单击摇奖按钮
   Dim i As Integer, j As Integer
   Dim a As Single
   Dim StrPrize As String
   For i = 1 To 3
          j = Int(10 * Rnd)                             ' 产生0～9 的随机数
          StrPrize = StrPrize & j
          For a = 1 To 10000 Step 0.001                 ' 延时
          Next a
```

```
            txtPrize.Text = StrPrize
            txtPrize.Refresh                                    ' 刷新文本框
        Next i
    End Sub
```

程序分析：

- 字符串连接用“&”符号。
- 使用空的For循环来延时，每次循环增加步长0.001。
- txtPrize.Refresh语句用来循环中刷新文本框，使在每摇一次奖，反映在文本框的新内容立即显示。
- Rnd为产生随机数的函数，将在2.5.5节介绍。

5. 退出循环结构

用Exit语句可以直接退出For循环、Do循环。程序执行时遇到Exit语句，就不再执行循环结构中的任何语句立即退出，转到循环结构的下面继续执行。

语法：

```
Exit For
Exit Do
Exit While
```

执行Exit语句只能退出该语句所在的循环体。Exit语句几乎总是出现在循环体内嵌套的If 语句或Select Case语句中。

【例2.13】计算1～100的和，当和大于等于5000时跳出循环。

```
Dim i As Integer, Sum As Integer
Sum = 0
For i = 100 To 1 Step -1
      Sum = Sum + i
      If Sum >= 5000 Then Exit For                ' 当和大于等于5000时跳出循环
Next i
```

注意：

- 当运行程序进入死循环时，按Ctrl+Break 键可以终止程序的运行。

2.5 常用内部函数

内部函数也称公共函数，是由VB.NET系统提供的，每个内部函数都有某个特定的功能，可在任何程序中直接调用。函数具有返回值，应注意函数返回值的数据类型，例如，y = CBool(x)，返回值是Boolean型。

在程序中使用函数称为调用函数，函数调用的形式如下：

语法：

```
函数名(参数1, 参数2,…)
```

说明：

1）函数名是系统规定的函数名称，函数名一般具有一定的含义。例如，Sin(x)表示求x的正弦值。

2）参数1，参数2，…是函数的参数，参数的个数、排列次序和数据类型都应与系统规定的函数参数完全相同。

2.5.1 算术函数

算术函数是系统给用户提供进行算术计算的函数。

表2-13所示为常用的算术函数的功能、例子以及函数的返回值。

在VB.NET中，所有的算术函数都在命名空间System.Math中定义，为了使用表2-13列出的算术函数，必须在程序模块的开头引入System.Math命名空间。

表2-13　算术函数

函数名	返回类型	功　能	例　子	返回值
Abs (x)	与x同	x的绝对值	Abs(−50.3)	50.3
Atn(x)	Double	角度x的反正切值	4 * Atn(1)	3.141 592 653 589 79
Cos (x)	Double	角度x的余弦值	Cos (60*3.14/180)	0.5
Exp (x)	Double	e（自然对数的底)的幂值	Exp(x)	e的x次幂
Fix (x)	Double	x的整数部分	Fix(−99.8)	−99
Int (x)	Double	x的整数部分	Int(−99.8)	−100
Log (x)	Double	x的自然对数值	Log(x)/Log(10)	以10为底的x对数
Rnd (x)	Single	一个小于1但大于等于0的随机数值	Int((6 * Rnd) + 1)	1～6之间的随机数
Sgn (x)	Integer	x > 0　返回1 x = 0　返回0 x< 0　返回−1	Sgn(12) Sgn(0) Sgn(−2.4)	1 0 −1
Sin (x)	Double	x的正弦值	Sin (30*3.14/180)	0.5
Sqrt (x)	Double	x的平方根	Sqrt(4)	2
Tan (x)	Double	角度x的正切值	Tan (60*3.14/180)	1.73
Val(x)	Double	字符串的数值	Val("24 and 57")	24
Asc(x)	Integer	字符串首字母的ASCII代码	Asc("a")	97
Chr(x)	String	ASCII代码指定的字符	Chr(65)	A
Str(x)	String	数值转换的字符串	Str(−459.65)	"−459.65"
Hex(x)	String	十六进制数值	Hex(10)	A
Oct(x)	String	八进制数值	Oct(8)	10

语法：

```
Imports  System.Math
```

【例2.14】制作一个万年历，用来查看某年的元旦是星期几。

确定某年的元旦是星期几可由以下式子得出：

$$F=(Y-1)\left(1+\frac{1}{4}-\frac{1}{100}+\frac{1}{400}\right)+1$$

$$K=F-\mathrm{int}(F/7)\times 7$$

其中，Y为某年公元年号，计算出K为星期几，$K=0$为星期日，以此类推。

图2-18　运行结果

功能要求：从文本框（txtYear)中输入年份，单击“查看”(btnStart)按钮，在文本框（txtDay）中显示星期，运行结果如图2-18所示。

程序代码如下：

```
Private Sub Button1_Click(ByVal sender As System.Object, ByVal e As _
                          System.EventArgs)  Handles Button1.Click
   Dim Y As Integer, F As Integer, k As Integer
   Y = Val(txtYear.Text)
   F = Int((Y - 1) * (1 + 1 / 4 - 1 / 100 + 1 / 400) + 1)
   k = F - Int(F / 7) * 7
   txtDay.Text = k
End Sub
```

程序分析：

- 文本框的Text属性是字符型，而在计算中要使用的变量a是实数型数值，因此在计算中必须运用Val(x)函数对文本框的Text属性值转换。
- 对数值型变量取整，可以用Fix(x)和Int(x)函数。当函数参数x是正数时，Fix(x)和Int(x)函数结果相同；当参数x是负数时，则 Int函数返回小于等于x的第一个负整数，而Fix函数则会返回大于等于x的第一个负整数。

【例2.15】 求$ax^2+bx+c=0$的方程的解。

求方程的解公式如下：

$$x_{1,2}=\frac{-b\pm\sqrt{b^2-4ac}}{2a}$$

方程的根有以下几种可能：

1）$a=0$，一个实根。

2）$b^2-4ac=0$，有两个相等的实根。

3）$b^2-4ac>0$，有两个不等的实根。

4）$b^2-4ac<0$，有两个共轭复根。

界面设计：界面由5个文本框、5个标签和1个按钮组成，输入文本框为txtA、txtB和txtC。界面控件属性如表2-14所示。程序流程图如图2-19a所示，界面安排如图2-19b所示。

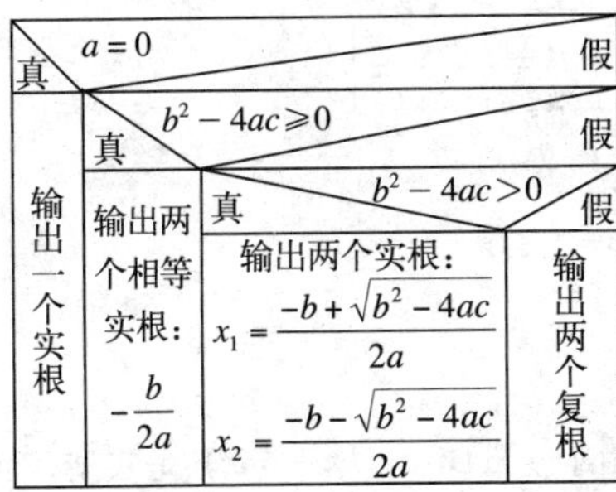

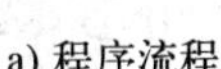
a) 程序流程

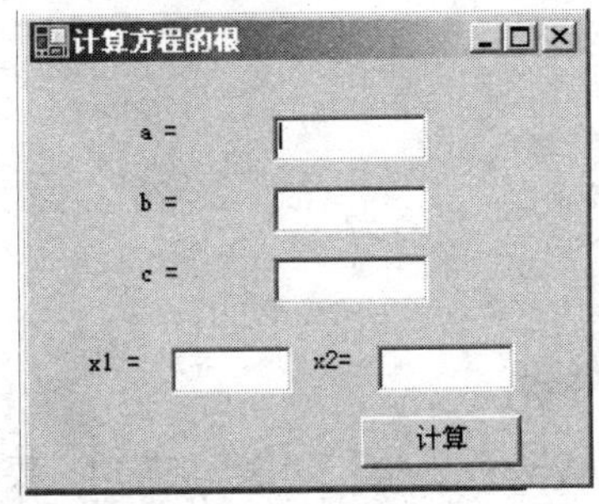

b) 界面安排

图2-19 方程求根

表2-14 属性设置表

对 象	控件名	属性名	属性值	功 能
Form	Form1	Text	计算方程根	—
Label	LabA	Text	a =	—
	LabB	Text	b =	—
	LabC	Text	c =	—
	LabX1	Text	x1 =	—
	LabX2	Text	x2 =	—
TextBox	txtA	Text	空	输入a
	txtB	Text	空	输入b
	txtC	Text	空	输入c
	txtX1	Text	空	显示x1
	txtX2	Text	空	显示x2
Button	btnStart	Text	计算	单击后计算方程根

功能要求：在文本框中输入a、b、c单击按钮btnStart，计算方程根并将运行结果显示在文本框txtX1和txtX2中。

程序代码如下：

```
Imports System.Math                                          ' 引入命名空间
Public Class Form1
    Private Sub btnStart_Click(ByVal sender As System.Object, ByVal e As _
                                        System.EventArgs)Handles btnStart.Click
```

```
        Dim a, b, c, Disc, x1, x2, RPart, IPart As Single
        a = Val(txtA.Text)                                   ' 取数据a
        b = Val(txtB.Text)                                   ' 取数据b
        c = Val(txtC.Text)                                   ' 取数据c
        If Abs(a) <= 0.000001 Then                           ' 当a=0时
            txtX1.Text = -b / c
            txtX2.Text = "无解"
        Else                                                 ' 当a<>0时
            Disc = b * b - 4 * a * c
            RPart = -b / (2 * a)
            If Abs(Disc) <= 0.000001 Then                    ' 当Disc=0时
                txtX1.Text = RPart
                txtX2.Text = RPart
            ElseIf Disc > 0.000001 Then                      ' 当Disc>0时
                x1 = (-b + Sqrt(Disc)) / (2 * a)
                x2 = (-b - Sqrt(Disc)) / (2 * a)
                txtX1.Text = x1
                txtX2.Text = x2
            Else                                             ' 当Disc<0时
                IPart = Sqrt(-Disc) / (2 * a)
                txtX1.Text = RPart & "+" & IPart & "i"
                txtX2.Text = RPart & "-" & IPart & "i"
            End If
        End If
    End Sub
End Class
```

程序分析：

- 对于判断b^2-4ac是否等于0这个问题时，要注意由于变量Disc（b^2-4ac）是实型，而实数在计算和存储时会有一些微小的误差，因此不能直接用如下语句判断“If Disc = 0 Then...”，因为这样会出现本来是0的量由于上述误差而被判别为不等于0，导致结果出错。通常采用的办法是判别Disc的绝对值(Abs(Disc))是否小于一个很小的数(0.000 001)，如果小于此数则认为Disc = 0。
- 当计算的根为两个复数时，将实部和虚部用“&”组合成字符串显示在文本框中。

2.5.2 字符串函数

字符串函数用于进行字符串处理。表2-15所示为常用的字符串函数功能、实例以及返回值。

表2-15　字符串函数

函数名	返回类型	功　能	例　子	返回值
Ltrim(字符串)	String	去掉左面空格	LTrim(" Hello! ")	"Hello!"
RTrim(字符串)	String	去掉右面空格	RTrim (" Hello! ")	"Hello!"
Trim(字符串)	String	去掉前后空格	Trim(" Hello! ")	"Hello!"
Left(字符串，长度)	String	从左起取指定数的字符	Left("Hello! ", 5)	"Hello"
Right (字符串，长度)	String	从右起取指定数的字符	Right("Hello! ", 1)	"!"
Mid (字符串，开始位置[，长度])	String	从开始位置起取指定数的字符	Mid("Hello", 1, 4)	"Hello"
InStr ([开始位置，]字符串1，字符串2[，字符串比较])	Integer	串2在串1中最先出现的位置	InStr ("XpXXPXXP", "P")	5
Len(字符串)	Integer	字符串长度	Len("Hello!")	6
String (长度, 字符)	String	重复数个字符	String(5, "*")	"*****"
Space (长度)	String	插入数个空格	"Hello" & Space(10) & "World"	插入10 个空格
LCase (字符串)	String	转成小写	LCase ("Hello ")	"hello"
UCase (字符串)	String	转成大写	UCase ("Hello ")	"HELLO"

（续）

函数名	返回类型	功 能	例 子	返回值
StrComp (字符串1, 字符串2[, 比较])	Integer	串1<串2 -1 串1=串2 0 串1>串2 1	StrComp("AB", "abcd")	-1

【例2.16】将输入的字符串反向显示。

界面包含两个标签、一个按钮（btnReverse）和两个文本框（txtInput用于输入，txtReverse用于显示反向后的字符串）。运行结果如图2-20所示。

功能要求：从文本框txtInput输入要反向的字符串，单击“反向”(btnReverse)按钮，在文本框txtReverse中显示反向后的字符串。

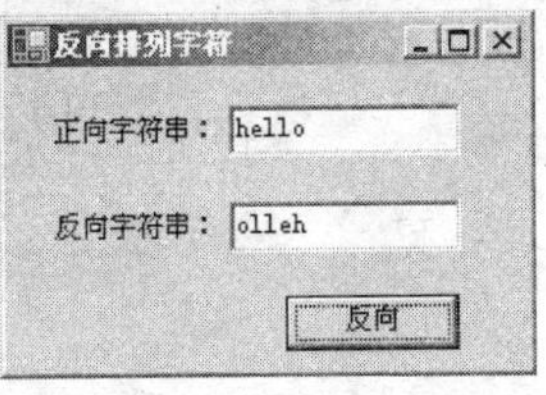

图2-20 运行结果

程序代码如下：

```
Private Sub btnReverse_Click(ByVal sender As System.Object, ByVal e As _
                                          System.EventArgs)  Handles btnReverse.Click
    Dim Str As String, StrReverse As String
    Dim i As Integer
    Str = txtInput.Text
    For i = 1 To Len(Str)
          StrReverse = Mid(Str, i, 1) & StrReverse
    Next i
    txtReverse.Text = StrReverse
End Sub
```

程序分析：

- For循环的次数是由字符串的长度Len(Str)决定的。
- 用Mid函数每次从字符串中第i个位置取一个字符。

【例2.17】译电文。为了使电文保密，往往按一定规律将其转换成密码，收报人再按规律译回原文。比如按照以下规律：将字母A变成E，即变成其后的第四个字母，相应地，最后四个字母W变成A，X变成B，Y变成C，Z变成D，小写字母也是同样，译电文的规律如图2-21所示。

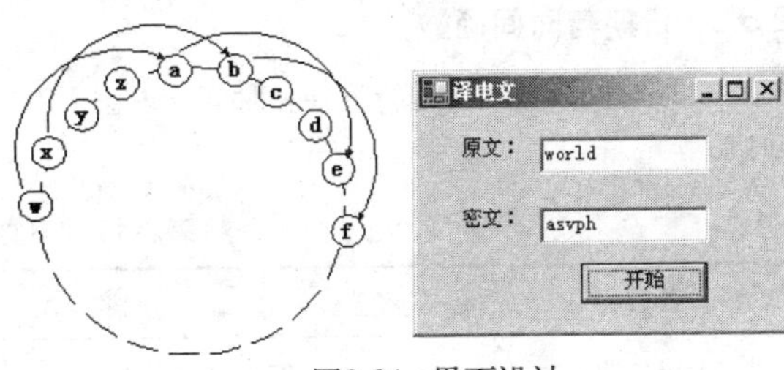

图2-21 界面设计

界面设计：界面由二个文本框（txtInput和 txtOutput)、一个命令按钮btnStart和两个标签组成。如图2-21所示。

功能要求：在文本框（txtInput)中输入原文“world”，单击“开始”（btnStart)按钮后，则会在文本框（txtOutput）中出现译过的密码“asvph”，窗体中对象属性设置如表2-16所示。

表2-16 属性设置表

对 象	控件名	属性名	属性值	功 能
Form	Form1	Text	译电文	–
Label	LabInput	Text	原文	–
	LabOutput	Text	密文	–
TextBox	txtInput	Text	空	输入电文
	txtOutput	Text	空	显示译过的电文
Button	btnStart	Text	开始	单击后进行译码

程序代码如下：

```
Private Sub btnStart_Click(ByVal sender As System.Object, ByVal e As _
                                     System.EventArgs) Handles btnStart.Click
    ' 单击按钮
    Dim String1, String2, c As String
    Dim StrL, i As Integer
    String1 = txtInput.Text
    StrL = Len(String1)
    i = 1
    Do While i <= StrL
        c = Mid(String1, i, 1)
        If (c >= "a" And c <= "z") Or (c >= "A" And c <= "Z") Then
            c = Chr(Asc(c) + 4)
            If c > "Z" And Asc(c) <= Asc("Z") + 4 Or c > "z" Then
                    ' 当字母是最后4个时
                    c = Chr(Asc(c) - 26)
            End If
        End If
        String2 = String2 & c                          ' 连接字符串
        i = i + 1
    Loop
    txtOutput.Text = String2
End Sub
```

程序分析：

- 在Do循环中嵌套了If分支结构。Len函数是得到输入字符串的长度，循环次数由长度决定。Mid函数是取字符串中的一个字符，每个字符单独转换后再组合成字符串。
- Asc函数得到字母的ASC II码，Chr函数将ASC II码转换为字符。

2.5.3　日期与时间函数

日期时间函数用于进行日期和时间处理。表2-17所示为常用的日期和时间函数的功能、例子及其返回值。

表2-17　日期与时间函数

函数名	返回类型	功　能	例　子	返 回 值
Day(日期)	Integer	返回日期，1～31的整数	Day(#2000/3/15#)	15
Month(日期)	Integer	返回月份，1～12 的整数	Month (#2000/3/15#)	3
Year(日期)	Integer	返回年份	Year (#2000/3/15#)	2000
Weekday(日期)	Integer	返回星期几	Weekday(#2000/3/15#)	4
TimeOfDay	Date	返回当前系统时间	TimeOfDay	系统时间
Date	Date	返回系统日期	Date	系统日期
Now	Date	返回系统日期和时间	Now	系统日期与时间
Hour(时间)	Integer	返回钟点，0 ～ 23的整数	Hour(#4:35:17 PM#)	16
Minute(时间)	Integer	返回分钟，0～ 59的整数	Minute(#4:35:17 PM#)	35
Second(时间)	Integer	返回秒钟，0 ～ 59的整数	Second(#4:35:17 PM#)	17

【例2.18】使用日期和时间函数在窗体上显示日期和时间。

界面设计：用4个空白标签labYear、labMonth、labDay和labTime分别来显示年、月、日和时间。设计界面如图2-22a所示，运行效果如图2-22b所示。

窗体加载(Load)事件程序代码如下：

```
Private Sub Form1_Load(ByVal sender As System.Object, ByVal e As _
                              System.EventArgs) Handles MyBase.Load
    labYear . Text = Year(Now)                              ' 显示年份
    labMonth . Text = Month(Now)                            ' 显示月份
    LabDay . Text = Microsoft.VisualBasic.Day(Now)          ' 显示日期
```

```
    labTime . Text = Hour(Now) & ":" & Minute(Now) & ":" & Second(Now)' 显示时间
End Sub
```

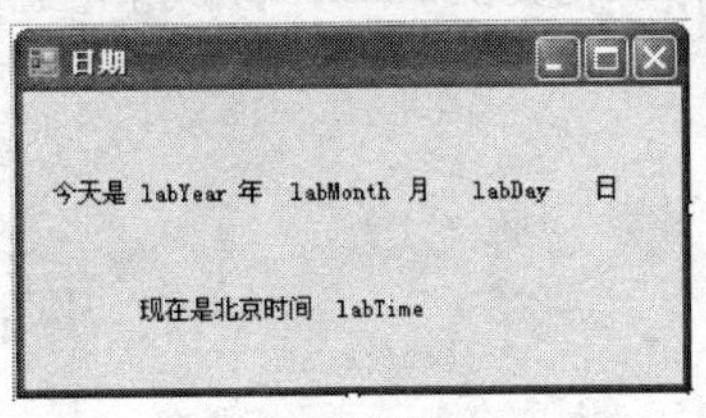

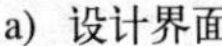
a) 设计界面

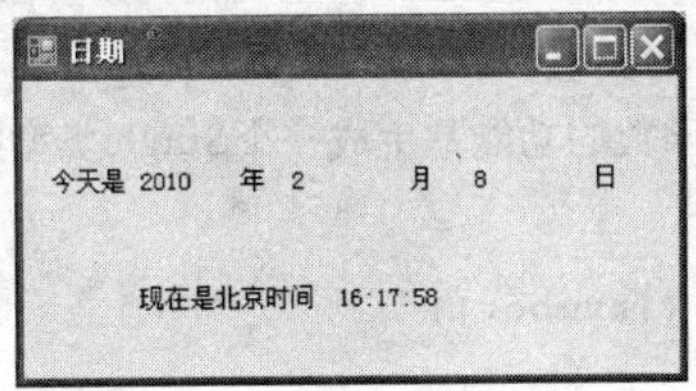

b) 运行效果

图2-22 日期时间函数应用

程序分析：

- Text为标签的属性，表示标签的显示文本。
- Date函数返回系统日期，即计算机当前设置的日期。Now函数返回系统时间，即计算机当前设置的时间，包含日期。

2.5.4 类型转换函数

VB.NET提供了几种转换函数，每个函数都可以强制将一个表达式转换成某种特定的数据类型。转换函数如表2-18所示。

表2-18 转换函数

转换函数	结果类型	源数据类型	例 子	转换结果
CBool (x)	Boolean	数值类型、String 、Object	Cbool(0)	False
CByte (x)	Byte	数值类型、String 、Object、Boolean	Cbyte(125.5678)	126
CChar (x)	Char	String 、Object	Cchar("February 12, 1969")	"F"
Cdate(x)	Date	String 、Object	Cdate("February 12, 1969")	Date 型1969-2-12
CDbl (x)	Double	数值类型、String、Object、Boolean	CDbl(234.456784 * 8.2)	1922.54576
Cddec(x)	Double	数值类型、String、Object、Boolean	Cddec(234.456784 * 8.2)	1922.54576
CInt (x)	Integer	数值类型、String、Object、Boolean	Cint(2345.5678)	2346
Cshort(x)	Integer	数值类型、String、Object、Boolean	Cshort(2345.5678)	2346
CLng (x)	Long	数值类型、String、Object、Boolean	CLng(25427.45)	25427
CSng (x)	Single	数值类型、String、Object、Boolean	CSng(75.3421115)	75.34211
CStr(x)	String	数值类型、Char、Date、Object、Boolean	CStr(437.324)	"437.324"
CObj (x)	Object	任何类型	Cobj(4534& "000")	"4534000"
Val(x)	数值型	String	Val("459")	459
Ctype(x, y)	y指定的类型	任何类型	Ctype(459 , String)	"459"

注意：

- 转换函数的参数值必须对目标数据类型有效，否则会发生错误。例如，如果把 Long 型数转换成 Integer 型数，Long型数必须在 Integer 数据类型的有效范围之内。
- 所有数值变量都可相互赋值，在将浮点数赋予整数之前，VB.NET要将浮点数的小数部分四舍五入，而不是将小数部分去掉。
- 当将其他类型转换为 Boolean 型时，0 会转成 False，而其他非零的值则为 True。当将 Boolean型转换为其他的数据类型时，False会转成0，而 True会转成−1。
- 当其他数值类型要转换为 Date 型时，小数点左边的值表示日期信息，而小数点右边的值则表示时间。

2.5.5 随机函数

随机函数用于在程序中生成随机数。在VB.NET中，主要使用Rnd函数和Randomize语句来产生随机数。

1. Rnd函数

Rnd函数的功能是生成一个Single类型的随机数。语法如下：

语法：

```
Rnd ([number])
```

说明：

1）参数number是一个Single类型的表达式。

2）Rnd函数的返回值是一个0～1（包含0）之间的单精度数值。使用Rnd函数示例如下：

```
Imports  System.Math
Dim  intA  As  Integer
Dim  sngB  As  Single
sngB = Rnd()                                    ' 产生0～1之间的随机数
intA = Cint (Int ((6*Rnd())+1))                 ' 产生1～6之间的随机整数
```

注意：

- 如果参数number大于0或省略，则返回新的随机数；如果number小于0，则返回每次都相同的随机数，并将number用作种子；如果number等于0，则返回最近生成的随机数。

2. Randomize语句

Randomize语句的功能是初始化随机数生成器。语法如下：

语法：

```
Randomize[number]
```

Randomize用number将Rnd函数的随机数生成器初始化，并给它一个新的种子值。如果省略number，则使用系统计时器返回的值作为种子值。如果使用Rnd( )函数生成随机数前，没有用Randomize初始化生成种子，则Rnd( )函数使用第一次调用Rnd( )函数的同一值作为种子值。

注意：

- 若要重复生成相同的随机数，请在使用带数值参数的Randomize之前先调用带负参数的Rnd。若要生成不同的随机数，先使用带有相同参数值的Randomize初始化。

使用Rand函数示例如下：

```
Imports  System.Math
Dim  intA  As  Integer
Randomize                                       ' 初始化随机数产生器
intA = Cint (Int ((6*Rnd())+1))                 ' 产生1～6之间的随机整数
```

2.6 数据输入与输出

在与用户进行交互方面，VB.NET是非常方便的。下面介绍用InputBox和MsgBox函数来创建预定义对话框进行输入和输出。

2.6.1 InputBox函数

InputBox函数用于接受用户从键盘输入的数据，也称为输入框。在运行期间，它会产生一个对话框，用户可在其中输入数据。

语法：

```
InputBox(对话框提示信息s[,标题s] [,文本框默认值s] [,横坐标值n] [,纵坐标值n])
```

说明：

1）对话框提示信息：在对话框中显示的提示字符串，最大长度是1 024个字符。如果提示字符串中包含多行，则可在各行之间用回车符（Chr(13)）、换行符（Chr(10)）或回车换行符的组合（Chr(13)&Chr(10)）来分隔各行。

2）标题：指对话框标题栏的字符串，如果省略，则标题栏中为应用程序名。

3）文本框默认值：指文本框中显示的默认字符串，如果省略，则文本框为空。

4）横、纵坐标值：指对话框在屏幕上的左上角位置(数值表达式)。

在调用InputBox函数时会出现一个对话框，在对话框中有一个文本框以及“确定”和“取消”按钮。对话框等待用户在文本框输入内容。如果用户单击“确定”按钮或按下“ENTER”键，InputBox函数返回值是文本框的内容，如果单击“取消”按钮，则返回一零长度字符串。

例如：InputBox("请输入文件名:", "打开文件", "d:\Program Files\VB6.exe")语句对应的输入框如图2-23所示。

图2-23 InputBox对话框

【例2.19】要求用户输入文件名，输入完单击“确定”按钮。

界面设计：界面包含两个标签（labFile和labFileName）和一个按钮（btnStart），程序运行结果如图2-24所示。

功能要求：单击“输入文件名”（btnStart）按钮出现InputBox输入框。在InputBox对话框中输入文件名，将输入的文件名显示在窗体的标签（labFileName）中，InputBox函数的输入框界面如图2-23所示。

图2-24 运行结果

程序代码如下：

```
Private Sub btnStart_Click(ByVal sender As System.Object, ByVal e As _
                            System.EventArgs) Handles btnStart.Click
    Dim FileName As String
    FileName = InputBox("请输入文件名:", "打开文件", "d:\Program Files\VB6.exe")
    ' 默认的文件名是"d:\Program Files\VB6.exe"
    If FileName <> "" Then
        labFileName.Text = FileName
                                                        ' 当用户按"取消"时
    Else
        labFileName. Text = ""
    End If
End Sub
```

程序分析：

- 在InputBox对话框中输入要打开的文件名，赋值给FileName变量，如果按“取消”按钮，则返回空字符串。

2.6.2 MsgBox函数

MsgBox函数用于向用户发布提示信息。在运行期间，它会产生一个对话框，也称为消息框，对话框中显示提示消息，同时还包含命令按钮，MsgBox函数要求用户通过单击按钮做出必要的响应，作为程序继续执行的依据。

语法：

```
MsgBox(消息文本s[,显示按钮n] [,标题s])
```

说明：

1）消息文本：在对话框中作为消息显示的字符串，用于提示信息。如果消息的内容超过一行时，可以在每行之间插入回车符(Chr(13))或换行符(Chr(10))进行换行。

2）标题：在对话框标题栏中显示的标题，默认时为空白。

3）显示按钮：是一个枚举类型MsgBoxStyle值，用来控制在对话框内显示的按钮、图标的种类及数量，该值由c1、c2、c3、c4这四个值构成，即c1+c2+c3+c4的总和，用来指定显示按钮的数目、形式、使用的图标样式。Buttons的设置值c1、c2、c3、c4如表2-19、表2-20、表2-21、表2-22所示。

表2-19　c1显示按钮的类型与数目表

内置常量名	c1取值	含　义
vbOKOnly	0	显示OK按钮
vbOKCancel	1	显示OK及Cancel按钮
vbAbortRetryIgnore	2	显示Abort、Retry及Ignore按钮
vbYesNoCancel	3	显示Yes、No及Cancel按钮
vbYesNo	4	显示Yes及No按钮
vbRetryCancel	5	显示Retry及Cancel按钮

表2-20　c2显示图标的样式

内置常量名	c2取值	含　义
vbCritical	16	显示关键信息图标
vbQuestion	32	显示疑问图标
vbExclamation	48	显示警告图标
vbInformation	64	显示通知图标

表2-21　c3显示哪一个按钮是默认值

内置常量名	c3取值	默认值
vbDefaultButton1	0	第一个按钮
vbDefaultButton2	256	第二个按钮
vbDefaultButton3	512	第三个按钮

表2-22　c4显示消息框的强制返回性

内置常量名	c4取值	含　义
vbApplicationModal	0	应用程序强制返回，当前应用程序直到用户对消息框做出响应才继续执行
vbSystemModal	4096	系统强制返回，全部应用程序直到用户对消息框做出响应才继续执行

MsgBox函数等待用户单击按钮，返回一个Integer型值告诉用户单击哪一个按钮，返回值如表2-23所示。如果用户按下ESC键，则与单击Cancel按钮的效果相同。

表2-23　MsgBox返回值

按钮名	内置常量	返回值
OK	vbOK	1
Cancel	vbCancel	2
Abort	vbAbort	3
Retry	vbRetry	4
Ignore	vbIgnore	5
Yes	vbYes	6
No	vbNo	7

注意：

- InputBox和MsgBox函数出现的对话框要求用户在应用程序继续执行之前做出响应，即不允许在对话框未关闭就进入程序的其他部分。

例如：MsgBox（“是否退出系统？”，vbOKCancel + vbQuestion,"退出"）语句对应的消息框如图2-25所示。

【例2.20】在例2.19的界面中添加一个“退出”（btnEnd）按钮，单击“退出”按钮后显示消息框如图2-25所示，在弹出的消息对话框中当单击“确定”按钮时退出系统，单击“取消”按钮时取消操作。

程序代码如下：

```
Private Sub btnEnd_Click(ByVal sender As System.Object, ByVal e As _
                        System.EventArgs)  Handles btnEnd.Click
```

```
        Response = MsgBox("是否退出系统? ", vbOKCancel + vbQuestion, "退出")
        If Response = 1 Then                              ' 当按"确定"按钮
            End
        End If
    End Sub
```

图2-25 MsgBox消息框

程序分析：

- 用变量Response存放MsgBox函数的返回值，当在图2-25中单击“确定”按钮时Response=1；单击“取消”按钮时Response=2。

2.7 综合应用

计算机解决问题必须按照一定的算法“循序渐进”，算法就是解决问题或处理事情的方法和步骤。对于求解同一问题，往往可以设计出多种不同的算法，它们的运行效率、占用内存量可能有较大的差异。一般而言，评价一个算法的好坏是看算法是否正确、运行效率的高低和占用系统资源的多少等。

计算机算法可以分为两大类：

1）数值计算算法，主要是解决一般数学解析方法难以处理的一些数学问题，如解方程的根、求定积分、解微分方程等。

2）非数值计算算法，如对非数值信息的排序、查找等。

1. 用牛顿迭代法解方程

牛顿迭代法是求解一元超越方程根的常用算法，已知一个初始点x_0，则根据牛顿迭代公式：

$$x_{n+1} = x_n - \frac{f(x_n)}{f'(x_n)} \quad n = 0, 1, 2, 3, \cdots$$

【例2.21】 根据输入的x_0，用牛顿迭代法求方程$2x^3 - 4x^2 + 3x - 6=0$的准确解x。

计算步骤：

1）先计算$f(x_0) = 2x^3 - 4x^2 + 3x - 6$和$f'(x_0) = 6x^2 - 8x + 3$。

2）再根据迭代公式计算出x_1。

3）当$|x_{n+1} - x_n| \leqslant \varepsilon$时，$x_{n+1}$为所求的方程根，本题的$\varepsilon = 0.000\,5$；否则继续计算$x_2$、$x_3$、…、$x_n$。

方程的解曲线如图2-26所示。

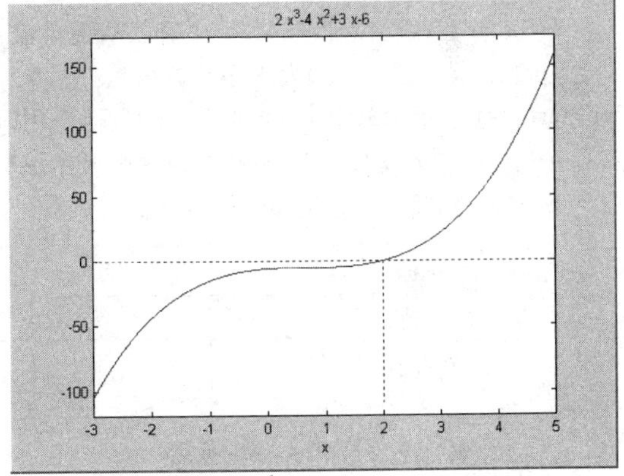

图2-26 $2x^3 - 4x^2 + 3x - 6 = 0$曲线图

界面包含一个按钮Button1、两个文本框（Text1、Text2）和两个标签。在文本框Text1中输入x0，通过单击“计算”按钮（Button1），计算出方程的根显示在文本框Text2中。

程序流程图如下图2-27a所示，运行结果如图2-27b所示，计算出方程的根为2。

程序代码如下：

```
Imports System.Math
Public Class Form1
    Private Sub Button1_Click(ByVal sender As System.Object, ByVal e As _
```

```
                                        System.EventArgs)Handles Button1.Click
        ' 牛顿迭代法
        Dim x, x0, f, f1 As Single
        x0 = Val(Text1.Text)
        Do
            x0 = x
            f = ((2 * x0 - 4) * x0 + 3) * x0 - 6
            f1 = (6 * x0 - 8) * x0 + 3
            x = x0 - f / f1
        Loop While Abs(x - x0) >= 0.00005
        Text2.Text = x
    End Sub
End Class
```

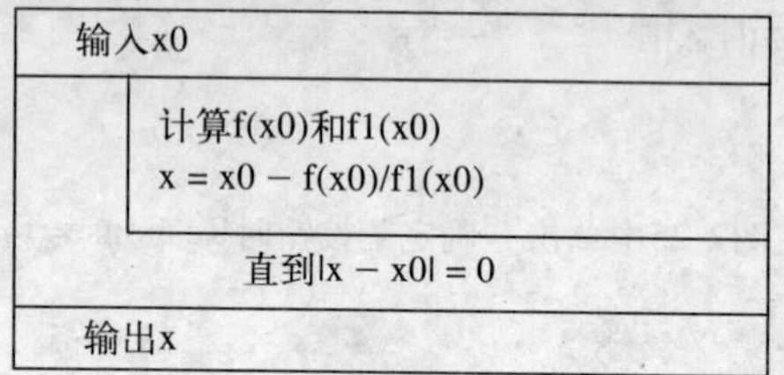

a) 程序流程

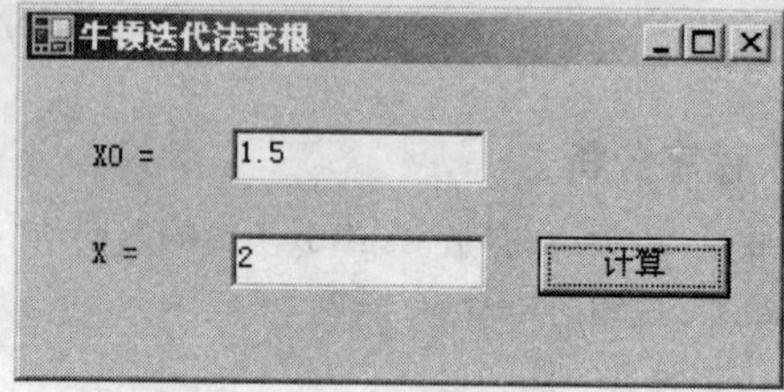

b) 运行结果

图2-27 牛顿法解方程

程序分析：

• 采用Do循环，循环条件为判断Abs(x − x0)>= 0.000 05，当条件为True则继续循环。

2. 折半查找法

折半查找法是在已经排序的数组中查找一个数，首先让被查数据与数组的中间值比较，比较后可以放弃其中的一半。如果数组从小到大排序，查找的数大于中间值，则放弃前一半，查找继续在后一半进行；否则放弃后一半。这样一步一步缩小范围直到查到为止，如果到最后一个数仍找不到，说明没有该数，这是一种效率较高的查找方法。如果从大到小排序则放弃的部分相反。

【例2.22】 在已经排序的数组中查找从键盘输入的数据在数组中的位置。

功能要求：在从小到大排序的数组1、3、5、8、12、23、34、44、45、68中查找数据，单击按钮btnStart后通过InputBox输入需要查找的数据，用Label2控件输出被查找的数是否在数组中，如果不在则在Label2输出“无此数”，如果在数组中则显示该数在数组中的位置。

例如查找“3”的过程如图2-28所示。

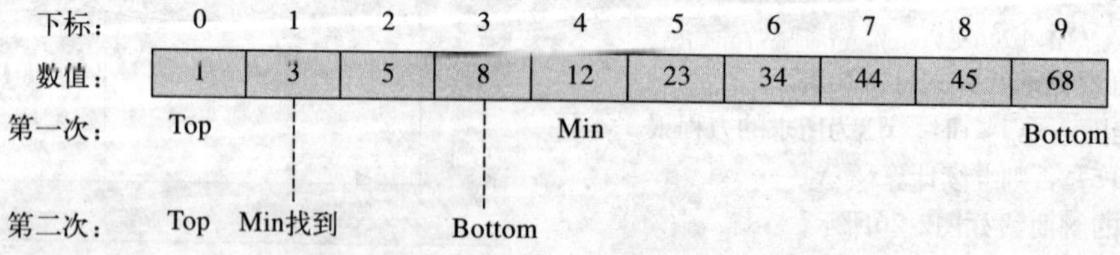

图2-28 查找“3”的过程

下面是折半查找程序流程图如图2-29所示。

程序代码如下：

```
Private Sub btnStart_Click(ByVal sender As System.Object, ByVal e As _
                           System.EventArgs)  Handles btnStart.Click

    Const N = 10
```

```
    Dim A(N), I, J, Num, Top, Bott, Min, loca As Integer
    Dim tmpstr,C, MyNum As String
    A(0) = 1: A(1) = 3: A(2) = 5: A(3) = 8: A(4) = 12
    A(5) = 23: A(6) = 34: A(7) = 44: A(8) = 45: A(9) = 68
    tmpstr  =  "显示A元素:"
    For I = 0 To N - 1
          tmpstr  = tmpstr & A(I) & "  "                    ' 将A各元素连接成字符串
    Next I
    Label1.text = tmpstr                                    ' 在标签中显示A元素
    MyNum = InputBox("请输入查找数值", "查找数据"  )          ' 输入数据
    Num = Val(MyNum)
    loca = -1                                               ' 置标志为-1
    Top = 0: Bott = N - 1
    If Num < A(0) Or Num > A(N - 1) Then loca = -2
    ' 不在数组范围内则置标志为-2
    Do While loca = -1 And Top <= Bott
          Min = Int((Bott + Top) / 2)                       ' 置折半数值
          If Num = A(Min) Then
                loca = Min
                Label2.text =  Num & "的位置在第" & loca + 1 & "个。"
          ElseIf Num < A(Min) Then                          ' 范围折半
                Bott = Min - 1
          Else
                Top = Min + 1
          End If
    Loop
    If loca = -2 Or loca = -1 Then Label2.text =  "数组中无" & Num
End Sub
```

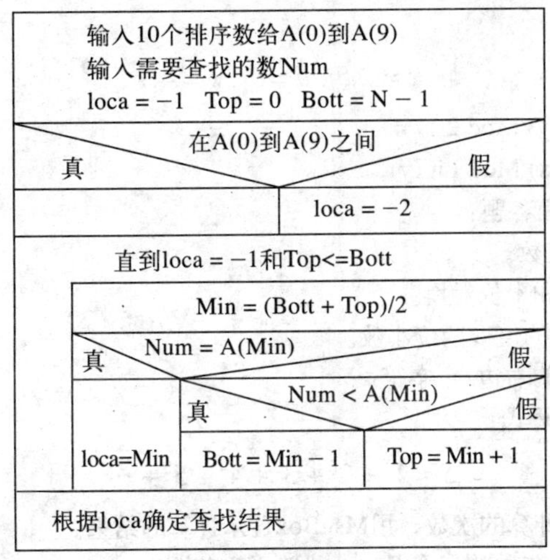

图2-29 程序流程图

程序分析：

- N为符号常量，是数组的元素个数。
- 变量loca为标志，当loca = −2表示不在数组范围；loca = −1表示未找到；如果找到则loca的值为查找的位置。

图2-30中显示的是输入23后查找的结果。

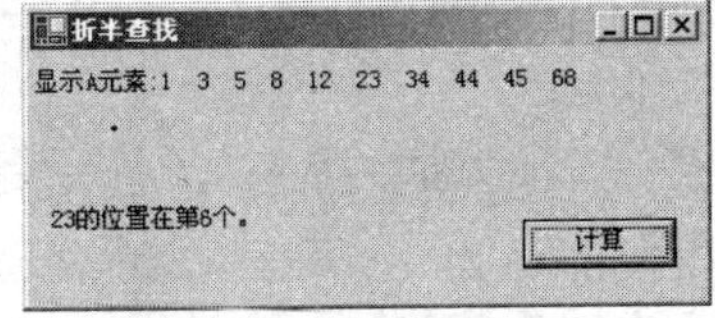

图2-30 查找的结果

习题

1. VB.NET支持的数据类型有哪些？每种数据类型所占字节多少？
2. 下面符号中哪些是合法的VB.NET符号常量和变量名？

BtnV1, 26a , LngNum , Name&2 , Year% , a>b , M.John

3. VB.NET中循环结构有哪几种？它们之间有何区别？
4. VB.NET中可否出现以下形式的常数？

   D32 , 2.4E-6 , 0.368 , 2.5D , 1.89E+4 , 12E3.9 , 8.67D+5
5. 已知Dim a ,b ,c As Boolean

   a = 0

   b = 1

   c = 0

   写出下面逻辑表达式的值：

   blnResult = a AND NOT b

   blnResult = a + b > c AND b = c

   blnResult = a OR b + c AND b − c

   blnResult = NOT (a>b) AND NOT c OR True

   blnResult = NOT (a+b) +c − 1 AND b+c/2
6. 将下面的条件关系用VB.NET的表达式表示：

   1）要求文本框Text1的Text属性值大于0，同时小于100。

   2）要求数值型变量X、Y的符号相反。

   3）要求字符变量X的值为小写字母。

   4）要求字符串String1变量的值中含有变量。
7. 试写出判断Year是否是闰年的条件表达式。闰年的条件符合如下两者之一即可：（1）能被4整除，但不能被100整除。（2）能被4整除又能被400整除。
8. 求下面的算术表达式的值：

$$x = 2.5 : a = 7 : y = 4.7$$

   1）x + a Mod 3 * (Int(x+y) Mod 2) / 4

   2）CSng (a + 3) / 2 +Int (x) Mod Int (y)
9. VB.NET的表达式表示下面各题：

   1）产生一个11~99的随机数。

   2）将一个两位数的个位和十位对换。

   3）将一个Single型变量X的值取两位小数。

   4）取字符串变量String1的右边4个字符。
10. 使用For循环，实现以下算式：

$$S = 1^1 + 2^2 + 3^3 + 4^4 + 5^5 + \cdots$$

    使用InputBox输入需要计算的次数，用MsgBox显示计算的结果。
11. 使用Select Case结构将一年中的12个月，分成四个季节输出。

第3章 复合数据类型

在第2章中介绍了存储单一信息的数据类型，如整型、实型、日期型等，而实际应用中，有些数据是由若干种相关数据构成的，这些数据无法用简单的数据类型来存储。VB.NET提供了可以存储复杂数据的几种复合数据类型，其中包括枚举、数组、结构和集合。

3.1 枚举

枚举（enum）是值类型的一种特殊形式，当一个变量只有几种可能的值时，可以定义为枚举类型。所谓“枚举”，是指将变量的值逐一列举出来，变量的值只限于列举出来的值的范围。枚举类型提供了一种使用成组的相关常数以及将常数与名称相关联的方便途径。例如，可以把一周七天相关联的一组整数常数声明为一个枚举类型，然后在代码中使用这七天的名称而不是它们的整数值。

3.1.1 枚举类型的定义

枚举类型通过Enum语句来定义，语法如下：

语法：

```
[Public | Private]  Enum  类型名称
  成员名 [ = 常数表达式]
  成员名 [ = 常数表达式]
...
End  Enum
```

说明：

1）Public表示所定义的Enum类型在整个项目中都是可见的，在默认情况下，Enum类型被定义为Public。

2）Private表示所定义的Enum类型只在所定义的模块中是可见的。

3）类型名称表示所定义的Enum类型的名称。

4）成员名用来指定所定义的枚举类型的一个组成元素的名称，必须是合法的VB.NET标识符。

5）常数表达式为元素的值，可以是Byte、Integer、Long、Short类型，也可以是其他枚举类型。若未指定，则默认是Long类型数。

Enum语句只能在模块、命名空间、文件级出现。也就是说可以在源文件中或者在模块、类或结构内部声明枚举，但不能在过程内部声明。在定义了枚举类型后，就可以用它来声明变量类型、过程参数和函数返回值。在声明枚举的模块、类或结构内的任何位置都可以访问它们。

例如，用Enum语句定义了一个枚举类型CourseCodes，其中使用赋值语句为一组课程命名常数：

```
Public  Enum  CourseCodes
   Computer  =  1
   English  =  2
   Math  =  3
   Chemic  =  4
End Enum
```

在Enum语句定义中，常数表达式可以省略，在默认情况下，枚举中的第一个常数被初始化为0，其后的常数将按步长1递增。

例如，在下面的Enum语句定义中，没有用赋值语句为枚举的成员赋常数值，因此Sunday被初始化为0，Monday被初始化为1，Saturday被初始化为6：

```
Public  Enum  Days
```

```
    Sunday
    Monday
    Tuesday
    Wednesday
    Thursday
    Friday
    Saturday
End Enum
```

注意：

- 如果将一个浮点数赋值给枚举中的常数，VB.NET会将该数取整为最接近的整数。

3.1.2 枚举的使用

声明枚举类型后，就可以定义该枚举类型的变量，然后使用该变量存储枚举常数的值。若要引用枚举类型变量的成员，语法如下：

语法：

枚举类型变量名.成员名称

例如，利用前面例子中定义的一个枚举类型CourseCodes，定义一个该枚举类型的变量，然后访问它的Math常量：

```
Dim  MyCourse  As  CourseCodes
MyCourse  =  CourseCodes.Math                    'MyCourse值为3
```

【例3.1】定义一个枚举类型Days的变量MyDay，在窗体上画一个按钮，编写按钮的事件过程代码如下：

```
Public Class Form1
    Public Enum Days
        Sunday
        Monday
        Tuesday
        Wednesday
        Thursday
        Friday
        Saturday
    End Enum
    Private Sub Button1_Click(ByVal sender As System.Object, ByVal e As _
                                   System.EventArgs)Handles Button1.Click
        Dim MyDay As Days
        MyDay = Days.Monday
        If MyDay < Days.Saturday Then
            MsgBox("今天是工作日，不是周末", , "")
        End If
    End Sub
End Class
```

程序运行启动，当单击按钮后界面如图3-1所示。

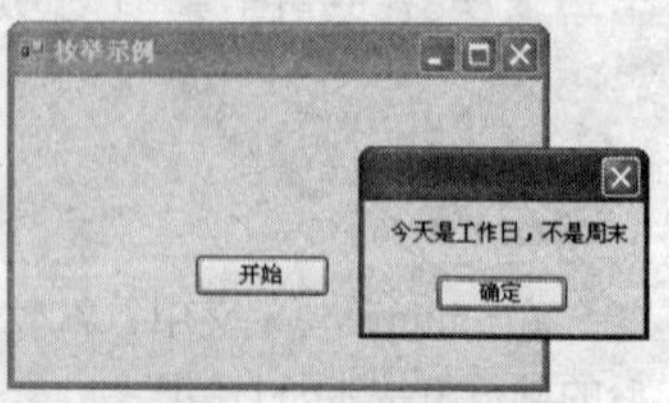

图3-1　单击按钮后界面

程序分析：

- 此程序定义了枚举类型Days的一个变量MyDay，并把元素Monday赋给了该变量。
- 由于Monday的值为1，而Saturday的值为6，If语句中的条件为True，因而，VB.NET显示一个信息框，如图3-1所示。

3.2 数组

数组是同类变量的一个有序集合。数组中的元素称为数组元素，数组元素具有相同名字和数据类型，通过下标（索引）来识别它们。

数组元素的表示：数组名（下标1，下标2，…）

3.2.1 数组声明

在使用数组前，必须声明数组。可以声明一维数组、二维数组，也可以定义多维数组。

语法：

```
Dim 数组名(第1维下标上界[, 第2维下标上界, …])[ As 数据类型 ]
```

说明：

1）“数组名”可以是任何合法的VB.NET变量名。

2）“数组元素下标上界”的个数表示数组的维数，当只有一个时表示一维数组，最多可以声明32维数组。

3）数组元素下标上界只能是常数，不能是变量或表达式，其最大值可为$2^{64}-1$。

4）数组元素下标下界为0，不能改变。

5）数组的数据类型可以是基本的数据类型，也可以是Object类型。如果省略“As数据类型”，则默认为Object类型。

例如：

```
Dim  A(14)  As Integer                  ' 15 个元素，从A(0)到A(14)
Dim  B(5,3)  As Decimal                 ' 24 个元素，从B(0,0)到B(5,3)
Dim  C(2+7)  As String                  ' 出错
```

本例中，在定义一个String类型的一维数组C时，用表达式“2+7”来声明它的下标上界，这是非法的，编译时将出错。

1. LBound函数

对于已经定义的数组，可以用LBound 函数来获得数组任一维可用的最小下标，从而确定数组任一维的下界。

语法：

```
LBound(数组名[, 维])
```

说明：

“维”是指定返回数组的哪一维。1（默认）表示第1维，2表示第2维，依次类推。

例如：

```
Dim  A(9, 14)  As Integer
Dim  L  As  Integer
L = LBound(A, 1)                        ' 获得数组第1维的下界，返回0
```

2. UBound函数

可以用UBound函数来获得数组任一维可用的最大下标，从而确定数组任一维的上界。

语法：

```
UBound(数组名[, 维])
```

说明：

“维”是指定返回数组的哪一维。1（默认）表示第1维，2 表示第2维，依次类推。

例如：

```
Dim A(9, 14) As Integer
Dim U As Integer
U = UBound(A, 2)                        ' 获得数组第2维的上界，返回14
```

通过组合使用LBound 函数与 UBound 函数，就可以确定一个数组的大小。

例如：

```
Dim  A(9, 14)  As  Integer
Dim L1 , L2 ,U1, U2  As Integer
L1 = LBound(A, 1)                        ' 获得数组第1维的下界，返回0
L2 = LBound(A, 2)                        ' 获得数组第2维的下界，返回0
U1 = UBound(A, 1)                        ' 获得数组第1维的上界，返回9
U2 = UBound(A, 2)                        ' 获得数组第2维的上界，返回14
```

上例得到数组A第1维和第2维的下标下界都为0，第1维的下标上界为9，第2维的下标上界为14，因此数组A是一个大小为10×15的二维数组。

3.2.2 数组的初始化

在使用数组时，通常要求数组有初始值。VB.NET允许在定义数组时指定各数组元素的初始值，称为数组初始化。

1. 一维数组初始化

一维数组的初始化较简单，其语法如下：

语法：

Dim 数组名()[As 数据类型] = { 值1, 值2, 值3, ···, 值n }

说明：

VB.NET不允许对指定了上界的数组进行初始化，因此"数组名"后的括号必须空，系统将根据初始值的个数确定数组的上界。

例如：

```
Dim  A()  As  Integer = {1,3,5,7,9}
```

本例定义了一个Integer类型的一维数组A，该数组有5个初值，因而数组的上界为4，经过上述定义和初始化后，数组各元素的值依次为：

```
A(0) = 1     A(1) = 3     A(2) = 5     A(3) = 7     A(4) = 9
```

同样地，也可以对字符串数组进行初始化。例如：

```
Dim  A()  As  String  = {"数学", "英语", "计算机", "物理", "化学"}
```

本例定义了一个String类型的一维数组A，该数组定义了5个初值，经过上述定义和初始化后，数组各元素的值依次为：

```
A(0) = "数学"    A(1) = "英语"    A(2) = "计算机"    A(3) = "物理"    A(4) = "化学"
```

2. 二维数组初始化

与一维数组初始化比较，二维数组初始化较为复杂，其语法如下：

语法：

Dim 数组名(,)[As 数据类型] = { {第1行值} , {第2行值} , …, {第n行值} }

说明：

1）"数组名"后的括号内必须有一个逗号","，系统将据此确定数组是2维的。

2）内层花括号的对数确定了二维数组的行数，而其中的值的个数决定了二维数组的列数。

例如：

```
Dim  A(,)  As  Integer = {{1,2,3,4},{5,6,7,8},{9,10,11,12}}
```

二维数组以行列形式存储，本例定义了一个Integer类型的二维数组A，经上述初始化后的数组为3行4列的矩阵：

```
1     2     3     4
5     6     7     8
9     10    11    12
```

存储在数组中的各元素分别为：

```
A(0,0) = 1     A(0,1) = 2     A(0,2) = 3     A(0,3) = 4     A(1,0) = 5
A(1,1) = 6     A(1,2) = 7     A(1,3) = 8     A(2,0) = 9     A(2,1) = 10
A(2,2) = 11    A(2,3) = 12
```

3.2.3 数组元素的引用

数组变量被声明后，就可以引用数组中的元素。访问数组的方法与访问普通变量相似，只是必须加上数组下标。

1. 一维数组的引用

一维数组元素的引用语法如下：

语法：

数组名(下标)

说明：

下标可以是整型常量或表达式。

数组元素可以被赋值，也可以出现在表达式中。例如：

```
A(0)  =  1
A(1)  =  2*6 + A(0)
A(2)  =  3*6 + A(3*2)
```

使用数组可以大大地缩短和简化程序，通常使用 For 循环，通过改变数组元素的下标，对数组元素依次进行输入输出处理。在引用数组元素时，数组名、类型和维数必须与定义数组时一致。

例如：

```
Dim  A(10)  As  Integer
Dim  I  As  Integer
For  I = 0  to  10
     A(I) = I
Next
```

2. 二维数组的引用

二维数组元素的引用语法如下：

语法：

数组名(下标，下标)

说明：

下标可以是整型常量或表达式。

例如，A(2, 3)表示二维数组A中第2行第3列的元素。在引用数组元素时，每一维的下标都不能超过定义的范围。

```
Dim  A(3,4)  As  Integer
A(3,5) = 2                                        ' 下标超界，出错
```

上例中，定义A为3×4二维数组，可以使用的最大行下标为3，最大列下标为4，而A(3, 5)已超出了数组的范围，程序出错。

二维数组的输入输出可以通过二重For循环来实现。由于VB.NET中数组是按行存储的，因此应将控制数组第一维下标的循环变量放在最外层中。

例如：循环为数组A的各元素赋值。

```
Dim  A(2,3) , I , J  As  Integer
For  I = 0  to  2
     For  J = 0  to  3
          A(I , J) = I*J
     Next
Next
```

执行上面的程序后，数组A中的各元素分别为：

```
A(0,0) = 0    A(0,1) = 0    A(0,2) = 0    A(0,3) = 0    A(1,0) = 0
A(1,1) = 1    A(1,2) = 2    A(1,3) = 3    A(2,0) = 0    A(2,1) = 2
A(2,2) = 4    A(2,3) = 6
```

注意：

- 引用数组时写的A(3, 4)和定义数组时写的A(3, 4)在本质上是完全不一样的。前者是访问数组A中第一维和第二维下标分别为3和4的数组元素，而后者是定义数组的维数和各维的长度。

通常数组中所有元素的值类型应与数组定义的类型相同，但是如果数组的类型是Object，则可以在数组中混合使用各种数据类型。

例如，使用Object类型的数组A来存储不同类型数据：

```
Dim  A(4)  As  Object
A(0)  =  "数学系"                    ' 下标为0的元素赋值为字符串型
A(1)  =  20                          ' 下标为1的元素赋值为整型
A(2)  =  #03-09-1985#                ' 下标为2的元素赋值为日期型
```

3.2.4 动态数组

在前面介绍的例子中，定义数组时都给出了各维的大小，这样定义的数组称为静态数组。静态数组是固定大小的数组，一旦声明，其维数和大小将不得改变。在某些应用场合，希望在运行时根据需要改变数组的大小，这可以通过使用动态数组来完成。动态数组是在运行时大小可以改变的数组，当没有为动态数组分配元素时，动态数组不占据内存，使用动态数组可以节省内存资源。

动态数组以变量作为下标，在程序运行过程中完成定义。通常分为两步定义：

1）首先用Dim、Private或Public等语句声明一个没有下标（括号不能省略）的数组。

2）然后在过程中用ReDim语句定义数组的维数和下标上界。

用ReDim语句声明动态数组的语法如下：

语法：

```
ReDim [Preserve] 数组名(数组上下界,…)
```

说明：

1）ReDim用于为动态数组重新分配存储空间。对于每一维数，ReDim语句都能改变元素数目以及上下界，可以分配实际的元素个数。但是，数组的维数不能改变。

2）当重新分配动态数组时，数组中的内容将被清除，若使用Preserve，可以保持数组中原来的数据。使用具有Preserve关键字的ReDim语句既可以改变数组大小，又不丢失数组原来的数据。

ReDim语句只能出现在过程中。与Dim语句、Static语句不同，ReDim语句是一个可执行语句，应用程序在运行时执行这个操作。每次执行ReDim语句时，当前数组中的值会全部丢失，VB.NET重新将数组元素的值初始化，对不同类型的数据分别置为0（数值型）、零长度字符串（String型）、Nothing（Object型）。

若声明一维动态数组，在Dim语句中数组名后面的括号不能省略。例如，先用Dim声明M为一维动态数组，再用ReDim语句为其分配6个元素：

```
Dim M () As Integer                  ' 声明一个一维动态数组M
......
ReDim M (5)                          ' 分配6个元素
```

若声明二维动态数组，在Dim语句中数组名后面的括号也不能省略，可以省略每一维的上界，但不能省略逗号。

例如，声明M为二维动态数组：

```
Dim M ( , ) As Integer               ' 声明一个二维动态数组M
Dim X,Y As Integer
......
X = 5
```

```
    Y = 9
    ReDim M (X, Y)                          ' 分配6 × 10个元素
    ReDim Preserve M (5, Y)                 ' 重新分配6 × 10 个元素，不清除数组中原来的数据
```

可以使用ReDim语句反复改变数组大小，如果将数组改小，则被删除元素的数据就会丢失。但是不能在将一个数组定义为某种数据类型之后，再使用ReDim改变该数组的数据类型。此外，也不能用ReDim语句直接定义数组。示例如下：

```
    Dim M ( ) As Integer                          ' 声明一个一维动态数组M
    Dim X,Y As Integer
    ......
    X = 5
    Y = 9
    ReDim M ( 5 )                                 ' 正确，分配6个元素
    ReDim M ( 4 )                                 ' 正确，重新分配5个元素
    ReDim MyArray ( 6 ) As Integer                ' 错误，不能用ReDim直接定义数组
    ReDim M (X, Y)                                ' 错误，不能改变维数
    ReDim M (5 )  As  Decimal                     ' 错误，不能改变数组类型
```

【例3.2】 求斐波那契（Fibonacci）数列1，1，2，3，5，8，…，斐波那契数列满足以下关系：

$F_1 = 1$

$F_2 = 1$

$F_n = F_{n-1} + F_{n-2}$

功能要求：运行程序后，计算Fibonacci数列并显示在窗体上的文本框（TextBox1）中。

界面设计：窗体Form1调整到适当大小，拖放一个文本控件（TextBox1）到此窗体中，Multiline属性设置为“True”。

程序代码如下：

```
Public Class Form1
    Private Sub Form1_Load(ByVal sender As System.Object, ByVal e As _
                                          System.EventArgs)Handles MyBase.Load
        '  Fibonacci数列
        Dim i, f() As Integer
        Dim s As String
        Dim n As Integer
        n = Val(InputBox("请输入数组元素个数", "输入", , 100, 100))
        If n <> 0 Then
            ReDim f(n)
            f(0) = 1 : f(1) = 1                                  ' 置F1,F2初值
            For i = 2 To n - 1                                   ' 计算Fn
                f(i) = f(i - 2) + f(i - 1)
            Next i
            For i = 0 To n - 1
                s += f(i).ToString() + "  "
            Next i
            TextBox1.Text = s
        End If
    End Sub
End Class
```

程序分析：

- 数组元素个数由InputBox输入，因此采用动态数组，在数组元素个数输入后用ReDim重新确定数组大小。
- 在窗体的（100,100）位置显示InputBox输入框。当从InputBox输入数据时，必须用Val函数将字符串转换为数值。
- 数组元素下标从0～19，通过For...Next循环计算2～19个元素的值。

运行结果如图3-2b所示。

a) 输入数据对话框

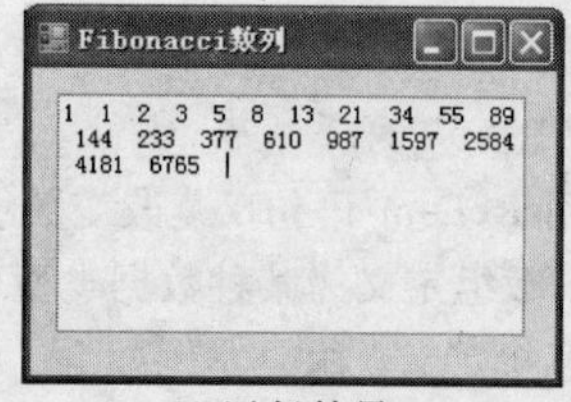

b) 运行结果

图3-2　Fibonacci数列

3.3　结构

在实际应用中，有些数据是相互联系的，但它们却是不同类型的数据，为了把它们组合成一个有机的整体，就需要让单个变量持有这几个数据，以便在程序中引用这些数据。例如，一个学生的基本信息包括学号、姓名、电话号码、出生日期、成绩等数据，这些数据类型、长度各不同，但它们都是学生的基本信息，因此希望能够构造出一种数据类型，把上述不同类型的数据作为一个整体来进行处理。VB.NET中，结构就是这样一种数据类型。

结构是一种较为复杂但非常灵活的复合数据类型，一个结构类型可以由若干个称为成员的数据成分组成，每个成员的数据类型可以互不相同，不同的结构可以包含不同的成员。

3.3.1　定义结构

结构类型的定义是用Structure语句开始，用End Structure语句结束，其定义的语法格式如下：

语法：

```
[Dim | Public | Friend | Private]  Structure 结构名
    变量声明
    [过程声明]
End Structure
```

说明：

1）Public声明的结构具有公共访问权限，对其访问没有限制。

2）Friend声明的结构具有友元访问权限，可以从包含其声明的程序中访问结构，也可以从同一程序集中的其他任何地方访问该结构。此选项为默认值。

3）Private声明的结构具有私有访问权限，只能在同一模块中访问该结构。

4）“结构名”必须是有效的VB.NET标识符。

5）“过程声明”作为结构的方法成员的0个或多个Function、Property或Sub过程的声明。这些声明与在结构外的声明一样，遵循相同的规则。

6）“成员声明”是用Dim、Private或Public语句声明至少一个作为结构的数据成员的变量或事件，声明的方法与普通变量或事件的声明方法相同。此外，也可以在结构中定义常数或属性，但必须至少声明一个变量或事件。

在定义结构时，还应注意以下事项。

注意：

- Structure语句只能在模块、命名空间或文件级出现。也就是说可以在源文件或模块、接口或类内部声明结构，但不能在过程内部声明。可以在一个结构中定义另一个结构，即嵌套结构，但不能通过外部结构访问内部结构的成员，只能通过声明内部结构的数据类型变量来访问内部结构的成员。
- 必须显式声明结构中的每一个数据成员并指定它的可访问性。即“变量声明”部分中的每一个语句都必须用Dim、Friend、Private或Public，若省略，默认为Public。若未用As子句声明数据类型，则默认为Object类型。
- 结构中定义的成员可以是变量、常量、属性、过程、事件，但是在结构中至少要定义一个非共享变量或事件，不能只包含常数、属性和过程。

例如，使用Structure语句定义学生的一系列信息：

```
Public  Structure  struStudents
   Public  strId  As  String                          ' 公有成员
   Friend  strName  As  String                        ' 友元成员
   Private  strBirthDay  As  Date                     ' 私有成员
   Private  intScore  As  Integer                     ' 私有成员
   ' 下面定义一个过程成员，它可以访问结构的私有成员
   Friend  Sub  DoubleScore(ByVal  inScore  As  Integer)
       IntScore = intScore * 2
   End Sub
End Structure
```

在结构中可以包含其他结构，例如先定义telephone结构如下：

```
Public  Structure  telephone
   Public  strPhone  As  String                ' 固定电话
   Friend  strMobilPhone  As  String           ' 手机
End Structure
```

然后，再定义newStudents结构，其中包含telephone结构：

```
Public  Structure  newStudents
   Public  strId  As  String
   Friend  strName  As  String
   Private  strBirthDay  As  Date
   Private  intScore  As  Integer
   Dim  phone  As  telephone                   ' 定义结构类型的成员
End Structure
```

3.3.2 定义结构类型的变量

声明了结构类型后，就可以定义结构类型的变量来存储和处理结构中所描述的具体数据。结构类型的变量（简称结构变量）的定义与普通变量的定义类似，格式如下：

语法：

```
[Dim | Public | Private]  变量名1 , 变量名2 , … , 变量名n  As  结构名
```

说明：

1）“变量名”必须是有效的VB.NET标识符。变量名可以与结构成员名同名，它们分别代表不同数据对象。

2）“结构名”是已经声明过的结构名称。

例如，定义struStudents结构类型的两个变量Stu1和Stu2的语句如下：

```
Dim  Stu1 , Stu2  As  struStudents
```

注意：

- 结构类型与结构变量是不同的概念，定义了结构类型并不意味着系统要分配存储单元来存放结构中的各成员，它仅仅是指定了这个类型的组织结构。只有用它定义了某个具体变量时，系统才为结构变量分配存储空间。因此不能直接对某一个结构类型进行赋值、存取或运算，只能对结构变量进行赋值、存取或运算。

3.3.3 初始化结构变量

与普通变量一样，在使用结构变量前，结构变量中的成员必须有确定的值。与普通类型变量不同，结构变量的初始化不能直接对结构变量本身进行，只能用赋值语句对结构变量的各个成员分别赋值。

例如，定义两个具有telephone结构类型的变量X1和X2，并初始化它们：

```
Public  Structure  telephone
```

```
    Public  strPhone  As  String                       ' 固定电话
    Friend  strMobilPhone  As  String                  ' 手机
End Structure
Dim  X1 , X2  As  telephone                            ' 定义结构变量
X1.strPhone = "610087"                                 ' 对X1的成员strPhone赋值
X1.strMobilPhone = "13051611234"                       ' 对X1的成员strMobilPhone赋值
X2.strPhone = "653023"                                 ' 对X2的成员strPhone赋值
X2.strPhone = "13951483396"                            ' 对X2的成员strMobilPhone赋值
```

3.3.4 引用结构变量

在定义了结构变量后，就可以引用这个结构变量。对结构变量的引用主要是对它的成员引用，即对成员进行赋值、运算、输入和输出等操作。

在引用结构变量时，可以采用如下几种方式：

1. 成员引用

结构由不同类型的成员组成，通常参加运算的是结构中的成员，引用成员的语法如下。

语法：

结构变量名. 成员名

说明：

1）“结构变量名”是声明的结构变量名称，如前面定义的X1、X2等。

2）圆点符“.”为成员运算符，它的运算级别最高。

3）“成员名”为结构中的成员名称。

例如，引用3.3.3节举例中的X1和X2变量如下：

```
Dim  X1 , X2  As  telephone                  ' 定义结构变量
X1.strPhone = "12345678"                     ' 对X1的成员strPhone赋值
X1.strMobilPhone = "13051611234"             ' 对X1的成员strMobilPhone赋值
X2.strPhone = X1.strPhone                    ' 将X1的成员strPhone赋值给X2的相应的成员
```

2. 成员变量的运算

结构中的成员变量具有各种类型，根据其类型可以像普通变量一样进行各种运算和输入输出，如算术运算、赋值运算、关系运算、逻辑运算等。

例如，下面代码对3.3.3节举例中的X1变量的strPhone成员进行赋值运算和关系运算：

```
Dim  X1 , X2  As  telephone                          ' 定义结构变量
X1.strPhone = "12345678"                             ' 对X1的成员strPhone进行赋值运算
If  X1.strMobilPhone <> X1.strPhone Then             ' 对X1的成员进行关系运算
   X2.strPhone = X1.strPhone
End If
```

3. 嵌套引用

如果一个结构中的成员本身又是一个结构类型，则在引用时需要使用多个成员运算符，按照从高到低的原则，一级一级地找到最低一级的成员，最后对最低级的成员进行访问。

例如，下面代码定义了一个具有3.3.1节举例中的newStudents结构的变量X1，然后访问其嵌套的strPhone成员，对该成员进行赋值运算：

```
Dim  X1  As  newStudents                 ' 定义结构变量
X1.Phone.strPhone = "12345678"           ' 对X1的Phone成员的子成员strPhone进行赋值运算
X1.strName = "李明"                      ' 对X1的成员strName进行赋值运算
```

4. 结构变量整体赋值

VB.NET允许将一个结构变量作为一个整体赋值给另一个同类型的结构变量，即将一个结构变量的所有成员的值依次赋给另一个结构变量的相应的成员。

例如，下面代码中X1和X2被声明为同类型结构变量，可以将X1结构变量整体赋值给X2结构变量：

```
Dim  X1 , X2  As  telephone                          ' 定义结构变量
```

```
X1.strPhone = "12345678"                    ' 对X1的成员strPhone进行赋值运算
X1.strMobilPhone = "13051611234"            ' 对X1的成员strMobilPhone赋值
X2 = X1                                     ' 将X1整体赋值给X2
```

对于嵌套结构类型的变量，也可以进行整体赋值。例如，下面代码定义了具有3.3.1节举例中的newStudents结构的变量X1和X2，并对X1的嵌套结构的成员Phone进行初始化，然后将其整体赋值给X2的成员Phone：

```
Dim  X1 , X2  As  newStudents               ' 定义结构变量
X1.Phone.strPhone = "12345678"              ' 对X1的Phone成员的子成员strPhone进行赋值
X1.Phone.strMobilPhone = "13912345678"      ' 对X1的Phone的子成员strMobilPhone进行赋值
X2.Phone = X1.Phone                         ' 将X1的Phone结构成员整体赋值给X1.Phone
```

3.3.5 结构数组

一个结构变量中可以存放一组数据，例如一个学生的学号、姓名、出生日期等，如果有100个学生的数据需要处理，显然应该使用数组，这种存储具有结构类型数据的数组称为结构数组。与普通数据类型数组不同，结构数组的每个数组元素都是一个结构类型的数据，它们都分别包含各个成员项。

定义结构数组变量的语法格式如下：

语法：

```
Dim  数组变量名(下标上界)  As  结构名
```

说明：

1）数组变量名与普通数组变量命名规则相同，必须是有效的VB.NET标识符。

2）下标上界为数值常量。

3）结构名是已经声明过的结构名称。

例如，假如定义了下列结构类型：

```
Public  Structure  newStudents
   Public  strId  As  String
   Friend  strName  As  String
   Private  strBirthDay  As  Date
   Private  intScore  As  Integer
   Dim  phone  As  telephone                ' 定义结构类型的成员
End Structure
```

则可以用如下语句定义一个具有newStudents结构的结构数组：

```
Dim  MyArray(99)  As  newStudents           ' 定义结构数组变量
```

上面定义了一个一维结构数组，数组名为MyArray，上界为99，下界为0。该数组可以存放100个数组元素，每个元素都是一个结构变量。

一个结构数组元素相当于一个结构变量，对结构数组元素的引用与结构变量的引用规则相同，另外，结构数组元素之间的关系和引用规则也与普通数组的规定相同。

1. 引用结构数组元素的成员

每一个结构数组的元素都是一个结构变量，若要引用结构数组元素的成员，其语法如下：

语法：

```
结构数组名(下标).成员名
```

例如，引用前面例子中的MyArray结构数组变量的第10个元素的strName成员：

```
Dim  X  As  String
X = MyArray(9).strName                      ' 引用MyArray数组第10个元素的strName成员
```

2. 结构数组元素间的赋值运算

可以将一个结构数组元素赋给该数组中的另一个元素，或赋给同一类型的结构变量。

例如，将前面例子中的MyArray结构数组变量的第10个元素赋给第1个元素：

```
MyArray(0) = MyArray(9)
```

因为MyArray(0)和MyArray(9)具有同样的结构类型，所以它符合结构的整体赋值规则。

3. 结构成员的输入输出

可以对结构变量中的成员进行输入输出，例如对前面例子中的MyArray结构数组变量的第10个元素的strName成员进行输出：

```
Debug.WriteLine(MyArray(9).strName)          ' 在集成环境的即时窗口显示成员值
```

但是，不能把结构数组元素作为一个整体直接进行输入输出，例如对前面例子中的MyArray结构数组变量的第10个元素进行直接输出：

```
Debug.WriteLine(MyArray(9))                  ' 出错
```

【例3.3】编写程序实现学生基本信息的数据输入和输出操作。代码如下：

```
Public  Structure  newStudents
   Public  XH  As  String                                        ' 学号
   Public  XM  As  String                                        ' 姓名
   Public  ZYM  As  String                                       ' 专业名
   Public  XB  As  String                                        ' 性别
   Public  NL  As  Integer                                       ' 年龄
End Structure
Private Sub Form1_Load(ByVal sender As System.Object, ByVal e As _
                        System.EventArgs)  Handles MyBase.Load
   Const  MAX_STU = 2                                            ' 最多输入的学生数量
   Dim  arrayXS(MAX_STU)  As  newStudents
   Dim I As Integer
   ' 从键盘依次输入每个学生的基本信息
   For I = 0 To MAX_STU
         arrayXS(I).XH = InputBox("请输入学号：")
         arrayXS(I).XM = InputBox("请输入姓名：")
         arrayXS(I).ZYM = InputBox("请输入专业名称：")
         arrayXS(I).XB = InputBox("请输入性别：")
         arrayXS(I).NL = Val (InputBox("请输入年龄："))
   Next I
   Debug.WriteLine("")
   Debug.WriteLine("学号     姓名     专业     性别     年龄")
   For  I = 0  To  MAX_STU
         Debug.Write(arrayXS(I).XH & Space(4) )
         Debug.Write(arrayXS(I).XM & Space(4) )
         Debug.Write(arrayXS(I).ZYM & Space(4) )
         Debug.Write(arrayXS(I).XB & Space(4) )
         Debug.WriteLine (arrayXS(I).NL )
   Next I
End Sub
```

程序分析：

- 为简单起见，程序中只要求输入3个学生数据，故定义了一个循环的上界，采用符号常量MAX_STU，值等于2。
- 在单击窗体时，程序中循环使用InputBox输入框分别输入各个信息。当从InputBox输入年龄数据时，必须用Val函数将字符串转换为数值。

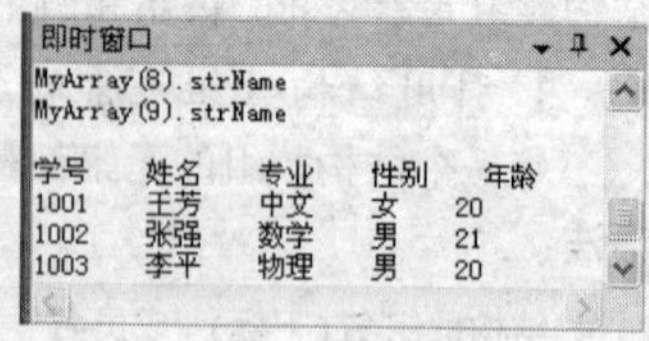

图3-3　输出结果

图3-3是分别输入三个学生信息后在集成环境的即时窗口中显示的结果。

3.4　集合

在VB.NET中，提供了一个预定义的对象，称为集合（Collection），可以把多个数据项（成员）放到集合中，它有点类似于数组，可以存放多个数据，但它却提供了比数组更灵活、有效的处理其中的数据项的方法。与数组比较，集合有以下优势：

- 集合比数组占用内存少。
- 集合具有更灵活的索引功能。
- 集合提供了增加和删除成员的方法。
- 当删除或增加一个集合中的成员时，不需要像数组那样使用ReDim。

集合对象特别适合用来保存对象引用，也适合保存其他数据类型，还可以混用多种不同的数据类型。在VB.NET中，集合类似于一个小型数据库，可以很容易地在集合中插入或删除数据。在数组中要更新或修改数组元素，有时候需要编写大量代码，而在集合中可以十分方便地插入或删除数据项。

3.4.1 建立集合对象

集合是一个预定义的对象，要建立一个集合，必须先用关键字New建立一个Collection类的实例，建立集合对象的语法格式如下：

语法：

```
Dim 集合名 As New Collection()
```

例如，建立一个名为MyC的集合对象如下：

```
Dim  MyC  As  New  Collection()
```

建立了集合对象后，就可以对集合执行三种主要的操作，即向集合中添加数据项、从集合中删除数据项以及在集合中查找数据项。

3.4.2 添加数据项

当创建集合对象后，就可以利用集合对象的Add方法，向集合中添加数据项。Add方法的语法格式如下：

语法：

```
集合对象名. Add(Item [,Key][,Before][,After])
```

说明：

1）集合对象名代表用关键字New创建的集合对象名称。

2）Item为添加到集合中的数据项，可以是任何类型的常量、变量、对象等数据。如果要显式声明，则通常把它声明为Object数据类型，也就是说在一个集合中，可以混用多种数据类型。

3）Key是一个字符串表达式，它是与集合成员相关联的关键字，可以作为索引值使用，用来标识集合中的一个成员，通过它可以引用关联的Item值。

4）Before是一个长整型的数值表达式，其取值范围为1到成员总数。该值表示可以在Before指定的位置之前插入或删除数据项。

5）After：可选项，与Before参数类似，但插入或删除的数据项位于After参数指定的数据项之后。

例如，下面的程序代码可以把多个数据项添加到集合中：

```
Dim  I  As  Short
Dim  MyId  As  New  Collection                          ' 创建一个集合对象MyId
For  I = 1  To  10
   MyId.Add(Item:="学号" & I , Key:="stuid" & I)        ' 添加字符型数据项和索引值
Next  I
```

上面程序定义了一个集合对象MyId，然后循环将10个字符型数据项添加到集合中。每个数据项都以“学号”开头，后跟一个数字。即第一个数据项为“学号1”，第二个数据项为“学号2”，最后一个数据项为“学号10”。另外在Add方法中使用了Key参数，因而每个数据项都有一个相关联的关键字，依次为“stuid1”，“stuid2”，…，“stuid10”。

程序中Add方法的参数使用“参数名:=参数值”形式来指定参数的值。也可以按参数的顺序直接指定参数值，例如下面程序使用按顺序直接指定参数值的方式添加数据项：

```
Dim  I  As  Short
Dim  MyId  As  New  Collection                        ' 创建一个集合对象MyId
For  I = 1  To  10
   MyId.Add("学号" & I  ,  "stuid" & I)                ' 添加字符型数据项和索引值
Next  I
```

向集合中添加的成员既可以是同一种类型的数据，也可以混合使用多种数据类型。例如：

```
Dim  MyVar  As  New  Collection                       ' 创建一个集合对象MyVar
Dim  x  As  Object
x = "VB.NET"
MyVar.Add(x)                                          ' 添加字符型数据项
x = 100
MyVar.Add(x)                                          ' 添加数值型数据项
MyVar.Add(Now)                                        ' 添加日期型数据项
```

建立并添加了数据项的集合后，集合中的每一个成员都有一个索引值，它相当于数组中的下标，但集合的下标从1开始编号。要访问集合中的数据项，可以通过两种方式，一种是下标，另一种是关键字。例如，以下语句都可以输出前面程序建立的集合MyId中的数据项：

```
MsgBox ( MyId ( 2 ) )
MsgBox ( MyId ( "stuid2" ) )
```

上面程序分别用下标和关键字访问集合中的第二个数据项，两条语句中MsgBox函数的输出结果都是“学号2”。

当知道集合中成员的个数时，可以用For...Next循环来输出集合中的成员。但是，当对集合进行多次增删操作后，它的成员个数可能无法记清，此时，可以通过集合的Count属性确定集合的成员数量，并使用For Each...Next循环访问集合中的成员。例如：

```
Dim  I  As  Short
Dim  MyId  As  New  Collection                                  ' 创建一个集合对象MyId
For  I = 1  To  10
   MyId. Add(Item:="学号" & I  ,  Key:="stuid" & I)             ' 添加字符型数据项和索引值
Next  I
Dim  x  As  Object
For  Each  x  In  MyId
   Debug. WriteLine(x)                                          ' 输出集合中数据项的值
Next  x
```

上面程序利用For Each...Next循环语句来遍历集合MyId中的所有成员，并调用Debug.WriteLine函数分行输出各成员的值。

3.4.3 删除数据项

集合中的数据项可以通过集合的Remove方法删除，其语法格式如下：

语法：

集合对象名.Remove Index

说明：

1）集合对象名代表用关键字New创建的集合对象名称。

2）Index用来指定要删除的集合中的数据项。它可以是集合成员的索引值表达式，也可以是集合成员的关键字。

例如，下面程序代码中的两个语句都可以将3.4.2节举例中的MyId集合中的第2个数据项删除：

```
MyId.Remove  2                    ' 删除集合中索引值为2的数据项
MyId.Remove  "stuid2"             ' 删除集合中关键字为 "stuid2" 的数据项
```

注意：

- 每次删除集合中的一个数据项后，被删除项后面的数据项的索引值将会自动减1。例如，若删除第2项，则原第3项将变成第2项，原第4项将变成第3项，以此类推。

若要删除集合中的全部数据项，需要用循环语句逐个删除数据项。下面分别用两种循环方法删除MyId集合中的全部数据项：

```
For  I = 1  To  MyId.Count
   MyId.Remove  1                              ' 每次都删除第1个数据项
Next  I
```

或

```
For  Each  x  In  MyId
   MyId.Remove  1                              ' 每次都删除第1个数据项
Next  x
```

在上面两个程序的循环中，每次都删除集合的第一个数据项，因为每次删除了一个数据项后，集合中元素的索引号将自动前移，因此在循环中都是删除第一个数据项。当循环结束后，即删除了集合中的全部元素。

3.4.4 引用数据项

集合中的数据项可以通过集合的Item方法来引用，其语法格式如下：

语法：

集合对象名.Item(Index)

说明：

1）集合对象名代表集合对象的名称。

2）Index用来指定要引用的集合中的数据项。它可以是集合成员的索引值表达式，也可以是集合成员的关键字。

例如，下面程序代码中的两个语句都可以引用3.4.2节举例中的MyId集合中的第2个数据项：

```
stuid = MyId.Item( 2 )                         ' 引用集合中索引值为2的数据项
stuid = MyId.Item("stuid2")                    ' 引用集合中关键字为"stuid2"的数据项
```

Item方法是集合对象的默认方法，当访问集合中的成员时，可以省略Item方法名，直接用“集合对象名（Index）”形式来访问。例如，可以将上面的两个语句改写成下面的语句：

```
stuid = MyId ( 2 )                             ' 引用集合中索引值为2的数据项
stuid = MyId("stuid2")                         ' 引用集合中关键字为"stuid2"的数据项
```

【例3.4】 向集合中添加元素，用Item方法指定集合中的元素，并分别把它们赋给不同的变量：

```
Private Sub Form1_Load(ByVal sender As System.Object, ByVal e As _
                        System.EventArgs)  Handles MyBase.Load
Dim  I  As  Short
Dim  Name1 , Name2 , Name3  As  String
Dim  MyNames  As  New  Collection                  ' 创建一个集合对象MyNames
For  I = 1  To  10
   MyNames.Add(Item:="学生" & I  ,  Key:="stuid" & I) ' 添加字符型数据项和索引值
Next  I
MyNames.Add(Item:="新加的学生"  ,  before:=8)          ' 在第8个元素前插入一个元素
MyNames.Add(Item:="学生11"  ,  after:=4)              ' 在第4个元素后插入一个元素

   Debug.WriteLine("")
   Name1 = MyNames.Item(5)
   Name2 = MyNames.Item(8)
   Name3 = MyNames.Item(9)
   Debug.WriteLine(Name1)
   Debug.WriteLine(Name2)
   Debug.WriteLine(Name3)
End Sub
```

程序分析：

- 在单击窗体时，程序中循环向MyNames集合中添加10个元素。
- 在使用集合的Add方法向集合添加元素时，用before或after可以在指定的位置之前或后插入数据项。

图3-4是单击窗体后，在集成环境的即时窗口中显示的结果。

图3-4 输出窗口中的结果

3.5 Array类

Array类位于System命名空间，提供创建、操作、搜索和排序数组的方法，从而充当公共语言运行时中所有数组的基类，所有数组都继承自该类。

语法：

```
Dim 集合对象名 As Array
```

例如，建立一个名为intArray的集合对象如下：

```
Dim intArray As Array =New Integer(10){}
```

一个元素就是 Array 中的一个值。Array 的长度是它可包含的元素总数。Array 的秩是 Array 中的维数。Array 中维度的下限是 Array 中该维度的起始索引，多维 Array 的各个维度可以有不同的界限。

ReDim语句无法处理声明为Array类型的数组，由于这些原因以及考虑到类型安全，建议将每个数组声明为特定的类型，如Integer。

Array类提供了很多有用的属性和方法用于数组操作，利用这些属性和方法可以更快速、更方便地完成对数组的处理。

3.5.1 Array类的常用属性

Array类的Rank属性返回数组的维数，Length属性返回数组的元素总数。

语法：

```
Array对象名.Rank
```

说明：

1）“Array对象名”是实例化后的Array对象名称。

2）圆点符“.”为成员运算符，它的运算级别最高。

3）“Rank”为属性名，返回数组的维数。

例如，下面的代码使用上面提到的Array类的几个属性显示数组的相关信息：

```
Dim intArray As Array = New Integer(10) {0, 1, 2, 3, 4, 5, 6, 7, 8, 9, 10}
Debug.WriteLine(intArray.Length)                    '输出数组的长度
Debug.WriteLine(intArray.Rank)                      '输出数组的(秩)维数
```

显示的结果是数组的长度为11，维数为1。

3.5.2 Array类的Sort方法

Array.Sort方法用于对一维数组的元素进行排序。

语法：

```
Array.Sort(数组对象)
```

因为Sort方法是Array类的一个共享方法，所以不允许通过类的实例来访问。这不像Rank和Length属性都是使用对象名来引用的。

下面的代码声明了一个一维数组，并使用Array.Sort方法对其进行排序。

```
Dim intNumber() = New Integer(5) {23, 87, 12, 76, 34, 67}
Array.Sort(intNumber)                                '对元素进行排序
```

排序后，Integer(0)、Integer(1)、Integer(2)、Integer(3)、Integer(4)和Integer(5)分别为12、23、34、

67、76、87。

3.5.3 Array类的Reverse方法

Array.Reverse方法用于反转一维数组中的元素顺序。Reverse方法也是Array类的共享方法，需要使用类名来引用。

语法：

Array.Reverse(数组对象)

下面的代码声明了一个一维数组，并使用Array.Reverse方法对其进行反序排列。

```
Dim intNumber() = New Integer(5) {23, 87, 12, 76, 34, 67}
Array.Reverse(intNumber)                                    '对元素进行反转排序
```

排序后，Integer(0)、Integer(1)、Integer(2)、Integer(3)、Integer(4)和Integer(5)分别为87、76、67、34、23、12。

3.5.4 Array类的Copy方法

Array.Copy方法用于在数组之间复制元素，并自动处理强制类型转换。

语法：

Array.Copy(原数组对象，目标数组对象，拷贝长度)

说明：

1）“原数组对象”是所要拷贝的数组对象。

2）“目标数组对象”是所要拷贝到的数组对象。

3）“拷贝长度”是要拷贝的数组数。

下面的代码将Integer数组中的元素复制到一个Object类型的数组中。

```
Dim intNumber() = New Integer(5) {23, 87, 12, 76, 34, 67}
Dim strchar() = New Object(5) {"a", "b", "c", "d", "e", "f"}
Array.Copy(intNumber, strchar, 3)
```

复制后，strchar (0)、strchar (1)、strchar (2)、strchar (3)、strchar (4)和strchar (5)分别为23、87、12、d、e、f。

【例3.5】 输入学生成绩并保存在数组中，并对所输入的学生成绩进行排序。

界面设计：新建一个Windows窗体应用程序项目并命名为“Ex3_5”，在窗体中分别添加3个Label、3个TextBox和2个Button控件。Label1、Label2和Label3的Text属性值分别设置为“输入成绩：”、“正向排序：”和“输入后的成绩：”，分别对应TextBox1、TextBox2和TextBox3，Button1和Button2的Text属性值分别设置为“正向排序”和“添加”，设计界面可参考图3-5。

添加代码：

```
Dim intarray(0) As Integer                          ' 定义数组用于记录所输入的成绩
Dim arrayLength As Integer                          ' 定义变量用于记录数组长度

Private Sub Button1_Click(ByVal sender As System.Object, ByVal e As System.EventArgs) _
                                                    Handles Button1.Click
    Dim i As Integer
    Dim j As Integer
    j = intarray.Length
    ReDim Preserve intarray(j - 2)                  ' 删除最后的元素
    Array.Sort(intarray)
    For i = 0 To j - 2
        TextBox2.Text += intarray(i).ToString() & Space(2)
    Next
End Sub

Private Sub Button2_Click(ByVal sender As System.Object, ByVal e As System.EventArgs) _
```

```
                                                    Handles Button2.Click
        arrayLength = intarray.Length                    ' 数组的长度
        If arrayLength = 1 Then                          ' 如果数组长度为1则赋值并重定义数组长度
                intarray(0) = CInt(TextBox1.Text.Trim())
                ReDim Preserve intarray(arrayLength)
        Else
                intarray(arrayLength - 1) = CInt(TextBox1.Text.Trim())
                ReDim Preserve intarray(arrayLength)
        End If
        TextBox3.Text += TextBox1.Text.ToString() & Space(2)    ' 显示所有输入的数据
        TextBox1.Clear()                                        ' 清空
        TextBox1.Focus()                                        ' 获取焦点
    End Sub
```

运行程序：按F5快捷键运行程序，输入成绩，单击“正向排序”按钮后结果如图3-5所示。

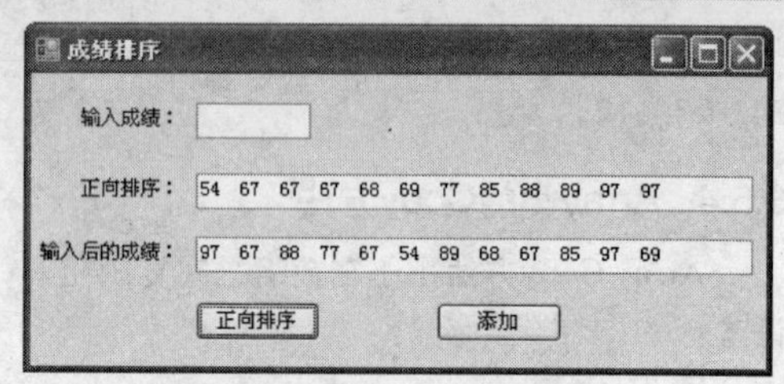

图3-5 成绩排序

程序分析：

- 输入成绩后单击“添加”按钮将成绩存入数组中，并重新定义数组长度使数组的长度加1。
- 因为每次添加成绩后都会在原数组基础上长度加1，所以在排序时删除最后一个元素。

3.6 For Each语句

For Each...Next语句针对一个数组或集合中的每个元素，重复执行一组语句。语法如下所示：

语法：

```
For Each element [ As datatype ] In group
    [ statements ]
    [ Exit For ]
    [ statements ]
Next [ element ]
```

说明：

1）element：在For Each语句中是必选项，在Next语句中是可选项。它是变量，用于循环访问集合的元素。

2）datatype：如果尚未声明element，则datatype是必选项。它是element的数据类型。

3）group：必选项，对象变量。引用要重复statements的集合。

4）statements：可选项，For Each和Next之间的一条或多条语句，这些语句在group中的每一项上运行。

5）Exit For：可选项，将控制转移到 For Each 循环外。

6）Next：必选项，终止For Each循环的定义。

下面的代码将Integer数组中的元素都加1。

```
Dim intarray() As Integer = {98, 99, 56, 89, 3, 2}
For Each s As Integer In intarray
     s += 1
Next
```

如果集合中至少有一个元素，就会进入 For...Each 块执行。一旦进入循环，便先针对 group 中第一个元素执行循环中的所有语句。如果 group 中还有其他的元素，则会针对它们执行循环中的语句，当 group 中的所有元素都执行完了，便会退出循环，然后从 Next 语句之后的语句继续执行。

在循环中可以在任何位置放置Exit For语句，随时退出循环。Exit For经常在条件判断之后使用，例如If Then，并将控制权转移到紧接在 Next 之后的语句。

可以将一个 For...Each...Next 循环放在另一个之中来组成嵌套式 For...Each...Next 循环。但是每个循环的 element 必须是唯一的。

注意：

- 如果省略 Next 语句中的 element，就像 element 存在时一样执行。如果 Next 语句在它相对应的 For 语句之前出现，则会产生错误。
- 不能在 For...Each...Next 语句中使用用户自定义类型数组，因为 Variant 不能包含用户自定义类型。

3.7 ArrayList类

在3.4节中使用了集合来代替动态数组，集合用在动态添加数据方面的确很方便，代码简洁且高效。但在排序方面，实现起来却很复杂，因为集合不提供Sort方法，此时，可以考虑使用.NET框架中的集合ArrayList。

ArrayList类位于System.Collections命名空间。该类使用大小可按需动态变化的数组实现IList接口。事实上，从名称上看，该类其实更接近于数组。实例化对象语法如下：

语法：

```
Dim  ArrayList对象名  As  New  ArrayList()
```

例如：

```
Public stuArrayList As ArrayList
```

ArrayList也提供Add方法添加元素、Count属性获取集合实际元素数、Item属性获取或设置指定索引的特性元素、Clear方法清除所有元素等。例如向集合中添加元素，使用Add方法，代码如下：

```
stuArrayList.Add(98)
```

ArrayList的Add方法与集合Collection的Add方法的区别之处在于，ArrayList方法仅需要一个参数，即需要添加的元素，并且返回该元素在集合中的索引值。使用ArrayList.Sort方法，可以对集合中的元素排序。

【例3.6】 输入学生成绩并保存在ArrayList对象中，并对所输入的学生成绩进行排序。

界面设计：新建一个Windows窗体应用程序项目并命名为“Ex3_6”，在窗体中分别添加1个Label、1个TextBox、2个Button控件和2个ListBox控件。Label1的Text属性值设置为“输入成绩：”，Button1和Button2的Text属性值分别设置为“添加”和“排序”，设计界面可参考图3-6。

添加代码：

```
Dim stuArrayList As New ArrayList()
Private Sub Button1_Click(ByVal sender As System.Object, ByVal e As _
                                        System.EventArgs)Handles Button1.Click
    If TextBox1.Text <> "" Then
          stuArrayList.Add(CInt(TextBox1.Text))
          ListBox2.Items.Add(TextBox1.Text)
          TextBox1.Clear()
    Else
          MsgBox("请输入完整")
    End If
End Sub
Private Sub Button2_Click_1(ByVal sender As System.Object, ByVal e As _
                                          System.EventArgs)Handles Button2.Click
    stuArrayList.Sort()
    For Each s As Integer In stuArrayList
          ListBox1.Items.Add(s.ToString())
    Next
End Sub

Private Sub Form1_Load(ByVal sender As System.Object, ByVal e As _
                                     System.EventArgs)Handles MyBase.Load
    ListBox2.Items.Add("排序前的成绩")
    ListBox1.Items.Add("排序后的成绩")
End Sub
```

运行程序：按F5快捷键运行程序，输入成绩，单击“排序”按钮后结果如图3-6所示。

程序分析：

- 从结果中可以看到，排序结果是从小到大的，这是因为Sort方法排序是由小到大。
- 使用了For Each...Next语句将排序后的成绩添加到ListBox控件中。

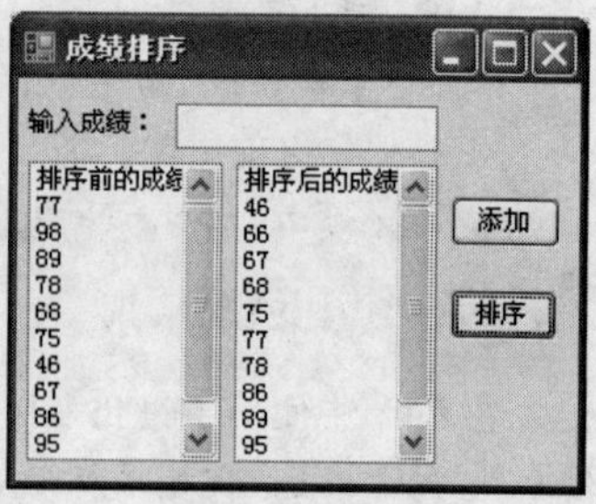

图3-6　成绩排序

3.8　综合应用

VB.NET提供了枚举、数组、结构和集合等复杂的数据类型。在实际应用中，可以根据实际需要，灵活使用各种数据结构来进行数据处理。下面我们以数组为例，说明如何应用数组结构进行程序设计。

【例3.7】冒泡排序

冒泡排序就是每次将两两相邻的数进行比较，然后将小的调换到前面，就像气泡重的沉在下面一样。

例如有4个数，开始时的顺序是：5 4 2 0，在程序设计时，可以采用For循环嵌套构成双重循环来实现排序。排序的过程通过外循环三次完成。而每次外循环分别由几次内循环组成，内循环完成将相邻的两数比较后小的调换到前面。

第一次外循环：内循环共3次，结果最大的5“沉”到最下面，排序过程如图3-7a所示。

第二次外循环：内循环共2次，4又“沉”到5的上面。排序过程如图3-7b所示。

第三次外循环：内循环1次，排序过程如图3-7c所示。

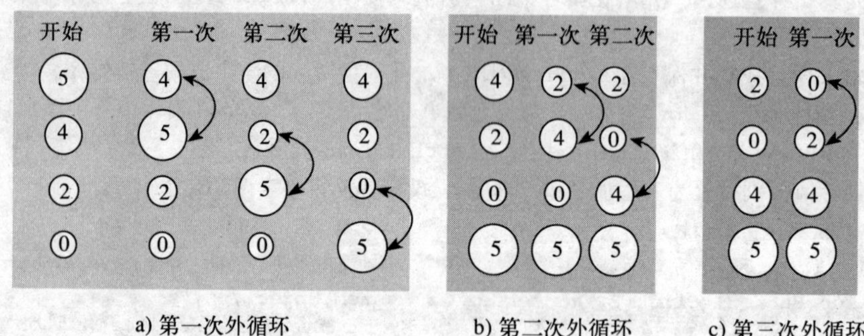

a) 第一次外循环　　b) 第二次外循环　　c) 第三次外循环

图3-7　冒泡排序算法

因此外循环每次将最大的数“沉”到最下面，三次外循环的排序过程如图3-8所示。

下面用冒泡法对10个数进行从小到大排序，并分别显示出排序前后的数据。

程序流程图如图3-9所示。

图3-8　三次外循环的排序过程

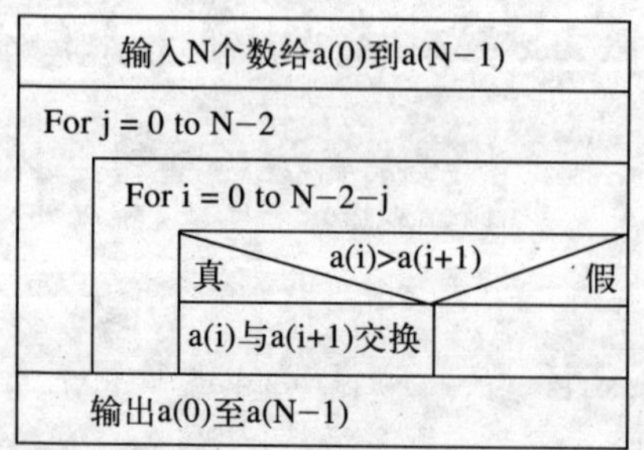

图3-9　程序流程图

程序代码如下：

```
Private Sub Form1_Load(ByVal sender As System.Object, ByVal e As _
                        System.EventArgs)  Handles MyBase.Load
    Const N = 10
    Dim A(N), I, J, T As Integer
    Dim tmpstr As String
    Randomize
    tmpstr  =  "显示排序前的A元素:" & chr(13) & chr(10)      ' 加入回车换行符
    For I = 0 To N - 1
          A(I) = Int(Rnd * 100) + 1                        ' 产生1~100间的随机整数
          tmpstr  = tmpstr  &  A(I)    & "  "              ' 将A各元素连接成字符串
    Next I
    Label1.Text = tmpstr                                   ' 在标签中显示A元素
    For J = 0 To N - 2
          For I = 0 To N - 2 - J
              If A(I) > A(I + 1) Then                      ' 相邻的数比较并调换顺序
                   T = A(I)                                ' T为中间变量
                   A(I) = A(I + 1)
                   A(I + 1) = T
              End If
          Next I
    Next J
    tmpstr  =  "显示排序后的A元素:" & chr(13) & chr(10)
    For I = 0 To N - 1
          tmpstr  = tmpstr  &  A(I)    & "  "
    Next I
    Label2.Text = tmpstr                                   ' 在标签中显示排序后的A元素
End Sub
```

程序分析：

- 用Rnd函数来产生0～1之间的随机数列作为需要排序的数据。在产生随机数之前，可以用Randomize语句来初始化随机数生成器，使每次产生的随机数都不同。可使用以下公式来产生某个范围的随机整数：

  Int((上界－下界+1)* Rnd)+下界

  例如，产生1～100之间的整数：Int(Rnd * 100) + 1。
- 对A(I) 和A(I+1)进行数据交换，需要通过第三个变量T才能实现。将A(I) →T，A(I + 1) →A(I)， T→A(I + 1)。

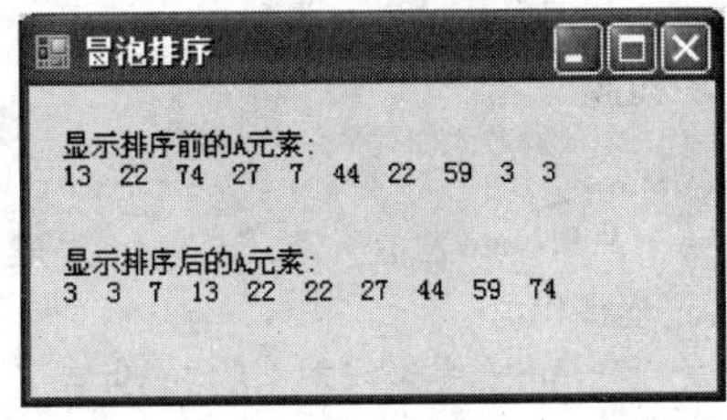

图3-10 排序结果

排序结果如图3-10所示。

习题

1. VB.NET中如何定义一维和多维数组？
2. VB.NET中如何确定数组的大小？A(m) 数组和A(m,n) 数组各有多少元素？
3. 编程实现将一个3×4的二维数组A，转置后在窗体中显示。
4. 在VB.NET中枚举常数的数据有哪些类型？
5. VB.NET中定义结构有什么注意事项？
6. 修改例3.3，使其包括姓名、学号、性别、民族、出生日期、专业、家庭住址、系名、电话等信息，注意不同的数据采用合适的数据类型，编程实现输入输出功能。
7. 集合与数组比较有哪些优点？如何引用集合中的数据项？

第4章 过　程

较复杂的程序可分割成较小的逻辑部件，这些部件称为过程。每个过程就是一段程序，一个过程可以被另一个过程调用，因此，用这些过程可以构造成一个完整、复杂的应用程序。VB.NET应用程序就是由过程构成的。

在前面几章的示例中，我们已接触过事件过程，这种过程是当某个事件（如单击按钮等）发生时对该事件做出响应的程序段，这种事件过程构成了VB.NET应用程序的主体。有时多个不同事件过程需要使用一段相同的程序代码，这时就可以把这段代码独立出来，作为一个过程，这样的过程称为“通用过程”。可以单独建立通用过程，供事件过程或其他的通用过程调用。

在VB.NET中通用过程分为子程序过程（Sub Procedure）和函数过程（Function Procedure）。本章介绍在VB.NET中如何编写和使用事件过程与通用过程。

4.1 Sub过程

Sub过程是包含在Sub语句和End Sub语句之间的一系列语句。每次调用过程时都会执行过程中的语句，即从Sub语句后的第一个可执行语句开始，直到遇到第一个End Sub、Exit Sub或Return语句结束。Sub过程的重要特点是执行操作但不返回值，并能带参数。Sub过程可以在标准模块和窗体模块中定义，定义Sub过程的一般格式如下：

语法：

```
[Private | Public]  Sub 过程名 ([参数列表])
    [局部变量和常数声明]
    语句块
    [Exit Sub]
    语句块
End Sub
```

说明：

1）Private表示所定义的Sub过程是私有过程，只能被本模块中的其他过程调用，不能被其他模块中的过程调用。

2）Public表示所定义的Sub过程是公有过程，可以在程序的任何地方调用，该选项是默认选项。各模块通用的过程一般用Public定义，在窗体层定义的通用过程通常在本窗体模块中使用。如果要在其他窗体模块中使用，则应定义窗体的对象。

3）过程名是一个长度不超过255个字符的变量名。在同一个模块中，Sub过程名与Function过程名不能同名。

4）局部变量和常数声明用来声明在过程中定义的变量和常数。可以用Dim等语句声明。

5）语句块是过程执行的语句序列，称为子程序体或过程体。

6）Exit Sub语句立即从一个Sub 过程中退出，程序接着从调用该Sub过程语句的下一句继续执行。在Sub过程的任何位置都可以有Exit Sub语句。

7）参数列表类似于变量声明，列表中含有在调用该过程时传送给过程的参数，称为形式参数（简称形参），可以有一个、多个或没有形参，多个形参之间则用逗号隔开。每个形参的定义如下：

```
[ByVal | ByRef] 变量名 [As 数据类型] [= 默认值]
```

其中，“变量名”应是一个合法的VB.NET变量名或数组名，如果是数组，则要在数组名后加一对小括号。

形参列表中的各参数的定义如表4-1所示。

表4-1 形式参数表

部 分	描 述
ByVal	表示该参数按值传递
ByRef	表示该参数按地址传递（默认）
变量名	代表参数的变量的名称
数据类型	用于说明传递给该过程的参数的数据类型，默认为Object。可以是Byte、Integer、Long、Short、Boolean、Single、Double、String、Decimal、Date、Object或用户自定义的类型

注：String型只支持变长，但在调用时对应的参数可以是定长的。

Sub和End Sub之间的语句块是每次调用过程要执行的部分。VB.NET中有两种Sub过程：事件过程和通用过程，下面分别介绍。

4.1.1 事件过程

VB.NET是事件驱动的，所谓事件是指能被对象（窗体和控件）识别的动作。例如，对象的事件有单击（Click）、双击（DblClick）、内容改变（Change）和定时（Timer）事件等。为一个事件所编写的程序代码称为事件过程。当VB.NET对象中的某个事件发生时，便自动调用相应的事件过程。

事件过程是一种特殊的Sub过程，它是附加在窗体或控件上的过程。事件过程分为窗体事件过程和控件事件过程。事件过程前面的声明都使用Private来指定它的有效范围。

1. 窗体事件过程

窗体事件过程由窗体名（Name属性）、下划线和事件名组成，其定义格式为“窗体名_事件名”，语法如下：

语法：

```
Private Sub 窗体名_事件名 ([参数列表])
    [局部变量和常数声明]
    语句块
End Sub
```

例如，在下面例子中单击窗体（Form1）的事件是将本窗体隐藏而显示窗体frmHello，代码如下：

```
Private Sub Form1_Load(ByVal sender As System.Object, ByVal e As _
                System.EventArgs)  Handles MyBase.Load  ' 定义单击窗体事件过程
    frmHello.Show                                        ' 显示frmHello窗体
    Hide                                                 ' 隐藏本窗体
End Sub
```

2. 控件事件过程

控件事件过程由控件名（Name属性）、下划线和事件名组成，其定义格式为“控件名_事件名”。

语法：

```
Private Sub 控件名_事件名 ([参数列表])
    [局部变量和常数声明]
    语句块
End Sub
```

例如，在例1.1中单击“运行”（Button1）按钮的事件在文本框TextBox1中显示“欢迎使用学生成绩管理系统！”，代码如下：

```
Private Sub Button1_Click(ByVal sender As System.Object, ByVal e As _
                    System. EventArgs)  Handles Button1.Click  ' 单击按钮
    TextBox1.Text = "欢迎使用学生成绩管理系统！"
End Sub
```

3. 建立事件过程

在“代码编辑器”窗口建立事件过程，代码窗口会自动显示VB.NET的保留字，这样可以看出哪些是自己的编码。打开“代码编辑器”窗口有以下几种方法：

1）在设计的窗体上双击窗体或控件，就打开了“代码编辑器” 窗口，并会出现该窗体或控件的默认过程代码，例如双击窗体（Form1）会出现窗体的默认过程名代码：

```
Private Sub Form1_Load(ByVal sender As System.Object, ByVal e As _
                       System. EventArgs)  Handles MyBase.Load
End Sub
```

2）单击“视图”菜单中的“代码”菜单项，再从“对象列表框”中选择一个对象，从“事件过程列表框”中选择一个过程。

3）可以自己编写事件过程，在“代码编辑器”窗口中直接编写事件过程。例如在“代码编辑器”窗口中键入上述“Form1_Load”代码。在代码窗口中不要随意改变事件或对象的名称，如果想改变对象名称，则应该通过“属性”窗口来改变。

4.1.2 通用过程

当几个不同的事件过程要执行同样的动作时，为了不必重复编写代码，可以采用通用过程来实现，由事件过程来调用通用过程。通用过程可以在窗体、模块、类或结构中建立。

通常通用过程并不和用户界面中的对象联系，通用过程直到被调用时才起作用。因此，事件过程是必要的，但通用过程不是必要的，只是为了代码复用和程序员方便而单独建立的。

1. 通用过程的定义

定义通用过程的语法如下：

语法：

```
[Private | Public] [Static] Sub 过程名 ([参数列表])
    [局部变量和常数声明]
    语句块
    [Exit Sub]
    语句块
End Sub
```

说明：

1）Private和Public：用来声明该Sub过程是局部的（私有的）还是全局的（公有的），系统默认为Public。

2）Static：表示局部静态变量。“静态”是指在调用结束后仍保留Sub过程的变量值。Static对于在Sub外声明的变量不会产生影响，即使过程中也使用了这些变量名。

3）过程名：过程名与变量名的命名规则相同。在同一模块中，同一名称不能既用于Sub过程又用于Function过程。无论有无参数，过程名后面的（）都不可省略。

4）局部变量和常数声明：用来声明在过程中定义的变量和常数，可以用Dim等语句声明。

5）Exit Sub语句使执行立即从一个Sub过程中退出，程序接着从调用该Sub过程语句的下一句继续执行。在Sub过程的任何位置都可以有Exit Sub语句。

6）语句块：过程执行的操作，称为子程序体或过程体。

7）End Sub：用于结束本Sub过程。当程序执行End Sub语句时，退出该过程，并立即返回到调用处继续执行调用语句的下一句。

8）参数列表类似于变量声明，列出了从调用过程传递来的参数值，称为形式参数（简称形参），多个形参之间则用逗号隔开。形参的定义如下：

语法：

```
[ByVal | ByRef] 变量名 [As 数据类型]
```

形参列表中的各参数的定义如表4-1所示。

例如，在程序代码中添加一个通用过程，可在代码编辑器输入如图4-1所示语句。

注意：

- Sub过程不能嵌套定义，即不能在别的 Sub、Function 过程中定义Sub 过程。但Sub过程可以嵌套调用。

全局过程

过程名

```
Public Sub Warning ( )
    TextBox1. Text = "警告!"
End Sub
```

语句块

结束Sub过程

图4-1 通用过程

2. 通用过程的建立

通用过程不属于任何一个事件过程，不能用事件过程定义它。创建通用过程的方法如下：

1）打开“代码编辑器”窗口，选择“对象列表框”中的“常规”选项。

2）在代码编辑区的空白行处输入“Public Sub Warning（）”。

3）按回车键，自动出现“End Sub”语句，在该语句之前即可输入实现功能的代码。

```
Public Sub Warning()

End Sub
```

于是就在“代码编辑器”窗口中出现一个名为Warning的过程代码，如图4-2所示。

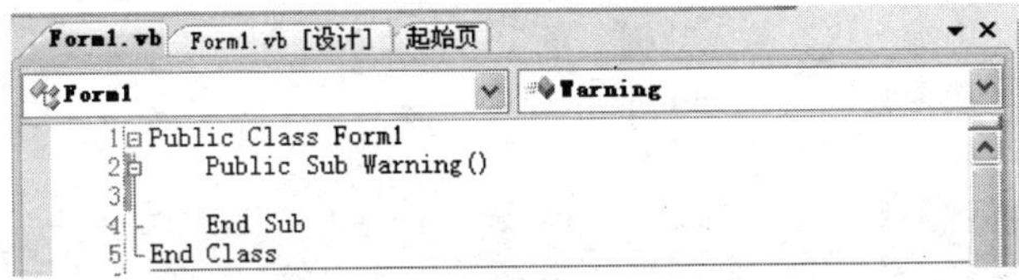

图4-2 自动创建的过程代码

4.1.3 调用过程

1. 调用事件过程

调用Sub事件过程是一个独立的语句，Sub事件过程可以由事件自动调用或者在同一模块中的其他过程中使用调用语句来调用。调用Sub过程有两种方式：使用Call语句，直接用Sub 过程名。

语法：

```
Call 过程名 [(参数列表)]
```

或者：

```
过程名 [参数列表]
```

说明：

1）参数列表指定传递给过程的参数，是形参。在调用语句中的参数称为实际参数（简称实参）。实参可以是变量、常数、数组和表达式。

2）使用 Call 语句调用时，参数必须在括号内，当被调用过程没有参数时，则（）也可省略。用过程名调用，没有参数时必须省略参数两边的（）。

3）执行调用语句时，VB.NET将控制传递给Sub过程。

【例4.1】在事件过程中检查输入的数据是否是数值。

界面设计：在文本框（txtInput）中输入数据，在文本框（txtInput_LostFocus）失去焦点的事件中检查是否为数值，在按钮“检查数据”（btnCheck）的单击事件中也检查。

程序代码如下：

```
Private Sub txtInput_LostFocus(ByVal sender As Object, ByVal e As _
                    System. EventArgs)  Handles TxtInput.LostFocus
    ' 检查输入数据
```

```
    If IsNumeric(txtInput.Text) = True Then      ' 判断输入的是否为数值
            MsgBox ("输入的是数值! ", vbOKOnly, "输入")
     Else
            MsgBox ("输入的是文字! ", vbOKOnly, "输入")
     End If
End Sub

Private Sub btnCheck_Click(ByVal sender As Object, ByVal e As _
                                       System. EventArgs)  Handles btnCheck. Click
    Call txtInput_LostFocus(sender,e)              ' 调用txtinput_LostFocus事件过程
End Sub

Private Sub btnEnd_Click(ByVal sender As System.Object, ByVal e As _
                                      System.EventArgs)  Handles btnEnd.Click
    End
End Sub
```

运行界面如图4-3所示。

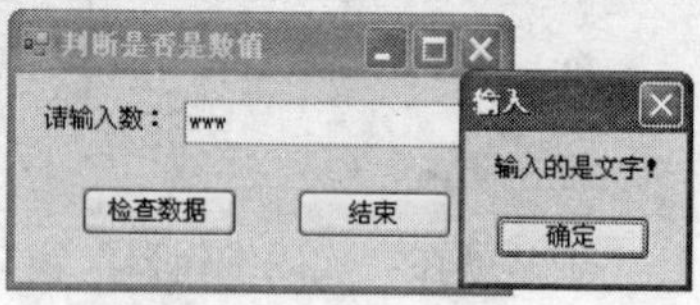

图4-3 运行界面

2. 调用通用过程

调用Sub通用过程的语法与调用 Sub事件过程的相同。不同的是，通用过程只有被调用时才起作用，否则不会被执行。

【例4.2】通过调用通用过程来检查输入的数据是否是数值。

在通用过程Warning中编写检查输入数据。单击“检查数据”按钮和文本框失去焦点的事件都调用Warning通用过程。

程序代码如下：

```
Private Sub Warning()
    ' 通用过程
    If IsNumeric(txtInput.Text) = True Then                    ' 判断输入的是否为数值
        MsgBox ("输入的是数值! ", vbOKOnly, "输入")
    Else
        MsgBox ("输入的是文字! ", vbOKOnly, "输入")
    End If
End Sub

Private Sub btnCheck_Click(ByVal sender As System.Object, ByVal e As _
                                      System. EventArgs)  Handles btnCheck.Click
    ' 单击 "检查数据" 按钮
    Call Warning                                              ' 调用Warning过程
End Sub

Private Sub txtInput_LostFocus(ByVal sender As System.Object, ByVal e As _
                                        System.EventArgs)  Handles MyBase. LostFocus
    ' 失去焦点的事件中调用Warning通用过程
    Call Warning                                              ' 调用Warning过程
End Sub

Private Sub btnEnd_Click(ByVal sender As System.Object, ByVal e As _
                                     System. EventArgs)  Handles btnEnd.Click
    End                                                       ' 结束程序,关闭窗口
End Sub
```

4.2 Function过程

在第2章已经介绍了VB.NET系统提供的诸多内部函数，如Sin、Date、Left和Cbool等。本节介绍的是用户利用Function过程编写自己的函数过程。与Sub过程一样，Function过程也是一个独立的过程，但与Sub子过程不同的是，Function过程可返回一个值，它通常出现在表达式中。

4.2.1 定义Function过程

Function过程是包含在Function语句和End Function语句之间的一系列语句。每次调用过程时都会执行过程中的语句，即从Function语句后的第一个可执行语句开始，直到遇到第一个End Function、Exit Function或Return语句结束。Function过程的重要特点是执行操作且返回值，同时也能带参数。定义Function过程的一般格式如下：

语法：

```
[Private | Public] [Static] Function 函数名 ([参数列表]) [As 数据类型]
[局部变量和常数声明]
    语句块
    [函数名 = 表达式]
    [Exit Function]
    语句块
    [Return 表达式]
End Function
```

说明：

1）As数据类型是函数返回值的数据类型。与变量一样，如果没有As子句，默认的数据类型为Object。

2）Exit Function语句用于提前从Function过程中退出，程序接着从调用该Function过程的语句的下一条语句继续执行。在 Function过程的任何位置都可以有Exit Function语句。但用户退出函数之前，必须保证为函数赋值，否则会出错。

3）语句块是描述过程的操作，称为子函数体或函数体。

4）在函数体中用“函数名 = 表达式”语句给函数赋值，如果在Function过程中省略该语句，则该Function过程的返回值为数据类型的默认值。例如，数值函数返回值为0，字符串函数返回值为空字符串。

5）除了可以通过“函数名 = 表达式”形式返回值外，还可以用“Return 表达式”形式返回值，执行Return语句后将同时退出Function过程。

注意：

- 和Sub过程一样，Function过程不能嵌套定义，但可以嵌套调用。

例如，下面是计算直角三角形第三边（斜边）的函数，函数名为Hypotenuse，函数值的数据类型为Integer，函数的形参为直角三角形两直角边A和B，返回值为斜边的值，Function过程代码如图4-4所示。

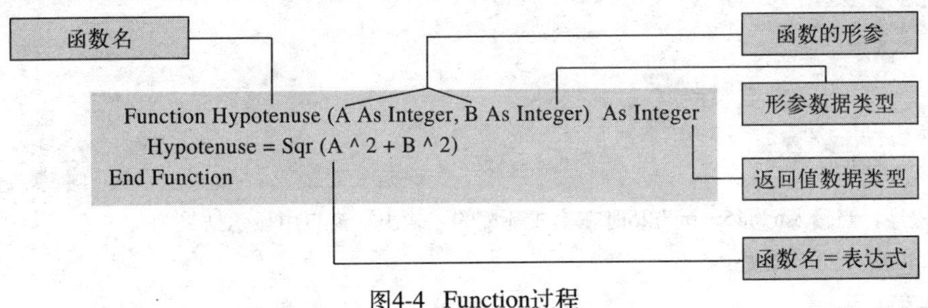

图4-4 Function过程

4.2.2 调用Function过程

调用Function函数过程的方法和调用VB.NET内部函数方法一样（例如Sin(x)），在语句中直接使用函数名，Function过程可返回一个值到调用的过程。

语法：

```
Function 函数名([参数列表])
```

另外，采用调用Sub过程的语法也能调用Function过程。当用这种方法调用过程时，放弃Function过程的返回值。

语法：

```
Call 过程名 ([参数列表])
或者：
过程名 [参数列表]
```

注意：

• 调用Function过程与调用Sub 过程不同，当无参数时括号“()”不能省略。

例如，下面的语句都是调用计算三角形斜边的函数Hypotenuse。

```
Debug.Write( 10 * Hypotenuse(3,4) )                       ' 在窗体显示函数值运算结果
X = Hypotenuse(3,4)                                       ' 将函数值赋值给变量X
If Hypotenuse(3,4) = 10 Then Debug.Write("Error!")        ' 判断函数值是否=10
X = Abs (Hypotenuse(3,4))                                 ' 函数值作为Abs函数的参数
```

【例4.3】编写用函数调用求两个自然数的最大公约数，采用辗转除法。辗转除法的算法如下：

1）输入两个自然数M、N。

2）计算M除以N的余数R，R = M Mod N。

3）用N替换M，M=N；用R替换N，N=R。

4）若R<>0则重复上述步骤2）、3）和4）。

程序代码如下：

在Form1_Click事件中输入两个自然数M和N并调用Divisor函数，M和N传递给Divisor函数。

```
Private Sub Form1_Load(ByVal sender As System.Object, ByVal e As _
                           System.EventArgs)  Handles MyBase.Load
   Dim m As Integer, n As Integer, g As Integer
   n = InputBox("请输入N")
   m = InputBox("请输入M")
   g = Divisor(n, m)                               ' 调用函数Divisor
   Debug.Write( n & "和" & m & "的最大公约数是：" & g )
End Sub
```

Divisor函数计算最大公约数的值，其计算的结果返回给Form1_Load过程。

```
Private Function Divisor(ByVal x As Integer, ByVal y As Integer)
    ' 函数Divisor计算最大公约数
    Dim r As Integer
    r = x Mod y
    Do While r <> 0
          x = y
          y = r
          r = x Mod y
    Loop
    Divisor = y
End Function
```

运行程序，当输入n为45，m为25时在集成环境的“输出”窗口中显示结果为：

45和25的最大公约数是：5。

4.3 参数的传递

在调用一个有参数的过程时，参数是在本过程有效的局部变量，必须把实际参数传送给过程，完成形参和实参结合，然后用实际参数来执行过程。参数传递有两种方式：按值传递和按地址传递。

4.3.1 形参和实参

1. 形参

在被调过程中的参数称为形参，它是出现在Sub过程和Function过程中的变量名。在过程被调用之前，形参并未被分配内存，只是说明形参的类型和在过程中的作用。形参列表中的各参数之间用逗号“,”分隔，形参可以是变量名和数组名，定长字符串变量除外。

2. 实参

实参是在调用Sub过程或Function过程时传递给被调用过程的参数，在过程调用时实参将数据传递给形参。实参可以是常数、变量、表达式、数组或对象。

形参列表和实参列表中的对应变量名可以不同，但实参和形参的个数、顺序以及数据类型必须相同。这是因为“形实结合”是按照位置结合，即第一个实参与第一个形参结合，第二个实参与第二个形参结合，依此类推。

例如，在求最大公约数的例4.3中被调用函数和调用过程如下：

```
Private Sub Form1_Load(ByVal sender As System.Object, ByVal e As _
                            System. EventArgs)  Handles MyBase.Load
    g = Divisor(n, m)
    ......
End Sub

Private Function Divisor(ByVal x As Integer, ByVal y As Integer)
    ......
End Sub
```

当运行窗体加载事件调用Divisor过程时，首先进行“形实结合”。形参与实参的结合对应关系是：n→x，m→y。

例如，下面的实例由于传递的参数个数不匹配而出错。

```
Private Function Divisor(ByVal x As String, ByVal y As Integer)
    ' 函数Divisor计算最大公约数
    ......
End Function
```

Divisor有两个参数，而调用语句中形参个数只有一个，代码如下：

```
Private Sub Form1_Load(ByVal sender As System.Object, ByVal e As _
                            System.EventArgs)  Handles MyBase.Load
    Dim m As Integer, n As Integer, g As Integer
    n = InputBox("请输入N")
    m = InputBox("请输入M")
    g = Divisor(n)                                      ' 未提供m参数
    Debug.Write( n & "和" & m & "的最大公约数是：" & g )
End Sub
```

运行程序时，则会显示出错信息，如图4-5所示。

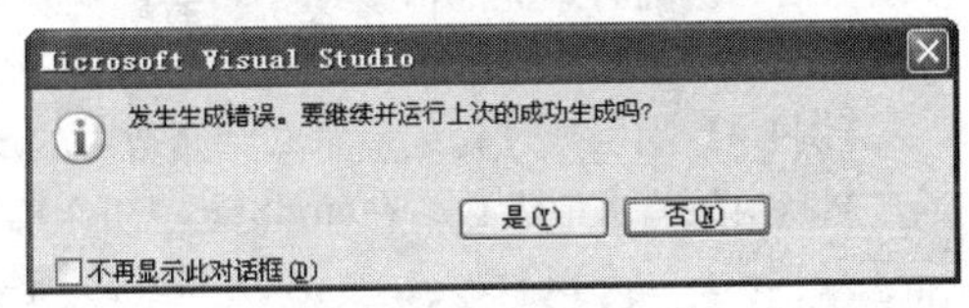

图4-5 出错信息对话框

3. 形参的数据类型

在创建过程时，如果没有声明形参的数据类型，则默认为Object型。

例如，将例4.3函数过程中的x声明为Object型，y为Integer型，代码如下：

```
Private Function Divisor(ByVal x , ByVal y As Integer)
    ......
End Function
```

当实参数据类型与形参定义的数据类型不一致时，VB.NET会按要求对实参进行数据类型转换，然后将转换值传递给形参。

例如，将例4.3函数的实参n的数据类型改为Single型，主调函数过程如下：

```
Private Sub Form1_Load(ByVal sender As System.Object, ByVal e As _
                            System.EventArgs)  Handles MyBase.Load
    Dim n As Single, m As Integer, g As Integer
    n = InputBox("请输入N")
    m = InputBox("请输入M")
    g = Divisor(n, m)
```

```
    Debug.Write( n & "和" & m & "的最大公约数是：" & g )
End Sub
```

被调函数过程如下：

```
Private Function Divisor(ByVal x As Integer, ByVal y As Integer)
    ......
End Sub
```

运行上述程序，从InputBox输入框中输入n为44.5，m为25。当执行“g = Divisor(n，m)”语句时，先将Single型的n转换成44（Integer），然后将44→x，25→y。如图4-6所示。

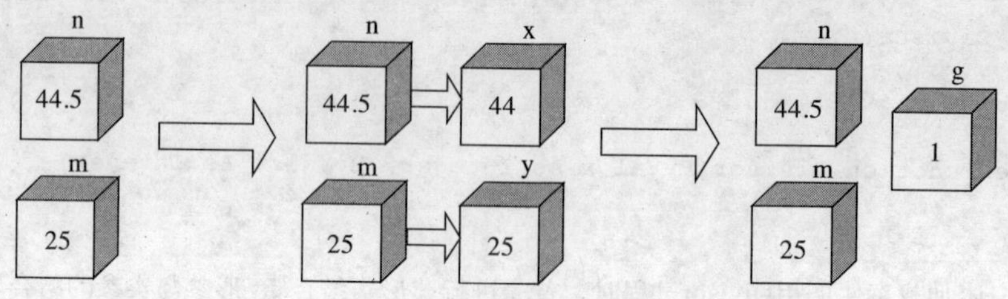

图4-6　形参的数据类型转换

运行结果为：

44.5和25的最大公约数是：1。

4.3.2　按值传递和按址传递

在VB.NET中传递参数有两种方式：按值传递（Pass By Value）和按地址传递（Pass By Reference），其中按地址传递习惯上称为“引用”。

1. 按值传递参数

按值传递使用ByVal关键字。在默认情况下，VB.NET使用的是按值传递方式。当在集成环境下的代码窗口中输入通用过程时，如果不指定参数的传送方式，则VB.NET自动给参数加上ByVal关键字。

按值传递参数时，VB.NET给传递的形参分配一个临时的内存单元，将实参的值传递到这个临时单元，即传送实参的值而不是传送它的地址。实参向形参传递是单向的，如果在被调用的过程中改变了形参值，则只是临时单元的值变动，不会影响实参变量本身，当被调过程结束返回主调过程时，VB.NET将释放形参的临时内存单元。

【例4.4】用函数过程编写求a、b两数中的最大数。

Max函数为求最大数，在cmdStart_Click事件中调用Max函数，程序代码如下：

```
Private Function Max(ByVal x As Integer, ByVal y As Integer)
    ' 求最大值
    Dim z As Integer
    If x < y Then
        z = x: x = y: y = z
    End If
    Max = x
    txtX.Text = x
    txtY.Text = y                                    ' 显示x,y的值
End Function

Private Sub cmdStart_Click(ByVal sender As System.Object, ByVal e As _
                    System.EventArgs)  Handles cmdStart.Click
    Dim a As Integer, b As Integer
    a = Val(txtA.Text)
    b = Val(txtB.Text)
    txtMax.Text = Max(a, b)                          ' 显示最大值
    txtResultA.Text = a
```

```
        txtResultB.Text = b
    End Sub

    Private Sub cmdEnd_Click(ByVal sender As System.Object, ByVal e As _
                                    System.EventArgs)  Handles cmdEnd.Click
        End
    End Sub
```

当在文本框txtA和txtB中输入变量a为7，b为8时，数据的传递过程如下：

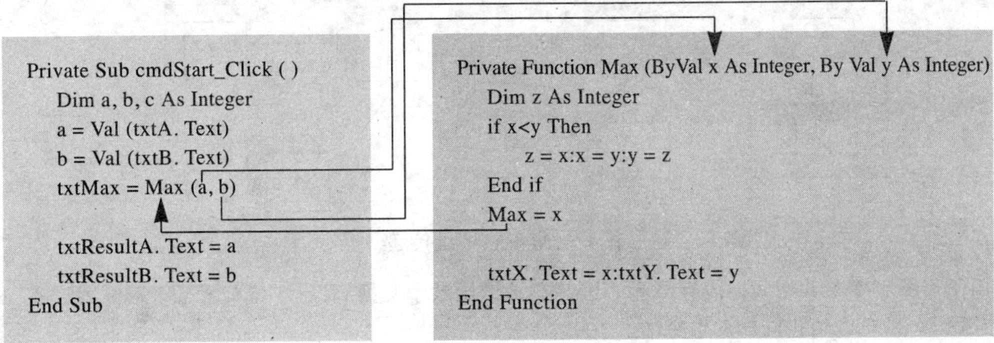

通过函数调用，给形参分配临时内存单元x和y，将实参a和b的数据传递给形参，内存单元值的存储过程如图4-7所示。在被调函数中x、y和z交换数据，调用结束实参单元a和b仍保留原值，参数的传递是单向的。

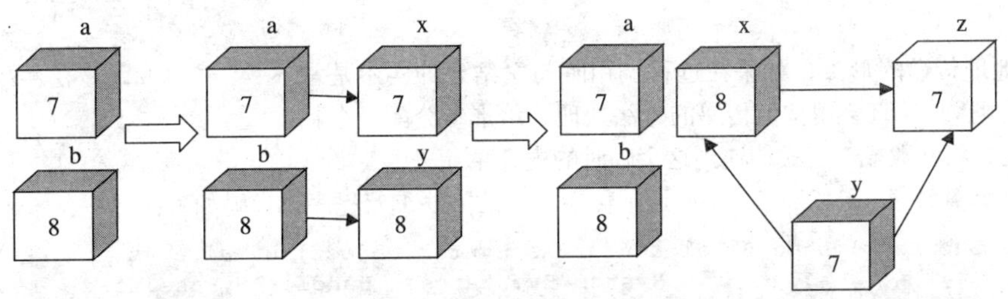

图4-7 形参按值传递

运行结果界面如图4-8所示，被调函数Max中的x和y已经交换过了，分别为8和7，而主调函数中的a和b仍为7和8。

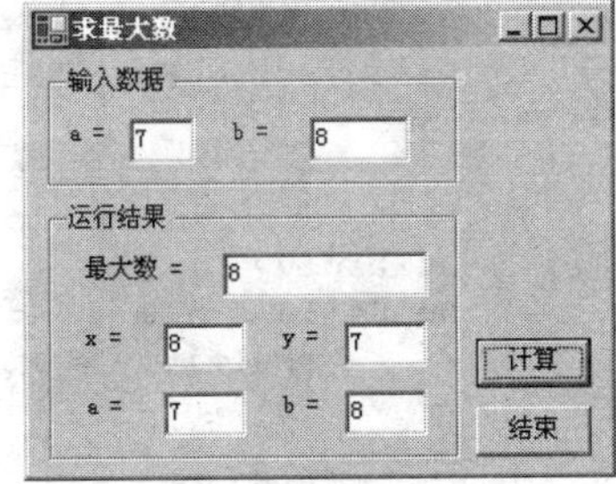

图4-8 运行结果

2. 按地址传递参数

在定义过程时，使用ByRef 关键字指定按地址传递参数。

按地址传递参数，是指把实参变量的内存地址传递给被调用过程，形参和实参具有相同的地址，即形参和实参共享同一段存储单元。因此，在被调过程中改变形参的值，则相应实参的值也被改变。也就是说，与按值传递参数不同，按地址传递参数可以在被调过程中改变实参的值。

将例4.4求两数中最大数的程序按值传递改为按地址传递。程序代码如下，被调函数过程不变：

```
    Private Function Max(ByRef x As Integer, ByRef y As Integer)
        ......
    End Function
```

在按钮单击事件中的主调过程程序如下：

```
    Private Sub cmdStart_Click(ByVal sender As System.Object, ByVal e As _
                                    System. EventArgs)  Handles cmdStart.Click
        Dim a As Integer, b As Integer
```

```
    a = Val(txtA.Text)
    b = Val(txtB.Text)
    txtMax.Text = Max(a, b)                              ' 显示最大值
    txtResultA.Text = a
    txtResultB.Text = b
End Sub
```

当输入变量a为7，b为8时，形参与实参的数据传递如图4-9所示。

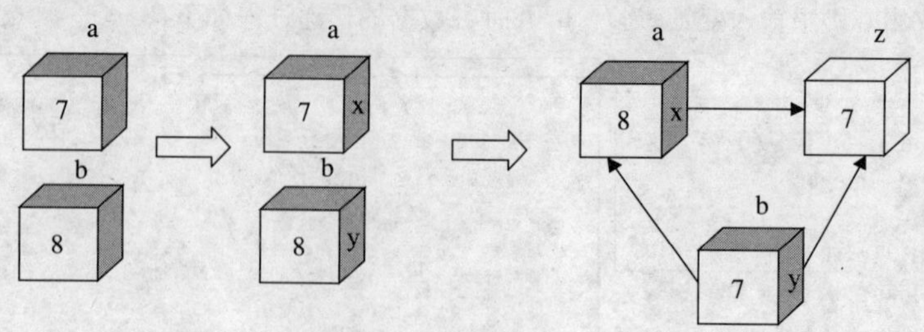

图4-9　形参按地址传递

由于形参和实参共用同一内存单元，因此在被调函数中交换x和y的数值后，a和b的数值也同样发生变化。

运行结果如图4-10所示，a和b的数据也交换了。

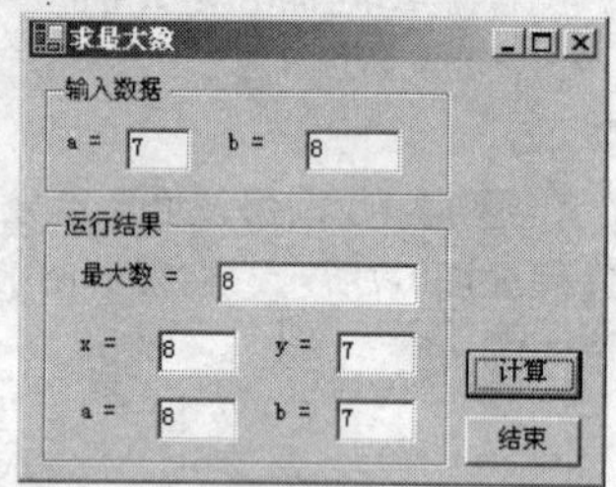

图4-10　运行结果

注意：

- 按地址传递参数比按值传递参数更节省内存空间，程序的运行效率更高。

对于按地址传递的形参，如果在过程调用时与之结合的实参是常数或表达式，则VB.NET会用按值传递的方法处理，给形参分配一个临时的内存单元，将常数或表达式传递到这个临时的内存单元去。

【例4.5】计算5!+4!+3!+2!+1!，按照地址传递参数的方法编写程序，代码如下：

```
Private Sub Form1_Load(ByVal sender As System.Object, ByVal e As _
                          System.EventArgs)  Handles MyBase.Load
   Dim Sum As Integer, i As Integer
   For i = 5 To 1 Step -1
          Sum = Sum + Multiply(i)
   Next
   Debug.WriteLine( "Sum=" & Sum )
End Sub

Private Function Multiply(ByRef n As Integer) As Integer
   Multiply = 1
   Do While n > 0
          Multiply = Multiply * n
          n = n - 1
   Loop
End Function
```

运行结果：Sum=120。

结果是120而不是希望的153，这是因为本程序只计算了5! = 120。形参的传递过程如图4-11所示。

因为形参n是按地址传递的，在第一次调用Multiply函数后n的值为0，由于实参与形参共享地址单元，实参i的值也是0。当执行判断语句“For i = 5 To 1 Step-1”时就退出For循环。因此For循环只执行了一次，求了5!的值。

解决办法有两种：

1）将函数定义改为按值传递：

```
Private Function Multiply (ByVal n As Integer) As Integer
```

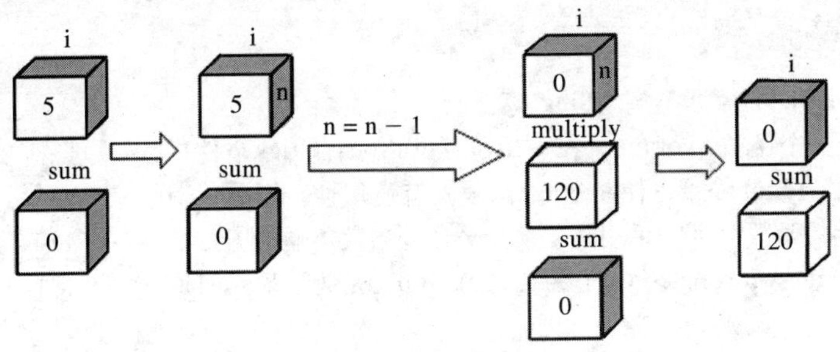

图4-11 形参按地址传递

2）将实参i改为表达式，因为表达式是按值传递的。把变量改为表达式的最简单的方法是用（）将变量括起来。调用语句为：

```
Sum = Sum + Multiply((i))
```

4.3.3 数组参数的传递

VB.NET允许把数组作为实参传递到过程中。在定义过程时，数组可以作为形参出现在过程的形参列表中，声明数组参数的语法如下：

语法：

形参数组名() [As 数据类型]

形参数组对应的实参也必须是数组，数据类型与形参一致，实参列表中的数组不能带括号“()”。传递数组只能按地址传递，形参与实参共享同一段内存单元。

【例4.6】 用同一个函数“Average”求一班的学生和二班的学生的平均成绩。运行结果的界面如图4-12所示。

程序代码如下：

```
Private Sub btnStart_Click(ByVal sender As System.Object, ByVal e As _
                              System. EventArgs)  Handles btnStart.Click
' 单击计算按钮
  Dim Score1(5) As Single, Score2(8) As Single
  Score1 (0) = 90: Score1 (1) = 70: Score1 (2) = 91          ' 置初值
  Score1 (3) = 60: Score1 (4) = 65
  Score2 (0) = 75: Score2 (1) = 80: Score2 (2) = 71
  Score2 (3) = 54: Score2 (4) = 99
  Score2 (5) = 77: Score2 (6) = 89: Score2 (7) = 76
  txtS1.Text = Int(Average(Score1, 5) * 100) / 100          ' 求一班学生的平均成绩
  txtS2.Text = Int(Average(Score2, 8) * 100) / 100          ' 求二班学生的平均成绩
End Sub

Private Function Average(stuArray() As Single, n As Integer) As Single
' 求平均值
  Dim i As Integer
  Dim aver As Single, sum As Single
  For i = 0 To n - 1
       sum = sum + stuArray(i)
  Next
  aver = sum / n
  Average = aver
End Function
Private Sub btnEnd_Click(ByVal sender As System.Object, ByVal e As System.EventArgs) _
                                                      Handles btnEnd.Click
```

```
    End
End Sub
```

程序分析：

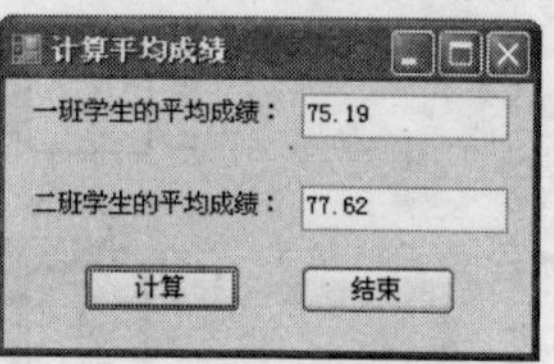

图4-12 计算结果

1）被调函数Average的数据类型为Single型。

2）为了使用同一个函数Average，在调用过程btnStart_Click事件中将数组的元素个数作为参数传递，使Average函数具有通用性。因此，对于数组元素个数不定的函数，可以采用将元素个数作为参数传递的方法。

3）程序中的"Int(Average(Score1(), 5) * 100)/ 100"是为了显示时取两位小数。

在被调过程中不能用Dim语句对形参数组声明，否则会产生"重复声明"的编译错误。但是在使用动态数组时，可以用Redim语句改变形参数组的维界，重新定义数组的大小。当返回调用过程时，对应的实参数组的维界也随之发生变化。

【例4.7】在例4.6中，通过ReDim语句改变数组参数的维界，计算一班学生中前3人的平均成绩。

程序代码如下：

```
Private Function Average(stuArray() As Single, n As Integer) As Single
    Dim i As Integer
    Dim aver As Single, sum As Single
    ReDim Preserve stuArray(n)                              ' 改变形参数组的维界
    For i = 0 To n - 1
           sum = sum + stuArray(i)
    Next
    aver = sum / n
    Average = aver
End Function

Private Sub btnStart_Click(ByVal sender As System.Object, ByVal e As _
                          System.EventArgs)  Handles btnStart.Click
' 求平均值
    Dim Score1() As Single
    ReDim Score 1(5)
    Score1 (0) = 90: Score1 (1) = 70: Score1 (2) = 91 ' 置初值
    Score1 (3) = 60: Score1 (4) = 65
    txtS1.Text = Int(Average(Score1, 5) * 100) / 100   ' 求一班学生的平均成绩
    txtS2.Text = Int(Average(Score1, 3) * 100) / 100   ' 求一班学生前3人的平均成绩
End Sub
```

程序分析：

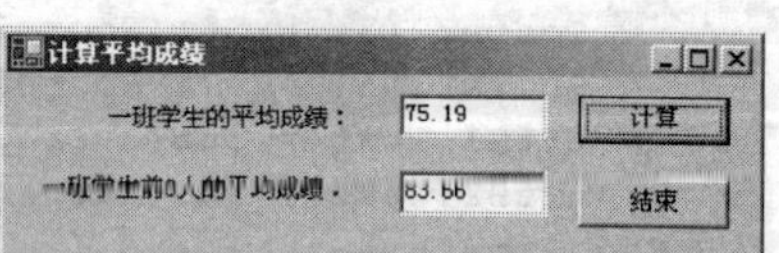

图4-13 运行结果

- 数组Score1作为实参传递给形参stuArray，形参stuArray需要改变数组的维界，因此实参Score1必须用"Dim Score1( ) As Single"语句声明为动态数组。

程序运行界面如图4-13所示。

4.3.4 对象参数的传递

在VB.NET中对象也可以作为形参，即对象可以向过程传递，对象的传递只能是按地址传递。

对象作为形参时形参变量的类型声明为"Control"，或声明为控件类型，例如，形参类型声明为"Label"或"Form"，则表示可以向过程传递标签控件或窗体。

【例4.8】传递窗体对象和标签对象参数应用举例。

在窗体Form1中创建一个按钮（btnStu），按钮的Text属性值为"查询成绩"，单击按钮后，通过传递对象参数在窗体上的标签（Label1）中显示"成绩管理"文字，同时将窗体Form1的标题改为"传递对象"。

窗体中的控件属性如表4-2所示。

表4-2 对象属性

对 象	控件名	属性名	属性值
Form	Form1	Text	成绩管理
Button	btnStu	Text	查询成绩
Label	Label1	Text	空

在设计的程序中，窗体Form1的标题和标签内容是通过过程参数传递的，如图4-14a是启动运行时的窗体，图4-14b是当单击按钮“查询成绩”时的窗体显示情况。

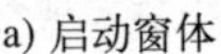
a) 启动窗体

b) 查询窗体

图4-14 传递对象应用

程序代码如下：

```
Private Sub btnStu_Click(ByVal sender As System.Object, ByVal e As _
                         System.EventArgs)  Handles btnStu.Click
' 单击按钮后，将按钮的文本传递给窗体中的Label1
   Call frmTrans(ActiveForm, Label1, Me.Text)
End Sub
Private Sub frmTrans(F As Form, L As Label , btnText As String)
' 显示窗体标题和标签文本，形参为窗体参数
   F.Text = "传递对象"
   L. Text = btnText
   L.Visible = True
End Sub
```

程序分析：

1）在Sub frmTrans函数中以窗体和标签为形参，定义为“F As Form”和“L As Label”。

2）“ActiveForm”代表当前活动窗体Form1对象本身，“Me.Text”中的Me代表触发该事件的对象本身，此处即为按钮btnStu 。

4.4 递归过程

简单地说，递归就是一个过程调用过程本身。例如：

```
Private Function FNC(x As Integer)
   Dim y As Integer,z As Single
   ......
   z = FNC(y As Integer)                          ' 递归调用FNC函数
   ......
End Function
```

在上面的例子中，在函数FNC的过程中调用FNC函数本身，从而构成递归调用。

递归是一种十分有用的程序设计技术，很多数学模型和算法设计本身就是递归的。因此用递归过程描述它们比用非递归方法要简洁、可读性好、容易理解。递归调用在完成阶乘运算、级数运算、幂指运算等方面特别有效。

VB.NET中的Sub过程可以是递归调用的。在执行递归操作时，VB.NET把递归过程中使用的参数和局部变量等信息都保存在堆栈中，如果递归过程无限调用的话，将会导致堆栈溢出。

从上例中看到，在函数FNC中调用函数FNC本身，似乎是无终止的自身调用，显然程序不应该有无终止的调用，而只应该出现有限次数的递归调用。因此应该用条件语句（if语句）来控制终止的条件，这个条件称为边界条件或结束条件，只有在某一条件成立时才继续执行递归调用，否则不再继续。若一个递归过程无边界条件，则是一个无穷的递归过程。

根据以上分析，在编写递归程序时应考虑两个方面：递归的形式和递归的结束条件。如果没有递归的形式就不可能通过不断的递归来接近目标；如果没有递归的结束条件，递归就不会结束。

【例4.9】 用递归的方法计算$n!$，即5!=4!*5，4!=3!*4等。

根据阶乘得出表达式：$n! = 1*2*3*\cdots*(n-1)*n$，但这不是递归的形式，因此需要对它进行改造如下：

$n! = n*(n-1)!$

$(n-1)! = (n-1)*(n-2)!$

……

$n = 1$时，$n! = 1$

于是得出下面的递归公式：

$$n!=\begin{cases}1 & (n=0,1)\\ n*(n-1)! & (n>1)\end{cases}$$

递归的结束条件为：$n = 1$时，$n! = 1$。

程序代码如下，Muln函数过程就是递归求解函数：

```
Private Function Muln(n As Integer) As Integer
   If n = 0 Or n = 1 Then
   ' 结束条件n=0或n=1
         Muln = 1
   Else
         Muln = Muln(n - 1) * n
   End If
End Function

Private Sub Form1_Load(ByVal sender As System.Object, ByVal e As _
                        System.EventArgs)  Handles MyBase.Load
   Dim M As Integer, i As Integer
   i = InputBox("请输入一个正整数")
   M = Muln((i))
         Debug.WriteLine( "M="& M)
End Sub
```

递归求解的过程分成两个阶段：第一阶段是“回推”，第二阶段是“递推”。

在回推阶段每一步都是未知的，即求Muln(5)必须先得出Muln(4)*5的值，而求Muln(4)的值又必须得出Muln(3)*4的值，直到推到Muln(1)为止。前面的都是执行Muln函数的Else语句，当$n = 1$时才满足If条件。

递推阶段根据Muln(1)的值得出，Muln(2) = Muln(1)*2，直到得出Muln(5)为止。因此，递推执行“Muln =1”将函数值返回到调用函数，计算出Muln(2)再返回，直到Muln(5)。

当输入n=5时，计算输出的结果为120，两个阶段过程如图4-15所示。

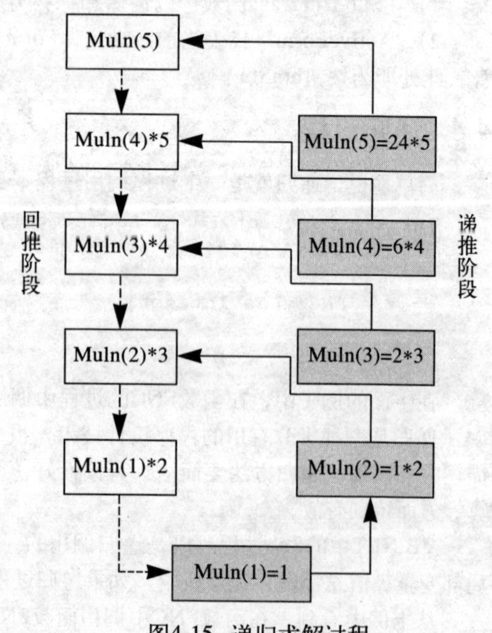

图4-15　递归求解过程

【例4.10】 用递归的方法求斐波那契（Fibonacci）数列第n个数的值，斐波那契数列各元素如下：

$F_1 = 1$

$F_2 = 1$

$F_n=F_{n-1} + F_{n-2}$

已知$F_n = F_{n-1} + F_{n-2}$，因此可以推出：

Fib(*n*−1) = Fib(*n*−2) + Fib(*n*−3)

Fib(*n*−2) = Fib(*n*−3) + Fib(*n*−4)

......

得出下面的递归关系和终止条件：

$$\text{Fib}(g)=\begin{cases}1 & (g=1, g=2)\\ \text{Fib}(g-1)+\text{Fib}(g-2) & (g>2)\end{cases}$$

递归的终止条件为：$g = 1$或$g = 2$时，Fib=1。

程序代码如下：

```
Private Function Fib(g As Integer)
' 计算斐波那契(Fibonacci)数列
    If g = 1 Or g = 2 Then
           Fib = 1
    Else
           Fib = Fib(g - 1) + Fib(g - 2)
    End If
End Function
Private Sub Form1_Load(ByVal sender As System.Object, ByVal e As _
                                  System.EventArgs)  Handles MyBase.Load
    Dim k As Long
    Dim n As Integer
    n = InputBox("请输入计算的数列的个数：")
    k = Fib(n)
    Debug.WriteLine( "Fibonacci数列第" & n & "个数是" & k)
End Sub
```

运行结果：当输入6时，输出“Fibonacci数列第6个数是8”。

注意：

• 递归可能会导致堆栈上溢。

4.5 综合应用

【例4.11】输入一个十进制数，将其转换成二进制、八进制或十六进制数。

数制转换的算法如下：

将十进制数除以进制（2、8或16），得出余数和商，将商循环地除以进制，直到商为0。将每次相除产生的余数逆序排列，就是转换的结果。例如，将45转换成二进制数，结果为101101，转换过程如图4-16所示。

界面设计：窗体中有两个文本框、两个按钮、一个组合框和三个标签。用组合框cmbSelect输入“转换进制”，用文本框txtInput输入要转换的十进制数。运行的界面如图4-17所示。窗体中对象的属性设置如表4-3所示。

除数	被除数/商	余数
2	45	
2	22	1
2	11	0
2	5	1
2	2	1
	1	0

图4-16 数制转换

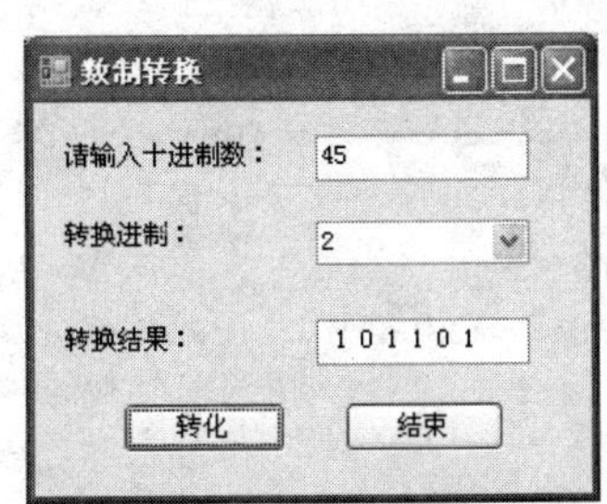

图4-17 运行界面

表4-3　窗体中控件属性表

对　象	对象名	属性名	属性值
Form	frmTrans	Text	数制转换
Button	cmdStart	Text	转化
	cmdClose	Text	结束
TextBox	txtInput	Text	空
	txtResult	Text	空
ComboBox	cmbSelect	Items	分行输入2、8、16
Label	LabN	Text	请输入十进制数：
	LabSelect	Text	转换进制：
	LabResult	Text	转换结果：

程序代码如下：

```
Dim Number As Integer, n As Integer                 ' 定义模块级变量Number、n

Private Sub frmTrans_Load(ByVal sender As System.Object, ByVal e As _
                          System. EventArgs)  Handles MyBase.Load
   n = 2                                            ' 数制预设为2
End Sub

Private Sub cmbSelect_SelectedValueChanged(ByVal sender As Object, ByVal e As _
                    System.EventArgs)  Handles cmbSelect.SelectedValueChanged
' 通过组合框cmbSelect改变选择事件，选择转换数制，属性SelectedItem分别对应2、8和16
   n = CInt(cmbSelect.SelectedItem)
End Sub

Private Sub txtInput_LostFocus(ByVal sender As System.Object, ByVal e As _
                          System.EventArgs)  Handles MyBase. LostFocus
   Dim Response As Integer
   If IsNumeric(txtInput.Text) = True Then      ' 判断输入的是否为数值
          Number = Val(txtInput.Text)
   Else
          Response = MsgBox("输入数据出错！", vbOKOnly + vbCritical,"数据出错")
          txtInput.Focus
   End If
End Sub

Private Sub Trans(ByRef Arry() As String , S() As String)   ' Arry数组采用传址方式
   ' 数制转换
   Dim r As Integer, k As Integer
   k = 0
   Do Until Number = 0
          r = Number Mod n
          k = k + 1
          ReDim Preserve Arry(k)
          Arry(k) = S(r)
          Number = Int(Number / n)
   Loop
End Sub

Private Sub cmdStart_Click(ByVal sender As System.Object, ByVal e As _
                          System. EventArgs)  Handles cmdStart.Click
' 单击转换按钮，调用Trans过程转换
   Dim i As Integer
   Dim myChar(15) As String, Ch As String
   Dim Bin() As String
   For i = 0 To 9
          myChar (i) = Str(i)                       ' 将字符0～9赋值给数组myChar
```

```
    Next i
    For i = 0 To 5                                      ' 将字符A～F赋值给数组myChar
            myChar (10 + i) = Chr(Asc("A") + i)
    Next i
    Call Trans(Bin, myChar)                             ' 调用Trans函数
    For i = UBound(Bin) To 1 Step -1
            Ch = Ch & Bin(i)
    Next i
    txtResult.Text = Ch                                 ' 显示转换结果
End Sub

Private Sub cmdClose_Click(ByVal sender As System.Object, ByVal e As _
                            System. EventArgs)  Handles cmdEnd.Click
    End
End Sub
```

程序分析：

1）数组myChar有16个元素，分别存放0～9和A～F字符，通过Chr函数得出字符，Asc函数得出ASC II码的数值。Trans的形参是数组按地址传递，因此在被调函数中改变数组Arry的值，在主调过程cmdStart_Click中Bin数组值同时改变。

2）函数Trans用于数制转换，模块级变量Number为要转换的十进制数，n为数制。将余数放置在数组Arry中，使用动态数组Arry，在循环中重新定义数组的大小，并使用Preserve使重新定义数组大小后原来的数据保留。注意，形参数组Arry必须定义成传址方式，否则无法将其值返回给实参数组Bin。

【例4.12】 输入某一天的年、月和日，计算出这一天是该年的第几天。

界面设计：窗体中有两个文本框、两个按钮、两个组合框和六个标签。采用组合框cmbMonth和cmbDate选择月份和日期，文本框txtYear输入年份。界面控件的属性如表4-4所示。

表4-4 窗体中控件属性表

对 象	对 象 名	属 性 名	属 性 值
Form	frmDay	Text	计算天数
Button	cmdStart	Text	开始
	cmdClose	Text	结束
TextBox	txtYear	Text	空
	txtDay	Text	空
ComboBox	cmbMonth	Items	空
	cmbDate	Items	空
ListBox	cmbDate	Items	空

运行结果界面如图4-18所示。

算法：首先判断该年是否是闰年，如果不是闰年通过将每月的天数积累计算出此天前的天数，如果是闰年则将不是闰年的天数+1。Daytab()数组为每月天数，SumDay函数用于计算天数，返回值为总天数；Leap函数用于判断是否为闰年，返回值表示是否为闰年。

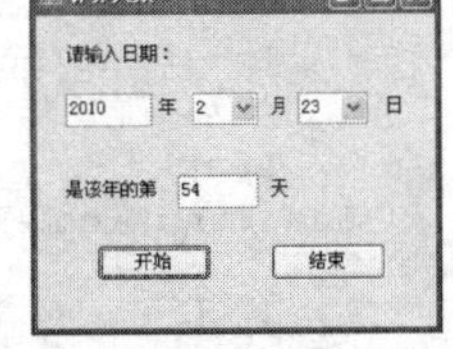

图4-18 运行结果界面

程序代码如下：

```
' 定义模块级变量和数组
Dim MyYear As Integer, MyMonth As Integer, MyDay As Integer
Dim DayTab(12) As Integer

Private Sub frmDay_Load(ByVal sender As System.Object, ByVal e As _
                            System. EventArgs)  Handles MyBase.Load
    ' 置每月的天数
    Dim i As Integer
```

```
    DayTab(0) = 31: DayTab(1) = 28: DayTab(2) = 31: DayTab(3) = 30
    DayTab(4) = 31: DayTab(5) = 30: DayTab(6) = 31: DayTab(7) = 31
    DayTab(8) = 30: DayTab(9) = 31: DayTab(10) = 30: DayTab(11) = 31
    MyMonth = 1
    MyDay = 1
    For i = 1 To 31                                          ' 置1～31日期
            cmbDate.Items.Add (i)                            ' 向天数列表框添加31天
    Next i
    For i = 1 To 12                                          ' 置1～12月份
            cmbMonth.Items.Add (i)                           ' 向月份组合框添加月份
    Next i
End Sub
Private Sub txtYear_LostFocus(ByVal sender As System.Object, ByVal e As _
                        System.EventArgs)  Handles MyBase. LostFocus
' 失去焦点事件用于检查输入年份是否有效，如果出错则通过MsgBox语句提示
    If Val(txtYear.Text) > 0 And IsNumeric(txtYear.Text) Then
            MyYear = Val(txtYear.Text)
    Else
            MsgBox ("年份出错！", , "输入年份")
            txtYear.Focus
    End If
End Sub

Private Sub cmbMonth_SelectedIndexChanged(ByVal sender As Object, ByVal e As _
                   System.EventArgs)  Handles CmbMonth.SelectedIndexChanged
' 在组合框的改变选择事件中，将所选项赋给变量MyMonth
    MyMonth = Val(cmbMonth. SelectedItem)                    ' 选择月份
End Sub

Private Sub cmbDate_SelectedIndexChanged(ByVal sender As Object, ByVal e As _
              System.EventArgs)  Handles cmbDate.SelectedIndexChanged
    ' 在单击列表框事件过程将所选项赋给变量MyDay
    MyDay = Val(cmbDate. SelectedItem)                       ' 选择日期
End Sub

Private Function SumDay(ByVal month As Integer, ByVal day As Integer)
    ' 计算总天数，将每月的天数累加
    Dim i As Integer
    For i = 0 To month - 2
            day = day + DayTab(i)                            ' Daytab()数组为每月天数
    Next i
    SumDay = day
End Function
Private Function Leap(ByVal year As Integer)
    ' 判断年份是否是闰年
    Dim L As Integer
    L= (year Mod 4 = 0) And (year Mod 100 <> 0) Or (year Mod 400 = 0)
    ' 如果是闰年为True，由于L是整型进行类型转换，则函数返回-1
    Leap = L
End Function

Private Sub cmdStart_Click(ByVal sender As System.Object, ByVal e As _
                      System. EventArgs)  Handles cmdStart.Click
    ' 计算天数
    Dim Days As Integer
    Days = SumDay(MyMonth, MyDay)
    If (Leap(MyYear) And MyMonth >= 3) Then
            Days = Days + 1
    End If
    txtDay.Text = Days
End Sub
Private Sub cmdClose_Click(ByVal sender As System.Object, ByVal e As _
```

```
                                    System. EventArgs)  Handles cmdEnd.Click
    End
End Sub
```

习题

1. VB.NET中有哪几种类型的过程？
2. VB.NET中通用过程有哪几种？如何建立这些过程？
3. 过程名最多不能超过多少个字节？
4. 什么是形式参数？什么是实际参数？
5. 如果不定义形式参数的数据类型，VB.NET为它默认指定的是什么类型？
6. 在VB.NET中传递参数有哪几种方式？默认的是什么方式？
7. 嵌套过程和递归过程有什么区别？
8. 编写一个函数过程，将一个给定的字符串反向后输出（返回）。
9. 编写一个过程，对于给定的输入字符串，判断是否为数字字符串，如果是，将它转换为数值类型并输出；否则显示说明。
10. 编写一个过程，获取用户输入的字符串数据，计算该字符串中共有多少个单词、字母及数字。
11. 随机生成10个1～1000之间的整数，存入一个数组中，并输出数组的内容。
12. 编写一个冒泡排序过程，将随机生成的100个1～1000之间的整数，按从小到大的顺序排列并输出。

第5章 窗体和常用控件

通过前面几章的学习，读者已经掌握了VB.NET的基本语法和编程规则。第1章中，也介绍了一个简单的窗体应用实例。这一章将继续介绍窗体和常用控件的常用属性，并运用前面章节介绍的程序设计基础知识，开发具有一定功能的应用程序。

5.1 窗体

窗体是用户交互的主要载体，是可视化应用程序设计的基础界面，通常为矩形。通过组合不同控件和编写代码，可从用户那里得到信息并响应该信息。窗体可以是标准窗口、多文档界面（MDI）窗口、对话框或图形化例程的显示界面。

窗体也是对象类，因为它们从Control类继承，与 .NET框架中的所有对象一样，窗体是类的实例。如果查看一下窗体的对象层次，就会明白它实际上是一个与Object类相隔了7层的子类。在表5-1列出了Form类的父类，以及Form类从每个父类继承的内容的简短说明。

表5-1 窗体的对象层次表

类的层次	说　明
Object	最高层次的父类，所有的.NET对象都继承自该类
MarshalByRefObject	有支持远程访问的应用程序使用。这个类可以访问跨应用程序边界的对象
Component	提供了IComponent接口的基本实现，并且允许在应用程序之间共享对象
Control	是所有带有可视化界面的组件的基类
ScrollableControl	提供了自动滚动功能
ContainerControl	允许一个组件包含其他的控件
Form	应用程序的窗口

用“Windows窗体设计器”创建的窗体是类，当在运行时显示窗体的实例时，此类是用来创建窗体的模板。这些对象公开定义其外观的属性、定义其行为的方法以及定义其与用户的交互的事件。通过设置窗体的属性以及编写响应其事件的代码，可自定义该对象以满足应用程序的要求。虽然完全可以在“代码编辑器”中创建窗体，但使用“Windows窗体设计器”创建和修改窗体更为简单。

VB.NET与以前使用的窗体引擎相比，有几个明显的优点。窗体可以自动改变其中组件的大小，还可以把控件锁定在特定的位置。也就是说，无需借助第三方的工具来完成相应的工作。此外，还可以创建透明的窗体。

5.1.1 创建VB.NET窗体

当用户新建一个VB.NET项目时，VB.NET将创建一个默认名为Form1的窗体，如图5-1所示。

用户可以通过修改窗体的Size属性来修改窗体的大小，也可以通过鼠标直接拖拽窗体周围的小方块来调整，还可以通过程序代码来调整。对调整前后进行比较可以发现VB.NET定制窗体非常简单。

5.1.2 窗体的属性

窗体生成后的属性都是默认值，用户可以通过【视图】|【属性窗口】菜单，或按【F4】键，或用鼠标右键单击窗体，在弹出的快捷菜单中选择【属性】命令来激活“属性”窗口，在“属性”窗口中可以对窗口的属性值重新设定。

窗体的最常用属性有：

- Name属性：用来设置窗体的名称的，在程序设计中很重要，窗体的默认名称是Form1，用户可以自己在Name属性中修改。
- Text属性：相当于Visual Basic 6.0中的Caption属性，用来设置窗体的标题。

- Size属性：它有两个子属性是Height和Width，分别用来设置窗体的高度和宽度。
- Left和Top属性：指定窗体在屏幕上的位置，是指窗体左上角的坐标。
- Font属性：它有若干个子属性，用来描述窗体上的字体信息。
- IsMDIContainer属性：设置窗体是否是MDI性质的窗体，True表示是，False表示否。
- TopMost属性：设置窗体是否处于所有窗体的最上方。True表示是，False表示否。把它设置为True，就可以使窗体即使在非激活状态，也能覆盖其他窗体。以前Visual Basic 6.0为了实现这样的效果，需要借助于API调用。
- Enabled属性：设定窗体能否对事件产生影响。它有True和False两种情况。默认值是True，表示窗体能对事件产生影响，False表示禁用。
- Visible属性：设定窗体是否被隐藏，它有True和False两种情况。默认值是True，表示窗体可见，False表示隐藏。
- WindowState属性：设置窗体运行时的状态，Normal是正常状态，此时的大小和位置由窗体的Width、Height、Left、Top决定，Minimized表示窗体将最小化成图标，Maximized表示窗体将最大化。

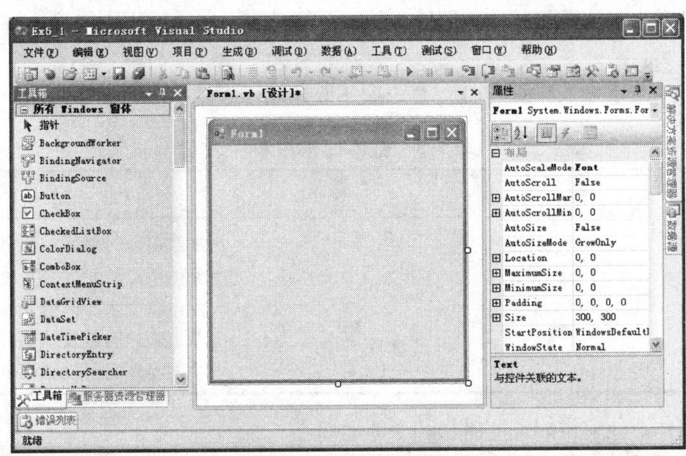

图5-1　创建并调整后的窗体

5.1.3　窗体的常用方法和事件

VB.NET的窗体有多个方法和语句来控制窗体的加载、显示、隐藏、卸载等。表5-2列出了窗体的常用方法。

表5-2　窗体的常用方法

方　法	功　能
Show	加载并显示窗体
Close	卸载窗体
Hide	隐藏窗体
Update	重绘工作区的无效区域
Refresh	强制对象，使其工作区无效，并立即重绘

这些方法或语句的语法格式为：

语法：

窗体名称.方法（）

Show方法用来显示一个已经装入内存的窗体。如果调用时，该窗体没有被加载，则VB.NET将自动加载该窗体。如下面的代码将在单击窗体Form1后，自动加载frmhello窗体。

```
Private Sub Form1_Click(ByVal sender As Object, ByVal e As System.EventArgs) _
                                          Handles MyBase.Click
    Dim frmhello As New frmhello()
    frmhello.Show()                       ' 显示frmHello窗体
End Sub
```

注意：

- VB.NET中，窗体是作为类，不能直接引用，必须先声明。如上面的代码中先定义Dim frmhello As New frmhello( )，然后才能调用该对象的Show方法。

Close语句用来关闭窗体。当窗体关闭之后，所有在运行时放到窗体上的对象都是不可再访问的，而在设计时放到该窗体上的控件将保持不变，任何对这些控件的访问都会导致窗体重新打开。

Hide方法用来隐藏窗体，隐藏窗体时相当于将窗体的Visible属性设置为False。此时用户将无法访问隐藏窗体上的控件，但是程序仍可以使用隐藏窗体上的空间。如果调用Hide方法时窗体还没有加载，则Hide方法将自动先加载该窗体，但是不显示它。

每个对象都可以对外界的有关动作进行识别和响应，所有事件都是系统事先设计定义好的，并针对对象的特定动作，开发人员不能自己创建新的事件，只能针对对象所能识别的事件编写代码。窗体的常用事件如表5-3所示。

当程序运行时，将自动触发Load事件，有关窗体的初始化可以放入该事件。

表5-3　窗体的常用事件

方　法	功　能
Load	加载窗体时触发该事件
Activated	窗体活动时触发该事件
Resize	窗体改变大小时触发该事件
Click	单击窗体时触发该事件
Closed	关闭窗体时触发该事件

【例5.1】单击窗体，使窗体的宽度增加20个像素点。

界面设计：新建项目，并将窗体调整到合适的大小。

程序代码如下：

```
Private Sub Form1_Resize(ByVal sender As Object, ByVal e As System.EventArgs) _
                                          Handles MyBase.Resize
   MsgBox("我变宽了！")                   '当窗体改变大小时显示该消息
End Sub
Private Sub Form1_Click(ByVal sender As Object, ByVal e As System.EventArgs) _
                                          Handles MyBase.Click
   Me.Width = Me.Width + 20              '当单击窗体时让该窗体的宽度增加20个像素点
End Sub
```

运行界面如图5-2所示。

图5-2　单击窗体前后界面及消息框

要想设计实用的程序界面，光有窗体还不行，还要在窗体中添加各种控件。控件在VB.NET程序设计中扮演着非常重要的角色，也是VB.NET程序设计的重要基础。它可以提供事件过程，供设计者编写程序代码，从而完成程序各部分应执行的操作，还可以通过设置控件所具有的属性值设计出精美的用户界面。定义窗体的用户界面的最简单方法是将控件放在其表面上。下面将介绍几个最常用的控件。

5.2 文本控件

5.2.1 Label控件

标签（Label）控件的功能是显示字符串，通常显示的是文字说明信息，用来标识输入或输出区域。表5-4为Label的常用属性。

表5-4 Label的常用属性

属 性	说 明
Autosize	设置标签能自动调整大小，以显示所有的内容
BorderStyle	设置标签是否具有边框以及边框的样式
Name	设置标签的名称，默认为该标签名加Label1、Label2、……
Image	设置标签的背景图像
TabIndex	设置标签的索引
Text	设置标签上显示的文本
TextAlign	用来设置标签上面显示字符的对齐方式
Visible	设置标签是否显示在窗体上

对于标签控件一般不写事件代码，尽管它也能响应很多事件，如Click、Resize、TextChanged等事件，但是在实际使用中还是主要用来标识信息的。如果有特殊的需要，也可以编写事件代码程序，以让它能响应相应的事件。

【例5.2】 单击标签，并将单击的次数记录在标签上。

界面设计：

1）在窗体上放置一个标签控件，设置AutoSize属性为True，让它能根据内容自动改变大小。

2）设置BorderStyle属性为None，即以无边框的形式显示标签。

3）设置Text属性为“请点击我啊！”

在标签的Click事件中编写代码，程序如下：

```
Shared count As Integer
Private Sub Label1_Click(ByVal sender As System.Object, ByVal e As_ System.
                              EventArgs) Handles  Label1.Click
    count = count + 1
    Label1.Text = "继续点，你已点了我" & count & "次"
End Sub
```

程序运行后的界面及单击若干次后的界面如图5-3和图5-4所示。

图5-3 程序初始界面

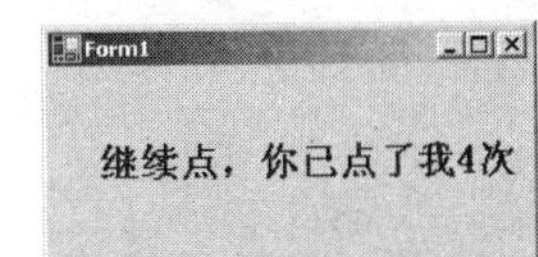

图5-4 单击标签4次后的界面

注意：

• 现在VB.NET支持直接设置链接文本，在工具箱中选择LinkLabel控件即可在窗体中创建链接文本。

5.2.2 TextBox控件

文本框（TextBox）控件用来显示输入和输出的文本信息，是开发应用程序时最常用的控件。TextBox控件是个相当灵活的数据显示工具，通常用于编辑文本，不过也可使其成为只读控件。文本框可以用于显示单行文本，也可以显示多个行，对文本换行使其符合控件的大小以及添加基本的格式设置。TextBox控件为在该控件中显示的或输入的文本提供单个格式化样式。若要显示多种类型的带格式文本，则要使用其他控件。

控件显示的文本包含在Text属性中。默认情况下，最多可在一个文本框中输入2048个字符。如果将MultiLine属性设置为True，则最多可输入32 KB的文本。Text属性可以在设计时使用“属性”窗口设置、在运行时用代码设置或者在运行时通过用户输入来设置。可以在运行时通过读取Text 属性来检索文本框的当前内容。表5-5列出了TextBox控件的常用属性。

表5-5 TextBox控件的常用属性

属 性	说 明
Text	该属性用来存放数据。它的内容可预先输入，向控件赋予初始值。运行时，这个属性用于取得用户输入的字符或向Text属性指定一个新值以替换现有文本。Text属性是个字符串，可以和Visual Basic的普通字符串变量一样使用
TextAlign	该属性用来设定输入文字的对齐方式
MultiLine	该属性用来设置文本框是否能接受多行文字。如果其值为False，表示文本框只能接受单行文本；如果为True，表示如果输入较长的字符串，则可以进行自动换行
MaxLength	该属性用来设置文本框中所能放入的最大字符长度，默认值为32 767。如果在程序代码中将长度超过MaxLength属性设置值的文本赋给文本框，VB.NET并不产生错误，但只赋给Text属性最大数量的字符，而额外的字符被截去。改变该属性不会对TextBox的当前内容产生影响，但将影响对以后内容的改变
ScrollBars	该属性用来设置文本框中是否出现水平或垂直滚动条。单行文本框可以用一个水平滚动条，使用户可以浏览长文本行的任何部分。多行文本框可以增加一个水平或垂直滚动条或两个滚动条
PasswordChar	该属性可在窗口中加入想要取代当前字符显示的符号。例如在输入密码时，不想让输入的文字内容显示在屏幕上，就可以用*号来作为显示符号。设置过此属性后，无论输入什么字符，显示出来的都是PasswordChar指定的替代符号
ReadOnly	设置文本框是否为只读，如果用于接收用户数据，可设置为False。如果仅仅是为了显示数据，可设置为True
SelectionStart	设置文本框中选择的文本的起始位置
SelectionLength	设置文本框中选择的文本的长度
SelectedText	返回文本框中选择的文本内容

文本框最常用的事件是TextChanged事件，该事件当文本框的Text属性发生改变时触发。文本框还有自己的方法，它们为开发人员设置文本框操作提供了方便。表5-6列出了文本框常用的方法。

表5-6 文本框常用的方法

名 称	说 明
Copy	将选取的文本复制到剪贴板
Paste	将剪贴板中的文本贴到文本框中
Cut	将选取的文本剪切下并复制到剪贴板
Undo	文本框复原为最后一次改动时的内容
Clear	清除文本框的内容
SelectAll	选取全部文本

【例5.3】在一个文本框中输入字符，另外的文本框中同步显示相应的内容。

界面设计：在窗体上放置两个文本框，并设置它们的Text属性均为空。

程序如下：

```
Private Sub TextBox1_TextChanged(ByVal sender As System.Object, ByVal e As _
                            System.EventArgs) Handles TextBox1.TextChanged
      TextBox1.SelectAll()             ' 选中TextBox1中的所有文本
      TextBox1.Copy()                  ' 将选中的文本复制到剪贴板上
      TextBox2.Clear()                 ' 将TextBox2中的所有文本删除
      TextBox2.Paste()                 ' 将选中文本用剪贴板上的文本替换
```

```
    TextBox1.SelectionStart = Len(TextBox1.Text) ' 将TextBox1中选中的文本不选中
End Sub
```

设计界面和运行效果界面如图5-5和图5-6所示。

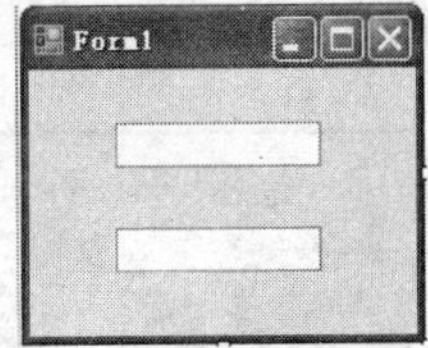

图5-5 设计时的界面

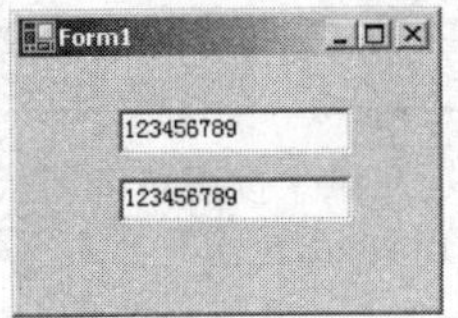

图5-6 运行后的界面

5.3 按钮控件

按钮（Button）控件主要用来执行某一命令功能，也称为命令按钮。命令按钮的最常用事件是Click事件，通常在Click事件中编写一段代码，当用户用鼠标单击这个按钮时，就会执行某一特定的功能。

表5-7列出了Button控件的常用属性及功能。

表5-7 Button控件的常用属性

属 性	说 明
Name	设置按钮的名称，可以在程序代码中使用这个名称对按钮进行操作
Visible	设置按钮是否可见，True为可见，False为不可见
Enable	该属性设置按钮是否有效，当为True（默认值）时，表示命令按钮可以响应外部事件；False表示按钮不能响应外部事件。这时整个命令按钮以淡色或模糊的颜色来显示
Text	设置按钮上显示的文本
TextAlign	设置按钮上文字的对齐方式

【例5.4】登录界面的设计。

要求：在例5.3的基础上，增加两个标签和按钮控件，如图5-7所示，对各对象的属性分别设定，实现如下功能。

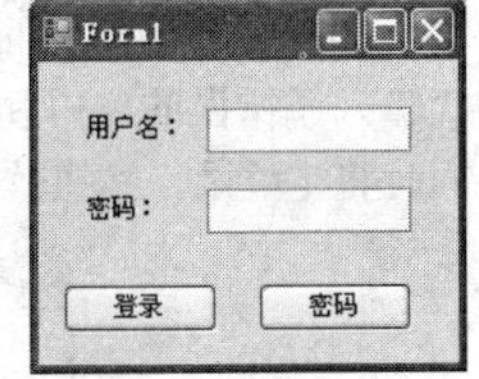

图5-7 程序初始界面

1）密码以“*”的形式显示，用户名和密码最大长度为6 个字符。

2）如果用户名为“ABC”并且密码为“123”则显示“欢迎光临！”，否则显示“密码或用户名错误！”。

3）如果三次不对，则将“登录”按钮禁用。并显示“你无权登录！”

界面设计：

根据要求在窗体上放置两个文本框，两个标签，两个按钮。并按表5-8设置初始属性。

表5-8 项目界面中控件的初始值

对 象	属 性	属 性 值
Label1	AutoSize	True
	TextAlign	MiddleCenter
	Text	用户名：
Label2	AutoSize	True
	TextAlign	MiddleCenter
	Text	密码：
TextBox1	Text	空
	MaxLength	6
TextBox2	Text	空
	MaxLength	6
	PasswordChar	*
Button1	Text	登录

（续）

对 象	属 性	属 性 值
Button2	TextAlign Text TextAlign	MiddleCenter 退出 MiddleCenter

根据要求，主要是在命令按钮中编写代码。程序如下：

• “退出”按钮中的程序代码

```
Private Sub Button2_Click(ByVal sender As System.Object, ByVal e As _
                          System. EventArgs)  Handles Button2.Click
    End                              ' 当单击"退出"按钮时，结束程序运行
End Sub
```

• “登录”按钮中的程序

```
Private Sub Button1_Click(ByVal sender As Object, ByVal e As System.EventArgs) _
                                          Handles Button1.Click
   Static n As Integer                ' 定义静态变量，在每次触发该事件时，它的值能保留
   If TextBox1.Text = "ABC" And TextBox2.Text = "123" Then
      MsgBox("欢迎光临!", MsgBoxStyle.OKOnly, "测试")
   Else
      n = n + 1                       ' 统计错误的次数
      If n = 3 Then
         MsgBox("你无权登录!", MsgBoxStyle.OKOnly, "测试")
         Button1.Enabled = False      ' 使按钮禁用
      Else
         MsgBox("密码或用户名错误! ", MsgBoxStyle.OKOnly, "测试")
      End If
   End If
End Sub
```

程序运行后的界面如图5-8所示，第一次输入了正确的用户名和密码，则显示“欢迎光临！”，第二次输入了错误的密码和用户名，则显示“密码或用户名错误！”，三次错误，则提示“你无权登录！”，同时将“登录”按钮禁用，变成了灰色的。

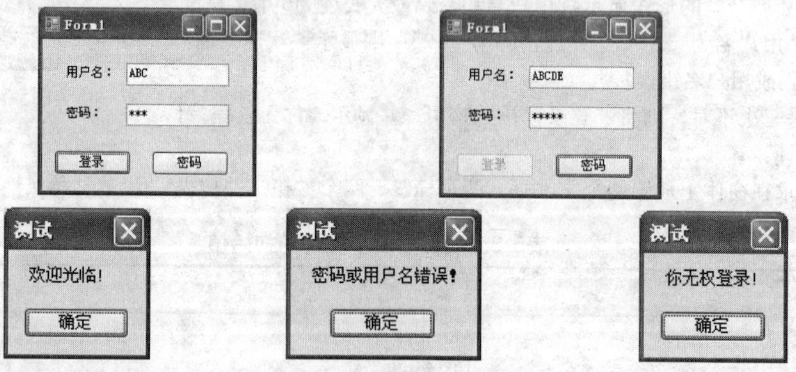

图5-8 程序运行后的各种效果图

5.4 复选框和单选按钮

复选框（CheckBox）和单选按钮（RadioButton）控件功能非常相近，都是选择类控件，用来设置要或不要某一选项功能。

复选框CheckBox控件指示某特定条件是打开的还是关闭的。它常用于为用户提供是/否或真/假选项。可以成组使用复选框控件以显示多重选项，用户可以从中选择一项或多项。单选按钮RadioButton控件为用户提供由两个或多个互斥选项组成的选项集。

虽然复选框控件和单选按钮控件看似功能类似，却存在重要差异。它们的相似之处在于，它们都是用于指示用户所选的选项。它们的不同之处在于，在单选按钮组中一次只能选择一个单选按钮。当用户选择某单选按钮时，同一组中的其他单选按钮不能同时选定。但是对于复选框控件，则可以选择任意数量的复选框。

多个复选框或单选按钮可以使用 GroupBox 控件进行分组。这对于可视外观以及用户界面设计很有用，因为成组控件可以在窗体设计器上一起移动。定义单选按钮组还将告诉用户："这里有一组选项，您可以从中选择一个且只能选择一个。"

表5-9列出了CheckBox控件和RadioButton控件的常用属性及其功能说明。

表5-9　选择类控件的常用属性

属　性	说　明
Text	该属性用来显示标题，与一般的控件不同，选择类控件的标题一般显示在右方，主要用来告诉用户该对象的功能
Enable	该属性用来设置控件是否会对事件产生反应，如果值为True，则能对用户事件产生反应，允许用户修改它的状态。如果值为False，则不能对用户事件产生反应，执行时该框会以暗色显示
Appearance	设置对象的外观，一般为Normal
CheckAlign	设置对齐方式
CheckedState	返回对象的选择状态，复选框根据情况有三种不同的选择状态，但是单选按钮没有该属性
Checked	设置默认状态下是否被启用

CheckBox控件和RadioButton控件的最常用事件是CheckedChanged事件和Cick事件，当单击鼠标时，CheckBox控件会触发Click事件和CheckedChanged事件，但是RadioButton控件可能只触发Click事件，不一定触发CheckedChanged事件。

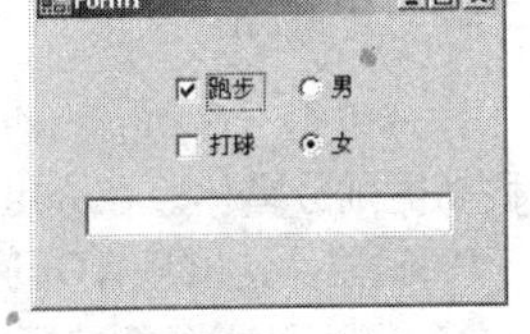

图5-9　程序初始界面

【例5.5】设计如图5-9所示的界面，实现以下功能：

1）当点击跑步或打球时，在文本框中显示你的爱好为跑步或打球。

2）当点击男或女时，在文本框中显示你的性别。

界面设计：在窗体上放置两个CheckBox控件和RadioButton控件，再装入一个TextBox控件，并适当调整大小和设置初始的属性值。

程序如下：

```
Private Sub CheckBox1_Click(ByVal sender As Object, ByVal e As System.EventArgs) _
                                            Handles CheckBox1.Click
        TextBox1.Text = ""
        If CheckBox1.CheckState = CheckState.Checked Then
            TextBox1.Text = "你喜欢" & CheckBox1.Text
        End If
        If CheckBox2.CheckState = CheckState.Checked Then
            TextBox1.Text = TextBox1.Text & "你喜欢" & CheckBox2.Text
        End If
End Sub

Private Sub CheckBox2_Click(ByVal sender As Object, ByVal e As System.EventArgs) _
                                            Handles CheckBox2.Click
        TextBox1.Text = ""
        If CheckBox1.CheckState = CheckState.Checked Then
            TextBox1.Text = "你喜欢" & CheckBox1.Text
        End If
        If CheckBox2.CheckState = CheckState.Checked Then
            TextBox1.Text = TextBox1.Text & "你喜欢" & CheckBox2.Text
        End If
End Sub
```

```
Private Sub RadioButton1_CheckedChanged(ByVal sender As System.Object, ByVal e As _
                    System.EventArgs) Handles RadioButton1.CheckedChanged
        If RadioButton1.Checked Then
            TextBox1.Text = "你的性别为:" & RadioButton1.Text
        End If
End Sub
Private Sub RadioButton2_Click(ByVal sender As Object, ByVal e As _
                                 System. EventArgs)  Handles RadioButton2.Click
        TextBox1.Text = "你的性别为:" & RadioButton2.Text
End Sub
```

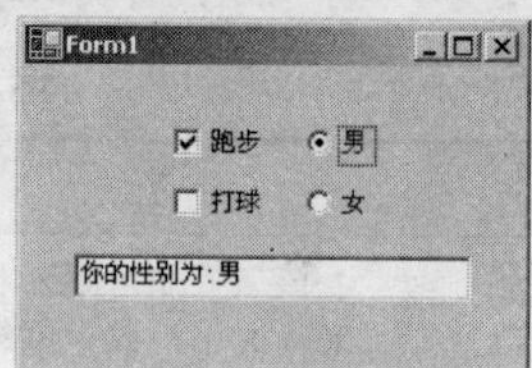

图5-10 部分运行效果

图5-10显示了部分运行效果，上面的程序中，CheckBox控件的Click事件代码，可以不加修改的放在CheckChanged事件中运行。该控件的Checked属性和CheckedState属性是不同的，Checked属性只有两个值True和False，而CheckedState属性有三个值，分别是：CheckState.Checked、CheckState.Indeterminate和CheckState.Unchecked。

5.5 分组框

分组框（GroupBox）控件用于为其他控件提供可识别的分组。它是一个容器控件，使用分组框能按功能细分窗体。在分组框中对所有选项进行分组为用户提供了逻辑可视化线索。GroupBox控件类似于Panel控件；但只有GroupBox控件显示标题，而且只有Panel控件可以有滚动条。

一般不对分组框编写事件过程，尽管它也能响应很多事件，用户通常只用它的分组功能来细化界面。当设置分组框的Visible属性为False时，则该分组框内的对象将一起被隐藏。分组框的其他常用属性是Text属性和Name属性，Text显示分组框的标题信息，Name属性是分组框的名字，在程序中引用的时候要指定Name。

【例5.6】 利用分组框，将控件分组。

要求：设计如图5-11所示的界面，适当调整控件大小和位置，并设置初始属性。将性别分成一组，将收入状况分成另一组，要求单击命令按钮能隐藏性别组。再次单击，能显示性别组。

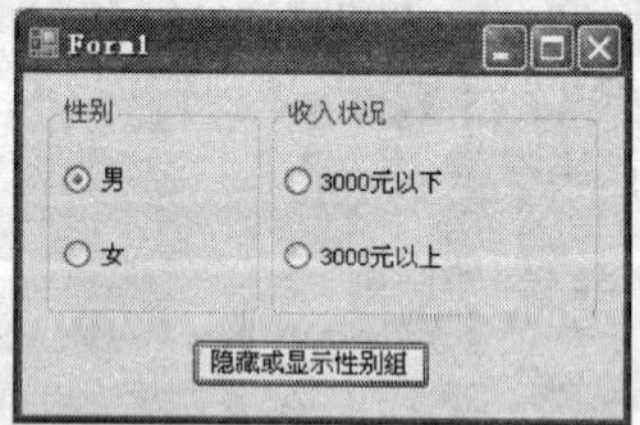

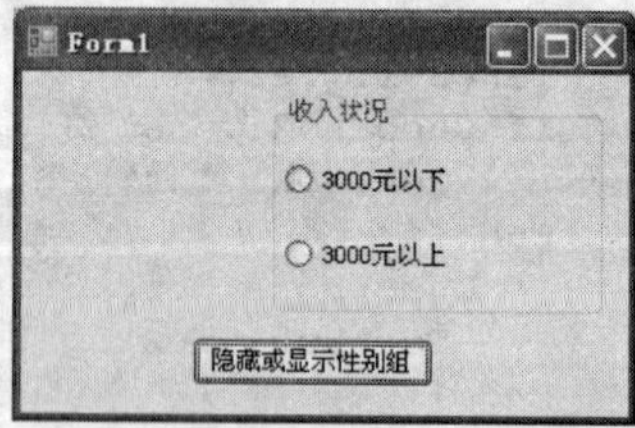

图5-11 程序运行的两种界面

程序如下：

```
Private Sub Button1_Click(ByVal sender As System.Object, ByVal e As _
                            System. EventArgs)  Handles Button1.Click
        If  GroupBox1.Visible Then
            GroupBox1.Visible = False
        Else
            GroupBox1.Visible = True
        End If
End Sub
```

程序运行的界面如图5-11所示。

上面的程序运行时，读者可以发现：性别这一组，能选择男或女，两者必须选择一个，而且只能选择一个。收入状况这一组，两者也是必须选择一个，而且只能选择一个。但是从整个窗体来看，却选择了两个单选按钮，这是由于分组框起的作用。

5.6 列表框和组合框

列表框（ListBox）控件和组合框（ComboBox）控件都能够为用户提供一个供选择的列表，ComboBox控件和ListBox控件具有类似行为，在某些情况下可以互换。但是也存在其中一种控件更适合于某任务的情况。

组合框通常应用于存在一组“建议”选项的情况，而列表框通常应用于限制选项为列表中内容的情况。组合框整合了一个文本框，可以键入列表中没有的选项。但是当设置组合框的DropDownStyle 属性为 ComboBoxStyle.DropDownList 时例外。

组合框在用户单击下箭头键以前不显示完整列表，它比列表框节约窗体上的空间。但是当设置组合框的DropDownStyle属性为ComboBoxStyle.Simple时，将显示完整列表，反而比列表框占用的空间多。

5.6.1 ListBox控件

ListBox控件显示一个项列表，用户可从中选择一项或多项。如果项总数超出可以显示的项数，则自动向ListBox控件添加滚动条。ListBox控件的常用属性及其功能说明见表5-10。

ListBox控件的常用方法有：

1. Items.Add方法

用于将项目添加到ListBox控件中，其语法为：

语法：

```
Object.Items.Add(Item)
```

说明：

Object指Listbox控件名，Item是要添加到列表框中的字符表达式。

表5-10　ListBox控件的常用属性及其功能说明

属　性	说　明
Sorted	设定列表框中的项目是否按字母表顺序排序。True为排序显示，False为不排序显示。Sorted属性必须在设计时设置，运行时它是只读的
Items	设置列表框中的列表选项
SelectedIndex	返回对应于列表框中第一个选定项的整数值。它从零开始记数，如果选定了列表中的第一项，则SelectedIndex值为0，如果未选定任何项，则SelectedIndex值为-1。可以通过代码中更改SelectedIndex值，从而更改选定项，列表中的相应项将突出显示。当选定多项时，SelectedIndex返回列表中最先出现的选定项的值
Items.Count	返回列表中的总项目数，Items.Count属性的值总比SelectedIndex的最大可能值大 1，因为 SelectedIndex 是从零开始的
ScrollAlwaysVisible	当ScrollAlwaysVisible设置为 True 时，无论项数多少都将显示滚动条
IntegrateHeight	设置列表框的高度与选项文本高度之间是否成等比关系，即列表框的高度以选项文本的高度为单位
MultiColumn	当MultiColumn属性设置为True时，列表框以多列形式显示项，并且会出现一个水平滚动条。当MultiColumn属性设置为False 时，列表框以单列形式显示项，并且会出现一个垂直滚动条
SelectionMode	设置用户选择选项的模式。如果设置为One，则只能选择一个选项；如果设置为MultiSimple，则可以选择不连续的多项；如果设置为MultiExtended，则可以选择连续的多项

2. Items.Insert方法

用于将项目插入ListBox控件中，其语法为：

语法：

```
Object.Items.Insert(Item, Index)
```

说明：

1）Object指Listbox控件名，Item是要添加到列表框中的字符表达式。

2）Index是可选参数，用来指定新项目在列表框中的位置。如果所给出的Index值有效，则Item将放置在列表框相应的位置。如果省略Index，当Sorted属性设置为True时，Item将添加到恰当的排序位置；当Sorted属性设置为False时，Item将添加到列表的结尾。

3. Items.Remove方法

Remove方法从ListBox控件中删除一个项目。

语法：

```
Object. Items.Remove(Item)
```

说明：

1）Object指Listbox控件名。

2）Item用来指定要删除的项目。

4. Items.RemoveAt方法

Removeat方法与Remove有所不同，它是按照索引的方式来删除ListBox控件中的项目。

语法：

```
Object.Items.Removeat(Index)
```

说明：

1）Object指Listbox控件名。

2）Index用来指定要删除的项目在列表框中的位置。

5. Items.Clear方法

Clear方法可以删除ListBox控件的所有项目，其语法为：

语法：

```
Object.Items.Clear()
```

修改和删除列表框中的项目，可以通过以上的方法，也可以通过“属性”窗口修改Items的属性值。单击Items右边的按钮，将弹出“字符串集合编辑器”对话框（如图5-12所示），用户可以在其中修改列表框的项目。

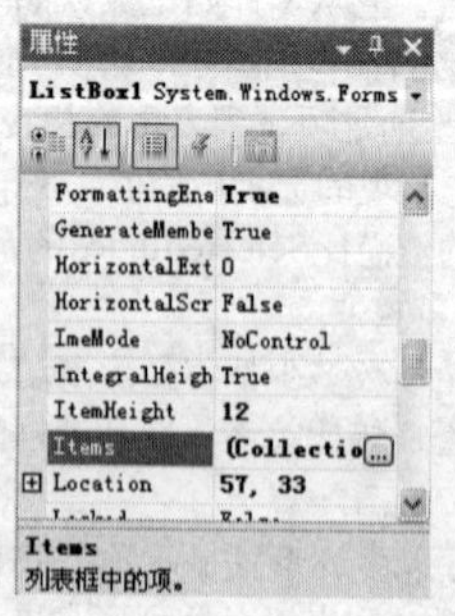

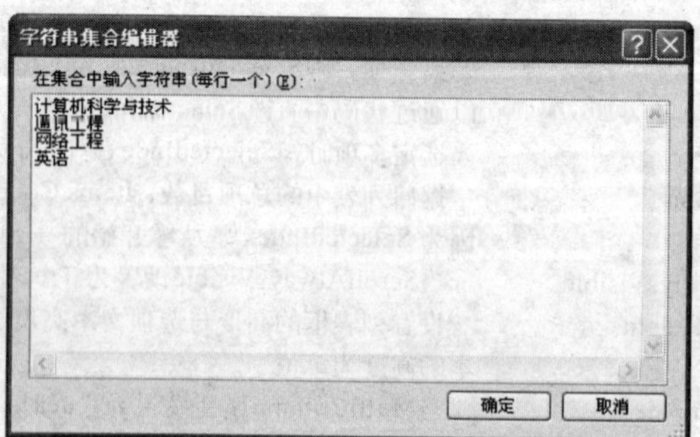

图5-12　列表框的“属性”窗口和“字符串集合编辑器”窗口

ListBox（列表框）最常用的事件是SelectedIndexChanged事件，相当于Visual Basic 6.0中的Click事件，当鼠标在列表框中单击任一条目时，便触发该事件。其事件过程如下：

```
Private Sub 对象名_SelectedIndexChanged(ByVal sender As System.Object, ByVal e _
```

```
                    As System.EventArgs) Handles 对象名.SelectedIndexChanged
        ……              ' 添加自己的代码
End Sub
```

【例5.7】设计一个Windows窗体应用程序，当鼠标单击“增加条目”按钮时，将把文本框中的内容添加到列表框中，当鼠标单击“删除条目”按钮时，将把列表框的第一条列表项删除。当鼠标单击列表框中的条目时，以消息框的形式显示条目内容。

界面设计：在窗体上添加一个列表框、一个文本框和三个按钮。设置各对象的初始属性并合适调整其大小，界面设计可参考图5-13。

程序如下：

```
Private Sub Button1_Click(ByVal sender As System.Object, ByVal e As _
                          System. EventArgs)  Handles Button1.Click
    ListBox1.Items.Add(TextBox1.Text)          ' 将文本框中的内容添加到列表框
End Sub

Private Sub Button2_Click(ByVal sender As Object, ByVal e As System.EventArgs) _
                                               Handles Button2.Click
    If ListBox1.Items.Count = 0 Then           ' 如果列表框中没内容则给出提示
        MsgBox("没有条目可以删除!")
    Else
        ListBox1.Items.RemoveAt(0)             ' 如果列表框中有内容，则删除第一项
    End If
End Sub
Private Sub ListBox1_SelectedIndexChanged(ByVal sender As System.Object, ByVal _
                    e As  System.EventArgs) Handles ListBox1.SelectedIndexChanged
    MsgBox(ListBox1.SelectedItem)              ' 显示单击的列表条目
End Sub

Private Sub Button3_Click(ByVal sender As Object, ByVal e As System.EventArgs) _
                                               Handles Button3.Click
    End                                        ' 结束程序的运行
End Sub
```

运行程序：添加条目，运行结果如图5-13所示。

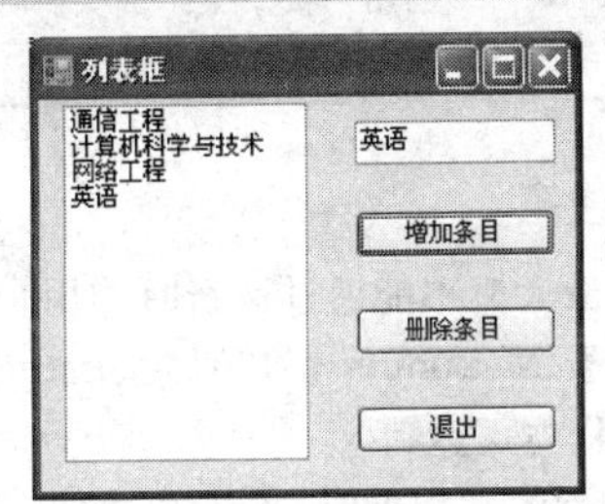

图5-13 程序运行后的部分界面

5.6.2 ComboBox控件

组合框（ComboBox）控件的功能和ListBox控件非常相似，但它一次只能选取或输入一个选项，而不能设定为多重选取模式。ComboBox 控件默认情况下分两个部分显示：顶部是一个允许用户键入列表项的文本框。第二个部分是列表框，它显示用户可以从中进行选择的项的列表。

ComboBox控件与ListBox控件有相同的属性、方法、事件等，本节不再赘述。ComboBox除了有与ListBox相似的一些属性外，还有其他一些自己独有常用属性，如表5-11所示。

表5-11 ComboBox控件的特有属性

属 性	说 明
DropDownStyle	该属性在运行时是只读的，在设计时，空用来设置控件的显示类型和行为。如果该属性值设为Simple，则该对象包括一个文本框和一个列表框。如果属性值设置为DropDown，则该对象包括一个文本框和一个下拉列表，而且文本框允许用户自己输入数值。如果该属性值设置为DropDownList，则该对象也包括一个文本框和一个下拉列表，但是不允许用户在文本框中输入数值，只允许选择列表中的选项
Text	设置下拉列表框中的默认值或返回该对象的选项内容

（续）

属　性	说　明
MaxDropDownItems	设置下拉列表框中的下拉列表一次能够显示的选项数目，如果选项的数目比较小，可以使选项的数目与这个数目相同。但是如果选项数目比较大，则需要根据界面的大小来设置一个比较合适的数值

图5-14显示了不同的DropDownStyle属性值时，ComboBox控件的外观。

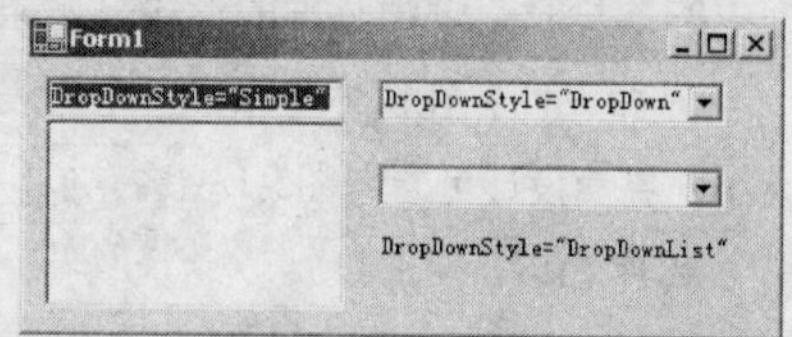

图5-14　不同的DropDownStyle属性值时的ComboBox

5.7　滚动条

滚动条（ScrollBar）控件有水平滚动条（HScrollBar）和垂直滚动条（VScrollBar）两种，用于在应用程序或控件中水平或垂直滚动，以便在较长的项目列表或大量信息中转移。例如：可以使用此控件在容器控件中实现滚动，或为用户输入数值数据实现滚动。

HScrollBar和 VScrollBar控件的操作不取决于其他控件，与附加到文本框、列表框、组合框或MDI窗体中的内置滚动条不同，ScrollBar 控件拥有自己的事件集、属性集和方法集。表5-12列出了ScrollBar控件的常用属性。

表5-12　ScrollBar控件的常用属性

属　性	说　明
Maximum	滚动条的Value属性所允许的最大值。默认值为 100
Minimum	滚动条的Value属性所允许的最小值。默认值为 0
Value	该属性是与滚动框在滚动条中的位置相对应的一个Integer值，该值总是在用户设置的Minimum属性和Maximum属性的范围之内
LargeChange	当用户按下PAGE UP键或PAGE DOWN键或者在滚动框的任何一边单击滚动条轨迹时，Value属性将按照LargeChange属性中设置的值而更改
SmallChange	当用户按下某个箭头键或单击某个滚动条按钮时，Value属性将按照SmallChange属性中设置的值而更改

注意：

- 滚动条的最大值不能通过运行时的用户交互而达到。这个可以达到的最大值等于 Maximum属性值减去LargeChange属性值加一。该最大值只能以编程方式达到。

ScrollBar控件的常用事件是Scroll 事件，当其Value属性值发生改变时触发该事件。

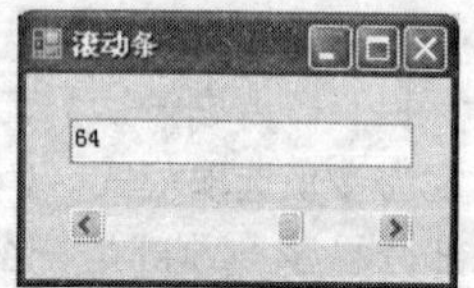

图5-15　程序运行界面

【例5.8】如图5-15所示，将滚动条的Value属性值实时地显示到文本框中。

界面设计：在窗体上加入一个文本框，一个水平滚动条。设置水平滚动条的Maximum属性为100，Minimum属性为0，LargeChange属性为10，SmallChange属性为1。

程序如下：

```
Private Sub HScrollBar1_Scroll(ByVal sender As System.Object, ByVal e As _
        System.Windows.Forms.ScrollEventArgs) Handles HScrollBar1.Scroll
    TextBox1.Text = HScrollBar1.Value
End Sub
```

在滚动条的Scroll事件中输入TextBox1.Text = HScrollBar1. Value，然后用鼠标或键盘改变滚动条中滚动块的位置，看看文本框中的内容将有什么变化。

5.8 图片框

图片框（PictureBox）控件用于显示位图、GIF、JPEG、图元文件或图标格式的图形。所显示的图片由Image属性确定，该属性可在运行时或设计时设置。SizeMode 属性控制使图像显示的方式。表5-13列出了PictureBox控件的常用属性及功能说明

表5-13　PictureBox控件的常用属性及功能说明

属　性	说　明
Image	该属性被设置为要显示的图片。可以在设计时或运行时进行设置
Size	图片框控件的实际大小，一般以像素点为单位，包括Height和Width两个子属性
SizeMode	该属性可以设置为 Normal（默认）、AutoSize、CenterImage 或 StretchImage。Normal 表示图像放置在控件的左上角；如果图像大于控件，则剪裁图像的右下边缘。CenterImage 表示图像在控件内居中；如果图像大于控件，则剪裁图片的外边缘。AutoSize 表示将控件的大小调整为图像的大小。StretchImage 则相反，表示将图像的大小调整到控件的大小
BorderStyle	设置控件的边框样式，None、FixedSingle、Fixed3D分别代表无边框、单线边框、立体边框
Location	设置和返回控件的左上角的坐标

注意：

- Visual Basic 6.0中PictureBox控件是容器控件；而VB.NET中PictureBox控件则不是。在升级时，包含控件的PictureBox控件升级为Panel控件。在VB.NET的PictureBox控件中也不可以直接绘图，必须通过一个Graphics对象来实现。将在第9章中详细讲解。

PictureBox控件的常用事件是Click事件，下面将演示单击图片框后，图片框的图片将消失。

【例5.9】 PictureBox 控件演示。

界面设计：在窗体上放一个标签、一个文本框和一个图片框。并分别设置它们的属性。其中图片框的SizeMode属性设置为StretchImage、BorderStyle属性设置为Fixed3D。界面设计可参考图5-16。

程序如下：

```
Private Sub TextBox1_KeyPress(ByVal sender As Object, ByVal e As _
          System.Windows.Forms.KeyPressEventArgs) Handles TextBox1.KeyPress
    If e.KeyChar = Chr(13) Then
        PictureBox1.Image = System.Drawing.Image.FromFile(TextBox1.Text)
    End If
End Sub
Private Sub PictureBox1_Click(ByVal sender As Object, ByVal e As _
                  System.EventArgs)  Handles PictureBox1.Click
    PictureBox1.Image = Nothing
End Sub
```

程序功能：当在文本框中输入图片文件的存放路径和文件名，并按回车键，则图片框装入该图片并显示如图5-16，因为设置了SizeMode属性为StretchImage，所以图片能自动根据图片框的大小填满整个图片框；如果用鼠标单击图片框，则图片将从图片框中删除，如图5-17所示。

图5-16　装入图片

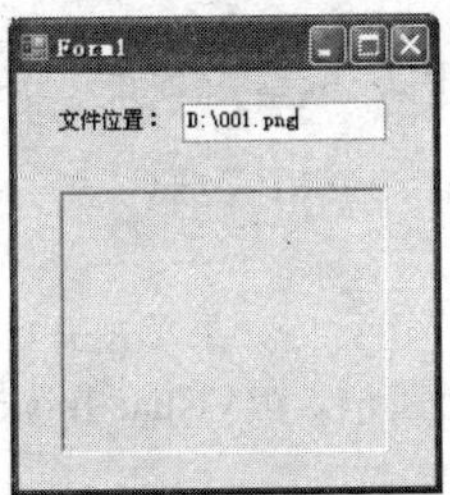

图5-17　删除图片

5.9 计时器

计时器控件（Timer）是按标准时间间隔引发事件的控件。该控件的属性不多，但在动画制作或定期执行某种操作等方面很有用。该控件的属性主要有：用来定义计时器时间间隔长度的Interval属性和决定定时器是否有效的Enabled属性。Interval属性的值以毫秒为单位。

Timer控件的主要方法是Start和Stop，这两个方法分别用于打开和关闭计时器。计时器在关闭时重置；不存在暂停Timer组件的方法。

Timer控件的事件只有一个，如果启用了Timer控件，则每个时间间隔都将引发一个Tick 事件。在Tick事件中添加代码，则每个时间间隔将自动执行一次该代码。

【例5.10】利用计时器实现图片的自动移动。

界面设计：在窗体上放置两个按钮、一个图片框和一个计时器。由于计时器控件运行时不可见，所以设计时将被安排在窗体的下方，如图5-18所示。适当调整窗体中各对象的位置和大小，并设置各对象的属性值。

图5-18　设计阶段界面示意图

表5-14列出了窗体上各个对象的属性设定值。其中PictureBox中的Image属性设置可以单击其后面的…按钮，在弹出的“选择资源”对话框中导入一张图片资源并选中它。

表5-14　窗体中控件属性表

对　象	属 性 名	属 性 值
Form	Name	Form1
	Text	时钟控件
Timer	Name	Timer1
	Interval	100
Button1	Name	Button1
	Text	开始移动
Button2	Name	Button2
	Text	暂停移动
PictureBox	Name	PictureBox1
	SizeMode	StretchImage
	Size	160, 120

程序代码如下：

```
Private Sub Timer1_Tick(ByVal sender As System.Object, ByVal e As _
                        System.EventArgs)  Handles Timer1.Tick
   PictureBox1.Left = PictureBox1.Left + 1   ' 设置PictureBox1每次向右移动一个像素点
End Sub

Private Sub Button1_Click(ByVal sender As System.Object, ByVal e As _
                          System.EventArgs) Handles Button1.Click
   Timer1.Start()                            ' 启动定时器控件
End Sub
Private Sub Button2_Click(ByVal sender As System.Object, ByVal e As _
                          System.EventArgs) Handles Button2.Click
   Timer1.Stop()                             ' 停止定时器控件
End Sub
```

上面的程序运行后如果单击开始移动按钮，则图片将慢慢地向右移动。单击暂停按钮，图片将停止移动，如图5-19所示。跟Visual Basic 6.0不同，在VB.NET中Timer对象不能自动的启动，必须调用Start方法才能启动。

5.10 对话框

如果需要简单的消息框或输入框，函数InputBox和MsgBox就能实现该功能。如果想要生成复杂的对话框，则可以选用打开文件对话框（OpenFileDialog）控件、保存文件对话框（SaveFileDialog）控件、颜色对话框（ColorDialog）控件、字体对话框（FontDialog）控件、打印对话框（PrintDialog）控件、打印预览对话框（PrintPreviewDialog）控件等。这些控件在VB.NET与Commdlg.dll例程间提供了接口。分别对应“打开”、“保存”、“字体”、“颜色”、“打印”和“打印预览”对话框。运行时只要调用这些控件的ShowDialog方法即可弹出相应的对话框。

图5-19　运行后的效果图

5.10.1　OpenFileDialog控件

打开文件对话框（OpenFileDialog）控件提供了一个标准的打开文件对话框。在该对话框中，可以指定驱动器、文件夹、文件类型和文件名。OpenFileDialog控件的常用属性见表5-15。

表5-15　OpenFileDialog控件的常用属性及功能说明

属　性	说　明
AddExtension	设置对话框在用户省略扩展名时是否自动在文件名后添加扩展名
CheckFileExists	设置对话框在用户指定不存在的文件名时是否显示警告
CheckPathExists	设置对话框在用户指定不存在的路径时是否显示警告
DefaultExt	获取或设置默认文件扩展名
DereferenceLinks	该值设置对话框是否返回快捷方式引用的文件的位置，或者是否返回快捷方式（.lnk）的位置
FileName	返回对话框中选定的文件名的字符串
FileNames	获取对话框中所有选定文件的文件名。该属性是只读属性
Filter	获取或设置文件名筛选器字符串，该字符串决定对话框的“另存为文件类型”或“文件类型”框中出现的选择内容。对于每个筛选选项，筛选器字符串都包含筛选器说明，后接一垂直线条（|）和筛选器模式。不同筛选选项的字符串由垂直线条隔开
FilterIndex	获取或设置文件对话框中当前选定筛选器的索引
InitialDirectory	获取或设置文件对话框显示的初始目录
Multiselect	设置对话框是否允许选择多个文件
ReadOnlyChecked	获取或设置对话框是否选定只读复选框
RestoreDirectory	设置对话框在关闭前是否还原当前目录
ShowHelp	设置对话框中是否显示“帮助”按钮
ShowReadOnly	设置对话框是否包含只读复选框
Title	获取或设置文件对话框标题
ValidateNames	设置对话框是否只接受有效的 Win32文件名

OpenFileDialog控件最常用的方法是ShowDialog方法，最常用的事件是FileOk事件，其他方法和事件介绍见表5-16。

表5-16　OpenFileDialog控件的方法和事件

属　性	说　明
CreateObjRef	创建一个对象，该对象包含生成用于与远程对象进行通信的代理所需的全部相关信息
Dispose	释放由Component占用的资源
Equals	确定两个Object实例是否相等
OpenFile	打开用户选定的具有只读权限的文件。该文件由 FileName 属性指定
Reset	将所有属性重新设置为其默认值
ShowDialog	显示通用对话框
FileOk事件	当用户单击文件对话框中的“打开”或“保存”按钮时发生
HelpRequest事件	当用户单击通用对话框中的“帮助”按钮时发生

当在程序中调用了OpenFileDialog控件的ShowDialog方法后，将显示“打开”对话框（见图5-20）。

OpenFileDialog控件本身并不能打开和读入文件，它需要使用Stream类来实现打开和读入文件的操作，Stream类将在后续章节中讲解。以下示例创建一个 OpenFileDialog，设置几个属性，并用 ShowDialog 来显示打开对话框，利用Stream类将选定的文件读入文本框中。

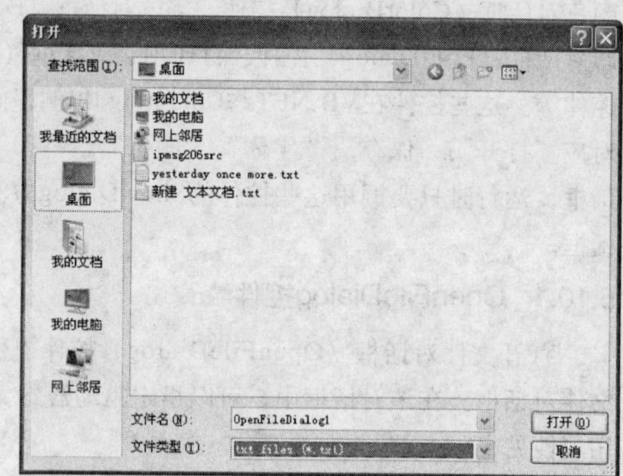

图5-20 “打开”对话框

【例5.11】OpenFileDialog控件示例。

界面设计：如图5-21所示，在窗体上放置一个文本框，设置其Multiline属性为True，放置一个按钮，设置其Text属性为open，放置一个打开文件对话框。要求程序运行后，单击open按钮，则自动打开对话框。选择文本文件后。将该文本文件的内容读取到文本框中。

OpenFileDialog控件的Fileter属性的设定方法为：

筛选器说明|筛选器模式

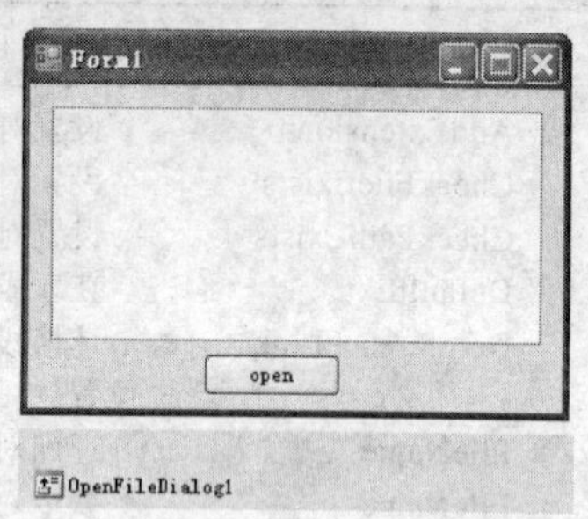

图5-21 设计界面

对于每个筛选选项，筛选器字符串都包含筛选器说明，后接一垂直线条（|）和筛选器模式。不同筛选选项的字符串由垂直线条隔开。下面是筛选器字符串的一个示例：

```
OpenFileDialog1.Fileter="文本文件 (*.txt)|*.txt|所有
文件 (*.*)|*.*"
```

通过用分号来分隔各种文件类型，可以将多个筛选器模式添加到筛选器中。例如：“图像文件(*.BMP;*.JPG;*.GIF)|*.BMP;*.JPG;*.GIF|所有文件 (*.*)|*.*”筛选器字符串，可以筛选出扩展名是BMP、JPG、GIF的图像文件和所有文件。

程序内容如下：

```
Private Sub Button1_Click(ByVal sender As System.Object, ByVal e As _
                          System. EventArgs) Handles Button1.Click
    OpenFileDialog1.InitialDirectory = "c:\"
    OpenFileDialog1.Filter = "txt files (*.txt)|*.txt|All files (*.*)|*.*"
    OpenFileDialog1.FilterIndex = 2
    OpenFileDialog1.RestoreDirectory = True
    OpenFileDialog1.ShowDialog()
End Sub

Private Sub OpenFileDialog1_FileOk(ByVal sender As System.Object, ByVal e As _
      System.ComponentModel.CancelEventArgs) Handles OpenFileDialog1.FileOk
    Dim filename As String
    Dim f As System.IO.FileStream
    Dim myStream As System.IO.StreamReader
    filename = OpenFileDialog1.FileName
    If Not (filename Is Nothing) Then
        ' 以下代码使用文件流对象读取文件内容
        f=New System.IO.FileStream(filename, IO.FileMode.Open, _
                                   IO.FileAccess.Read)
        myStream = New System.IO.StreamReader(f)
        TextBox1.Text = myStream.ReadToEnd()
        myStream.Close()
    End If
End Sub
```

程序中，在按钮的Click事件中只是设置了OpenFileDialog控件的有关属性，并调用了该控件的

ShowDialog方法，至于打开文件后如何处理则放在OpenFileDialog控件的FileOk事件中。

程序运行后，单击open按钮，将打开图5-21所示的对话框，选择桌面上的yesterday once more .txt文件后，单击对话框上的打开按钮，则yesterday once more .txt文件的内容将被读出，并显示在文本框中，如图5-22所示。

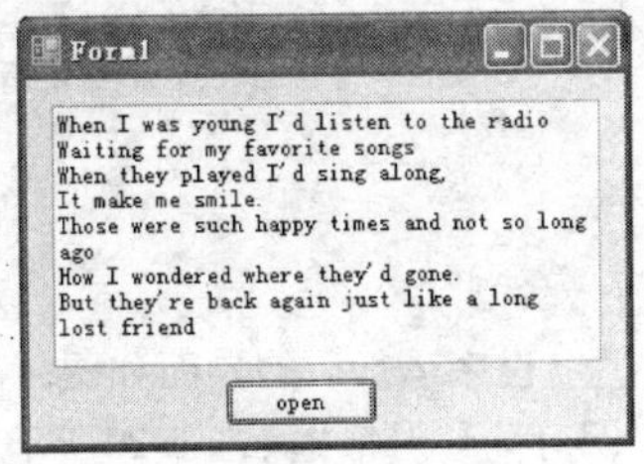

图5-22 读出文件内容后的界面

5.10.2 SaveFileDialog控件

保存文件对话框（SaveFileDialog）控件与打开文件对话框（OpenFileDialog）控件类似，OpenFileDialog控件用于打开文件，SaveFileDialog控件用于保存文件。SaveFileDialog控件的属性也跟OpenFileDialog控件类似，但是也有其专用的属性。表5-17显示了SaveFileDialog控件的部分属性。

表5-17 SaveFileDialog控件的部分属性及其功能说明

属 性	说 明
AddExtension	该属性值设置对话框在用户省略扩展名时是否自动在文件名后添加扩展名
CheckFileExists	该属性设置对话框在用户指定不存在的文件名时是否显示警告
CheckPathExists	该属性设置对话框在用户指定不存在的路径时是否显示警告
DefaultExt	获取或设置默认文件扩展名
DereferenceLinks	该值设置对话框是否返回快捷方式引用的文件的位置，或者是否返回快捷方式（.lnk）的位置
FileName	返回对话框中选定的文件名的字符串
FileNames	获取对话框中所有选定文件的文件名。该属性是只读属性
Filter	获取或设置文件名筛选器字符串，该字符串决定对话框的“另存为文件类型”或“文件类型”框中出现的选择内容。对于每个筛选选项，筛选器字符串都包含筛选器说明，后接一垂直线条（|）和筛选器模式。不同筛选选项的字符串由垂直线条隔开
FilterIndex	获取或设置文件对话框中当前选定筛选器的索引
InitialDirectory	获取或设置文件对话框显示的初始目录
RestoreDirectory	设置对话框在关闭前是否还原当前目录
ShowHelp	设置对话框中是否显示“帮助”按钮
Title	获取或设置文件对话框标题
ValidateNames	设置对话框是否只接受有效的 Win32 文件名
CreatPrompt	设置对话框在指定一个不存在的文件时，用户是否许可创建文件
OverWritePrompt	设置对话框在指定一个已经存在的文件时，用户是否许可覆盖该文件

SaveFileDialog控件的方法于事件和OpenFileDialog控件的方法与事件相同，这里就不再赘述。跟OpenFileDialog控件一样，SaveFileDialog控件本身不能保存文件，要写入文件，必须使用Stream类。

【例5.12】 SaveFileDialog示例。

在例5.11的基础上增加一个SaveFileDialog控件和按钮，设置按钮的Text属性为Save，实现将例5.11中打开的文件修改后再保存。

程序内容如下：

```
Private Sub Button2_Click(ByVal sender As System.Object, ByVal e As _
                          System. EventArgs) Handles Button2.Click
        SaveFileDialog1.Filter = "txt files (*.txt)|*.txt|All files (*.*)|*.*"
        SaveFileDialog1.FilterIndex = 2
        SaveFileDialog1.RestoreDirectory = True
        SaveFileDialog1.ShowDialog()
End Sub

Private Sub SaveFileDialog1_FileOk(ByVal sender As Object, ByVal e As _
       System. ComponentModel.CancelEventArgs) Handles SaveFileDialog1.FileOk
        Dim filename As String
        Dim w As System.IO.StreamWriter
```

```
        filename = SaveFileDialog1.FileName
        If Not (filename Is Nothing) Then
            w = System.IO.File.CreateText(filename)
            w.Write(TextBox1.Text)
            w.Close()
        End If
End Sub
```

程序运行后的界面如图5-23所示，打开文件后修改文本框中的内容，然后单击保存按钮，则弹出“另存为”对话框如图5-24所示。

程序中，Save按钮的Click事件中只是设置了SaveFileDialog控件的有关属性，并调用了该控件的ShowDialog方法，至于输入或选择文件后如何处理则放在SaveFileDialog控件的FileOk事件中。

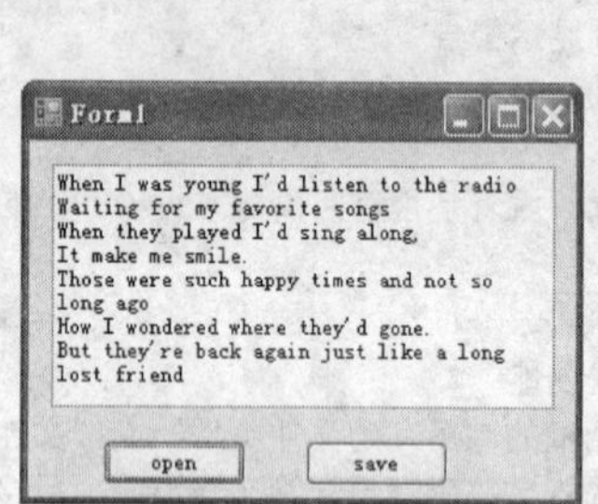

图5-23　程序运行界面

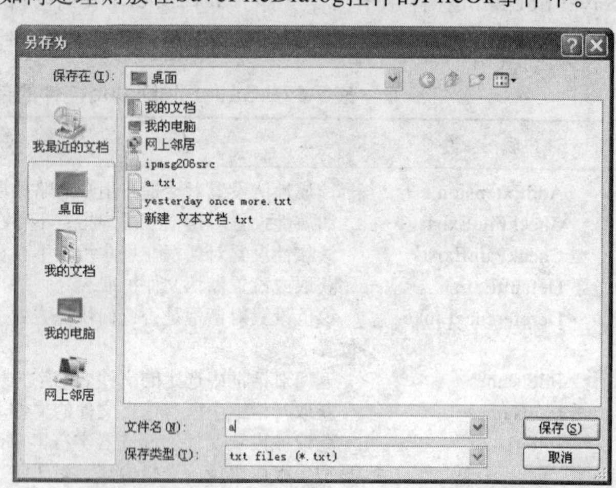

图5-24　“另存为”对话框

5.10.3　ColorDialog控件

颜色对话框（ColorDialog）控件可以显示颜色对话框，以便用户为窗体的其他对象设置颜色，ColorDialog控件允许用户选择48种颜色，如图5-25所示。当用户选择“规定自定义颜色”按钮时，将可以自己调整16种自定义颜色的设置，以满足需求。

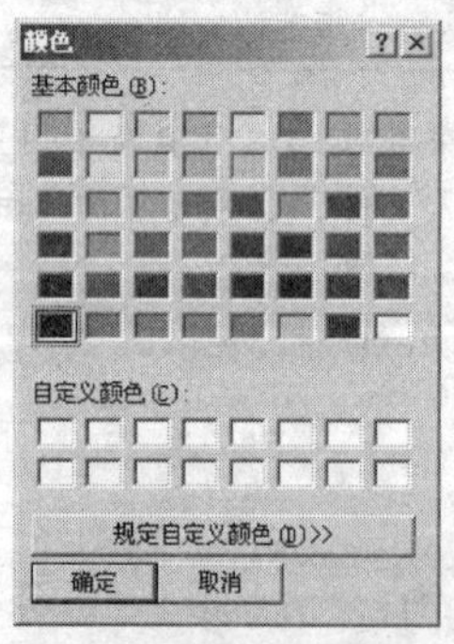

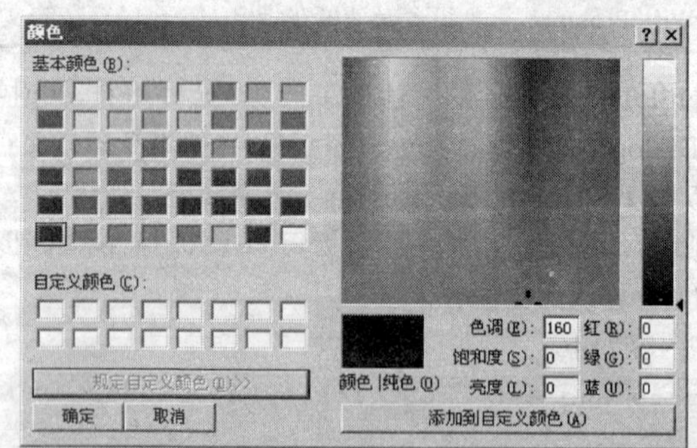

图5-25　ColorDialog对话框

ColorDialog控件常用属性见表5-18。

ColorDialog控件的常用方法是：Reset方法和ShowDialog方法。它的常用事件是HelpRequest事件，调用ColorDialog控件的ShowDialog方法，根据用户选择的是确定按钮或取消按钮，可以返回DialogResult为OK或Cancel。

表5-18　ColorDialog控件的部分属性及其功能说明

属　性	说　明
AllowFullOpen	设置该对话框是否可以使用户定义自定义颜色
AnyColor	设置对话框是否显示基本颜色集中可用的所有颜色
Color	获取或设置用户选定的颜色
CustomColors	获取或设置对话框中显示的自定义颜色集
FullOpen	设置用于创建自定义颜色的控件在对话框打开时是否可见
ShowHelp	设置在对话框中是否显示"帮助"按钮
SolidColorOnly	设置对话框是否限制用户只选择纯色

【例5.13】颜色对话框的示例。

界面设计：在例5.12的基础上增加一个ColorDialog控件和按钮，设置按钮的Text属性为Color，见图5-26。编程实现当单击Color按钮时，能改变文本框的背景色。

程序代码如下：

```
Private Sub Button3_Click(ByVal sender As System.Object, ByVal e As _
                          System.EventArgs) Handles Button3.Click
       If ColorDialog1.ShowDialog() = DialogResult.OK Then  ' 调用颜色对话框
           TextBox1.BackColor = ColorDialog1.Color          ' 改变文本框的背景颜色
       End If
End Sub
```

程序运行后，单击"color"按钮，则弹出颜色对话框，并根据用户选择的颜色改变文本框的背景色。颜色对话框如图5-27所示。

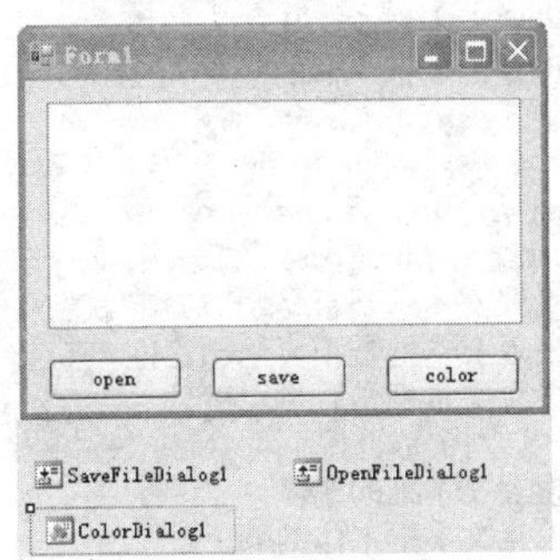

图5-26　设计时的界面

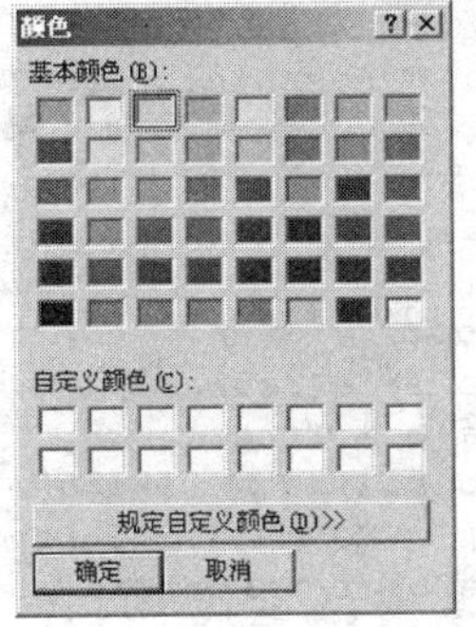

图5-27　"颜色"对话框和改变了背景色的文本框

5.10.4　FontDialog控件

字体对话框（FontDialog）控件显示的是字体对话框，能在一个用户熟悉的标准对话框中显示可用的字体列表，用户根据需要可以为窗体上的其他对象选择合适的字体。FontDialog控件常用属性见表5-19。

表5-19　FontDialog控件的常用属性及其功能说明

属　性	说　明
AllowScriptChange	设置用户能否更改Script组合框中指定的字符集，以显示除了当前所显示字符集以外的字符集
AllowSimulations	设置对话框是否允许图形设备接口 (GDI) 字体模拟
AllowVectorFonts	设置对话框是否允许选择向量字体
AllowVerticalFonts	设置对话框是既显示垂直字体又显示水平字体，还是只显示水平字体
Color	设置选定字体的颜色
FixedPitchOnly	设置对话框是否只允许选择固定间距字体
Font	返回选定的字体

（续）

属 性	说 明
FontMustExist	设置当用户试图选择不存在的字体或样式时是否提示错误
MaxSize	设置用户可选择的最大（字号）磅值
MinSize	设置用户可选择的最小（字号）磅值
ScriptsOnly	设置对话框是否允许为所有非 OEM 和 Symbol 字符集以及ANSI字符集选择字体
ShowApply	设置对话框是否包含“应用”按钮
ShowColor	设置对话框是否显示颜色选择
ShowEffects	设置对话框是否包含允许用户指定删除线、下划线和文本颜色选项的控件
ShowHelp	获取或设置一个值，该值指示对话框是否显示“帮助”按钮

FontDialog控件的常用方法是ShowDialog方法和Reset方法，常用的事件是Apply事件。当单击对话框中的“应用”按钮时触发该事件。

【例5.14】字体对话框的示例。

界面设计：在例5.13的基础上增加一个FontDialog控件，再增加一个按钮，设置按钮的Text属性为Font，见图5-28。编程实现，当单击Font按钮时，能改变文本框中的字体。

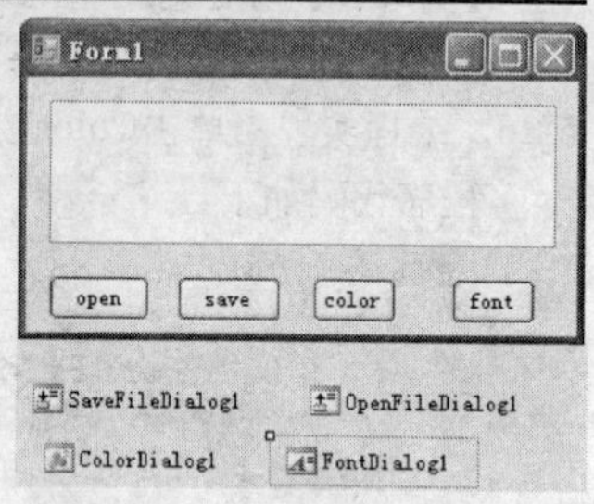

图5-28 设计时的界面

程序内容如下：

```
Private Sub FontDialog1_Apply(ByVal sender As Object, ByVal e As _
                     System. EventArgs) Handles FontDialog1.Apply
                     ' 单击"应用"按钮时触发本事件
    TextBox1.Font = FontDialog1.Font              ' 设置文本框的字体
    TextBox1.ForeColor = FontDialog1.Color        ' 设置文本框字体的颜色
End Sub

Private Sub Button4_Click(ByVal sender As System.Object, ByVal e As _
                     System. EventArgs) Handles Button4.Click
    FontDialog1.ShowApply = True                  ' 设置文本框是否显示"应用"按钮
    FontDialog1.ShowColor = True                  ' 设置文本框是否显示颜色框
    FontDialog1.ShowHelp = True                   ' 设置文本框是否显示帮助
    If FontDialog1.ShowDialog = DialogResult.OK Then ' 判定是否按下了"确定"按钮
        TextBox1.Font = FontDialog1.Font          ' 设置文本框的字体
        TextBox1.ForeColor = FontDialog1.Color    ' 设置文本框字体的颜色
    End If
End Sub
```

程序运行后，单击Font按钮，将弹出字体对话框，如图5-29所示。选择适当的字体后单击“应用”按钮或“确定”按钮，均可改变文本框中的字体和字体的颜色。程序改变字体前后的界面如图5-30所示。

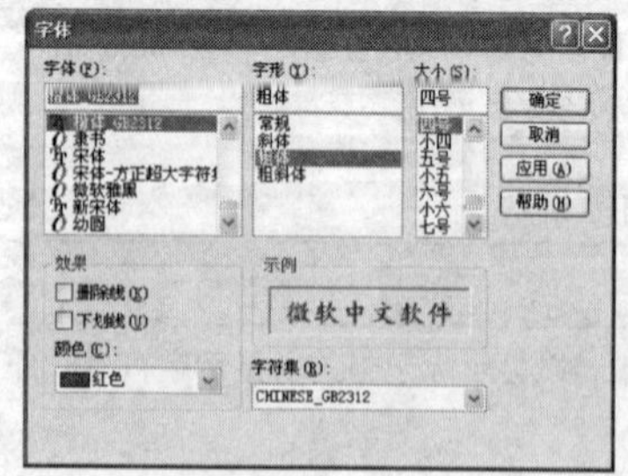
图5-29 FontDialog对话框

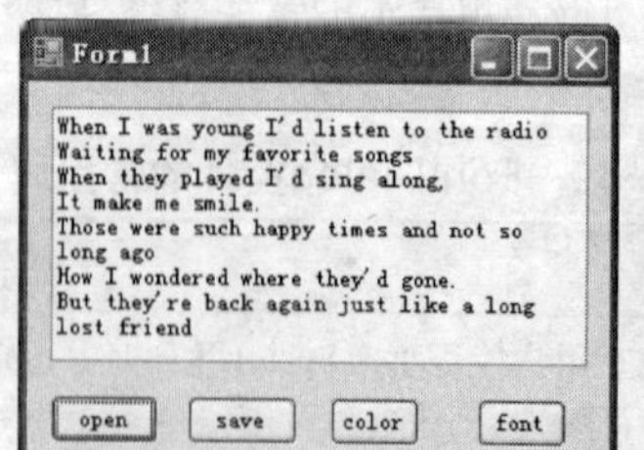

图5-30 字体改变前后的界面

根据以上的例子，读者还可以根据需要，选用其他的公用对话框，如打印对话框、页面设置对话框、打印预览对话框等。

5.11　鼠标和键盘

第1章中已经对事件的概念做了描述，事件的种类很多，要掌握所有的事件不是一件很容易的事，本节将介绍VB.NET中最常用的两大类事件：鼠标事件和键盘事件。

5.11.1　鼠标事件

鼠标事件是VB.NET中最常用的事件，它是由鼠标触发的。鼠标事件包括Click、DoubleClick、MouseMove、MouseDown、MouseUp等，本章的许多例子已经用到了鼠标的相关事件。表5-20列出了鼠标事件与触发条件的对应表。

表5-20　鼠标事件触发条件对应表

事件名称	触发条件
Click	单击鼠标左键时触发
DoubleClick	双击鼠标左键时触发
MouseMove	鼠标移动时发生时触发
MouseDown	鼠标的键按下时触发
MouseUp	鼠标按下的键释放时触发
MouseLeave	鼠标离开对象时触发
MouseWheel	鼠标中间的滚动轮滚动时触发

注意：

在一个单击鼠标的过程中，其实触发了3个事件，触发的顺序依次为：MouseDown、Click、MouseUp。双击鼠标则依次触发了6个事件，分别为：MouseDown、Click、MouseUp、MouseDown、DoubleClick、MouseUp。

除非是为了确定事件的触发顺序，否则一般情况下不需要对鼠标的所有事件编程，只是根据需要对其中的一个或几个事件编写代码。

【例5.15】鼠标事件的测试。

在窗体中放置一个文本框和一个标签按钮，设置文本框的ScrollBars属性为Vertical，Multiline属性为True，给Label1的鼠标事件编写以下程序，每一种事件触发后都将在文本框中显示自己的事件名称，从中可以看出单击鼠标和双击鼠标时事件的执行顺序。图5-31显示了双击Label1控件后的事件顺序。

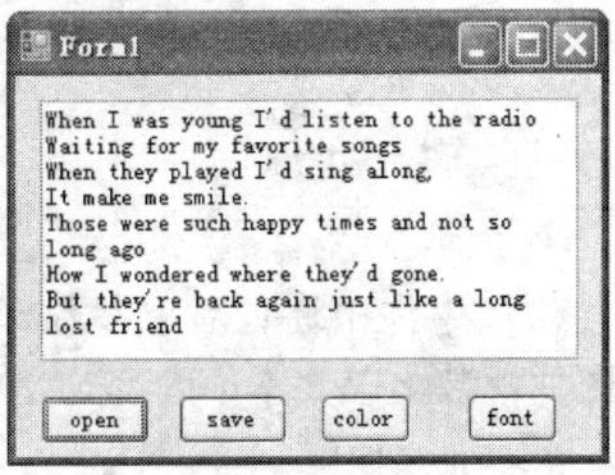

图5-31　双击Label1控件后的界面

Label1对象的几种鼠标事件程序：

```
Private Sub Label1_MouseDown(ByVal sender As Object, ByVal e As _
              System.Windows.Forms.MouseEventArgs) Handles Label1.MouseDown
        TextBox1.Text = TextBox1.Text & "MouseDown事件" & vbCrLf
End Sub
Private Sub Label1_MouseUp(ByVal sender As Object, ByVal e As _
            System.Windows. Forms.MouseEventArgs) Handles Label1.MouseUp
        TextBox1.Text = TextBox1.Text & "MouseUp事件" & vbCrLf
End Sub
Private Sub Label1_Click(ByVal sender As Object, ByVal e As System.EventArgs) _
                                          Handles Label1.Click
        TextBox1.Text = TextBox1.Text & "Click事件" & vbCrLf
End Sub
Private Sub Label1_DoubleClick(ByVal sender As Object, ByVal e As _
           System.EventArgs)    Handles Label1.DoubleClick
           TextBox1.Text = TextBox1.Text & " DoubleClick事件" & vbCrLf
End Sub
```

鼠标事件还能检测出按下和释放的是哪个键，以及检测鼠标当前的位置。在鼠标事件中，要确定鼠标的位置或鼠标的哪个键在操作，必须通过鼠标事件中的对象参数e的有关属性来识别。该对象参数具有Button属性和X,Y属性，Button属性返回鼠标的键值，X,Y属性返回鼠标的位置。

【例5.16】鼠标事件中的对象参数e的测试。

本示例程序通过e对象参数，实现了当在文本框中按住鼠标左键移动时，将显示鼠标在文本框中的相对位置，并把位置的X,Y坐标显示在文本框中。程序运行时，文本框中的内容会随着鼠标的移动而变化。运行界面见图5-32所示。

程序内容如下：

```
Private Sub TextBox1_MouseMove(ByVal sender As Object, ByVal e As _
        System. Windows. Forms.MouseEventArgs) Handles TextBox1.MouseMove
    If e.Button = MouseButtons.Left Then              ' 判断是否按下了左键
        TextBox1.Text = Str(e.X) & "," & Str(e.Y)   ' 将鼠标位置在文本框中显示
    End If
End Sub
```

5.11.2　键盘事件

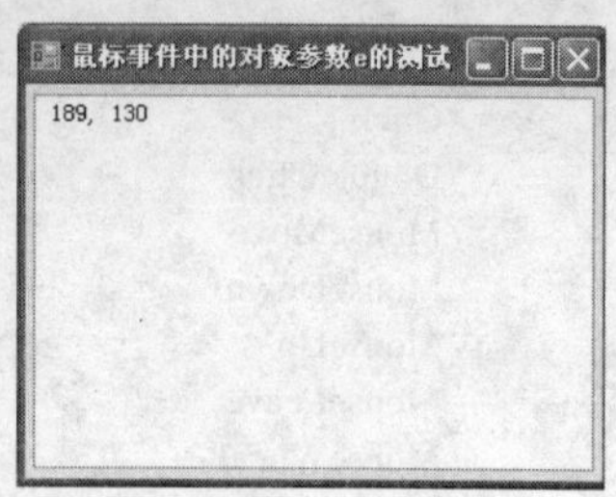

图5-32　运行界面

键盘事件也是VB.NET中最常用的事件，它是由键盘触发的。键盘事件包括KeyDown、KeyUp和KeyPress等事件，分别代表键被按下、键弹起和一个完整的按键事件。

KeyDown和KeyUp事件中，可以通过对象参数e的Keycode属性或KeyData属性来捕获用户按的是哪个键，也可以通过e参数的Alt属性、Control属性和Shift属性来判定用户是否按下了功能键。

KeyPress事件中，可以通过对象参数e的KeyChar属性来判定用户的按键。例5.9中就用到了键盘的KeyPress事件，程序如下。

```
Private Sub TextBox1_KeyPress(ByVal sender As Object, ByVal e As _
        System.Windows. Forms.KeyPressEventArgs) Handles TextBox1.KeyPress
    If e.KeyChar = Chr(13) Then
        PictureBox2.Image = System.Drawing.Image.FromFile(TextBox1.Text)
    End If
End Sub
```

该事件中通过对象参数e的KeyChar属性，判定用户是否按下了回车键。如果按下了回车键，则给图片框装上以文本中内容为文件名的图片。

5.12　综合应用

通过前面的学习，可以利用适当的控件组合，结合事件编程和一定的算法，实现比较复杂的程序设计。

【例5.17】利用滚动条实现图片的滚动显示。

界面设计：在窗体中放置两个滚动条、一个Panel控件，在Panel控件中放置一个图片框。给图片框选择一幅图片，图片的尺寸比显示区域大，采用滚动条，使得图片能在显示区域中滚动显示。界面控件的属性如表5-21所示。

运行结果界面如图5-33所示。利用滚动条可以实现图片的滚动显示。

程序代码如下：

表5-21　窗体中控件属性表

对　象	属 性 名	属 性 值
Panel	Name	Panel1
Picturebox	Name	PictureBox1
	Image	E:\pic.jpg
	SizeMode	AutoSize
VScrollBar	Name	VScrollBar1
HScrollBar	Name	HScrollBar1

```
Private Sub Form1_Load(ByVal sender As System.Object, ByVal e As _
                        System.EventArgs)  Handles MyBase.Load
    ' 设置滚动条的最大值和最小值
    VScrollBar1.Maximum = PictureBox1.Height - Panel1.Height
    HScrollBar1.Maximum = PictureBox1.Width - Panel1.Width
    HScrollBar1.Minimum = 0
    VScrollBar1.Minimum = 0

    ' 设置 LargeChange 为图像大小的十分之一
    VScrollBar1.LargeChange = PictureBox1.Image.Height / 10
    HScrollBar1.LargeChange = PictureBox1.Image.Width / 10

    ' 设置 SmallChange 为 LargeChange 的五分之一
    VScrollBar1.SmallChange = System.Convert.ToInt32(VScrollBar1.LargeChange / 5)
    HScrollBar1.SmallChange = System.Convert.ToInt32(HScrollBar1.LargeChange / 5)
    ' 设置滚动条的初试值
    VScrollBar1.Value = 0
    HScrollBar1.Value = 0
End Sub

Private Sub HScrollBar1_Scroll(ByVal sender As System.Object, ByVal e As _
           System.Windows.Forms.ScrollEventArgs) Handles HScrollBar1.Scroll

    ' 当滚动条滚动时，改变图片框的位置
    PictureBox1.Left = -HScrollBar1.Value
End Sub
Private Sub VScrollBar1_Scroll(ByVal sender As System.Object, ByVal e As _
           System.Windows.Forms.ScrollEventArgs) Handles VScrollBar1.Scroll

    ' 当滚动条滚动时，改变图片框的位置
    PictureBox1.Top = -VScrollBar1.Value
End Sub
```

程序分析：

- PictureBox的 SizeMode 属性设置为AutoSize，使其能反映图片的实际大小，由于在VB.NET中，PictureBox不再是容器控件，所以在窗体上增加一个容器控件Panel 控件，将PictureBox控件放置在该容器控件内，则改变PictureBox的左上角坐标就可以改变图片的位置。
- 适当地设置滚动条的最大值和最小值，则可以保证滚动条的滚动块在任意一个位置，图片显示区域都不会留空白。程序中让滚动条的最大值等于图片实际的大小减去容器控件的大小的差值。

图5-33　程序运行界面

习题

1. 标签（Label）控件的AutoSize属性的作用是什么？
2. 文本框（TextBox）控件的Text属性中允许的文本最大长度是多少个字符？如何将它的内容限定在更少的范围内？
3. 文本框能否显示滚动条？如何让它们显示？
4. 文本框的常用方法有哪些？
5. 利用哪个属性能判断复选框（CheckBox）控件和单选按钮（RadioButton）控件是否被选中？

6. 分组框（GroupBox）控件的作用是什么，它能否提供滚动条？
7. 列表框（ListBox）控件能否和组合框（ComboBox）控件对其中的列表项排序？
8. 给列表框和组合框添加条目有哪些方法？
9. 列表框和组合框的Remove方法和RemoveAt方法有何区别？
10. 改变滚动条（ScrollBar）控件Value值的方法有哪些？滚动条的最大值能否在用户交互的时候达到？
11. 定时器（Timer）控件的Interval属性是以什么为单位的？是否只要设定了Interval属性，定时器就能自动启动？
12. 如果图片框（PictureBox）控件的大小比实际要装的图片小，则能否装入该图片？如果能，则如何使自动缩小到图片框的大小？
13. 打开文件对话框（OpenFileDialog）控件和保存文件对话框（SaveFileDialog）控件能否自己打开并读写文件的内容？
14. 字体对话框（FontDialog）控件能否改变字体的颜色？该控件中的Apply事件在什么条件下触发？
15. 在某个对象上单击鼠标将触发该对象的哪些鼠标事件，它们响应的顺序怎样？
16. 能否在程序中判定用户按了键盘上的哪个键？如何实现？

第6章 菜单、工具栏和状态条

通过前面几章的学习，读者已经掌握了在VB.NET的一个普通窗体中，如何利用文本框、按钮、标签、列表框、组合框、复选框和单选按钮等控件来设计具体的应用程序。但是一个比较好的应用程序，常常需要在主窗体中设置主菜单、上下文菜单、工具栏和状态条等，它们既能直接完成具体的工作，也可以帮助用户打开普通窗体、查看程序运行状态等，从而完成对整个应用程序的操作。掌握主窗体常用项目的设置有利于按照要求快速构建应用程序的框架。

本章的主要内容包括：设置主菜单、设置上下文菜单、 添加工具栏和添加状态条。

6.1 菜单

6.1.1 认识菜单

菜单位于菜单栏上，在标题栏的下面，是可供选择的命令项目列表，它包含一个或多个菜单标题，如果单击某个菜单选项，系统将立刻运行该菜单项的功能或打开该菜单选项的下拉列表。在菜单标题的后面常常会提供一个带下划线的字符（快捷键），按下Alt键的同时按下带下划线的字符，便可打开该菜单项。例如按住Alt键不放的同时按下F键，则和单击“文件”菜单标题一样，都可打开“文件”菜单。

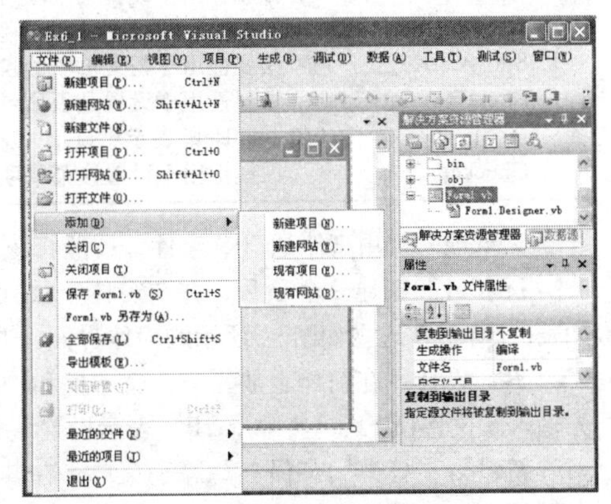

图6-1 菜单示例

菜单通常由多个菜单标题组成，当单击菜单标题时就会打开它所包含的项目下拉列表或执行该菜单的命令。下拉列表菜单的菜单项由多个菜单命令、分隔线和子菜单项组成。图6-1展示了VB.NET的部分菜单示例。

当单击某个菜单项时就选择了该项命令。图6-1的菜单示例中，有的菜单项是灰色的，有的菜单项后面有省略号，有的菜单项后面有三角形的箭头，它们分别有不同的含义。如果显示的菜单标题是灰色的，则表示在当前状态下该菜单选项不能使用；如果菜单项的后面有省略号“…”，则表示该菜单将弹出一个对话框；如果菜单项的后面有“►”，则表示该菜单含有子菜单。在菜单项中，还含有分隔线，它的作用是将菜单项分组，使功能相近的菜单项放置在同一组，这样用户在使用菜单命令时会感到很方便。

6.1.2 创建菜单

VB.NET有一个很好的菜单编辑器。它以控件的形式出现，MenuStrip控件允许窗体在顶部有标准的Windows菜单，ContextMenuStrip控件可以创建上下文菜单。菜单项则是通过MenuStrip对象来建立。

MenuStrip控件包含一个描述各个菜单项的MenuItem对象集，可以为每个MenuItem对象设置属性，让菜单项可见或不可见，允许使用或禁用等。使用MenuStrip控件创建菜单是非常简单的。在包含MenuStrip控件的窗体顶部有一个可视化菜单编辑器，这比Visual Basic 6.0中的旧菜单编辑器更易于使用。

要在窗体上创建一个标准菜单，首先从工具箱中把一个MenuStrip控件拖动到窗体上。MenuStrip控件不会显示在窗体上，因为它没有可视化的外观，而是显示在窗体设计区域下面的一个独立面板上，如图6-2所示。

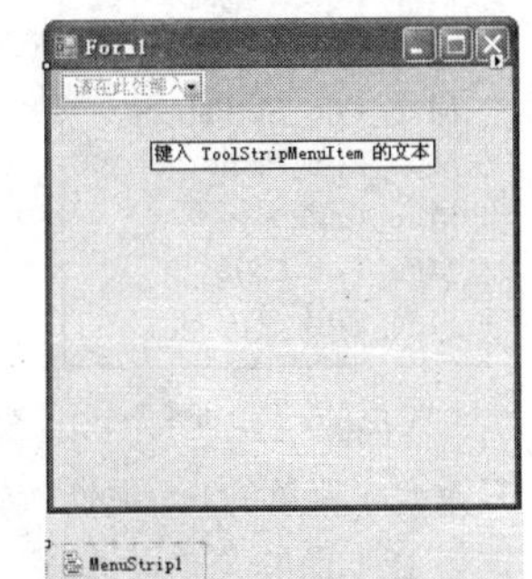

图6-2 菜单控件示例

可视化菜单设计器是窗体的菜单栏上带阴影的框，其上的文字是“请在此处键入”。双击该框，使其处于编辑状态并输入菜单标题“文件”，表示顶层为“文件”菜单，该菜单一般是标准Windows菜单的第一个菜单项。当编辑了菜单标题后，该菜单的右侧和下面就显示出带阴影的框。右侧的框用来设置第二个主菜单项，下面的框用来设置子菜单项。在编辑子菜单项的名称之后，该菜单的右侧和下面也显示出带阴影的框。但是，其右侧的框用来设置子菜单项，下面的框用来设置同级的菜单项，这正好与菜单标题相反。

在实际操作中，菜单有隐藏、无效和正常3种状态。在设计菜单时将其Visible属性设为False，可以建立隐藏菜单。将菜单项的Enable属性设为False，可以使菜单无效。正常菜单的Visible和Enable属性皆为True。

还可以通过修改菜单项的属性，来改变菜单的标题和状态，菜单项的常用属性见表6-1。

表6-1 菜单项的常用属性

属 性	说 明
Name	菜单的名字，可以通过它来访问菜单项的各个属性和方法
Text	该属性用来显示标题，表示菜单项要显示的文本内容
Enable	该属性用来设置菜单是否会对事件产生反应，如果值为True，则能响应外部事件；如果值为False，则暗色显示，表示不能响应外部事件
Visible	该属性用于设置菜单项可见与不可见，如果设置其值为True则显示菜单项；如果设置其值为False，则该菜单项将被隐藏
Short cutKeys	该属性用于与菜单项关联的快捷键
ShowshortcutKeys	该属性用于设置是否显示菜单项的快捷键，True表示运行时在菜单项的标题部分显示快捷键，False则表示不显示
Checked	该属性用于设置该菜单项是否显示复选标记

菜单项的常用事件是Click事件，一般将该菜单执行的功能程序写在该菜单的Click事件中。

【例6.1】 新建一个项目，并在窗体上放置一个MenuStrip控件和一个文本控件，设置各对象的属性如表6-2所示，建立如图6-3所示的窗体界面，并为其中的编辑菜单添加相应的功能代码。

界面设计：在窗体上放置一个文本框和一个MenuStrip控件，选中MenuStrip控件，在菜单编辑器中先输入“文件(&F)”，其中（&F）表示设置该菜单的热键为“F”。在“文件”菜单项下面的框中依次输入“新建”、“打开”、“保存”等子菜单，在其右边的框中输入“编辑（&E）”和“关于（&A）”。按照上面的步骤和程序的需要创建所有需要的主菜单和其子菜单，如果需要通过在某一位置插入分隔线，右击该位置下的菜单项，然后从弹出的快捷菜单中选择“插入分隔符”命令即可。

表6-2 文本框和各菜单项的属性设置

对象名称	属性名	属性值	对象名称	属性名	属性值
Mnu_File	Text	文件（&F）	Mnu_Edit_Cut	Text	剪切
Mnu_File_New	Text	新建	Mnu_Edit_Copy	Text	复制
Mnu_File_Open	Text	打开	Mnu_Edit_Paste	Text	粘贴
Mnu_File_Save	Text	保存	Mnu_Edit_Del	Text	删除
Mnu_line1	Text	—	Mnu_line3	Text	—
Mnu_File_SetPaper	Text	页面设置	Mnu_Edit_SelectAll	Text	全选
Mnu_File_Print	Text	打印	Mnu_Edit_Date	Text	时间/日期
Mnu_line2	Text	—	Mnu_About	Text	关于（&A）
Mnu_File_Exit	Text	退出	Textbox1	Multiline	True
Mnu_Edit	Text	编辑（&E）			

Visual Basic .NET中，每一个菜单项甚至分隔符都被看做一个控件，它们均有自己的属性，本实例中只改变了菜单的Text属性，就可以做出标准的菜单栏。菜单的其他属性请读者自己去实践。

在上面的菜单设计时，通常将菜单的名字设计成比较容易记住的名字，可以利用加前缀的方式，例如：“文件”菜单，可以记做Mnu_File，“文件”菜单下的子菜单“新建”，可以记做Mnu_File_New。依次类推，这样的命名方法可以推广到其他对象。

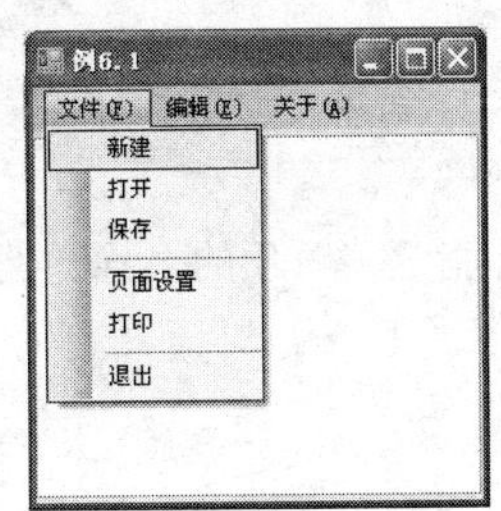

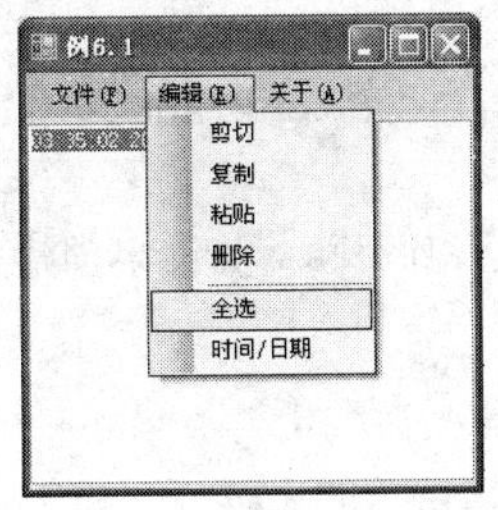

图6-3 窗体界面及菜单示例

使用主菜单控件创建菜单界面后，只有为它们添加事件过程，菜单命令才能发挥作用。菜单项支持的唯一事件就是Click事件。在运行时，当用户选择一个菜单命令后，VB.NET就生成一个Click事件，因此要让菜单命令得到响应，就必须编写相应的Click事件。

为上面菜单的编辑菜单中的菜单项添加下列代码，使菜单能实现编辑的有关功能。程序内容如下：

```
Private Sub mnu_Edit_Cut_Click(ByVal sender As System.Object, ByVal e As _
                                 System.EventArgs) Handles mnu_Edit_Cut.Click
    TextBox1.Cut()                               ' 将选中的文本删除并复制到剪贴板上
End Sub
Private Sub mnu_Edit_Copy_Click(ByVal sender As System.Object, ByVal e As _
                           System. EventArgs) Handles mnu_Edit_Copy.Click
    TextBox1.Copy()                              ' 将选中的文本复制到剪贴板上
End Sub
Private Sub mnu_Edit_Paste_Click(ByVal sender As Object, ByVal e As _
                           System. EventArgs)  Handles mnu_Edit_Paste.Click
    TextBox1.Paste()                             ' 将选中的文本用剪贴板上的文本替换
End Sub
Private Sub mnu_Edit_Del_Click(ByVal sender As System.Object, ByVal e As _
                                   System.EventArgs)  Handles mnu_Edit_Del.Click
    TextBox1.SelectedText = ""                   ' 将选中的文本删除
End Sub
Private Sub mnu_Edit_SelectAll_Click(ByVal sender As System.Object, ByVal e As _
                            System.EventArgs) Handles mnu_Edit_SelectAll.Click
    TextBox1.SelectAll()                         ' 选中TextBox1中的所有文本
End Sub
Private Sub mnu_Edit_Date_Click(ByVal sender As System.Object, ByVal e As _
                                   System.EventArgs) Handles mnu_Edit_Date.Click
                                                 ' 在文中框中添加日期和时间
    TextBox1.SelectedText = Format(Now, "hh:mm:ss yyyy-MM-dd")
End Sub
```

6.1.3 动态添加菜单项

利用MenuStrip控件很容易就能创建一个应用程序的主菜单，但是有时可能需要在程序运行时动态地产生菜单。

【例6.2】动态菜单项的创建。

界面设计：在例6.1的基础上，添加一个按钮，并改变它的Text属性为“添加菜单”。在按钮的单击事件中添加代码。

程序设计：

```
Private Sub Button1_Click(ByVal sender As System.Object, ByVal e As System.EventArgs) _
                                                        Handles Button1.Click
    Dim mnuiFirst As ToolStripMenuItem
    mnuiFirst = New ToolStripMenuItem("动态菜单")
    mnuiFirst.DropDownItems.Add("新增菜单第一项")
    mnuiFirst.DropDownItems.Add("第二项")
```

```
    mnuiFirst.DropDownItems.Add("第三项")
    mnuiFirst.DropDownItems.Add("-")
    mnuiFirst.DropDownItems.Add("关闭")
    Me.MenuStrip1.Items.Add(mnuiFirst)
End Sub
```

在上面的代码中，利用New关键字创建一个菜单项，并指定菜单项的名称，例如“动态菜单”，代码如下：

```
mnuiFirst = New ToolStripMenuItem("动态菜单")
```

该代码也可以换成以下的代码。

```
mnuifirst=New ToolStripMenuItem()
mnuifirst.Text="动态菜单"
```

使用DropDownItems集合的Add方法将子菜单选项添加到菜单中，代码如下面所示，其中“-”表示分隔线。

```
mnuiFirst.DropDownItems.Add("新增菜单第一项")
mnuiFirst.DropDownItems.Add("第二项")
mnuiFirst.DropDownItems.Add("第三项")
mnuiFirst.DropDownItems.Add("-")
mnuiFirst.DropDownItems.Add("关闭")
```

最后使用菜单集合Items的Add方法将创建的菜单项添加到窗体的主菜单中，代码如下，其中Me用来代表当前的窗体或对象。

```
Me.MenuStrip1.Items.Add(mnuiFirst)
```

上面的代码运行后，单击“添加菜单”按钮，则在窗体上将增加“动态菜单”，运行程序后，单击按钮前后的菜单如图6-4所示。

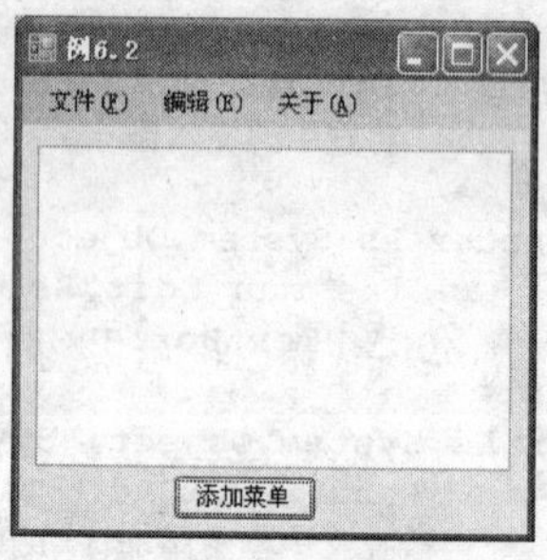

a) 程序运行后的界面图

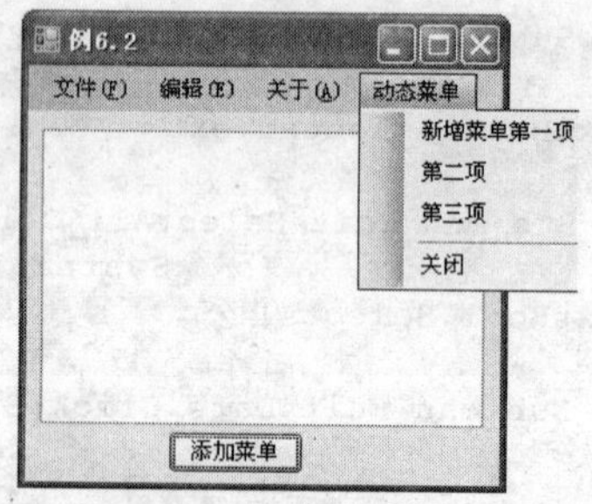

b) 动态生成的菜单

图6-4　动态生成的菜单前后图

6.1.4　设置上下文快捷菜单

Windows应用程序中经常会用到上下文快捷菜单，该菜单不同于固定在菜单栏中的主菜单，而是在窗体上面的浮动式菜单。通常在单击鼠标右键的时候显示，显示的位置取决于右击时鼠标指针所在的位置。

创建上下文快捷菜单的方法是先把ContextMenuStrip控件拖动到窗体上，一般显示在窗体设计区域下面的面板上。选中ContextMenuStrip控件，窗体的菜单栏部位就出现一个名称为“上下文菜单”的可视化菜单编辑器，通过它可以用与设计主菜单中的子菜单相同的方法设计上下文快捷菜单。

一个窗体只需要一个MenuStrip控件，但可以使用多个ContextMenuStrip控件，这些控件既可以与窗体本身关联，也可以与窗体上的其他控件关联。使上下文快捷菜单与窗体或控件关联的方法是使用窗体或控件的ContextMenuStrip属性。也就是说，把窗体或控件的ContextMenuStrip属性设置为前面定义的ContextMenuStrip控件的名称即可。

快捷菜单中菜单项的属性、方法和事件过程，与主菜单中的菜单项完全相同，按照上面的方法即可设置一个完整的上下文快捷菜单。

【例6.3】 在例6.2的基础上为文本框添加一个上下文快捷菜单。

界面设计：在窗体上放置一个ContextMenuStrip控件，选中该控件，出现一个名为“上下文菜单”的可视化菜单编辑器，双击该编辑器，按照设置主菜单的方法，在其中依次添加“撤销”、“-”、“复制”、“剪切”、“粘贴”、“删除”等菜单项，则该上下文菜单就设计好了，再设置文本框的ContextMenuStrip属性为ContextMenuStrip即可。程序运行后，右击文本框，则将弹出如图6-5所示的上下文菜单。

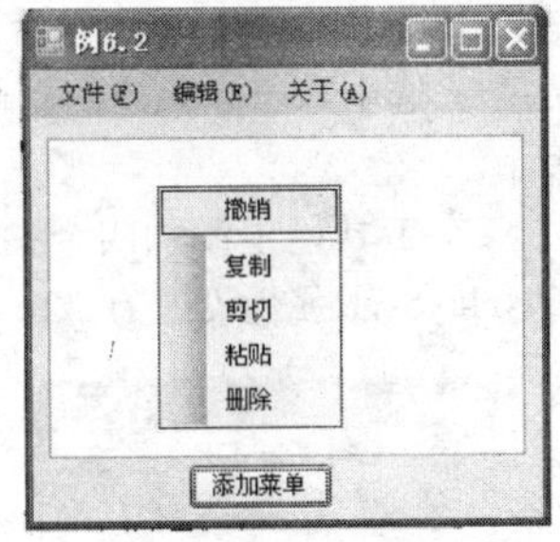

图6-5　上下文菜单示例

前面讲到，在VB.NET中，可以动态添加菜单项，也可以利用动态添加菜单项的方法动态添加上下文快捷菜单。但是动态添加上下文快捷菜单不需要设置菜单标题，例如要添加图6-5所示的上下文菜单，可以在按钮Click事件添加如下代码：

```
Private Sub Button2_Click(ByVal sender As System.Object, ByVal e As _
                                System. EventArgs) Handles Button2.Click
    Dim cmnuFirst As ContextMenuStrip
    cmnuFirst = New ContextMenuStrip()
    cmnuFirst.Items.Add("撤销")
    cmnuFirst.Items.Add("-")
    cmnuFirst.Items.Add("复制")
    cmnuFirst.Items.Add("剪切")
    cmnuFirst.Items.Add("粘贴")
    cmnuFirst.Items.Add("删除")
    TextBox2.ContextMenuStrip = cmnuFirst
End Sub
```

上面的代码在用户单击按钮Button2之后将动态产生一个跟文本框关联的上下文快捷菜单。

6.2　工具栏的设计

6.2.1　工具栏控件

工具栏控件（ToolStrip）是用来产生工具栏的控件，在ToolStrip控件上可以显示文本或图像列表。ToolStrip 控件及其关联类提供公共框架，用于将用户界面元素组合到工具栏、状态条和菜单中。ToolStrip 控件提供丰富的设计时体验，包括就地激活和编辑、自定义布局、漂浮（即工具栏共享水平或垂直空间的功能）。

尽管 ToolStrip 替换了早期版本的控件并添加了功能，但是仍可以在需要时选择保留 ToolBar 以备向后兼容和将来使用。ToolStrip控件常用属性如表6-3所示。

表6-3　ToolStrip控件的常用属性

属性名	说明
GripStyle	获取或设置 ToolStrip 移动手柄是可见还是隐藏
LayoutStyle	获取或设置一个值，该值指示 ToolStrip 如何对项集合进行布局
Items	获取属于 ToolStrip 的所有项
ShowItemToolTip	获取或设置一个值，该值指示是否要在 ToolStrip 项上显示工具提示
Stretch	获取或设置一个值，该值指示 ToolStrip 在 ToolStripContainer 中是否从一端拉伸到另一端

ToolStrip控件常用事件是Click事件，在Click事件过程中通常使用Buttons.IndexOf方法判断用户单击了工具栏中哪个按钮，该方法返回被单击按钮的索引值。

例如：

```
If Toolstrip1. Buttons.IndexOf(e.Button) = 0 Then
      MsgBox("你单击了第一个按钮")
End If
```

【例6.4】ToolStrip控件实例。

在例6.3的基础上为窗体添加1个ToolStrip控件，添加控件后的界面如图6-6所示。

添加了ToolStrip控件后，该控件将自动放置在窗体上菜单栏的下面。给工具栏控件添加按钮的方法是：选中ToolStrip控件，单击向下箭头，然后单击“Button”以向工具栏中添加一个按钮，如图6-7所示。

在工具栏上添加四个按钮，设置它们的Text属性分别为：“复制”、“剪切”、“粘贴”、“删除”，DisplayStyle属性设置为“Text”，设置工具栏按钮及按钮属性后的界面如图6-8所示。

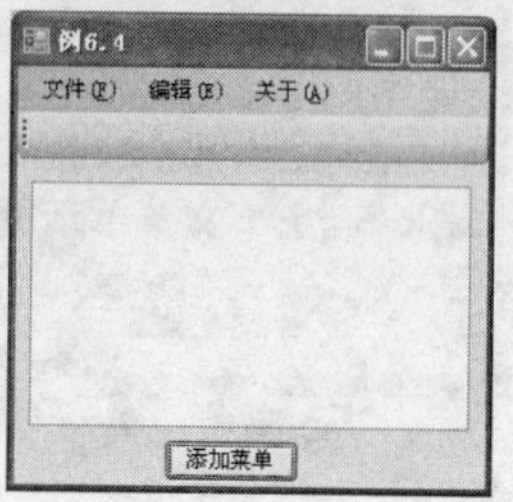

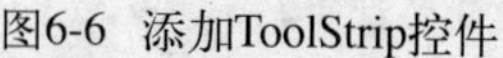

图6-6　添加ToolStrip控件

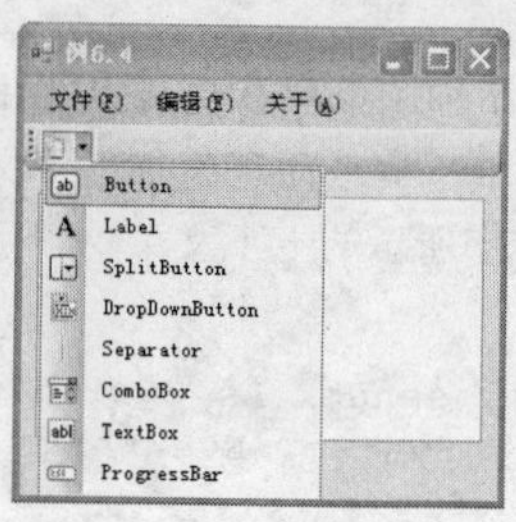

图6-7　给工具栏添加按钮

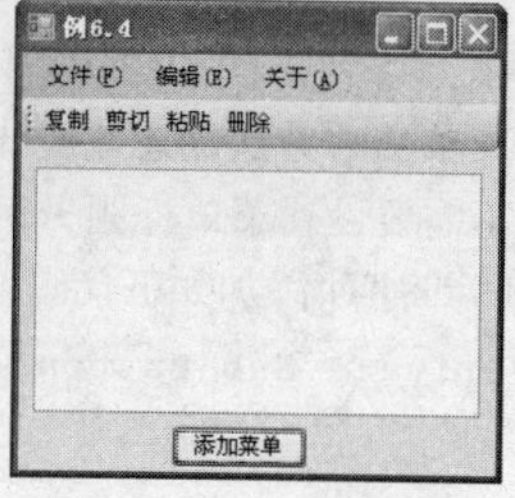

图6-8　设置后的界面

要给工具栏添加图片按钮，必须先给窗体添加一个ImageList控件，该控件用于保存多个图像的列表，以供其他控件使用。

6.2.2　图像列表框控件

图像列表框（ImageList）的主要属性是Images和ImageSize属性，Images属性是图像列表的集合，单击Images属性右边的按钮，将弹出“图像集合编辑器”对话框，如图6-9所示。

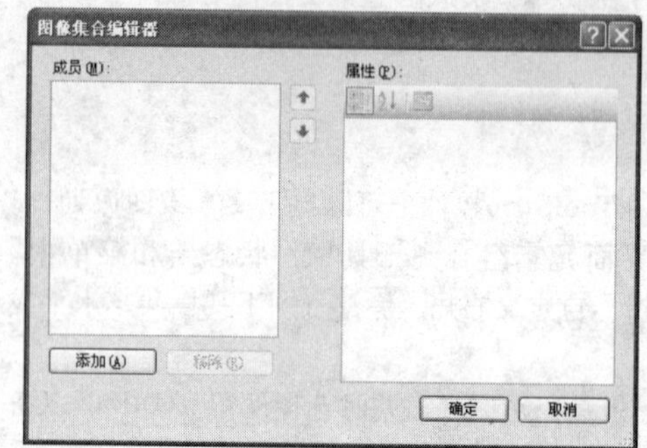

图6-9　图像集合编辑器

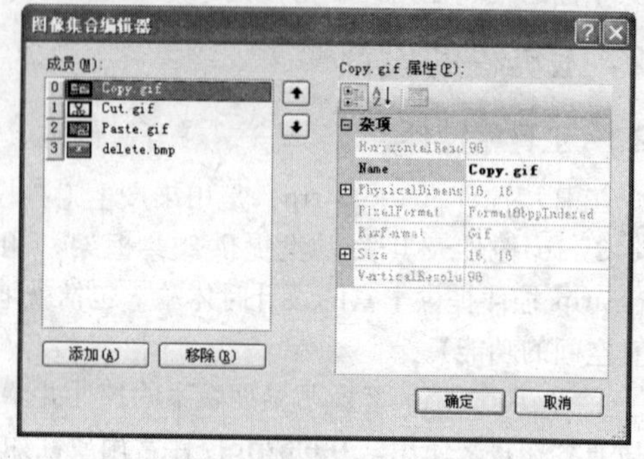

图6-10　添加了图片的图像集合编辑器

在“图像集合编辑器”对话框中可以通过“添加”和“移除”按钮来增加和删除图像列表。单击“添加”按钮，将弹出“打开”对话框，可以在该对话框中选择要添加的图片。

在对话框中，分别选择表示“复制”、“剪切”、“粘贴”、“删除”的图片，则在图像集合编辑器中将添加4项列表，添加后如图6-10所示。

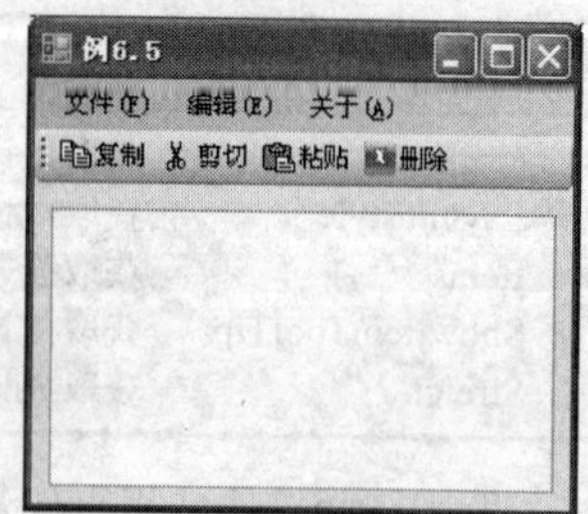

图6-11　显示图片按钮的工具栏的界面

【例6.5】为工具栏添加图片，并编写程序，使工具栏能响应用户的单击事件。

在例6.4的窗体上删除“添加菜单”按钮及其事件代码并添加ImageList控件，该控件将显示在窗体的下方。用上面介绍的方法，为ImageList控件添加四个图片，如图6-11所示。

设置属性：工具栏中的4个ToolStripButton的DisplayStyle属性值设置为ImageAndText。

添加事件：分别添加窗体Form1的Load事件以及4个ToolStripButton的Click事件。

程序代码如下：

```
Private Sub Form1_Load(ByVal sender As Object, ByVal e As System.EventArgs) Handles Me.Load
    ToolStripButton1.Image = ImageList1.Images.Item(0)
    ToolStripButton2.Image = ImageList1.Images.Item(1)
    ToolStripButton3.Image = ImageList1.Images.Item(2)
    ToolStripButton4.Image = ImageList1.Images.Item(3)
End Sub
Private Sub ToolStripButton1_Click(ByVal sender As System.Object, ByVal e As System.EventArgs) _
                                        Handles ToolStripButton1.Click
    TextBox1.Copy()
End Sub
Private Sub ToolStripButton2_Click(ByVal sender As System.Object, ByVal e As System.EventArgs) _
                                        Handles ToolStripButton2.Click
    TextBox1.Cut()
End Sub
Private Sub ToolStripButton3_Click(ByVal sender As System.Object, ByVal e As System.EventArgs) _
                                        Handles ToolStripButton3.Click
    TextBox1.Paste()
End Sub
Private Sub ToolStripButton4_Click(ByVal sender As System.Object, ByVal e As System.EventArgs) _
                                        Handles ToolStripButton4.Click
    TextBox1.SelectedText = ""
End Sub
```

运行程序：按【F5】快捷键运行程序，结果如图6-11所示。

6.3 状态条

状态条（StatusStrip，也称为状态栏）一般位于窗体的底部，该控件可以显示正在 Form 上查看的对象的相关信息、对象的组件或与该对象在应用程序中的操作相关的上下文信息。通常，StatusStrip 控件由 ToolStripStatusLabel 对象组成，每个这样的对象都可以显示文本、图标或同时显示这两者。StatusStrip 还可以包含ToolStripDropDownButton、ToolStripSplitButton和 ToolStripProgressBar控件。

6.3.1 状态条控件的常用属性

状态条的常用属性见表6-4。

表6-4 StatusStrip控件的常用属性

属 性 名	说 明
ImageList	获取或设置包含 ToolStrip 项上显示的图像的图像列表
Items	获取属于 ToolStrip 的所有项
Text	获取或设置与此控件关联的文本
Dock	获取或设置哪些 StatusStrip 边框停靠在其父控件上，并确定 StatusStrip 如何随其父控件一起调整大小
Name	获取或设置控件的名称
Stretch	获取或设置一个值，指示 StatusStrip 是否在其容器中从一端拉伸到另一端

6.3.2 状态条控件的常用事件

StatusStrip控件常用事件是Click事件，一般情况下，不在状态条的事件过程中编写代码，状态条的主要作用是显示系统信息。

6.3.3 状态条控件应用实例

【例6.6】在例6.5的窗体上添加状态条，并使其能显示文本框中的字符数、系统当前的日期和时间。

界面设计：在例6.5的窗体上添加一个Timer控件和一个StatusStrip控件，该控件会自动添加到窗体的底部。选中该控件，单击向下三角形，分别添加3个ToolStrip-StatusLabel，如图6-12

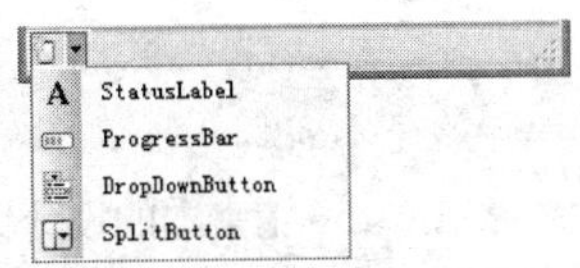

图6-12 添加ToolStripStatusLabel

所示。3个ToolStripStatusLabel的Text属性分别设置为“length”、“date”和“time”，BorderSides都设置为“All”表示显示边框的面板的边。其中ToolStripStatusLabel1的Image设置为准备好的图片，Time1的Enabled设置为“True”，设计好后如图6-13所示。

程序设计：切换到代码编辑器，在文本框的TextChanged事件中添加如下代码：

```
Private Sub TextBox1_TextChanged(ByVal sender As System.Object, ByVal e As System.EventArgs) _
                                            Handles TextBox1.TextChanged
    ToolStripStatusLabel1.Text = "文本框中的字符数为：" & TextBox1.TextLength
End Sub
```

在Timer控件的Tick事件中添加以下代码：

```
Private Sub Timer1_Tick(ByVal sender As System.Object, ByVal e As System.EventArgs) _
                                                    Handles Timer1.Tick
    ToolStripStatusLabel2.Text = "系统当前的日期为：" & Format(Now, "yyyy-MM-dd")
    ToolStripStatusLabel3.Text = "系统当前的时间为：" & Format(Now, "hh:mm:ss")
End Sub
```

程序运行后，在文本框输入一定的内容，则窗体界面如图6-14所示。

图6-13　状态条设置属性后的窗体界面

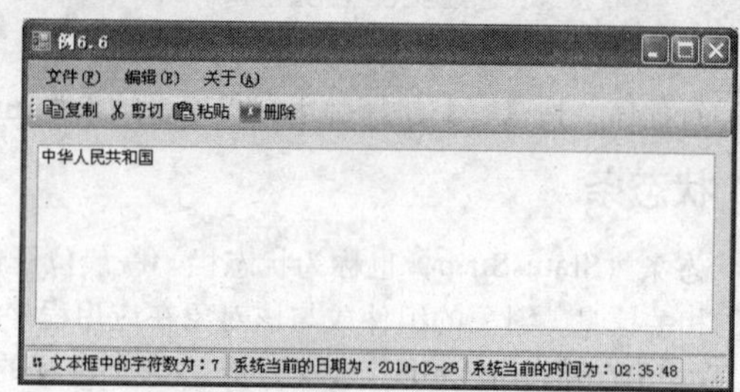

图6-14　程序运行后的窗体界面

6.4　综合应用

通过本章的学习，可以利用菜单控件、工具栏控件和状态条控件来设计一个自己的记事本。

【例6.7】记事本设计。

界面设计：在窗体中放置一个MenuStrip控件、一个ContextMenuStrip控件、一个ToolStrip控件、一个StatusStrip控件、一个文本框控件、一个Timer控件和对话框控件、一个OpenFileDialog控件和一个SaveFileDialog控件，并利用前面的例子给出的方法，设计出图6-15所示的界面。

利用例6.1中的方法，为窗体添加菜单，“文件”菜单和“编辑”菜单的各子菜单见图6-16。

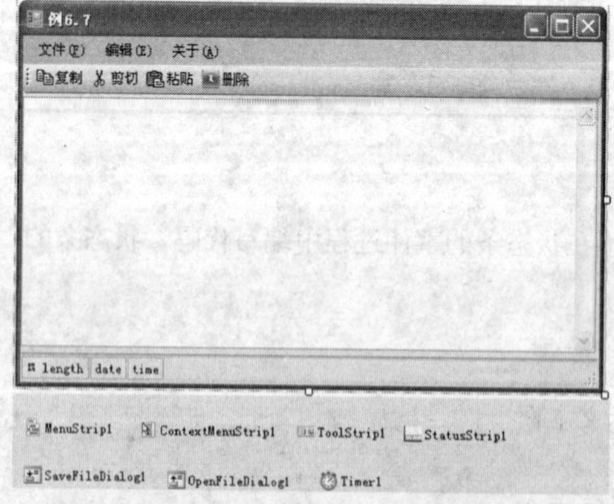

图6-15　记事本的设计界面

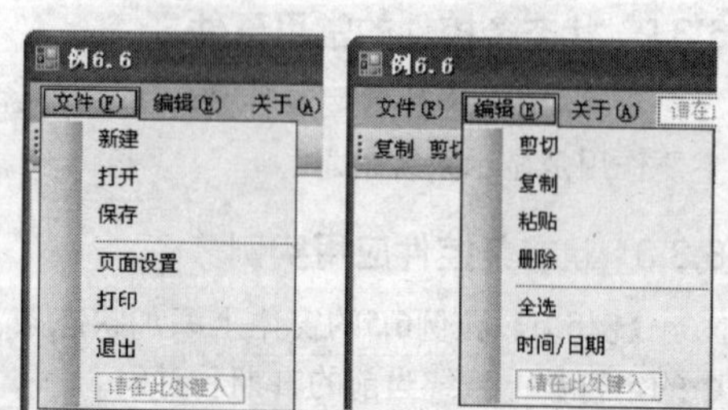

图6-16　文件菜单和编辑菜单的子菜单

利用例6.3中的方法，为文本框添加上下文快捷菜单。如图6-17所示。

利用例6.4中的方法，为窗体添加工具栏。其中4个ToolStripButton的Image设置为准备好的图片。设计后的菜单如图6-17所示。

利用例6.6中的方法，为窗体添加状态条。添加状态条后如图6-18所示。

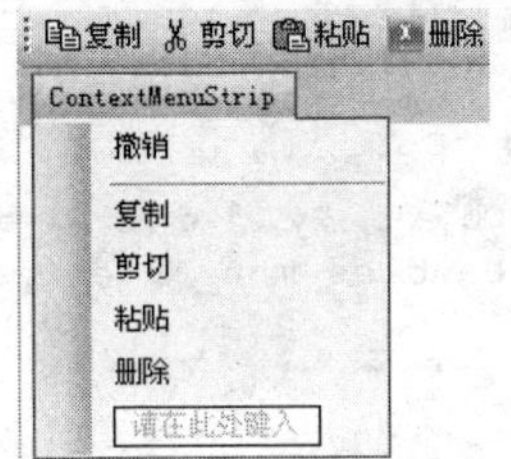

图6-17　上下文快捷菜单和工具栏

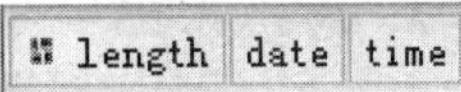

图6-18　设计后的状态条

注意：

- 在VB.NET中，窗体上的对象设置好以后，在Form1.Designer. vb文件中的代码将自动生成，用户不必要做任何改动。

设定文本框（TextBox1）的Multiline属性为True，设定其ScrollBars属性为Vertical，ContextMenuStrip属性值设置为ContextMenuStrip1；设定定时器控件（Timer1）的Interval属性为1000，表示每隔1000毫秒定时器将触发一次Tick事件，Enabled设置为True。

切换到设计视图，分别双击ToolStrip控件的4个按钮，编写相应的代码。程序代码如下：

```
Private Sub ToolStripButton1_Click(ByVal sender As System.Object, ByVal e As System.EventArgs) _
                                                    Handles ToolStripButton1.Click
    TextBox1.Copy()                                 '复制
End Sub
Private Sub ToolStripButton2_Click(ByVal sender As System.Object, ByVal e As System.EventArgs) _
                                                    Handles ToolStripButton2.Click
    TextBox1.Cut()                                  '剪切
End Sub
Private Sub ToolStripButton3_Click(ByVal sender As System.Object, ByVal e As System.EventArgs) _
                                                    Handles ToolStripButton3.Click
   TextBox1.Paste()                                 '粘贴
End Sub
Private Sub ToolStripButton4_Click(ByVal sender As System.Object, ByVal e As System.EventArgs) _
                                                    Handles ToolStripButton4.Click
    TextBox1.SelectedText = ""                      '删除
End Sub
```

在文本框控件的TextChange事件中，编写相应的代码。使得当文本内容发生变化时，实时改变状态条中字符数的信息。程序代码如下：

```
Private Sub TextBox1_TextChanged(ByVal sender As System.Object, ByVal e As System.EventArgs) _
                                                    Handles TextBox1.TextChanged
    ToolStripStatusLabel1.Text = "字符数：" & TextBox1.TextLength
End Sub
```

在Timer控件的Tick事件中，编写相应的代码。使得定时时间到以后，实时改变状态条中的时间信息。利用Format函数，实现格式化输出。程序代码如下：

```
Private Sub Timer1_Tick(ByVal sender As System.Object, ByVal e As System.EventArgs) _
                                                           Handles Timer1.Tick
    ToolStripStatusLabel2.Text = "日期：" & Format(Now, "yyyy-MM-dd")
    ToolStripStatusLabel3.Text = "时间：" & Format(Now, "hh:mm:ss")
End Sub
```

在“新建”菜单项中，编写相应的代码。使得文本框的内容被清空，等待重新开始输入文本内容。程序代码如下：

```
Private Sub mnu_File_New_Click(ByVal sender As System.Object, ByVal e As System.EventArgs) _
                                                   Handles mnu_File_New.Click
    TextBox1.Text = ""
End Sub
```

在“打开”菜单项中，编写相应的代码。利用OpenFileDialog的ShowDialog方法，选择需要读取的文本文件，并将文件内容读出显示到文本框中。程序代码如下：

```
Private Sub mnu_File_Open_Click(ByVal sender As System.Object, ByVal e As System.EventArgs) _
                                                   Handles mnu_File_Open.Click
    Dim filename As String
    Dim f As System.IO.FileStream
    Dim r As System.IO.StreamReader
    OpenFileDialog1.ShowDialog()                   '调用对话框
    filename = OpenFileDialog1.FileName            '获取选中的文件名
    f = New System.IO.FileStream(filename, IO.FileMode.Open, IO.FileAccess.Read)
    r = New System.IO.StreamReader(f)
    TextBox1.Text = r.ReadToEnd()                  '读文件
    r.Close()

End Sub
```

在“保存”菜单项中，编写相应的代码。利用SaveFileDialog的ShowDialog方法，设置保存的文件名，并将文本框中的内容保存到该文件中。程序代码如下：

```
Private Sub mnu_File_Save_Click(ByVal sender As System.Object, ByVal e As System.EventArgs) _
                                                   Handles mnu_File_Save.Click
    Dim filename As String
    Dim w As System.IO.StreamWriter
    SaveFileDialog1.ShowDialog()                          '调用对话框
    filename = SaveFileDialog1.FileName                   '获取选中的文件名
    w = System.IO.File.CreateText(filename)
    w.Write(TextBox1.Text)                                '写文件
    w.Close()
End Sub
```

在“退出”菜单项中，编写相应的代码。退出程序的运行。程序代码如下：

```
Private Sub mnu_File_Exit_Click(ByVal sender As System.Object, ByVal e As System.EventArgs) _
                                                   Handles mnu_File_Exit.Click
    End                                            '结束程序的运行
End Sub
```

在“剪切”菜单项中的代码如下：

```
Private Sub mnu_Edit_Cut_Click(ByVal sender As System.Object, ByVal e As System.EventArgs) _
                                                   Handles mnu_Edit_Cut.Click
    TextBox1.Cut()                                 '调用文本框的Cut方法，实现剪切功能
End Sub
```

在“复制”菜单项中的代码如下：

```
Private Sub mnu_Edit_Copy_Click(ByVal sender As System.Object, ByVal e As System.EventArgs) _
                                                   Handles mnu_Edit_Copy.Click
    TextBox1.Copy()                                '调用文本框的Copy方法，实现复制功能
End Sub
```

在“粘贴”菜单项中的代码如下：

```
Private Sub mnu_Edit_Paste_Click(ByVal sender As System.Object, ByVal e As System.EventArgs) _
                                                   Handles mnu_Edit_Paste.Click
    TextBox1.Paste()                               '调用文本框的Paste方法，实现粘贴功能
End Sub
```

在“删除”菜单项中的代码如下：

```
Private Sub mnu_Edit_Del_Click(ByVal sender As System.Object, ByVal e As System.EventArgs) _
```

```
                                                  Handles mnu_Edit_Del.Click
    TextBox1.SelectedText = ""                    '使文本框选中的内容为空，实现删除功能
End Sub
```

在“全选”菜单项中的代码如下：

```
Private Sub mnu_Edit_SelectAll_Click(ByVal sender As System.Object, ByVal e As System.EventArgs) _
                                                  Handles mnu_Edit_SelectAll.Click
    TextBox1.SelectAll()                          '选中所有文本
End Sub
```

在“时间/日期”菜单项中的代码如下：

```
Private Sub mnu_Edit_Date_Click(ByVal sender As System.Object, ByVal e As System.EventArgs) _
                                                  Handles mnu_Edit_Date.Click
    '在文本框中插入日期和时间
    TextBox1.SelectedText = Format(Now, "yyyy-MM-dd  hh:mm:ss")
End Sub
```

在上下文快捷菜单中“撤销”项的代码如下：

```
Private Sub 撤销ToolStripMenuItem_Click(ByVal sender As System.Object, ByVal e As _
                            System.EventArgs) Handles 撤销ToolStripMenuItem.Click
    TextBox1.ClearUndo()                    '调用文本框的ClearUndo方法，实现撤销功能
End Sub
```

在上下文快捷菜单中“复制”项的代码如下：

```
Private Sub 复制ToolStripMenuItem_Click(ByVal sender As System.Object, ByVal e As _
                            System.EventArgs) Handles 复制ToolStripMenuItem.Click
    TextBox1.Copy()                         '调用文本框的Copy方法，实现复制功能
End Sub
```

在上下文快捷菜单中“粘贴”项的代码如下：

```
Private Sub 粘贴ToolStripMenuItem_Click(ByVal sender As System.Object, ByVal e As _
                            System.EventArgs) Handles 粘贴ToolStripMenuItem.Click
        TextBox1.Paste()                    '调用文本框的Paste方法，实现粘贴功能
End Sub
```

在上下文快捷菜单中“删除”项的代码如下：

```
Private Sub 删除ToolStripMenuItem_Click(ByVal sender As System.Object, ByVal e As _
                            System.EventArgs) Handles 删除ToolStripMenuItem.Click
        TextBox1.SelectedText = ""          '使文本框选中的内容为空，实现删除功能
End Sub
```

在窗体的Resize事件中，编写相应的代码。使得窗体改变大小时，自动调整文本框的大小。程序代码如下：

```
Private Sub Form1_Resize(ByVal sender As Object, ByVal e As System.EventArgs) _
                                                  Handles MyBase.Resize
    TextBox1.Width = Me.Width - 10
    '文本框的高度应设置为窗体的高度减去标题栏、状态条、菜单栏和工具栏的高度
    TextBox1.Height = Me.Height - ToolStrip1.Height - StatusStrip1.Height - 50
End Sub
```

程序分析：

- 文件的读写是利用对话框提供文件的名字，然后利用FileStream对象对文件进行读写，具体的读写文件的方式，将在后续章节中介绍。
- 文本框中的编辑直接利用了文本框的Copy、Paste、Cut等方法，但是删除选中部分的文本内容，利用了文本框的SelectedText属性，使该属性等于空字符串，相当于实现了删除功能。
- 文本框的大小不能自动根据窗体大小调整，所以在窗体的Resize事件中添加了能动态根据窗体大小改变文本框大小的代码。

习题

1. VB.NET中菜单控件有哪几种类型？是否可以为命令按钮添加上下文菜单？
2. 工具栏中的按钮是否可以拥有自己的Click事件？如何编程使工具栏中的按钮响应Click事件？
3. ImageList控件中Images成员的Size属性由谁决定？
4. 状态条中能否显示图标？
5. 状态条的位置是否只能显示在窗体的底部？它在窗体中的位置共有几种选择？
6. 状态条能否根据窗体自动调整大小？

第7章　面向对象程序设计

面向对象的程序设计方法是一种系统化的程序设计方法，它允许抽象化、模块化的分层结构，具有多态性、继承性和封装性。面向对象的程序设计不同于标准的过程化程序设计，程序设计人员在进行面向对象的程序设计时，不再是单纯地从代码的第一行一直编写到最后一行，而是考虑如何创建对象，利用对象来简化程序设计，提高代码的可重用性。对象可以是应用程序的一个组件，既具有供自己使用的私有功能，又提供其他对象使用的公用功能。

本章介绍VB.NET的面向对象的基本特征，以及面向对象的程序设计方法。

7.1　类与对象

在面向对象的程序设计语言中，对象是程序设计的核心，窗体和控件是对象，数据库也是对象，对象几乎无处不在。

7.1.1　面向对象基本概念

1. 对象

对象是客观世界中的事物或人们头脑中的各种概念在计算机程序中的抽象表示，换句话说是现实世界中个体的数据抽象模型，是面向对象程序设计的基本元素。我们生活在一个对象的世界里，例如钢笔和计算机等都是对象。每个对象都有三个共同的特点：

1）都有自己的名字，以区别其他对象。

2）都有自己的状态，如球有自己的质地、颜色和大小。

3）都有自己的行为，如球可以滚动、停止或旋转。

在面向对象的程序设计中，对象的概念就是对现实世界中对象的模型化，它是代码和数据的组合，同样有自己的状态和行为。只不过在这里，对象的状态用数据表示，称为对象的属性；而对象的行为用对象的代码来实现，称为对象的方法。不同的对象会有不同的属性和方法，当然也不排除有部分重叠，故对象是事物状态和行为的数据抽象。

例如，一个数组对象，Rank属性就是它的一个状态，GetLength则是它的一个行为。其实数组还有其他属性，例如Length属性表示这个数组的总长度；它也还有其他方法，例如Sort方法表示对其参数中的数组元素从小到大排序。但是在使用时，数组里面的数据到底是怎样的，方法到底是怎样实现的，编程人员却不知道也不需要知道。

一个对象就像是一个黑盒子，表示对象状态的数据和对象行为的封装。面对现实世界，如何将错综复杂、千变万化的具体事物抽象为对象，是面向对象程序设计的核心问题。

2. 类

类就是对具有相同数据和相同操作的一组相似对象的定义，即对具有相同属性和行为的一组相似对象的抽象。类是用来创建对象的模板，它包含所创建对象的状态描述和方法定义，而对象只是类的一个实例。

例如“球”这个词本身就是一个类，它描述的只是一个由中心到表面各点距离都相等的立体，它可以有许多属性，如“颜色”、“质地”和“半径”等；也可以有自己的方法，如“滚动”和“旋转”等。我们所见到的足球、铅球、玻璃球都是由“球”这个类创建出来的对象。它们具有不同的颜色、大小和质地，但是都遵循“球”这个类的特性。

3. 类和对象的关系

类和对象关系密切，但并不相同。类包含了有关对象的特征和行为信息，它是对象的蓝图和框架。类通过设定该类中每个对象都具有的属性和方法来提供对象的定义，该属性和方法称为类接口。所有对象的属性、事件和方法在定义类时被指定，一个属于类的特定对象称为该类的一个实例。例如，电话的电路结构和设计布局可以是一个类，而这个类的实例便是一部电话。

类本身没有属性值，也不能执行类方法。相反，类定义了属性并包含了将被从该类创建的每个对象所使用的方法的实现过程，这些对象将具有属性值并执行相应的方法。用户不能使用电路结构和设计布局打电话，相反，只有通过根据电话的电路结构和设计布局制造的实例，即电话来打电话或接电话。

在Visual Basic .NET的工具箱中的命令按钮代表列表框（ListBox）、标签（Label）和按钮（Button）等类。例如，每次向窗体添加列表框时，就会创建ListBox类的一个实例。ListBox类包含特定的已定义的方法（如Hide和Refresh）和属性（如Name和Items）的实现，但ListBox类本身没有Name和Items属性的值，也不能执行Hide和Refresh方法。作为该ListBox类的实例创建的命令按钮对象有Name和Items属性的值，并能执行Hide和Refresh方法。

4. 类的性质

类具有抽象性、封装性、继承性和多态性等特征，这些特征对提高代码的可重用性非常有用。一般来说，如果一种语言支持这4个特性，才可以看做是面向对象程序设计语言。

（1）抽象性

抽象性指提取一个类或对象与众不同的特征，而不对该类或对象的所有信息进行处理。这样能够忽略对象的内部细节，使用户集中精力来使用对象的特性。通过抽象，可以将精力集中在应用程序的对象上而不是实现上，即程序员不需要关心计算机将如何来处理它。

（2）封装性

在面向对象程序设计中，封装是指将对象的属性和方法代码包装在一起，从而包含和隐藏对象信息(如内部数据结构和代码)的能力。通过封装对象的方法和属性，可以将操作对象的内部复杂性与应用程序的其他部分隔离开来。例如，当对一个命令按钮设置Text属性时，不必了解标题字符串是如何存储的。当对象需要执行已封装在另一类中的过程时，对象也不直接执行该过程，而是与属于该类的对象合作以执行此过程。

（3）继承性

继承性是指子类沿用父类特征的能力。如果父类特征发生改变，则子类将继承这些新特征。继承性的概念使得在一个类上所做的改动能够自动反映到它的所有子类当中，这种自动更新节省了用户的时间和精力。

（4）多态性

如果两个或多个类有名字相同、基本目的相同但实现方式不同的行为，就说这些类具有多态性。多态意味着许多类可以提供同样的属性或者方法，而且调用者在调用这些属性或方法之前，不必知道某个对象属于什么类。例如，VB.NET中的Move方法是多态性的一个实例。当Move方法被一个窗体对象执行时，该窗体知道如何将自身和它的全部内容移到指定的坐标。当Move方法被一个按钮对象执行时，窗体就不会移动，而只是把窗体上的按钮移动到正确的位置。

7.1.2　创建类

1. Class语句

VB.NET中的类通过Class语句来定义，它的语法格式如下：

语法：

```
[Public | Private | Protected | Friend | Protected Friend | Shadows] _
[MustInherit | NotInheritable]
Class 类名
[Inherits基类名]
[Implements 接口名]
[语句]
End Class
```

说明：

1）Public | Private | Protected | Friend | Protected Friend | Shadows指定类的作用域，即在何处可访问

类中的成员，默认为Friend。若为Shadows，表示当前类隐藏基类中的同名成员，被隐藏的成员在隐藏它的派生类中不可用。

2）MustInherit只能用作基类，表示只能通过派生类访问当前类的非共享成员。

3）NotInheritable不能用作基类，表示当前类是不可继承的。

4）Inherits表示当前类从名为“基类名”的类继承。

5）Implements表示该类实现了接口成员。

6）语句包括类的变量、属性、事件、方法和嵌套类型的定义语句。

Class语句大体上可以分为选项和主体两部分。其中，主体部分以Class开头且以End Class结束的部分称为Class块，它是类的声明和实现部分，类定义的代码都在这一部分。选项部分位于Class前，包含访问修饰和继承性声明。

2. 类的定义位置

VB.NET中的类是一个代码块，可以出现在不同的位置，说明如下：

(1) 放在窗体或模块文件中

在Windows窗体文件、Web窗体文件、模块文件中都可以定义类。

(2) 放在项目内的单独文件中

自定义类可以作为单独文件放在项目中。方法是，建立了一个项目后，执行“项目/添加类”菜单命令，打开“添加新项”对话框，在“模板”窗口中选择“类”，并在“名称”栏内输入要建立的类文件名，然后单击“添加”按钮即可。

(3) 放在单独的项目中

当要建立的类较多时，可以把类放在一个项目中，这个项目叫做“类库”。方法是：执行“文件/新建项目”菜单命令；打开“新建项目”对话框；在“模板”窗口中选择“类库”，并在“名称”栏内输入要建立的类库文件名；然后单击“确定”按钮即可。

例如，下例定义了一个类，类名为Class1，类中仅声明了一个公用变量x：

```
Class Class1
   Public x  As Integer = 10
End Class
```

3. 创建方法

方法就是封装在类（或对象）内部的操作程序，它描述了对象执行操作的算法，告诉对象怎样对消息做出响应。要创建方法，实际上就是在类中定义过程，定义的方法与第4章介绍的相同。

例如，下例定义了一个类，类名为Class1，类中仅声明了一个公用过程ShowInfo：

```
Class Class1
   Public Sub ShowInfo()
         Debug.WriteLine("Hello")                          ' 显示Hello信息
   End Sub
End Class
```

默认情况下，方法的访问权限为Public，方法的参数类型默认为ByVal。

4. 创建属性

创建属性使用Property语句。因为属性可以有返回值也可以赋值，创建属性的关键就在于如何实现返回属性值和给属性赋值，分别使用Get语句和Set语句实现。VB.NET中是通过Property语句来定义属性的，它的语法格式如下：

语法：

```
[Default] [Public | Private | Protected | Friend | Protected Friend] _
[ReadOnly | WriteOnly] _
Property 属性名([ByVal 参数列表]) [As 类型]
   Get
         [语句块]
   End Get
   Set(ByVal Value As 类型)
```

```
            [语句块]
        End Set
    End Class
```

说明：

1）Public|Private|Protected|Friend|Protected Friend指定属性的可访问性，其含义与类定义中相同。

2）Default | ReadOnly | WriteOnly分别用来定义该属性为默认属性、只读属性、只写属性。若省略，则定义的是读写属性。

3）当定义默认属性时，用参数列表带参数。

由于属性不会分配任何存储区，因此实际在创建属性时，必须在类中声明一个变量，用于存储属性值。为了保护属性值不被直接修改，应声明为Private（私有）。例如，下例定义了一个类，类中声明了一个可读写的属性Width 并声明一个Private变量proWidth用于存储属性值：

```
Class Class1
    Private Property proWidth As Integer
    Public Property Width() As Integer
            Get
                    Return proWidth                         ' 返回保存在局部变量中的属性值
            End Get
            Set(ByVal Value As Integer)
                    proWidth =Value                         ' 将设置值保存在局部变量中
            End Set
    End Property
End Class
```

【例7.1】在窗体中建立一个类，定义一个可读写属性和一个输出简单信息的方法。

操作的步骤如下：

1）启动VB.NET，建立一个“Windows应用程序”项目。

2）在“解决方案资源管理器”中右击项目名，选择“添加/类”选项，输入类定义代码如下：

```
Class Class1
    Public x  As Integer = 10
    Private y  As Integer = 20
    Private proMyPro  As Integer
    Public Property myPro() As Integer
            Get
                    Return proMyPro                 ' 返回保存在局部变量中的属性值
            End Get
            Set(ByVal Value As Integer)
                    proMyPro =Value                 ' 将设置值保存在局部变量中
            End Set
    End Property
    Public Sub ShowInfo()
            MsgBox( "Hello" , ," 信息")             ' 显示Hello信息
    End Sub
End Class
```

在上面代码中，建立了一个类Class1，其中声明了一个公用变量x和一个私有变量y，并建立了一个myPro属性和一个用来显示“Hello”信息ShowInfo方法。

3）在窗体上建立一个按钮，并编写单击事件代码如下：

```
Private Sub Button1_Click(ByVal sender As System.Object, ByVal e As _
                                System.EventArgs)  Handles Button1.Click
    Dim myC As New Class1()                          ' 建立类的实例
    MyC. myPro = 100                                 ' 设置类的myPro属性值
    MyC. ShowInfo()                                  ' 调用类的ShowInfo方法
End Sub
```

在上面代码中，先建立Class1类的实例，再设置类的myPro属性值，最后调用Class1类的ShowInfo方法。运行程序并单击按钮后显示“Hello”消息。

7.1.3　向类中添加事件

1. 创建事件

一个对象有了方法之后，并不确定什么时候来调用这个方法。VB.NET通过事件的触发来调用一个方法。所谓事件，就是一种触发机制，它可以让某些方法跟指定事件关联起来。当事件发生了，就调用关联的方法。例如，当鼠标单击窗体关闭按钮时，窗体关闭。这里鼠标单击是一个事件，而关闭调用了一个方法。VB.NET中事件声明，是通过使用Event语句来实现的，它的语法格式如下：

语法：

```
[Public | Private | Protected | Friend | Protected Friend] [Shadows] _
Event 事件名[(参数列表)]
```

说明：

1）Public | Private | Protected | Friend | Protected Friend | Shadows含义与类定义中相同。

2）事件名所定义的事件名称。

3）参数列表指定事件的参数，其格式与一般通用过程参数格式相同。

例如，下例定义了一个类，类中声明了一个名为CalCompleted 的事件：

```
Class Class1
   Public Event CalCompleted( x  As Single)
End Class
```

2. 引发事件

声明了事件后，还需要引发事件，VB.NET使用RaiseEvent语句来引发事件，其语法如下：

语法：

```
RaiseEvent 事件名[(参数列表)]
```

说明：

1）事件名为要引发的事件名称。

2）参数列表为传递给事件的实参表。

只能在声明事件的模块中，用RaiseEvent语句来引发该事件。例如，下例定义了一个类，类中声明了一个名为CalCompleted的事件，并在过程中引发该事件：

```
Class Class1
   Public Event CalCompleted( x  As Single)
   Sub ...
          RaiseEvent CalCompleted(10)          ' 引发事件
   End Sub
End Class
```

3. WithEvents关键字

在定义变量的语句中，可以加上WithEvents关键字，用它可以声明能引发事件的模块级或类级的对象变量。使用WithEvents语句的语法如下：

语法：

```
[Public | Private |Dim | Friend] WithEvent 变量名 [ As [New]  (类型)]
```

例如，在建立了按钮的窗体中，如果查看代码的隐藏部分（即Windows窗体设计器生成的代码），可以看到按钮就是用WithEvents关键字声明的。代码如下：

```
Friend WithEvents Button1 As System.Windows.Forms.Button
```

注意：

• 如果类中不含有引发事件的代码，则用WithEvents关键字声明变量时，将产生语法错误。

4. Handles子句

Handles子句用来列出一个或多个要处理的事件，一般格式如下：

语法：

```
Handles    事件处理列表
```

例如，在建立了按钮的窗体中，当双击按钮打开代码编辑器后，系统自动添加了如下代码，其中“Handles Button1.Click”表明该过程要处理按钮Button1的Click事件。

```
Private Sub Button1_Click(ByVal sender As System.Object, ByVal e As _
                          System.EventArgs)  Handles Button1.Click
End Sub
```

若列出了多个事件，即指定该过程处理多个事件。例如，指定该过程要处理按钮Button1和Button2的Click事件：

```
Private Sub Button1_Click(ByVal sender As System.Object, ByVal e As _
                System.EventArgs)  Handles Button1.Click, Button2.Click
End Sub
```

5. AddHandler语句

该语句用来动态地将事件与处理程序相关联，语法如下：

语法：

```
AddHandler  事件, AddressOf 处理程序
```

说明：

1）事件是要处理的事件名称。

2）处理程序是事件处理过程的名称。

6. RemoveHandler语句

该语句用来动态地解除事件与处理程序之间的关联，语法如下：

语法：

```
RemoveHandler  事件, AddressOf 处理程序
```

说明：

1）事件是要处理的事件名称。

2）处理程序为事件处理过程的名称。

注意：

- 用AddHandler和RemoveHandler语句可以在程序执行过程中，动态地启动或停止事件的处理程序。而用WithEvents关键字和Handles子句可以静态地建立事件与处理程序之间的关联。

7.1.4 类的实例

建立了类之后，要使用类中封装的成员，必须创建该类的实例，再通过该对象实例来访问类的成员。下面介绍如何定义对象以及如何创建对象的实例。

1. 对象变量的声明

变量可用来存储值，也可以存储对象。和普通变量一样，对象变量也要先声明后使用。声明对象变量的语法格式如下：

语法：

```
[Public | Private | Dim]  变量名 As [New]  类名
```

说明：

1）Public | Private | Dim其含义与普通变量定义相同。

2）变量名是所定义的对象变量名称。

3）类名指定所声明的变量的类。

4）New用来指明所声明的对象变量是VB.NET对象的一个新的实例。

例如，下例声明一个与具体窗体有关的对象变量，该窗体名为Form1，同时还声明了一个通用的窗体对象变量：

```
Dim myForm1  As Form1                ' 声明类型为Form1的对象变量
Dim myForm2  As Form                 ' 声明通用的窗体变量
```

类名可以取为Control，表示任何类型控件的对象。例如，下例声明一个能引用任何类型控件的对象变量：

```
Dim myControl  As Control            ' 声明任何类型控件的对象变量
```

2. 对象变量的赋值

对象变量的赋值与普通变量相同。例如，下例声明一个能引用任何类型控件的对象变量myButton，而窗体中有一个名为Button1的按钮，则可把Button1按钮赋值给myButton对象变量：

```
Dim myButton  As Control             ' 声明任何类型控件的对象变量
myButton  =  Button1                 ' 将Button1赋值给对象变量
```

3. 对象变量的释放

对象变量需要的内存空间较大，当不再使用对象时，应及时释放该对象所占用的内存。一般来说，如果在一个过程中声明了一个对象变量，则应在退出该过程之前，释放该对象。释放对象变量的语法格式如下：

语法：

对象变量名 = Nothing

例如，下例显式地释放myButton对象变量：

```
myButton  =  Nothing                 ' 释放myButton对象变量
```

4. 创建对象的实例

使用对象前，必须先创建该对象的实例。VB.NET通过New关键字来建立一个对象的实例。New关键字可以在声明语句或赋值语句中使用，执行该语句时，它将调用指定类的构造函数，并传送提供的参数。

例如，下例创建了Class1类的对象实例myObj1：

```
Dim myObj1 As New Class1()           ' 创建对象实例
```

7.1.5 对象的使用

建立了对象实例后，就可以访问对象的成员（包括方法、属性等）。下面介绍如何访问对象的属性与方法。

1. 使用属性

有些属性随着时间的不同，可以设置和取得的值也不同。有的属性可在设计时通过“属性”窗口设置其属性值而不用编写任何代码；而有的属性在设计时是不可用的，只能通过代码在运行时设置。其中在运行时可以设置并可获得值的属性叫做读写属性，在运行时只能读取的属性叫做只读属性。

可以通过设置属性的值改变对象的外观或特性。例如，通过改变TextBox控件的Text属性，就可以改变文本框的内容。VB.NET中设置属性值的语法为：

语法：

对象名.属性名 = 表达式

例如，下面是设置按钮Button1的某些属性的语句：

```
Button1.Text = "命令按钮标题"
Button1.Visible = True
```

上面的第一个语句设置按钮标题为“命令按钮标题”，第二个语句设置按钮显示在运行的窗体中。

要在代码执行动作之前得知对象的状态，就要读取属性值。可使用以下语法获得对象的属性值：

语法：

```
变量 = 对象.属性
```

例如，在运行代码之前得知TextBox1控件的Text属性值，以确定文本框的内容。

```
B = TextBox1.Text                          ' 将TextBox1的Text属性值赋给变量B
```

属性值也可以在表达式中直接使用，而不必将属性赋予变量。如果要多次使用同一属性值，则把属性值存储到一个变量中，代码执行起来会更快。

2. 使用方法

方法能够影响属性值。以收音机打比方，SetVolume方法改变了Volume属性。与此类似，在VB.NET中列表框具有Items属性，而Add和Clear方法可以改变这一属性。在代码中使用方法时如何编写语句，这取决于该方法要求多少参数，以及是否返回一个值。有些方法既无参数又不返回值，则用以下语法编写代码：

语法：

```
对象名.方法名()
```

如果方法要用多个参数，就用逗号将它们分开。例如下面的语句画一个半径为1200，圆心位于(1600,1800)的圆：

```
Form1.Circle( (1600, 1800), 1200)
```

如果要保存方法的返回值，直接使用一个变量即可。例如下面的语句从剪贴板返回一张图片：

```
Picture = Clipboard.GetData (VBCFBitmap)
```

3. 对象的层次

对象层次提供了一种组织结构，它决定了对象间的相互关系以及访问它们的方法。在大多数情况下不必考虑VB.NET对象的层次。但是在操作其他应用程序的对象时，应当熟悉那个应用程序的对象层次；在使用数据访问对象时，也应当熟悉数据访问对象的层次。在VB.NET中，一个对象包含其他对象的情况时有发生。其中最常见的是集合对象和容器控件。集合对象是由多个对象组成的特殊对象，它有自己的属性和方法。对象集合中的对象作为集合的成员被引用，集合中的每个成员从0开始顺次编号，这就是成员的索引号。例如，控件集合包含已给定窗体上的所有控件。下列代码在列表框中列出控件集合中每个成员的名字：

```
Dim MyControl As Control
    For Each MyControl In Me.Controls
    ListBox1.Items.Add(MyControl.Name)
Next MyControl
```

有两种通用方法获取集合对象的成员：指定成员的名称和利用成员的索引号。一旦能够获取全体成员及单个成员，就可用操作对象的标准方法应用对象集合的属性和方法或集合中各对象的属性和方法，例如：

```
Controls("ListBox1").Top = 200
Me.Controls (1).Top = 200
```

在VB.NET中，还有一些对象能作为容器包含其他对象。例如，窗体通常包含一个或数个控件。把一个对象当做其他对象的容器的好处在于，在代码中引用容器即指明要使用哪个对象。

7.2 继承与派生

继承是VB.NET面向对象程序设计的一个重要特性。继承是指一个新类能够以一个现有类为基础，继承其接口和功能。利用继承性，可以在已有类的基础上构造新的类，一个类可以继承另一个类的属性。其中，被继承的类叫做基类（Base Class）或父类（Parent Class），继承后产生的类叫做派生类（Derived Class）或子类（Child Class）。

派生类可以继承或修改基类中的部分或全部方法，也可以增加基类中没有的新方法。

7.2.1 继承的概念

如果在定义一个类Myclass时，发现这个类跟另外一个BaseClass类很类似，而且其数据以及功能只是另外那个类的扩充，这时就可以使用继承的办法来简化类的定义，从而提高了代码的重用性。

把MyClass这样的类定义成BaseClass的子类，而BaseClass则成为MyClass的父类。当然，子类和父类是相对的，如果另外又有一个类继承了MyClass，那么此时MyClass对于那个类来说就是父类了。

例如所有的数组都是由System命名空间的Array类继承而来的，且可以在任何数组上访问System.Array的方法和属性。

.NET的命名空间（NameSpace）实质上就是一个大的类库（Class Library），其中定义了许多类、对象、属性和方法。.NET开发语言依靠这些类、对象、属性和方法来丰富自己的界面、实现软件的强大功能。也可以这样说，只有掌握了这些命名空间，.NET开发工具才能最大限度地发挥其强大的功能。

实际上，在VB.NET中已经预先定义好了很多类，而且这些类都用到了继承。在VB.NET中，所有的类都是Object类的子类，而它的子类可能还有其他子类。用户也可以自定义自己的类，它继承Object类是默认的，即这个类是Object的子类。

7.2.2 继承的实现

在继承某一个类时，只需在类定义代码的最开始使用Inherits语句，其语法如下：

语法：

```
Inherits 基类名
```

其中基类名是一个已经定义好的类，并且这个类是可以继承的，即类定义时没有使用NotInheritable关键字。VB.NET不允许多重继承，即子类不能由多个父类继承而来，它只能继承一个父类。但是VB.NET允许深度地继承分级结构，即一个子类可以由另外一个子类继承而来。

【例7.2】建立一个基类Student（学生），再建立该类的一个派生类stuHead（班干部），然后建立Student类的对象，并在该对象中调用基类和子类中的方法。

创建基类和子类，操作步骤如下：

1）启动VB.NET，建立一个“Windows应用程序”项目。

2）执行“项目/添加类”菜单命令，建立一个名为Student的基类，在其中定义1个私有数据成员和1个公有属性，分别为私有变量studentName和属性Name，代码如下：

```
Public Class Student                              ' 声明Student类
   Private studentName  As String                 ' 声明私有数据成员
   Public ProPerty Name() As String               ' 声明类中的姓名属性
         Get
               Return studentName
         End Get
         Set(ByVal Value As String)
               studentName =Value
         End Set
   End ProPerty
End Class
```

利用上面的基类，建立它的子类。

3）执行“项目/添加类”菜单命令，建立一个名为stuHead的子类，在其中定义1个私有数据成员和1个公有属性，分别为私有变量zhiwuNam和属性zhiwu，代码如下：

```
Public Class stuHead                              ' 声明stuHead类
   Inherits Student                               ' 继承Student类
   Private zhiwuName  As String                   ' 声明私有数据成员
   Public ProPerty zhiwu() As String              ' 声明类中的职务属性
         Get
               Return zhiwuName
```

```
            End Get
            Set(ByVal Value As String)
                zhiwuName =Value
            End Set
    End ProPerty
End Class
```

4）在窗体上建立两个按钮，并分别编写单击事件代码如下：

```
Dim  objstuHead   As New stuHead ()            ' 创建stuHead类实例
Private Sub Button1_Click(ByVal sender As System.Object, ByVal e As _
                          System.EventArgs)  Handles Button1.Click
    With  objstuHead
        .Name = "张三"                          ' 给objstuHead对象的Name属性赋值
        .zhiwu = "班长"                         ' 给objstuHead对象的zhiwu属性赋值
        MsgBox( "学生" & .Name & "的职务是" & .zhiwu, ,"学生情况")
    End With
End Sub
Private Sub Button2_Click(ByVal sender As System.Object, ByVal e As _
                          System. EventArgs)  Handles Button2.Click
    ObjstuHead = Nothing
    Close()
End Sub
```

在上面代码中，当给ObjstuHead对象中的zhiwu属性赋值时，执行的是子类stuHead中的代码，而当调用ObjstuHead对象中的Name属性时，执行的是父类Student中的代码。单击Button1按钮将显示“张三是班长”的信息，单击Button2按钮将释放ObjstuHead对象并关闭窗体。

7.2.3 构造函数的继承

在继承某一个基类时，基类中的标准方法可以被任何子类继承，并可对其进行重载、覆盖、隐藏等操作。而构造函数的继承与普通的方法继承是不同的。

构造函数是用来创建对象的。每一个类都有一个构造函数，其方法名为New，可以手工添加到类中，若没有手工添加New方法，VB.NET会自动添加一个New方法。例如，当建立一个窗体时，在“窗体代码编辑器”窗口中，展开“Windows 窗体设计器生成的代码”，就可以看到系统自动创建的一个New方法。

```
Public Sub New()
    MyBase.New()          ' 该调用是 Windows 窗体设计器所必需的
    ' 添加任何初始化代码
End Sub
```

当继承一个类时，必须要继承基类的构造函数。继承的方法是在子类中建立一个构造函数（也可以自动创建），然后在构造函数中的第一行代码处，添加如下语句：

```
MyBase.New()
```

如果上面的代码没有手工添加，VB.NET会自动添加到构造函数中作为第一行代码。当用New关键子来建立子类的对象实例时，系统会自动调用继承链中所有构造函数，即从基类的构造函数开始，一个一个地调用所有子类中的构造函数。

然而，构造函数与普通方法不一样，它不能被重载、覆盖或隐藏，因为不能对它使用Overridable、OverRides、Overload、Shadows关键字。

注意：

- 如果MyBase.New( )不是第一条语句，将产生语法错误。

7.2.4 继承Windows窗体控件

在实际应用中，常常需要改进某个现有的可视控件，这样做的好处是一方面可以方便实现代码复用；另一方面，也可以在窗体设计期间，对构件进行可视化编程。要创建新的控件，可以通过生成该类的一个派生子类，在子类中添加或修改相关的功能来实现。比如，从Button类继承得到一个按钮文字是红色的新按钮控件。

VB.NET提供了大量的预定义对象，其中包括窗体和各种控件，窗体是以控件的使用为基础的，控件只是 .NET类库中的一种特定类型，它直接或间接地从Control和UserControl基类继承而来。下面介绍如何建立和使用自定义的Windows窗体控件。

1. 建立Windows窗体控件

要继承Windows窗体控件，生成自定义的可视化控件，基本步骤如下：

1）建立“Windows控件库”项目。

2）指定控件类及其基类。

3）编写实现新功能的代码。

4）生成自定义控件的动态链接库（.dll）。

【例7.3】改造TexBox控件，使其只接收英文字母的输入。

.NET系统中的TexBox控件是用来输入输出各种文字信息的。本例将要从该控件派生出一个控件，它继承文本框控件的全部属性、方法、事件，但在输入时，要屏蔽英文字母以外的其他字符，因此在新的控件中，要修改输入KeyPress事件处理程序，使其只接收英文字母，操作步骤如下：

1）启动VB.NET，建立一个“类库”项目。在图7-1中，输入“MyTextBox”名称后单击“确定”按钮。

2）添加引用并添加继承代码。打开“解决方案资源管理器”窗口，单击显示所有文件图标按钮，右击“引用”文件夹，选择“添加引用”选项，在弹出的“添加引用”对话框中，选择“System.Windows.Forms”组件并单击“确定”按钮，如图7-2所示。将系统默认指定的新类名“Class1.vb”改为“myTextBox.vb”，并添加代码，使其继承于类“TextBox”，代码如下：

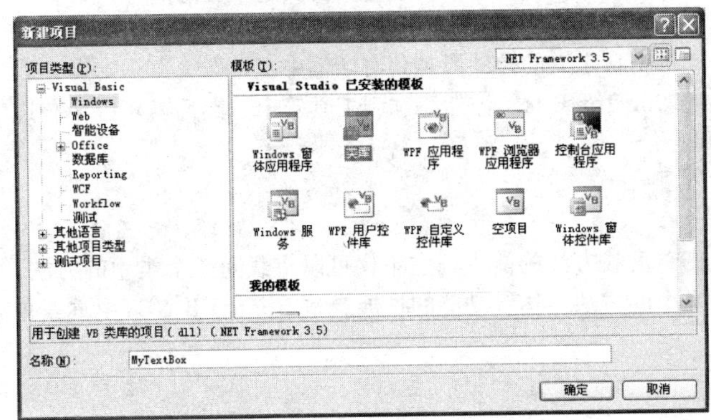

图7-1　建立“类库”项目

图7-2　添加引用

```
Public Class myTextBox
    Inherits System.Windows.Forms. TextBox
    ......
End Class
```

3）编写实现新功能的代码，即编写KeyPress事件处理程序代码如下：

```
Private Sub myTextBox_KeyPress(ByVal sender As Object, ByVal e As _
            System.Windows.Forms.KeyPressEventArgs) Handles MyBase.KeyPress
        Dim inputkey As Integer
        inputkey = Asc(e.KeyChar)
        Select Case inputkey
            Case 65 To 90, 97 To 122                    ' 大写、小写英文字母
            Case Else                                   ' 其他情况
                inputkey = 0
        End Select
        If inputkey = 0 Then
            e.Handled = True                            ' 忽略
```

```
        Else
            e.Handled = False                    ' 响应
        End If
    End Sub
```

在上面事件处理代码中，inputkey用来记录按键的ASCII码值，如果按的是英文字母，则置e.Handled为False以响应按键，否则忽略按键。

4）生成自定义控件的动态链接库（.dll）。执行“生成\生成myTextBox”菜单命令，将在项目的bin文件夹中生成一个动态链接库文件“myTextBox.dll”，这样就完成了从文本框控件派生一个myTextBox的新控件的操作。

2. 使用自定义控件

为了使用自定义控件，必须先建立适当的引用，使其出现在工具箱中，此时就可以像使用系统预定义控件一样使用自定义控件，操作步骤如下：

1）启动VB.NET，建立一个“Windows应用程序”项目。

2）用鼠标右击工具箱中“Windows窗体”选项卡，在弹出的菜单中，选择“添加移除项”命令，打开“自定义工具箱”对话框，选择“.NET Framwork组件”选项卡，如图7-3所示。

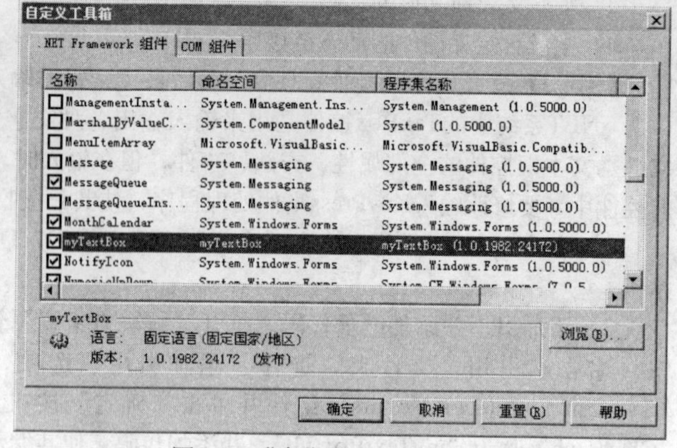

图7-3　“自定义工具箱”对话框

3）单击“浏览”按钮，选择myTextBox.dll文件，然后单击打开按钮后，即可将自定义的控件添加到对话框中。

4）在图7-3中单击“确定”按钮，即可把“myTextBox”控件添加到工具箱中。然后就可以像普通控件一样使用该控件了。

7.3　重载与覆盖

VB.NET的一个面向对象的重要特性是具有重载方法的能力，它不仅可以重载同一个类中的方法，还可以重载基类中的方法，同时也能覆盖基类中的方法，达到功能的扩展。本节介绍VB.NET中重载与覆盖的功能。

7.3.1　重载同类中的方法

所谓重载就是允许多个方法使用相同的方法名，即同一个方法名可以完成不同的功能。要在一个类中多次声明相同名字的方法，只要每一次声明的方法都有不同的参数列表，就可以实现方法的重载。例如，用add方法实现两个整数相加或两个字符串连接，可以如下定义：

```
Public Overloads Function add(ByVal x As Integer , ByVal y As Integer) As _
Integer                                         ' 两个整数相加
Public Overloads Function add(ByVal x As String , ByVal y As String) As String
                                                ' 两个字符串连接
```

上述两个方法的名字都是add，即用同一个名字表示两个不同的方法。在调用时，系统会根据参数的类型，正确地调用相应的方法，不会发生混乱。例如：

```
add(10 , 20)                                    ' 调用第一个方法，两个整数相加
add("10" , "20")                                ' 调用第二个方法，两个字符串连接
```

在VB.NET中，Sub过程、Function过程和属性过程都可以重载，实现重载的方法是在声明语句中使用Overloads关键字，形式如下：

Public Overloads Sub 方法名(参数列表)

注意：

• 重载方法时，应确保每个重载的同名方法中，参数的个数或类型应有所不同。

【例7.4】在类中编写一个“加法”方法，可以返回整数相加、小数相加的结果。

创建名为Class1的类，操作步骤如下：

1）启动VB.NET，建立一个“Windows应用程序”项目。

2）执行“项目/添加类”菜单命令，建立一个名为Class1的类，在其中定义两个重载的add方法，代码如下：

```
Public Class Class1                                               ' 声明Class1类
   Public Overloads Function add(ByVal x As Integer , ByVal y As Integer) As _
                                              Integer             ' 两个整数相加
         Return x + y                                             ' 返回整型结果
   End Function
   Public Overloads Function add(ByVal x As Double , ByVal y As Double) As _
                                         Double                   ' 两个小数相加
         Return x + y                                             ' 返回实型结果
   End Function
End Class
```

3）在窗体上建立1个按钮，并编写单击事件代码如下：

```
Dim myClass1 As New Class1()                          ' 创建类的实例
Private Sub Button1_Click(ByVal sender As System.Object, ByVal e As _
                              System.EventArgs)  Handles Button1.Click
   Dim intResult As Integer
   Dim realResult As Double
   intResult = myClass1.add(20 , 30)                  ' 调用实例的方法
   realResult = myClass1.add(2.305 , 3.61)            ' 调用实例的方法
   MsgBox( "整数相加=" & str(intResult) & " 小数相加=" & str(realResult), ,"结果")
End Sub
```

在上面代码中，两次调用add方法传递的实参类型不同，从而调用的是两个不同的方法，最后显示的结果为“整数相加=50 小数相加=5.915”。

7.3.2　重载基类中的方法

在7.2节中介绍的继承与派生中，派生类是不加修改地全盘继承基类的全部成员。在类的继承中，若要在派生过程中对基类中的成员进行改造，可以通过重载基类的方法来实现。

VB.NET允许子类中的方法或属性重载基类中的方法或属性，即子类中的方法或属性与基类中的方法或属性同名，但参数列表必须不同。

子类中的方法重载与同一个类中的普通重载方法的规则基本相同，仍然使用Overloads关键字，但有两点不同：

1）普通重载是重载同一个类中的方法，而子类中要重载的是基类中的方法。

2）普通重载中每个重载方法中都要有Overloads关键字，而子类中要重载基类中的方法时，只需在子类的重载方法中用Overloads关键字，基类的重载方法中可以省略Overloads关键字。

下面在例7.2的基础上，举例说明如何重载基类方法。

【例7.5】在例7.2的基础上，保持原基类Student（学生）代码不变，修改子类stuHead（班干部），在子类中增加一个Name属性，它重载了基类中的同名属性，然后建立Student类的对象，并在该对象中调用基类和子类中的方法。

创建基类和子类，操作步骤如下：

1）启动VB.NET，建立一个“Windows应用程序”项目。

2）执行“项目/添加类”菜单命令，建立一个名为Student的基类，在其中定义1个私有数据成员和1个公有属性，分别为私有变量studentName和属性Name，代码与例7.2相同：

```
Public Class Student                                          ' 声明Student类
   Private studentName  As String                             ' 声明私有数据成员
   Public ProPerty Name() As String                           ' 声明类中的姓名属性
          Get
                 Return studentName
          End Get
          Set(ByVal Value As String)
                 studentName =Value
          End Set
   End ProPerty
End Class
```

利用上面的基类Student，派生出它的子类stuHead。

3）执行“项目/添加类”菜单命令，建立一个名为stuHead的子类，在其中定义1个私有数据成员和两个公有属性，分别为私有变量zhiwuNam、属性zhiwu和属性Name，其中属性Name含有一个参数，它重载了基类中的同名属性，代码如下：

```
Public Class stuHead                                          ' 声明stuHead类
   Inherits Student                                           ' 继承Student类
   Private wholeName(1)  As String                            ' 声明私有数据成员数组，姓名
   Private zhiwuName  As String                               ' 声明私有数据成员，职务
   Public ProPerty zhiwu() As String                          ' 声明类中的职务属性
          Get
                 Return zhiwuName
          End Get
          Set(ByVal Value As String)
                 zhiwuName =Value
          End Set
   End ProPerty
   Public Overloads ProPerty Name(ByVal flag As Short) As String  ' 重载姓名属性
          Get
                 If flag = 0 then
                        Return wholeName(0)
                 Else
                        Return wholeName(1)
                 End If
          End Get
          Set(ByVal Value As String)
                 If flag = 0 then
                        wholeName(0) = Value
                 Else
                        wholeName(1) = Value
                 End If
          End Set
   End ProPerty
End Class
```

4）在窗体上建立两个按钮，并分别编写单击事件代码，如下所示：

```
Dim  objstuHead   As New stuHead ()                ' 创建stuHead类实例
Private Sub Button1_Click(ByVal sender As System.Object, ByVal e As _
                                System. EventArgs)  Handles Button1.Click
   With  objstuHead
          .Name = "张三"                                ' 给objstuHead对象的Name属性赋值
          .Name(1) = "David"                           ' 给objstuHead对象的Name属性赋值
          MsgBox( "学生" & .Name & "的英文名是" & .Name(1) , ,"学生情况")
   End With
End Sub
Private Sub Button2_Click(ByVal sender As System.Object, ByVal e As _
                                System. EventArgs)  Handles Button2.Click
   ObjstuHead = Nothing
   Close()
End Sub
```

在上面代码中，在子类stuHead中重载了基类Student的Name属性。当给ObjstuHead对象中的Name属性赋值时，不带参数的是基类Student的Name属性，而带参数的是子类stuHead的Name属性。在设置带参数的Name属性时，如果参数为1，则把设置的值传送给stuHead类中的wholeName数组的第1个元素（通过Value），否则传送给第0个元素。单击Button1按钮将显示"学生张三的英文名是David"的信息，单击Button2按钮将释放ObjstuHead对象并关闭窗体。

7.3.3 覆盖

前面介绍的重载是对同类或基类中的同名方法的扩展，重载的方法中要求参数列表在数量、类型或顺序上有所不同。如果派生类中的新方法与基类中方法同名而且参数列表也相同，则派生类中的新方法将覆盖（又称为重写）基类中同名方法。在这种情况下，当在派生类中或通过派生类的对象直接访问该方法名时，被访问的只能是派生类中的同名方法，这称为同名覆盖（又叫同名重写）。继承和重载是对基类功能的扩展，而覆盖则是改变或替代基类的功能。

在默认情况下，从基类派生子类时，子类是以继承的方式从基类继承方法的，并不是以覆盖的方式继承。覆盖要使用Overridable和Overrides两个关键字。其中Overridable用在基类中，Overrides用在子类中，它们必须成对出现。

覆盖是有一定风险的。因此默认情况下，VB.NET不允许覆盖基类中的方法和其他成员。若要覆盖，必须在基类中使用Overridable关键字明确指定该方法或属性允许覆盖。为了控制属性和方法的覆盖，表7-1列出了VB.NET提供的相关关键字：

表7-1　用于覆盖的关键字

关 键 字	描　述
Overridable	允许某个类中的属性或方法在派生类中被覆盖
Overrides	重写基类中定义为Overridable的属性或方法
NotOverridable	禁止某个属性或方法在派生类中被覆盖。默认情况下，Public方法是NotOverridable
MustOverride	要求基类中的属性或方法在使用前，必须在派生类中被覆盖。当使用MustOverride关键字时，方法定义时仅由Sub、Function或Property语句组成，不允许有其他语句，特别是不能有End Sub或End Function语句。此外，必须在MustInherit类中声明MustOverride方法

当要实现覆盖时，必须在基类中用Overridable关键字明确指定某个属性或方法可以在派生类中覆盖，而在派生类中的同名覆盖方法中必须有Overrides关键字。

下面举例说明如何覆盖基类的方法。

【例7.6】 建立一个基类myBaseClass，声明一个允许覆盖的方法ShowInfo，再建立该类的一个派生类mySubClass，然后建立mySubClass类的对象，并在该对象中调用基类和子类中的方法。

创建基类和子类，操作步骤如下：

1）启动VB.NET，建立一个"Windows应用程序"项目。

2）执行"项目/添加类"菜单命令，建立一个名为myBaseClass的基类，在其中定义1个可覆盖的方法ShowInfo，代码如下：

```
Public Class myBaseClass                          ' 声明myBaseClass类
   Public Overridable Sub ShowInfo()              ' 允许覆盖
         MsgBox( "这是父类方法" , ,"消息")          ' 显示父类的信息
   End Sub
End Class
```

利用上面的基类myBaseClass，派生出它的子类mySubClass。

3）执行"项目/添加类"菜单命令，建立一个名为mySubClass的子类，在其中定义1个与父类完全同名的方法ShowInfo，它覆盖基类中的同名方法，代码如下：

```
Public Class mySubClass                           ' 声明mySubClass类
   Inherits myBaseClass                           ' 继承myBaseClass类
   Public Overrides Sub ShowInfo()                ' 覆盖父类中的同名方法
```

```
            MsgBox( "Hello" , ,"子类消息")                ' 显示子类的信息Hello
        End Sub
    End Class
```

4）在窗体上建立两个按钮，并分别编写单击事件代码如下：

```
Dim  objmySubClass   As New mySubClass ()   ' 创建mySubClass类实例
Private Sub Button1_Click(ByVal sender As System.Object, ByVal e As _
                               System. EventArgs)  Handles Button1.Click
   objmySubClass.ShowInfo ()                    ' 调用objmySubClass对象的ShowInfo方法
End Sub
Private Sub Button2_Click(ByVal sender As System.Object, ByVal e As _
                               System.EventArgs)  Handles Button2.Click
   objmySubClass = Nothing
   Close()
End Sub
```

在上面代码中，在子类mySubClass中覆盖了基类myBaseClass的ShowInfo方法。当调用objmySubClass对象中的ShowInfo方法时，将调用的是子类mySubClass中的ShowInfo方法。单击Button1按钮将显示“Hello”信息，而不是显示“这是父类方法”；单击Button2按钮将释放objmySubClass对象并关闭窗体。

7.4 接口

接口是封装的成员（属性、方法和事件）的原型集合，它只包含其中所定义的成员的声明部分不包含实现部分，而其实现的细节是由结构或类来完成的。

和类一样，接口中也可以定义一系列属性、方法和事件，但与类不同的是，接口本身并不提供实现，需要在另一个类中编写实现的代码。

有了接口，在开发应用程序时，就可以先定义好相应的功能并在接口中声明，以后在不危害现有代码的情况下，即可开发或改进接口的实现，从而使兼容性问题最小化。虽然接口实现可以被改进，但接口本身一旦发布就不能再更改，对已发布的接口进行更改会破坏现有的代码。

7.4.1 接口的定义

1. Interface语句

Interface语句是定义接口的语句，它用来声明接口的名称及其中的成员，使用该语句定义接口的语法格式如下：

语法：

```
[Public | Private | Protected | Friend | Protected Friend | Shadows] Interface 接口名称
    [Inherits 接口[, 接口]]
    [[Default] Property 属性过程名]
    [Function 成员名]
    [Sub 成员名]
    [Event 成员名]
End Interface
```

说明：

1）Public | Private | Protected | Friend | Protected Friend | Shadows指定访问性，其含义与类定义相似，默认为Friend。注意，如果接口在模块中定义，则不能使用Protected和Protected Friend。

2）接口名称为要定义的接口名，命名规则应符合VB.NET变量命名的规则。

3）Inherits指定所声明的接口从另外的几个接口继承属性和方法。其中，接口为被继承的接口名称。

4）Default指定接口的一个默认属性。其中，Default后面的属性名是接口的默认属性。

5）Property指定属性过程，该过程是接口的一个成员。

6）Function指定Function过程，该过程是接口的一个成员。

7）Sub指定Sub过程，该过程是接口的一个成员。

8）Event指定事件，该事件是接口的一个成员。

例如，在下面例子中声明一个名为MyInterface的接口，接口中有3个成员，分别为属性、Function过程和事件，代码如下：

```
Public Interface MyInterface
   Property stuName As String                                   ' 声明属性
   Function GetScore (ByVal x As Single) As Single              ' 声明Function过程
   Event CalComplete()                                          ' 声明事件
End Interface
```

2. 接口位置

尽管接口可以在任何代码模块中定义，但是接口的实现是在类中定义。因此，在定义接口时，还需考虑它和类的位置关系。一般可以在以下几种位置来定义接口：

（1）在类或模块代码之外

如果接口在类（包括窗体）的外部定义，则实现接口的类可以出现在项目中的任何位置，包括模块、窗体、类。

例如，在窗体代码的外部定义一个接口，实现接口的类可以出现在窗体模块中，代码如下：

```
Public Interface MyInterface                  ' 声明接口
   ......
End Interface
Public Class Form1                            ' 窗体类
   ......
End Class
```

（2）在模块内部

如果接口在模块内部定义，则实现接口的类可以出现在项目中的任何位置。

例如，在窗体代码的外部定义一个接口，实现接口的类可以出现在窗体模块中，代码如下：

```
Module Module1
Public Interface MyInterface                  ' 在模块内声明接口
   ......
End Interface
End Module
```

（3）在类内部

如果接口在一个类的内部定义，则接口的实现只能出现在这个类中。

3. 定义接口

通常接口是在模块中定义，具体定义接口的操作步骤如下：

1）启动VB.NET，建立一个“Windows应用程序”项目。

2）执行“项目/添加模块”菜单命令，建立一个模块文件Module1.vb。

3）在“模块代码”窗口中定义一个接口MyInterface，代码如下：

```
Module Module1
Public Interface MyInterface
   Property stuName As String                                   ' 声明属性
   Function GetScore(ByVal x As Single) As Single               ' 声明Function过程
   Event CalComplete()                                          ' 声明事件
End Interface                                                   ' 接口定义结束
End Module
```

在上面例子中声明一个名为MyInterface的接口，接口中有3个成员，分别为stuName属性、Function过程GetScore和CalComplete事件。

7.4.2 接口的实现

定义了接口后，就可以在类或结构中实现这个接口。为了实现接口，需要使用Implements语句和Implements关键字。

1. Implements语句

Implements语句用来指定一个或多个接口或接口成员，而具体的实现将在类或结构中定义。Implements语句出现在类或结构中，其语法格式如下：

语法：

```
Implements 接口名[ , 接口名…]
Implements 接口名.成员名[ , 接口名.成员名…]
```

说明：

1）接口名指定一个接口，可以指定多个不同的接口。

2）成员名指定被实现的接口的成员，可以指定多个不同的接口成员。

例如，在类中指定一个名为MyInterface的接口，代码如下：

```
Implements  MyInterface
```

2. Implements关键字

Implements关键字用于对类成员实现的特定接口进行指定，即指定类成员是哪一个接口的实现，也就是将类和接口关联起来。在用Implements关键字实现接口时，实现成员的参数类型和返回类型必须与接口中的成员声明匹配。一个类成员通常只指定单个接口成员，也可以指定多个成员，实现时用逗号将接口成员隔开。Implements关键字实现接口成员的语法格式如下：

语法：

```
方法名 Implements 接口名.成员名
```

说明：

1）方法名指定实现的接口成员的方法，通常与接口成员同名。

2）接口名.成员名指定被实现的接口成员。可以指定多个接口成员，用逗号分隔。

例如，在下面例子中，分别实现一个名为MyInterface的GetScore接口成员和一个名为stuName的属性成员，代码如下：

```
Public Function GetScore (ByVal x As Single) As Single Implements _
                                                MyInterface. GetScore
   Return  x*100
End Function
Public ProPerty stuName() As String Implements MyInterface. stuName
   Get
          Return stuName
   End Get
   Set(ByVal Value As String)
          stuName =Value
   End Set
End ProPerty
```

注意：

• 在类或结构中实现一个接口时，必须实现在该接口中声明的所有成员，否则将会产生语法错误。

3. 接口成员的引用

在实现接口时，需要引用接口成员，引用的语法格式如下：

语法：

```
接口名.成员名
```

说明：

1）接口名指定引用的接口。

2）成员名指定被引用的接口成员名，不能带参数或括号。

例如，在实现接口的类中，引用名为MyInterface的接口成员，代码如下：

```
MyInterface.stuName                         ' 引用属性
MyInterface.GetScore                        ' 引用方法
MyInterface.CalComplete                     ' 引用事件
```

【例7.7】建立一个接口，在接口中声明与学生成绩改变有关的属性、方法和事件，并在类中实现这些成员。

声明接口并实现接口中的成员，操作的步骤如下：

1）启动VB.NET，建立一个“Windows应用程序”项目。

2）执行“项目/添加模块”菜单命令，建立一个模块文件Module1.vb。

3）在“模块代码”窗口中定义一个接口MyInterface。声明3个成员，分别为属性stuName、Function过程GetScores和事件CalComplete，代码如下：

```
Module Module1
   Public Interface MyInterface
         Property stuName As String                         ' 声明属性
         Function GetScores(ByVal x As Single) As Single    ' 声明Function过程
         Event CalComplete()                                ' 声明事件
   End Interface
End Module
```

4）在模块Module1中定义实现MyInterface接口的类，代码如下：

```
Public Class stuInfo                                  ' 用stuInfo类实现接口
   Implements MyInterface                             ' 用Implements语句指定接口
   Private studentScore  As Single                    ' 声明类中的变量
   Private studentName  As String                     ' 声明类中的变量
   Public ProPerty Score() As Single                  ' 声明类中的属性
         Get
               Return studentScore
         End Get
         Set(ByVal Value As Single)
               studentScore =Value
         End Set
   End ProPerty
   Public ProPerty stuName() As String Implements MyInterface. stuName
         Get
               Return studentName
         End Get
         Set(ByVal Value As String)
               studentName =Value
         End Set
   End ProPerty
   Public Function GetScore (ByVal x As Single) As Single Implements _
                                          MyInterface.GetScores
         GetScore=  x * 0.8
         RaiseEvent CalComplete()                     ' 引发一个CalComplete事件
   End Function
   Public Event CalComplete ()  Implements MyInterface. CalComplete' 声明事件
End Class
```

在上面代码中，声明了一个stuInfo类，实现了接口MyInterface中的3个成员，另外还定义了一个Score属性。在每个类的成员（除了Score外），都使用Implements关键字指定该成员对应的接口中的成员。

5）在窗体代码中，建立一个事件处理程序如下：

```
Private Sub HandleCalComplete()
   MsgBox( "成绩修改完成", ,"成绩更新")
End Sub
```

6）在窗体上建立一个按钮，并编写单击事件代码如下：

```
Private Sub Button1_Click(ByVal sender As System.Object, ByVal e As _
                          System. EventArgs)  Handles Button1.Click
```

```
    Dim  studentInfo As New stuInfo ()                      ' 定义类实例
    ' 建立与studentInfo对象引发的事件关联的处理程序
    AddHandler studentInfo.CalComplete, AddressOf  HandleCalComplete
    studentInfo. stuName = "张三"
    studentInfo. Score = 80
    MsgBox( "学生" & studentInfo. stuName & "当前成绩是" & studentInfo. Score,_, _
                                  " 当前成绩")
    ' 调用能引发CalComplete事件的GetScore方法
    studentInfo. GetScore(80)
End Sub
```

在上面代码中，定义了stuInfo类的实例studentInfo，再用AddHandler建立与studentInfo对象引发的事件关联的事件处理程序，然后设置stuName和Score属性值并显示信息对话框，最后调用GetScore方法修改成绩，并引发CalComplete事件显示修改完成。

7.5 委托

在C++语言中，通过函数指针可以间接地调用函数，或者把函数作为另一个函数的参数。VB.NET中，可以通过委托（Delegate）来实现类似的功能。

委托是一种引用类型，它引用类的Shared方法或对象的实例方法。在C++语言中，函数指针只能引用共享（静态）函数，而委托可以引用共享和实例方法。在引用实例方法时，委托不仅保存对方法入口点的引用，而且还保存对用于调用方法的对象实例的引用。委托主要用于 .NET框架中的事件处理程序和回调函数。

7.5.1 Delegate语句

Delegate语句是声明委托的语句，可以用它来声明委托方法和函数，语法如下：

语法：

```
[Public | Private | Protected | Friend | Protected Friend | Shadows] _
   Delegate Sub方法名([参数列表])
[Public | Private | Protected | Friend | Protected Friend | Shadows] _
   Delegate Function函数名([参数列表])As 类型
```

说明：

1）Public | Private | Protected | Friend | Protected Friend | Shadows指定访问性，其含义与类定义相似，默认为Friend。

2）Shadows指示此委托隐藏基类中的同名编程元素，被隐藏的元素在隐藏它的派生类中不可用。

3）方法名和函数名为要声明的委托类型的名称。

例如，在下面例子中声明一个名为GetMinDelegate的不带参数的委托，代码如下：

```
Delegate Sub GetMinDelegate()                          ' 声明一个不带参数的委托
```

 注意：

• 委托的声明与过程的声明类似，但委托声明中没有End Sub或End Function语句。

7.5.2 委托的使用

声明了委托之后，就可以建立委托的实例，然后调用委托。任何与用Delegate语句声明的委托具有相同的参数类型和返回值类型相同的方法，都可以用来作为委托的实例。具体建立和调用委托操作分为以下3个步骤：

（1）建立委托的实例

委托实例是委托所要调用的过程，它应具备如下的条件：

• 过程类型相同：如果委托被声明为Sub，则实例必须也是Sub；如果委托被声明为Function，则实例必须也是Function。

• 参数类型相同。

• 返回值类型相同：如果委托被声明为Function，则实例的返回值必须与委托声明的返回值类型相同。

• 实例与委托的名称、参数名称可以不必相同。

(2) 建立委托调用方法

委托调用方法可以是Sub过程，也可以是Function过程，其参数列表中必须包含委托类型的参数。委托方法可以在模块中，也可以在类中定义。

(3) 调用委托方法

调用委托方法是通过指定委托方法的入口地址来实现的，与调用事件处理过程类似，语法格式如下：

语法：

```
AddressOf [类或接口.] 方法
```

说明：

1) 类或接口指定方法所在的类或接口名。如果委托方法不是在类或接口中定义的，则可以省略。

2) 方法代表委托调用方法，可以是共享方法，也可以是实例方法。

【例7.8】 利用委托，求长方形的面积。

通过委托来实现求长方形的面积，操作的步骤如下：

1) 启动VB.NET，建立一个“Windows应用程序”项目。

2) 执行“项目/添加模块”菜单命令，建立一个模块文件Module1.vb。

3) 在“模块代码”窗口中声明一个委托GetRectDelegate，代码如下：

```
Module Module1
        ' 声明委托
        Delegate Function GetRectDelegate(ByVal x As Single, ByVal y As Single) As Double
End Module
```

4) 在模块中建立委托实例，代码如下：

```
Function CalRect (ByVal x As Single, ByVal y As Single) As Double
          Dim  z  As  Double                          ' 声明变量
          z = x * y                                   ' 计算面积
          Return z                                    ' 返回计算结果
End Function
```

在上面代码中，建立了一个委托实例，该实例是一个Function过程，它参数类型和返回值类型都与声明的委托相同，因此是合法的委托实例。

5) 在模块中建立委托方法，代码如下：

```
Sub CompRect(ByVal d As GetRectDelegate)
   Dim  a , b  As  Single                   ' 声明变量
   a = 20                                   ' 长
   b = 30                                   ' 宽
   MsgBox( "矩形的面积为：" & Str( d.Invoke(a , b) ), ,"显示面积")
End Sub
```

CompRect方法有一个委托类型的参数，在方法内定义了两个Single类型的变量并分别赋值，然后调用该委托实例的Invoke方法。此处参数d是委托类型，它实际上是一个过程的入口地址，这个过程就是委托实例CalRect。

6) 调用委托方法。在窗体上建立一个按钮，并编写单击事件代码如下：

```
Private Sub Button1_Click(ByVal sender As System.Object, ByVal e As _
                          System. EventArgs)  Handles Button1.Click
        CompRect (Address  Of  CalRect)                         ' 调用委托方法
End Sub
```

在上面过程中，用实例CalRect的地址作为参数调用委托方法CompRect，其中的Address Of CalRect把实例CalRect的入口地址传送给委托方法CompRect，因此实际上执行的是CalRect过程，最后计算得到

的面积结果显示在信息对话框中。

程序分析：

- 在上面的程序中，Address Of CalRect的作用是，用实例CalRect的入口地址作为委托方法的参数，把调用指针指向内存程序区CalRect过程的开头。这里的CalRect是实例的地址不是实例本身，因此不能写成CalRect(a,b)或CalRect( )。
- 实例的过程类型必须与委托的声明一致，但委托方法可以不同。因此，CompRect方法是Sub过程，可以与委托所声明的Function 类型不同。
- 委托方法中必须要有一个委托类型的参数，本例中的委托方法只有一个委托类型的参数，实际上还可以带有多个其他类型的参数。

7.6 多态

面向对象程序设计有3个重要特性，即封装性、继承性、多态性。多态性是指定义名称相同但功能不同的方法或属性的能力，可在运行时根据参数等的不同自动选择这些方法和属性，不会出现二义性，从而可以用相同的调用方式调用具有不同功能的同名方法。

多态性是面向对象程序设计的精华，因为它允许使用同名的项，而无论此时在使用什么类型的对象。实际上，在程序设计中，经常会用到多态的特性。例如，加号“+”，我们可以用加号“+”实现整数之间、单精度数之间、双精度数之间甚至字符串之间的加法运算。

在多态性程序设计中，将利用“方法签名”来区别同名方法。两个方法的“方法签名”的差别主要体现在方法名称、参数列表和返回值类型这3个方面，其中参数列表包括参数的顺序和类型。只要签名不同，就可以在类中定义具有同名的多种方法。

利用多态性，可以在基类和派生类中使用同名而功能不同的方法，从而实现“一个接口，多种方法”，这是一种在运行时出现的多态性，它通过派生类和虚函数来实现。7.3节中介绍的重载也是一种多态性，它是编译时的多态性，也称为静态多态性。本节将要介绍的是运行时的多态性，也称为动态多态性。

7.6.1 后期绑定与多态

将一个源程序编译成可执行文件，是把可执行代码装配或联编（binding）在一起的过程。如果程序在运行之前就能完成联编的称为静态联编，也叫前期绑定；而在程序运行时才能完成联编的称为动态联编，也叫后期绑定。VB.NET的一个强大的功能是在处理对象时，可以访问前期和后期绑定。一般来说，前期绑定能使代码在处理对象时提前知道数据类型，并且可以更有效地处理对象，它具有执行速度方面的优势，可以提高运行效率；而后期绑定，允许代码动态地处理对象，具有较大的灵活性，但执行效率较低。

在VB.NET的默认情况下，所有的对象是前期绑定。只要Option Strict被设置为On(默认设置)，所有的对象就使用前期绑定。但是，如果Option Strict 被设置为Off，则在整个代码中就使用后期绑定。

前期绑定和后期绑定都支持多态性。VB.NET对多态性提供了良好的支持，例如方法重载就是利用前期绑定来实现多态性的。在声明一个对象时，采用前期绑定和后期绑定的语法格式是不同的。后期绑定声明的语法如下：

语法：

```
Dim 对象实例名 As Object = New 对象类名
```

说明：

1）对象类名是声明的对象所属的类名。

2）对象实例名是声明的对象的变量名。

前期绑定声明与后期绑定声明略有不同，前期绑定声明的语法如下：

语法：

```
Dim 对象实例名 As New 对象类名
```

下面通过一个例子来说明如何利用后期绑定来实现多态性。

【例7.9】利用后期绑定实现多态性，调用两数之和与两数之积的同名方法。

具体实现的操作步骤如下：

1）首先建立一个类文件并在其中定义两个类，“Multiply”类用来求两数之积，“NewAdd”类用来求两数之和，两个类中都定义了一个“Calculate”的同名方法。输入的代码如下：

```
Public Class Multiply                              ' 两数之积类
   Public Function Calculate (ByVal x As Double , ByVal y As Double) As Double
         Return  x * y                             ' 计算两数之积
   End Function
End Class
Public Class NewAdd                                ' 两数之和类
   Public Function Calculate (ByVal x As Double , ByVal y As Double) As Double
         Return  x + y                             ' 计算两数之和
   End Function
End Class
```

2）在窗体上建立一个按钮，并编写单击事件代码如下：

```
Option Strict Off                                  ' 允许后期绑定
Public Class Form1
Private Sub Button1_Click(ByVal sender As System.Object, ByVal e As _
                         System. EventArgs)  Handles Button1.Click
   Dim  obj1 As Object = New Multiply ()           ' 后期绑定
   Dim  obj2 As Object = New NewAdd ()             ' 后期绑定
   MsgBox( obj1. Calculate(10,20) )                ' 计算乘积
   MsgBox( obj2. Calculate(10,20) )                ' 计算加法
End Sub
End Class
```

在上面代码中，在窗体的通用声明中将Option Strict设置为Off，即允许后期绑定，否则系统按默认的前期绑定方式进行编译时将出错。程序中调用了两个对象的同名方法Calculate实现多态性，并分别计算出两数之积和两数之和。

程序分析：

- 后期绑定机制是在后台动态地确定对象的实际类型并调用适当的方法。当通过后期绑定使用对象时，不能确定是否调用了一个有效的方法。本例中，编译程序无法知道obj1和obj2对象是否包含Calculate方法，只能假设存在该方法并编译。在执行时会试图调用Calculate方法，如果该方法有效，程序就能正常运行，否则将出错。

7.6.2　接口与多态

7.6.1节用后期绑定实现多态有一定的风险，无论调用的方法是否存在，编译时都无法发现，只能在运行时才会发现错误。通过接口可以实现较为严格的多态性。

用接口实现多态性时，使用的是前期绑定，同时这种方法是强类型化的，所有的方法和参数名、数据类型在设计时都是已知的，编译时就能发现代码错误，而不会等到运行时才发现错误。下面通过一个例子来说明如何用接口实现多态性。

【例7.10】利用接口实现多态性，调用计算学生期末成绩和平时成绩的同名方法。

通过接口来实现计算学生的成绩，操作的步骤如下：

1）启动VB.NET，建立一个“Windows应用程序”项目。

2）执行“项目/添加模块”菜单命令，建立一个模块文件Module1.vb。

3）在“模块代码”窗口中定义一个接口MyInterface，声明两个成员，分别为属性stuName、Function过程GetScores，代码如下：

```
Module Module1
   Public Interface MyInterface
```

```
        Property stuName As String                          ' 声明属性
        Function GetScores(ByVal x As Single)  As Single    ' 声明Function过程
    End Interface
End Module
```

4）在模块Module1中定义实现MyInterface接口的类，代码如下：

```
Public Class stuInfo                                          ' 用stuInfo类实现接口
    Implements MyInterface                                    ' 用Implements语句指定接口
    Private studentScore  As Single                           ' 声明类中的变量
    Private studentName  As String                            ' 声明类中的变量
    Public Function GetScore (ByVal x As Single) As Single Implements _
                                                    MyInterface.GetScores
            Return  x * 0.8
    End Function
    Public Property stuName() As String Implements MyInterface.stuName
            Get
                    Return studentName
            End Get
            Set(ByVal Value As String)
            studentName = Value
            End Set
    End Property
        Public Property Score() As Single                     ' 声明类中的属性
            Get
                    Return studentScore
            End Get
            Set(ByVal Value As Single)
                    studentScore = Value
            End Set
        End Property
    End Class
```

在上面代码中，声明了一个stuInfo类，实现了接口MyInterface中的两个成员，另外还定义了一个Score属性。在每个类的成员（除了Score外），都使用Implements关键字指定该成员对应的接口中的成员。

5）在模块Module1中再定义另一个实现MyInterface接口的类，代码如下：

```
Public Class stuMessage                               ' 用stuMessage类实现接口
    Implements MyInterface                            ' 用Implements语句指定接口
    Private studentName  As String                    ' 声明类中的变量
    Public Function GetScore (ByVal x As Single) As Single Implements MyInterface.GetScores
            Return  x * 0.2
    End Function
    Public Property stuName() As String Implements MyInterface.stuName
            Get
                    Return studentName
            End Get
            Set(ByVal Value As String)
                    studentName = Value
            End Set
    End Property
End Class
```

stuMessage类的代码与stuInfo类的代码类似。

6）在窗体代码中，建立一个通用过程如下：

```
Private Sub ShowScore(ByVal obj As MyInterface, ByVal S As String , ByVal _
                                        score As Single)
    MsgBox( S & "成绩为" & obj. GetScore(score), ,"显示成绩")
End Sub
```

注意该过程的第一个参数不是Object类型，而是具体的接口类型MyInterface ，它可以由编译程序识别，因此这里使用的是前期绑定。

7）在窗体上建立一个按钮，并编写单击事件代码如下：

```
Private Sub Button1_Click(ByVal sender As System.Object, ByVal e As _
                          System. EventArgs) Handles Button1.Click
    Dim  obj1 As Object = New stuInfo ()
    Dim  obj2 As Object = New stuMessage ()
    ShowScore (obj1,"期末",85)                          ' 计算期末成绩
    ShowScore (obj2,"平时",85)                          ' 计算平时成绩
End Sub
```

在上面代码中，通过两次调用通用过程ShowScore，向它传递不同的对象，从而调用了不同的GetScore方法以显示期末成绩与平时成绩。

7.6.3 继承与多态

从某种程度上说，抽象基类与接口有类似的功能。因此，可以通过建立一个抽象基类，然后派生出子类，在派生类中重写同名方法来实现多态性。实际上，为了用继承实现多态性，不一定必须使用抽象基类，任何提供可重写方法的基类都可以完成。

下面通过一个例子来说明如何用抽象基类实现多态性。

【例7.11】利用继承实现多态性，调用计算学生期末成绩和平时成绩的同名方法。

通过继承来实现计算学生的成绩，操作的步骤如下：

1）启动VB.NET，建立一个“Windows应用程序”项目。

2）执行“项目/添加模块”菜单命令，建立一个模块文件Module1.vb。

3）在模块代码中建立一个抽象基类BaseClass，并定义一个接口MyInterface，声明两个成员，分别为属性stuName、Function过程GetScore，代码如下：

```
Module Module1
    Public MustInherit Class BaseClass                          ' 声明抽象基类
        Public MustOverride Function GetScore(ByVal x As Single) As Single
    End Class

    Public Interface MyInterface                                ' 定义接口
        Property stuName As String                              ' 声明属性
        Function GetScores(ByVal x As Single) As Single         ' 声明Function过程
    End Interface
End Module
```

4）在模块Module1中定义实现MyInterface接口的类，代码如下：

```
Public Class stuInfo                                     ' 用stuInfo类实现接口
    Inherits BaseClass                                   ' 继承BaseClass基类
    Implements MyInterface                               ' 用Implements语句指定接口
    Private studentScore  As Single                      ' 声明类中的变量
    Public Overrides Function GetScore (ByVal x As Single) As Single Implements _
                                                          MyInterface.GetScores
        Return  x * 0.8
    End Function
End Class
```

在上面代码中，在Function关键字通过Overrides关键字实现重写基类方法。

5）在模块Module1中再定义另一个实现MyInterface接口的类，代码如下：

```
Public Class stuMessage                                  ' 用stuMessage类实现接口
    Inherits BaseClass                                   ' 继承BaseClass基类
    Implements MyInterface                               ' 用Implements语句指定接口
    Public Overrides Function GetScore (ByVal x As Single) As Single Implements _
                                                          MyInterface.GetScore
        Return  x * 0.2
    End Function
End Class
```

stuMessage类的代码与stuInfo类的代码类似。

6）在窗体代码中，建立一个通用过程如下：

```
Private Sub ShowScore(ByVal obj As BaseClass,ByVal S As String , ByVal score _
                                                              As Single)
   MsgBox( S & "成绩为" & obj. GetScore(score), ,"显示成绩")
End Sub
```

注意该过程的第一个参数是抽象基类BaseClass类型，而不是的接口类型MyInterface。

7）在窗体上建立一个按钮，并编写Click（单击）事件代码如下：

```
Private Sub Button1_Click(ByVal sender As System.Object, ByVal e As _
                          System.EventArgs)  Handles Button1.Click
   ShowScore (New stuInfo (),"期末",85)                       ' 计算期末成绩
   ShowScore (New stuMessage (),"平时",85)                    ' 计算平时成绩
End Sub
```

在上面代码中，用派生类的实例作为调用参数，分两次调用通用过程ShowScore。向它传递不同的对象，从而调用了不同的GetScore方法，达到显示期末成绩与平时成绩的目的。

7.7 泛型

"泛型类型"是可适应对多种数据类型执行相同功能的单个编程元素。定义泛型类或过程时，无需为可能需要对其执行该功能的每个数据类型定义单独版本。这就好比是带有可拆卸刀头的螺丝刀，只需检查需要拧动的螺丝，然后选择适合该螺丝的刀头（一字、十字、星型），将正确的刀头插入到螺丝刀柄上后就可以使用螺丝刀执行完全相同的功能，即拧螺丝。示意图如图7-4所示。

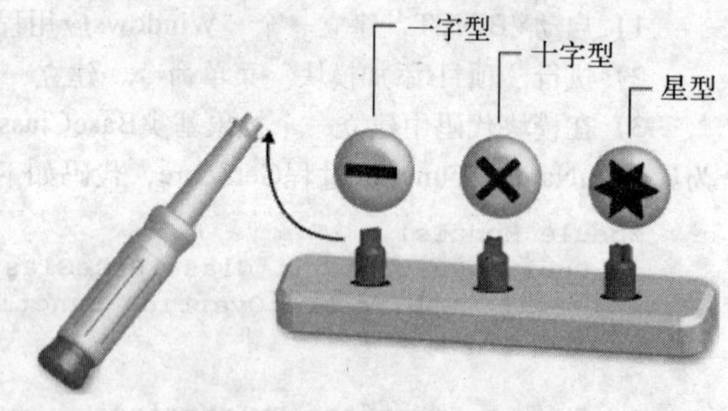

图7-4 螺丝刀就是泛型结构

泛型允许在编译时间实现类型安全。它们允许创建一个数据结构而不限于特定的数据类型。然而，当使用该数据结构时，编译器保证它使用的类型与类型安全是相一致的。泛型提供了类型安全，但是没有造成任何性能损失和代码臃肿。在这方面，它们类似于C++中的模板，不过它们在实现上是很不同的。.NET 3.5的System.Collections.Generics 命名空间包含了泛型集合定义。各种不同的集合、容器类都被"参数化"了，只需简单地指定参数化的类型即可使用它们。

7.7.1 创建泛型类

创建一个泛型类与创建一个普通类非常类似，区别在于泛型类需要使用Of关键字标识类型参数。类型参数是指在泛型类型定义中在声明数据类型时为其提供的占位符。

语法：

```
[Public | Private | Protected ] Class 泛型类名 (Of  t)
```

说明：

1）Of子句，该子句在泛型类上标识类型参数。

2）t是一个类型参数，即在声明此类时提供的数据类型的占位符。

例如，下面的代码声明了一个泛型类，与普通类的区别在于，类名后面使用了Of关键字，指明这是一个泛型类，该类实例化时需要为其提供数据类型。

```
Public Class MyDirectionary(of t)
End Class
```

使用泛型时，一般应该选择有广泛用途的类，这样建立泛型类所需要的时间最终会在减少开发时间方面给予回报。例如，集合就是一种处理多个数据类型的类，并且一般会在多个应用程序中使用同一个

集合的多种不同的形式。这样，就不需要每次根据不同需求建立新的集合，而是可以使用泛型建立一个泛型类原型。

类型参数的命名规则是以字母T开头，如果有多个类型参数，就在T后面加上某种描述性名称。

注意：

- .NET框架定义了几个代表常用泛型元素的泛型类、结构和接口。System.Collections.Generic命名空间提供了字典、列表、队列和堆栈。在定义自己的泛型元素前，请查看System.Collections.Generic中是否已提供了此元素。

【例7.12】 创建一个集合的泛型类。

代码如下：

```
Public Class MyCollection(Of TitemType)
    Private Items As List(Of TitemType)
    Public Sub New()                                          '构造函数
        Items = New List(Of TitemType)
    End Sub
    Public ReadOnly Property Count() As Integer               '返回集合的数量
        Get
            Return Items.Count
        End Get
    End Property
    Default Public Property Item(ByVal Index As Integer) As TitemType
                                                              '获取或设置指定的数据项
        Get
            Return Items(Index)
        End Get
        Set(ByVal value As TitemType)
            Items(Index) = value
        End Set
    End Property
    Public Sub Add(ByVal Value As TitemType)                  '添加新项
        Items.Add(Value)
    End Sub
    Public Sub RemoveAt(ByVal Item As Int32)                  '从集合中删除数据项
        Items.RemoveAt(Item)
    End Sub
End Class
```

7.7.2 使用泛型类

带有“类型参数”的类称为“泛型类”。如果使用泛型类，则可为每个这样的参数提供“类型变量”，从而从泛型类生成一个“构造类”。之后可以声明类型为构造类的变量，创建构造类的实例，并将它分配给该变量。

使用泛型类与使用任何其他的类只有稍微的差别。首先需要实例化这个类，注意实例化时需要提供类型变量。类型变量是特定的数据类型，用于在通过泛型类型声明构造类型时替换类型参数。之后就可以使用它的方法、属性和事件等成员，与使用普通类相似。

【例7.13】 使用例7.12中的泛型类MyCollection。

新建一个Windows窗体应用程序并命名为“Ex7_13”，在此项目中添加一个类命名为“MyCollection”，将例7.12中代码填充到此类中。在窗体上添加一个Button控件，其事件代码如下：

```
Private Sub Button1_Click(ByVal sender As System.Object, ByVal e As System.EventArgs) _
                                                         Handles Button1.Click
    Dim myColl As New MyCollection(Of String)
    myColl.Add("计算机")
    myColl.Add("通讯工程")
    Debug.Print("集合项的数目：" & myColl.Count)
    Debug.Print("集合项的第一个元素：" & myColl.Item(0))
```

```
    myColl.RemoveAt(0)
    Debug.Print("移去第一项后")
    Debug.Print("集合项的数目: " & myColl.Count)
    Debug.Print("集合项的第一个元素: " & myColl.Item(0))
End Sub
```

运行程序，单击按钮，“输出”窗口中输出内容如图7-5所示。

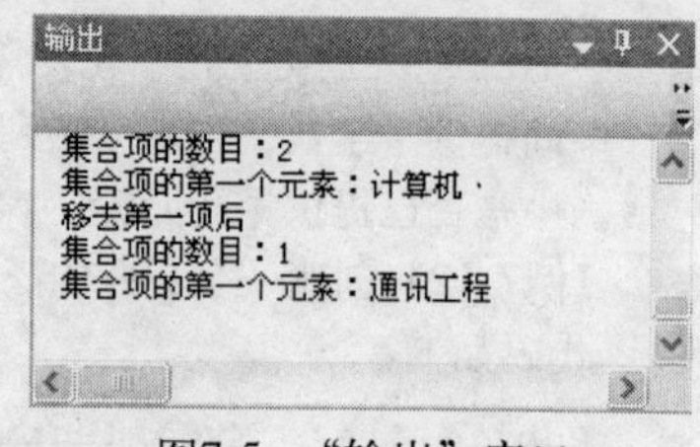

图7-5　“输出”窗口

程序分析：

- 实例化泛型类MyCollection与实例化非泛型类方法不同，它需要开发者提供集合的数据类型。在例中，(Of String) 条目指定这个集合将接收String（字符串）类型的值。
- 向集合中添加值并从集合中删除值，这与操作标准的类没有任何区别，因此通常在操作基于泛型类的对象时，不必改变任何技术。

7.7.3 泛型过程

“泛型过程”也称为“泛型方法”，是用至少一种类型参数定义的过程。调用代码每次调用该过程时，都可根据需要修改数据类型。

一个过程之所以称为泛型过程，并不是简单地由于在泛型类或泛型结构中进行定义。若要成为泛型过程，除了可能采用的所有普通参数外，该过程还必须采用至少一种类型参数。泛型类或泛型结构中可以包含非泛型过程；而非泛型类、结构或模块中也可以包含泛型过程。

泛型过程可以在它的普通参数列表、返回类型（如果有）和过程代码中使用其类型参数。除了使用.NET框架提供的泛型类之外，还可以实现自己的泛型方法。例如，想实现一些不与特定类型相关的一般算法时，泛型方法尤其有用。

举个例子，典型的冒泡排序需要遍历数组中的所有项目，两两比较，并交换需要排序的数值。如果已经确定只要进行整数的排序，可以只简单地编写一个只能用于Integer类型的Swap方法。但是，如果想能够排序任何类型，就可以编写一个泛型Swap方法。

【例7.14】使用泛型过程编写一个冒泡排序法。

新建一个Windows窗体应用程序并命名为“Ex7_14”，在窗体上添加2个Button控件和一个TextBox控件，界面设置可参考图7-6。

此例中泛型过程用于交换两个元素，代码如下：

```
Public Sub Swap(Of TItemType)(ByRef v1 As TItemType, ByRef v2 As TItemType)
    Dim tem As TItemType
    tem = v1
    v1 = v2
    v2 = tem
End Sub
```

“数据排序”按钮事件代码如下：

```
Private Sub Button1_Click(ByVal sender As System.Object, ByVal e As System.EventArgs) _
                                                            Handles Button1.Click
    Dim ints(9) As Integer
    Dim r As New Random
    For i As Integer = 0 To 9
        ints(i) = r.Next(1, 100)
    Next
    For i As Integer = 0 To 9    '输出排序前数组
        TextBox1.Text += ints(i) & " "
    Next
    For j As Integer = 0 To 9
        For k As Integer = 9 To 1 Step -1
            If ints(k) < ints(k - 1) Then
```

```
                    Swap(Of Integer)(ints(k), ints(k - 1))  '调用泛型Swap过程排序
                End If
            Next
        Next
        TextBox1.Text += vbCrLf
        For i As Integer = 0 To 9    '输出排序后数组
            TextBox1.Text += ints(i) & " "
        Next
    End Sub
```

“字符排序”按钮事件代码如下：

```
    Private Sub Button2_Click(ByVal sender As System.Object, ByVal e As System.EventArgs) _
                                                            Handles Button2.Click
        Dim cr() As Char = {"M", "A", "H", "W", "D", "F", "Q", "O", "U", "C"}
        TextBox1.Text &= vbCrLf
        For i As Integer = 0 To 9    '输出排序前数组
            TextBox1.Text += cr(i) & " "
        Next
        For j As Integer = 0 To 9
            For k As Integer = 9 To 1 Step -1
                If cr(k) < cr(k - 1) Then
                    Swap(Of Char)(cr(k), cr(k - 1)) '调用泛型Swap过程排序
                End If
            Next
        Next
        TextBox1.Text += vbCrLf
        For i As Integer = 0 To 9 '输出排序后数组
            TextBox1.Text += cr(i) & " "
        Next
    End Sub
```

运行程序，分别单击两个按钮，运行结果如图7-6所示。

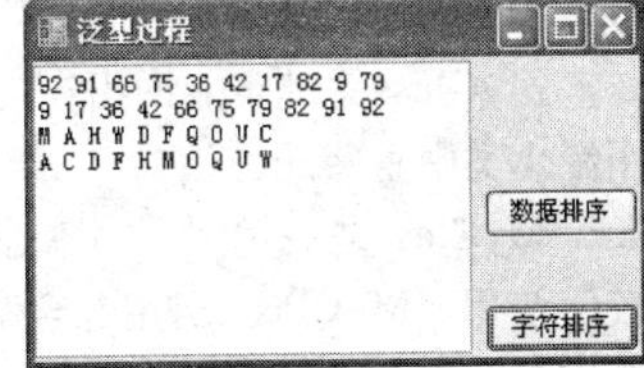

图7-6　泛型过程示例

程序分析：

- 当Swap方法被调用时，除了必须提供所需的参数外，还必须传入一个数据类型，这个数据类型会代替任何实例中的TItemType。

7.8　Me、MyBase和MyClass关键字

7.8.1　Me关键字

Me 关键字提供了一种引用当前正在其中执行代码的类或结构的特定实例的方法。Me 的行为类似于引用当前实例的对象变量或结构变量。在向另一个类、结构或模块中的过程传递关于某个类或结构的当前执行实例的信息时，使用 Me 尤其有用。例如，假定在某模块中有以下过程：

```
Sub ChangeFormColor(FormName As Form)
    Randomize()
    FormName.BackColor = Color.FromArgb(Rnd() * 256, Rnd() * 256, Rnd() * 256)
End Sub
```

可以使用以下语句来调用此过程并将 Form 类的当前实例作为参数传递。

```
ChangeFormColor(Me)
```

7.8.2　MyBase关键字

MyBase关键字的行为类似于这样的对象变量：它引用类的当前实例的基类。MyBase通常用于访问在派生类中被重写或隐藏的基类成员。MyBase.New用于从派生类构造函数中显式调用基类构造函数。

当重写派生类中的方法时，可以使用 MyBase 关键字调用基类中的方法。例如，假设正在设计重写一个从基类继承的方法的派生类。重写的方法可以调用基类中的该方法，并修改返回值，如下面的代码

片段中所示：

```
Class DerivedClass
    Inherits BaseClass
    Public Overrides Function CalculateShipping( _
        ByVal Dist As Double, _
        ByVal Rate As Double) _
        As Double
        Return MyBase.CalculateShipping(Dist, Rate) * 2
    End Function
End Class
```

下面描述使用MyBase的限制：

- MyBase引用直接基类及其继承成员，它无法用于访问类中的Private成员。
- MyBase是关键字，不是实际对象。MyBase无法分配给变量，无法传递给过程，也无法用在Is比较中。
- MyBase限定的方法不需要在直接基类中定义，它可以在间接继承的基类中定义。为了正确编译MyBase限定的引用，一些基类必须包含与调用中出现的参数名称和类型匹配的方法。
- 不能使用MyBase来调用MustOverride基类方法。
- MyBase无法用于限定自身。因此，下面的代码是非法的：

```
MyBase.MyBase.BtnOK_Click()
```

- MyBase无法用在模块中。
- 如果基类在不同的程序集中，则不能使用 MyBase来访问标记为Friend的基类成员。

7.8.3 MyClass关键字

MyClass关键字的行为类似于这样的对象变量：它引用最初实现的类的当前实例。MyClass类似于Me，但调用前者的所有方法都被视为是NotOverridable。

MyClass关键字能调用在类中实现的Overridable方法，并确保调用此类中该方法的实现，而不是调用派生类中重写的方法。

MyClass是关键字，而不是实际对象。MyClass不能指派给变量，不能传递给过程，也不能在 Is 比较中使用。MyClass 引用包含类及其继承成员。MyClass可用作Shared成员的修饰符，但无法用在标准模块中。

MyClass 可用于限定这样的方法，该方法在基类中定义但没有在该类中提供该方法的实现。这种引用的意义与 MyBase.Method 相同。MyClass示例代码如下：

```
Class baseClass
    Public Overridable Sub testMethod()
        MsgBox("Base class string")
    End Sub
    Public Sub useMe()
        Me.testMethod()                    ' 调用使用调用类的版本，即使该版本是重写
    End Sub
    Public Sub useMyClass()
        MyClass.testMethod()               ' 调用使用此版本，而不是任何覆盖
    End Sub
End Class
Class derivedClass : Inherits baseClass
    Public Overrides Sub testMethod()
        MsgBox("Derived class string")
    End Sub
End Class
Class testClasses
    Sub startHere()
        Dim testObj As derivedClass = New derivedClass()
        testObj.useMe()                    ' 显示"Derived class string"
```

```
        testObj.useMyClass()                ' 显示"Base class string"
    End Sub
End Class
```

尽管 derivedClass 重写了 testMethod，但 useMyClass 中的 MyClass 关键字使重写的影响无效，编译器会将该调用解析为 testMethod 的基类版本。

7.9 My对象

VB.NET提供了供快速开发应用程序使用的新功能，这些新功能不仅功能强大，还提高了生产效率和易用性。其中一种功能称为 My，通过它可以访问与应用程序及其运行时环境相关的信息和默认对象实例。此信息的组织格式可以使 IntelliSense 发现它并根据用途对其进行逻辑描述。

My的顶级成员作为对象公开。每个对象的行为都与具有Shared成员的命名空间或类相似，并可公开一组相关成员，My对象及其相互之间关系如图7-7所示。

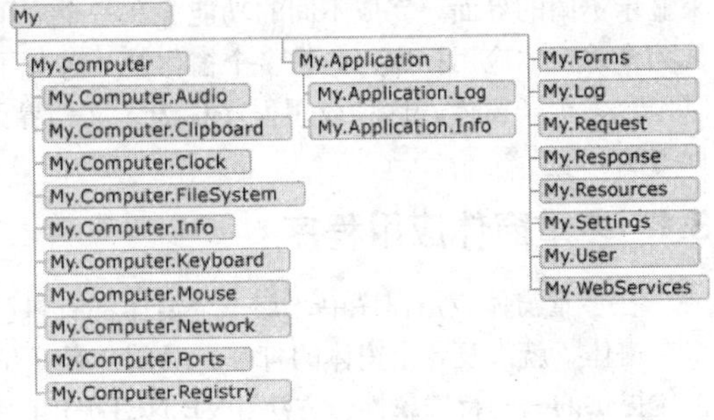

图7-7　My对象及其相互之间的关系

三个主要的My对象为 My.Application 对象、My.Computer 对象和 My.User 对象，它们提供对信息和常用功能的访问。通过使用这些对象，可以分别访问与当前应用程序、安装该应用程序的计算机或该应用程序的当前用户相关的信息。示例代码如下：

```
Dim args As String = ""
For Each arg As String In My.Application.CommandLineArgs
    args &= arg & " "
    Next
MsgBox(args)
```

除检索信息外，通过这三个对象公开的成员还允许执行与该对象相关的方法。例如，可以访问多种方法来操作文件，或者通过 My.Computer 更新注册表。

由于My中包含大量用于操作文件、目录和驱动器的方法和属性，因此借助此对象，文件 I/O 将变得非常简单快捷。

习题

1. 什么是对象？对象有哪些特征？面向对象的三个重要特性是什么？
2. 什么是对象的属性、方法、事件？它们有何区别？
3. 什么是类？类与对象有什么关系？
4. 什么是封装？它有哪些特征？
5. 什么是继承？继承有什么优点？
6. 子类能继承多个父类吗？
7. 什么是重载？能否重载事件？
8. 覆盖与重载有什么区别？
9. 什么是多态性？面向对象系统中多态表现在哪些方面？
10. 调用一个类的方法时，是否必须先建立该类的实例？
11. 同一个类的不同实例对象，对某个对象的操作是否会影响其他对象？

第8章　多重窗体和多文档界面

只包含一个窗体的应用程序，称为单文档界面（SDI）应用程序。实际应用中，往往需要多个窗体来显示不同的界面，完成不同的功能。在一个应用系统中，如果多个窗体是彼此独立的，这种应用程序称为多重窗体应用程序；如果多个窗体是一种父子关系，即由一个主窗体和多个子窗体构成，主窗体可以包容多个子窗体，这种应用程序称为多文档界面（MDI）。本章介绍多重窗体和多文档界面的程序设计方法。

8.1　多重窗体应用程序

在多重窗体应用程序中，每一个窗体都有自己的界面和程序代码，可以完成独立的功能。由于存在多个窗体，就涉及各个窗体的打开、关闭、显示位置以及在各窗体之间共享数据等操作，这些可以通过窗体提供的一些特殊属性、方法和VB.NET提供的程序模块来实现。

8.1.1　窗体的特殊属性

第5章中已介绍了窗体的一般属性。在本节将要介绍几个与多重窗体程序设计有关的特殊属性，通过它们可以设置窗体的特殊显示效果。

1. 指定窗体启动位置（StartPosition）

所谓窗体的启动位置，是指程序开始运行后窗体在屏幕中的位置，这个位置可以通过窗体的StartPosition属性来设置。StartPosition属性可以在“属性窗口”中进行设置，也可以在程序中动态设置。设置该属性的格式如下：

语法：

```
窗体名称.StartPosition = 位置值
```

说明：

1）窗体名称是代表窗体对象的名称。

2）位置值是FormStartPosition枚举类型，指定窗体的启动位置，取值见表8-1。

表8-1　FormStartPosition的取值

取　值	说　明
CenterParent	窗体在其父窗体中居中
CenterScreen	窗体在屏幕中居中
Manual	窗体位置由设计时的位置决定
WindowsDefaultBounds	窗体定位在Windows默认位置，其边界由Windows默认决定
WindowsDefaultLocation	窗体定位在Windows默认位置，其尺寸由窗体大小指定。此值为默认值

在设置窗体的启动位置的值前面，应加上FormStartPosition枚举类型名称，例如设置窗体的启动位置为在屏幕中居中，代码如下：

```
Me.StartPosition = FormStartPosition.CenterScreen
```

2. 顶层窗体（TopMost）

在一般情况下，活动窗体位于应用程序的其他窗体的前面，当失去焦点后，该窗体不一定还在最前面。可以使用窗体的TopMost属性，来指定窗体始终在最顶层，即使失去焦点成为非活动窗体，仍然是可见的。TopMost属性可以在“属性”窗口中设置，也可以在程序中动态设置。设置该属性的格式如下：

语法：

```
窗体名称.TopMost = 值
```

说明：

1）窗体名称代表窗体对象的名称。

2）值为Boolean类型，True表示为顶层，默认为False。

3. 窗体透明度（Opacity）

在一般情况下，窗体是不透明的，即窗体会覆盖背后的其他对象（如其他窗体），被覆盖的对象不可见。可以通过窗体的Opacity属性，来指定窗体的透明度。Opacity属性可以在“属性”窗口中设置，也可以在程序中动态设置。设置该属性的格式如下：

语法：

```
窗体名称.Opacity = 值
```

说明：

1）窗体名称代表窗体对象的名称。

2）值是Double类型，取值范围0~1。默认为1，1表示不透明；0表示最高透明度。

8.1.2 窗体的特殊方法

在单窗体程序中，所有的操作都在一个窗体中完成，不需要在多个窗体间切换。然而，在多窗体程序中，常常需要切换各个窗体，即需要打开、关闭、隐藏、显示指定的窗体。本节介绍几个与多窗体程序设计有关的窗体方法，通过它们可方便地操作多个窗体。

1. 关闭窗体（Close方法）

关闭窗体将释放该窗体所占用的资源，同时释放在该窗体对象内建立的所有资源。如果关闭的是应用程序的启动窗体，将结束应用程序。该方法的调用格式如下：

语法：

```
窗体名称.Close
```

说明：

窗体名称代表窗体对象的名称。

要关闭当前窗体，可以使用Me关键词，否则应使用窗体对象的名字（窗体的Name属性值），示例如下：

```
Me.Close                                ' 关闭当前窗体
Form1.Close                             ' 关闭名为Form1的窗体
```

窗体被关闭后，在运行时动态加到该窗体上的控件不能再被访问，而设计时在该窗体上建立的控件可以被访问。当访问已关闭窗体上的控件时，将自动重新打开该窗体。

2. 显示窗体（Show方法）

Show方法用来显示窗体。显示窗体相当于把窗体的Visible属性设置为True ，在调用Show方法后，只要不调用Hide方法，窗体的Visible属性始终为True。Show方法的调用格式如下：

语法：

```
窗体名称.Show
```

说明：

窗体名称代表窗体对象的名称。

例如，要显示当前窗体，可以省略窗体名称，否则应使用窗体对象的名字，方法如下：

```
Show                                    ' 显示当前窗体
Form1.Show                              ' 显示名为Form1的窗体
```

Show方法兼有装入和显示窗体两种功能。在执行Show方法时，如果窗体尚未加载到内存，则自动装入内存，然后再显示该窗体。

3. 显示模态窗体（ShowDialog方法）

ShowDialog方法用来将窗体显示为模态窗体。当打开模态窗体后，鼠标只在该窗体内有效，不能到其他窗体中操作，只有关闭了该窗体后，才能对其他窗体进行操作。而用Show方法显示的是非模态窗口。ShowDialog方法的调用格式如下：

语法：

```
窗体名称.ShowDialog
```

说明：

窗体名称代表窗体对象的名称。

例如，将Form1窗体显示为模态窗体，方法如下：

```
Form1.ShowDialog                    ' 显示名为Form1的模态窗体
```

4. 隐藏窗体（Hide方法）

Hide方法用来隐藏窗体。隐藏窗体实际上是使窗体不在屏幕上显示，但仍保存在内存中，并没有从内存中卸载。隐藏窗体相当于把窗体的Visible属性设置为False，在调用Hide方法后，只要不调用Show方法，窗体的Visible属性始终为False。Hide方法的调用格式如下：

语法：

```
窗体名称.Hide
```

说明：

窗体名称代表窗体对象的名称。

例如，要隐藏当前窗体可以省略窗体名称，否则应使用窗体对象的名字，方法如下：

```
Hide                                ' 隐藏当前窗体
Form1.Hide                          ' 隐藏名为Form1的窗体
```

8.1.3 模块与多重窗体

在一个应用程序中，当需要声明可在多个窗体共享的常量、全局变量或通用过程时，可以把这些全局声明放在一个单独的程序单元中，这个程序单元称为模块。一个项目中可以有多个模块。

模块和窗体是相对独立的程序单元，也是应用程序使用较多的程序单元。一般情况下，在单窗体程序中，不需使用模块；而在多重窗体程序中，模块有着重要的作用。多个窗体共用的数据和过程可以在模块中定义，实现数据和代码的共享。

在大型应用系统中，往往需要把实现功能的主要操作放在模块中，而窗体只是用来实现用户之间的交互。但对于单窗体应用程序来说，全部操作通常在窗体中就能实现，模块不是必需的。

1. 添加模块

在项目中添加模块，可以通过“项目”菜单中的“添加模块”命令来建立。执行“添加模块”命令后，显示“添加新项”对话框，如图8-1所示。在底部的“名称”栏内输入要建立的模块名（系统默认为Module1），然后单击“添加”按钮，即可建立一个模块，并同时打开该模块的代码窗口，用户可以在该窗口中输入程序代码。

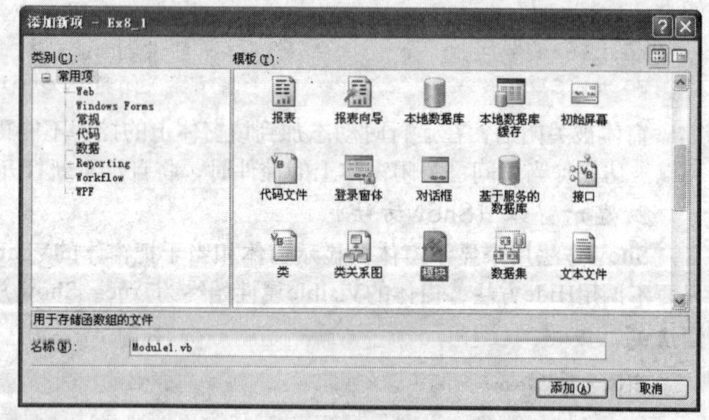

图8-1 “添加新项”对话框

2. 模块结构

模块以Module开头，以End Module结束，它的一般格式如下：

```
Module 模块名
    ' 变量、常量或过程定义
End Module
```

模块内声明部分是由全局变量声明、模块层声明和通用过程等几部分构成。其中全局声明通常放在模块的首部，用Public声明，全局变量的声明总是在程序启动时执行。在模块中使用的常量和变量放在模块层声明，用Private或Dim声明。同一模块中声明的通用过程不能同名，但可以与其他模块中的过程同名，在调用时必须加上模块名指明调用的过程。模块中声明的过程不会在程序启动时执行，只能在窗体或控件事件过程中调用。

注意：

• Sub Main过程只能在模块中定义。

8.1.4 指定启动窗体

在单窗体应用程序中，程序的执行没有其他选择，只能从唯一窗体开始执行。而多重窗体程序中有多个窗体，程序应该由哪一个窗体先开始执行呢？在VB.NET中，多重窗体程序必须指定一个窗体为启动窗体。若未指定该启动窗体，系统将默认把设计时的第一个窗体作为启动窗体。只有启动窗体才能在程序启动时显示，其他窗体只能通过调用Show方法来显示。

指定某个窗体为启动窗体是通过“属性页”对话框进行的，操作步骤如下：

1）在“项目”菜单中单击当前项目属性，或用鼠标右击“解决方案资源管理器”窗口中项目的名字，在弹出菜单中单击“属性”，即可打开“属性页”对话框，如图8-2所示。

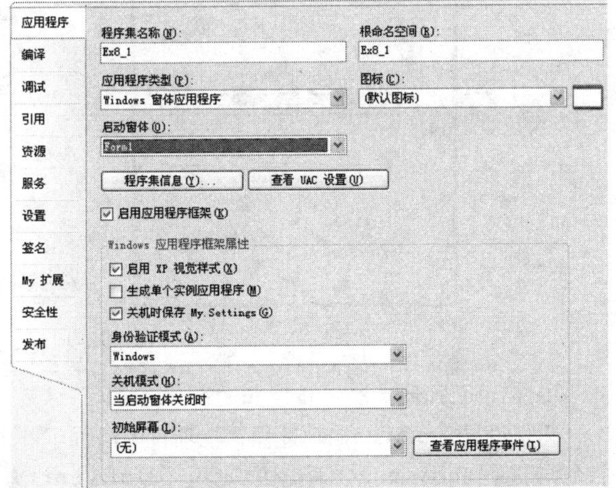

图8-2　“属性页”对话框

2）在“属性页”左部的列表中，选择“应用程序”项。在右部的“启动窗体”下拉列表框中，选择要设置为启动窗体的窗体名，单击“确定”按钮，即可将所选择的窗体设置为启动窗体。

8.1.5 Sub Main过程

在多重窗体程序中，有时需要在窗体显示前进行一些初始化，这就需要在启动程序时先执行一个初始化的过程，然后再显示窗体。在VB.NET中，可以定义这样的过程，这个过程称为启动过程，它有一个特定的过程名字Main，通常叫做Sub Main过程。

Sub Main过程只能在模块中定义，它的一般格式如下：

```
Sub Main()
    ' 进行初始化的语句
End Sub
```

定义了Sub Main过程后，系统不会自动将其设置为启动过程，还需要将Sub Main过程指定为启动过程，设置方法与设置启动窗体类似，只需在图8-2中不勾选“启用应用程序框架”，然后再选择Sub Main过程为启动对象即可。

8.1.6 创建多重窗体应用程序

前面介绍了与多重窗体应用程序相关的概念，本节举例说明建立一个多重窗体应用程序的方法。

【例8.1】 创建由两个窗体和一个模块构成的项目，在模块中定义Sub Main过程，并将它设置为启动过程。通过窗体1中的按钮可以显示出窗体2，在窗体2中可以调用模块中定义的显示一个消息的全局过程。

界面设计：

在第一个窗体（Forml）中，添加两个命令按钮（Button1、Button2），在第二个窗体（Form2）中，也添加两个命令按钮（Button1、Button2）。表8-2列出了两个窗体中主要的对象及其属性，运行后界面效果如图8-3所示。

表8-2　多重窗体及控件属性表

对　象	对象名	属性名	属性值
Form	Form1	Text	第一个窗体
Button	Button1	Text	显示Form2
	Button2	Text	结束
Form	Form2	Text	第二个窗体
Button	Button1	Text	返回
	Button2	Text	调用过程

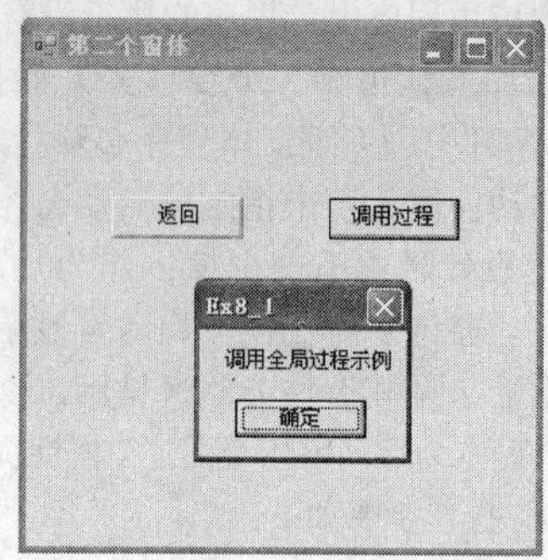

图8-3　运行效果

程序代码设计：

为了设置Sub Main启动过程，在项目中添加了一个模块Module1，并定义了一个Sub Main过程和一个全局过程showmsg，程序中使用了DoEvents方法，所以在模块中引入了System.Windows.Forms.Application命名空间。

```
' 引入命名空间System.Windows.Forms.Application，以便调用DoEvents方法
Imports System.Windows.Forms.Application
Module Module1
    Public F1 As New Form1         ' 定义全局变量，将第一个窗体对象声明为全局变量
    Sub Main()
        F1.Show()                  ' 显示第一个窗体
        Do While True
            DoEvents()             ' 把控制权交给其他对象
        Loop
    End Sub
    Public Sub showmsg()           ' 定义全局过程
        MsgBox("调用全局过程示例")
    End Sub
End Module
```

第一个窗体中有两个按钮，单击“显示Form2”按钮后，显示第二个窗体，同时隐藏第一个窗体；单击“结束”按钮后，结束程序运行。相应的单击事件程序如下：

```
' "显示Form2"按钮事件代码
Private Sub Button1_Click(ByVal sender As System.Object, ByVal e As _
                                   System.EventArgs) Handles Button1.Click
    Dim form2 As New Form2         ' 创建Form2窗体实例
    form2.StartPosition = FormStartPosition.CenterScreen
    form2.Show()                   ' 显示第二个窗体
    Me.Hide()                      ' 隐藏当前窗体
End Sub
' "结束"按钮事件代码
Private Sub Button2_Click(ByVal sender As System.Object, ByVal e As _
                          System.EventArgs) Handles Button2.Click
```

```
    End                              ' 结束程序
End Sub
```

第二个窗体中有两个按钮，当单击“调用过程”按钮后，将调用模块中定义的显示“调用全局过程示例”消息的“showmsg”全局过程；当单击“返回”按钮后，显示第一个窗体，同时隐藏本窗体。相应的单击事件程序如下：

```
' "返回"按钮事件代码
Private Sub Button1_Click(ByVal sender As System.Object, ByVal e As _
                    System.EventArgs) Handles Button1.Click
    Module1.F1.Show()                ' 访问模块中全局变量F1，显示第一个窗体
    Me.Hide()                        ' 隐藏当前窗体
End Sub
' "调用过程"按钮事件代码
Private Sub Button2_Click(ByVal sender As System.Object, ByVal e As _
               System.EventArgs) Handles Button2.Click
    Module1.showmsg()                ' 调用模块中定义的全局过程
End Sub
```

程序分析：

- 在Sub Main过程中，使用Do While无限循环语句执行DoEvents方法进行消息循环，这样使程序得以持续运行。否则执行完Sub Main过程中所有语句后，程序即执行完毕，结束运行，这样将无法正常使用第一个窗体。
- 若要在一个窗体中显示另一个窗体，需先创建窗体的实例，才能访问该窗体的属性和方法。

8.2 MDI窗体应用程序

MDI窗体应用程序也称为多文档界面（Multiple Document Interface），它是Windows应用程序的一种典型的结构。MDI也是多窗体结构，MDI由一个“父窗体”和多个“子窗体”构成。“父窗体”是一个包容式的窗体，它为所有的“子窗体”提供操作空间。在其中可以包含多个“子窗体”，“子窗体”限制在“父窗体”的区域内。而前面介绍的多重窗体应用程序中的窗体都是彼此独立的，不存在包容的关系。下面介绍与MDI有关的窗体提供的一些特殊属性、方法以及建立MDI应用程序的方法。

8.2.1 与MDI有关的属性和方法

MDI窗体所使用的一般属性、事件和方法与单窗体程序没有区别，不过专门有用于MDI窗体的属性、事件和方法。本节介绍几个与MDI程序设计有关的窗体属性。

1. 指定MDI父窗体（IsMdiContainer）

IsMdiContainer属性可以指定窗体是否为MDI父窗体。默认值为False表示本窗体不是MDI父窗体，若为True则表示本窗体为MDI父窗体。IsMdiContainer属性可以在“属性”窗口中设置，也可以在程序中动态设置。设置该属性的格式如下：

语法：

窗体名称.IsMdiContainer = 值

说明：

1）窗体名称代表窗体对象的名称。

2）值是Boolean类型，指定窗体是否为MDI父窗体，True即MDI父窗体。默认为False。

2. 指定MDI子窗体（MdiParent）

MdiParent属性可以指定本窗体的父窗体，从而将本窗体设置为MDI子窗体。MdiParent属性不能在“属性”窗口中设置，只能在程序中动态设置。设置该属性的格式如下：

语法：

窗体名称.MdiParent = 父窗体名称

说明：

1）窗体名称代表子窗体对象的实例。

2）父窗体名称代表父窗体对象的实例。

例如，指定当前窗体是Form2窗体的父窗体，Form2窗体为子窗体，方法如下：

```
Dim NewDoc As New Form2()                    ' 创建Form2窗体的实例
NewDoc.MdiParent = Me                        ' 指定当前窗体为Form2的父窗体
```

3. 判断MDI子窗体（IsMdiChild）

IsMdiChild属性可以用来判断窗体是否为MDI子窗体。它是一个只读属性，不能设置它的值，只能在运行时读取该值。若为True，表示该窗体是MDI子窗体，否则不是。

4. 获取MDI子窗体（ActiveMdiChild）

ActiveMdiChild属性用来获取当前活动的MDI子窗体，如果当前没有活动的MDI子窗体，则返回空引用（Nothing）。可以用它来确定MDI应用程序中是否有打开的MDI子窗体。ActiveMdiChild属性是一个运行时属性，通过它可以对当前活动的MDI子窗体进行操作。

5. 排列MDI子窗体（LayoutMdi）

LayoutMdi是窗体的一个方法，该方法的功能是在MDI窗体中，按不同的方式排列其中的MDI子窗体或图标。调用LayoutMdi方法的格式如下：

语法：

```
MDI窗体名称.LayoutMdi( 排列方式 )
```

说明：

1）MDI窗体名称代表MDI父窗体对象的实例。

2）排列方式为MdiLayout枚举类型，表示排列方式。其取值见表8-3。

表8-3 MdiLayout枚举值

枚举值	说 明
Cascade	“层叠式”排列各MDI子窗体
TileHorizontal	“水平平铺式”排列各MDI子窗体
TileVertical	“垂直平铺式”排列各MDI子窗体
ArrangeIcons	当MDI子窗体被最小化为图标后，该方式将使图标在父窗体的底部重新排列

例如，假设当前窗体是MDI父窗体，设置其中的子窗体呈“水平平铺式”排列，方法如下：

```
Me.LayoutMdi( MdiLayout.TileHorizontal )
```

8.2.2 建立MDI应用程序

要创建一个MDI应用程序，必须先建立MDI父窗体，再建立MDI子窗体。在一个VB.NET应用程序中只能建立一个MDI父窗体，但可以建立多个MDI子窗体。

下面介绍建立MDI应用程序的一般步骤。

1. 建立MDI父窗体

对于项目中的任何一个窗体来说，只要将其IsMdiContainer属性设置为True，就可以使其成为MDI父窗体。在默认情况下，IsMdiContainer属性值为False，表示该窗体不是MDI父窗体。通常在设计阶段，把第一个创建的窗体设置为MDI父窗体，后续建立的窗体设置为MDI子窗体。

2. 建立MDI子窗体

当在项目中添加一个新窗体后，在默认的情况下该窗体是普通窗体。在设计阶段不能将其设置为MDI子窗体，只能在运行时通过代码设置其MdiParent属性，将其设置为MDI子窗体。设置的方法如8.2.1节所述。

子窗体建立后，不会立即在MDI父窗体内显示出来，必须执行显示窗体的Show方法，才能显示出该窗体，例如：

```
Dim NewDoc As New Form2()                    ' 创建Form2窗体的实例
NewDoc.MdiParent = Me                        ' 指定当前窗体为Form2的父窗体
NewDoc.Show                                  ' 显示出MDI子窗体Form2
```

采用相同的方法可以建立其他MDI子窗体。

3. 设置MDI父窗体为启动窗体

如果将第一个窗体设置为MDI父窗体，那么系统默认将第一个窗体指定为启动窗体，否则就需要把MDI父窗体设置为启动窗体，具体操作方法如8.1.4节所述。

4. 编写程序代码

建立了MDI父窗体和MDI子窗体，指定了启动窗体后，就可以像普通窗体应用程序一样，设计各MDI窗体界面以及实现相应功能的程序代码了。

前面介绍了建立MDI应用程序的一般步骤，下面举例说明如何建立一个MDI应用程序。

【例8.2】建立MDI窗体应用程序，通过窗体上的按钮显示MDI子窗体。

界面设计：

在第一个窗体（Form1）中，有两个命令按钮（Button1、Button2），第二个窗体（Form2）中，添加1个命令按钮（Button1）。表8-4列出了两个窗体中主要的对象及其属性，运行后界面效果如图8-4所示。

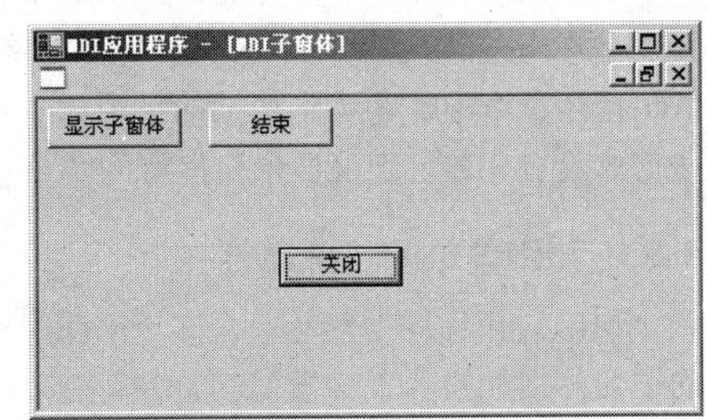

图8-4 MDI窗体运行效果

表8-4 MDI窗体及控件属性表

对　象	对象名	属性名	属性值
Form	Form1	Text	MDI应用程序
		IsMdiContainer	True
Button	Button1	Text	显示子窗体
	Button2	Text	结束
Form	Form2	Text	MDI子窗体
Button	Button1	Text	关闭

程序代码设计：

第一个窗体中有两个按钮，当单击“显示子窗体”按钮后，在MDI主窗体中显示第二个窗体；当单击“结束”按钮后，结束程序运行，相应的单击（Click）事件程序如下：

```
' 显示Form2按钮事件代码
Private Sub Button1_Click(ByVal sender As System.Object, ByVal e As _
                          System. EventArgs)  Handles Button1.Click
    Dim form2 As New Form2                         ' 创建Form2窗体实例
    form2.MdiParent = Me                           ' 设置form2为MDI子窗体
    form2.WindowState = FormWindowState.Maximized  ' 子窗体最大化显示
    form2.Show()                                   ' 显示子窗体
End Sub
' 结束按钮事件代码
Private Sub Button2_Click(ByVal sender As System.Object, ByVal e As _
                                System.EventArgs)  Handles Button2.Click
    End            ' 结束程序
End Sub
```

第二个窗体中有1个按钮，当单击“关闭”按钮后，即关闭本窗体，相应的单击（click）事件程序如下：

```
' 关闭按钮事件代码
```

```
Private Sub Button1_Click(ByVal sender As System.Object, ByVal e As _
                                        System.EventArgs) Handles Button1.Click
    Me.Close()                          ' 关闭当前窗体
End Sub
```

程序分析：

- 窗体的WindowState属性控制该窗体显示时的状态，该属性值是FormWindowState枚举类型，可以取值为FormWindowState.Minimized、FormWindowState.Normal、FormWindowState.Maximized，分别代表最小化、默认大小和最大化。

8.3 MDI窗体菜单

在MDI窗体应用程序中，既可以在父窗体上建立菜单，也可以在子窗体上建立菜单，每个子窗体的菜单是在父窗体中显示，而不是在子窗体本身显示。当一个子窗体为活动窗体时，它的菜单将追加到MDI窗体菜单中，若关闭活动的子窗体，该子窗体相应的菜单也被关闭。如果没有任何可见的子窗体或子窗体没有菜单，则仅显示父窗体的菜单。

8.3.1 MDI菜单的特殊属性

MDI应用程序中往往包含多个MDI子窗体，在运行过程中一般会打开多个子窗体。为了便于在打开的子窗体间切换，大多数MDI应用程序都包含一个Window（窗口）菜单项，在该菜单项中，可以显示所有打开的子窗体标题列表。例如，Word中的“窗口”菜单，通过选择某一子窗体标题，即可将该子窗口设置为活动窗口。VB.NET中可以利用MidWindowListItem属性，将该菜单设置为可以显示子窗体标题列表的菜单项。

菜单栏的MdiWindowListItem属性指定MDI窗体中的哪个菜单项可以显示MDI子窗体标题列表。默认值为None，表示不能显示子菜单标题列表；若其值为某个主菜单项名称，即表示该主菜单可以显示。在程序运行期间，VB.NET自动显示和管理子窗体标题列表。MdiWindowListItem属性可以在设计阶段设置，也可以在代码中设置。设置该属性的语法格式如下：

语法：

```
菜单栏名.MdiWindowListItem = 菜单项名称
```

说明：

1）菜单栏名，代表MDI窗体中的MenuStrip对象名称。

2）菜单项名称，指定要显示子窗体标题列表的菜单项名称，默认为None。

若某菜单项被设置为可以显示MDI子窗体标题列表，在该菜单项的下拉列表中，最多只能显示9个子窗体标题，如果已打开的子窗体达到或超过9个，则在列表的末尾显示一个名为“更多窗口...”的菜单项，单击此菜单项将显示带有子窗口完整列表的对话框。

8.3.2 建立MDI菜单应用程序

创建一个MDI菜单应用程序，和前面介绍的建立MDI应用程序的步骤基本相同，只是在窗体中添加了菜单。

下面介绍建立MDI菜单应用程序的一般步骤。

1. 建立MDI父窗体

建立方法如8.2.2节所述。

2. 建立MDI子窗体

建立方法如8.2.2节所述。

3. 设置MDI父窗体为启动窗体

设置方法如8.2.2节所述。

4. 添加菜单

在MDI父窗体中或在MDI子窗体中添加MenuStrip控件，建立各菜单项，建立方法参阅第6章。若要求某菜单项可以显示MDI子窗体标题列表，参照前述方法，设置其MdiWindowListItem属性值为该菜单项名称。

5. 编写各菜单项事件代码

建立了MDI菜单后，即可编写各菜单项的单击事件代码。至此便建立了MDI菜单应用程序。

上面介绍了建立MDI菜单应用程序的一般步骤，下面举例说明如何建立一个MDI菜单应用程序。

【例8.3】在MDI父窗体上建立主菜单，通过菜单命令实现子窗体的建立与显示。

1. 界面设计

建立第一个窗体（Forml），在其中添加一个主菜单控件（MenuStrip1）；建立第二个窗体（Form2，录入学生成绩）和第三个窗体（Form3，关于），将Forml设置为MDI主窗体，并设置其为启动窗体。表8-5列出了主菜单的属性设置，运行后界面效果如图8-5所示。

表8-5　菜单项属性设置

菜单项	标题（Text）	名称（Name）
系统主菜单项	系统	sysMenuItem
退出子菜单项	退出	quitMenuItem
录入主菜单项	录入	importMenuItem
学生成绩子菜单项	学生成绩	inportscoreMenuItem
窗口主菜单项	窗口	windowMenuItem
帮助主菜单项	帮助	helpMenuItem
使用指南子菜单项	使用指南	bookhelpMenuItem
关于子菜单项	关于	aboutMenuItem

2. 属性设置

将主菜单MenuStrip1的MdiWindowListItem属性设置为“windowMenuItem”，即设置标题为“窗口”的菜单项为可显示MDI子窗体标题列表。

3. 程序代码设计

在“录入”菜单中有一个菜单项，当单击“学生成绩”菜单项时，将创建一个新MDI子窗体“录入学生成绩”并显示；在“帮助”菜单中有一个菜单项，当单击“关于”菜单项时，将创建一个新MDI子窗体“关于”并显示；同时，在“窗口”菜单项中可以显示已打开的所有窗体标题列表；当单击“退出”菜单项后，结束程序运行。相应的单击事件程序如下：

“录入学生成绩”菜单项事件代码：

```
Private Sub importscoreMenuItem_Click(ByVal sender As System.Object, ByVal e As _
                        System.EventArgs) Handles importscoreMenuItem.Click
    Dim form2 As New Form2                        ' 创建Form2窗体实例
    form2.MdiParent = Me                          ' 设置form2为MDI子窗体
    form2.WindowState = FormWindowState.Normal' 子窗体默认大小显示
    form2.Show()
End Sub
```

“关于”菜单项事件代码：

```
Private Sub aboutMenuItem_Click(ByVal sender As System.Object, ByVal e As _
                        System.EventArgs) Handles aboutMenuItem.Click
    Dim form3 As New Form3                        ' 创建Form3窗体实例
    form3.MdiParent = Me                          ' 设置form3为MDI子窗体
    form3.WindowState = FormWindowState.Normal' 子窗体默认大小显示
    form3.Show()
End Sub
```

“退出”菜单项事件代码：

```
Private Sub quitMenuItem_Click(ByVal sender As System.Object, ByVal e As _
                             System.EventArgs) Handles quitMenuItem.Click
```

```
    End                                          ' 结束程序
End Sub
```

8.4 综合应用

在以Windows为操作平台的应用程序中，菜单和工具栏是常用对象，用户通过它们来使用应用程序所提供的功能。在MDI应用程序中，同样也可以使用MDI菜单和工具栏来向用户提供系统的功能。

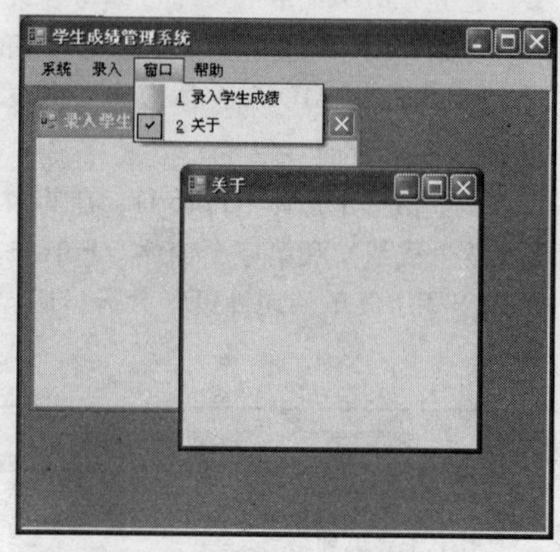

图8-5 MDI菜单运行效果

【例8.4】在MDI父窗体上建立主菜单，通过菜单命令实现子窗体的建立与显示，并显示子窗体的菜单项。同时，还提供对各打开的子窗体的不同形式的排列功能。另外，还建立一个工具栏，提供对所有菜单功能的快速访问。

1. 界面设计

建立第一个窗体（Forml），在其中添加一个主菜单控件(MenuStrip1)、一个工具栏控件（ToolStrip1）；建立第二个窗体（Form2，录入学生成绩）和第三个窗体（Form3，关于），在Form2中添加一个菜单控件（MenuStrip2）。将Forml设置为MDI主窗体，并设置其为启动窗体。表8-6、表8-7、表8-8分别列出了主窗体和子窗体对象及菜单的属性设置，运行后界面效果如图8-6所示。

表8-6 主窗体和子窗体对象属性设置

对象	对象名	属性名	属性值
Form	Form1	Text	学生成绩管理系统
		IsMdiContainer	True
MenuStrip	MenuStrip1	MdiWindowListItem	windowMenuItem
ToolStrip	ToolStrip1		
Form	Form2	Text	录入学生成绩
		IsMdiContainer	False
Form	Form3	Text	关于
		IsMdiContainer	False
MenuStrip	MenuStrip2		

表8-7 主窗体菜单项属性设置

菜单项	标题（Text）	名称（Name）
系统主菜单项	系统	sysMenuItem
退出子菜单项	退出	quitMenuItem
录入主菜单项	录入	importMenuItem
学生成绩子菜单项	学生成绩	inportscoreMenuItem
修改主菜单项	修改	updateMenuItem
学生信息子菜单项	学生信息	updateinfoMenuItem
查询主菜单项	查询	selectMenuItem
学生信息子菜单项	学生信息	selectinfoMenuItem
窗口主菜单项	窗口	windowMenuItem
层叠子菜单项	层叠	cascadeMenuItem
水平平铺子菜单项	水平平铺	horizonMenuItem
垂直平铺子菜单项	垂直平铺	verticalMenuItem
帮助主菜单项	帮助	helpMenuItem
使用指南子菜单项	使用指南	bookhelpMenuItem
关于子菜单项	关于	aboutMenuItem

表8-8　Form2子窗体菜单项属性设置

菜单项	标题（Text）	名称（Name）
工具主菜单项	工具	toolMenuItem
计算器子菜单项	计算器	calculatorMenuItem
画图子菜单项	画图	paintMenuItem
关闭主菜单项	关闭子窗口	closeMenuItem

2. 属性设置

将主菜单MenuStrip1的MdiWindowListItem属性设置为“windowMenuItem”，即设置标题为“窗口”的菜单项为可显示MDI子窗体标题列表。

利用ToolStrip1控件的“项集合编辑器”为ToolStrip1控件添加6个按钮，并为每个按钮选择适当的图标。具体设置方法参阅第6章相关内容。

图8-6　运行后界面效果

3. 程序代码设计

在“录入”菜单中单击“学生成绩”子菜单项时，将创建一个新MDI子窗体“录入学生成绩”并显示；在“帮助”菜单中有一个菜单项，当单击“关于”菜单项时，将创建一个新MDI子窗体“关于”并显示；同时，在“窗口”菜单项中可以显示已打开的所有窗体标题列表；当单击“退出”菜单项后，结束程序运行。相应的单击事件程序如下：

“录入学生成绩”菜单项事件代码：

```
Private Sub importscoreMenuItem_Click(ByVal sender As System.Object, ByVal e _
                        As System.EventArgs) Handles importscoreMenuItem.Click
    Dim form2 As New Form2                      ' 创建Form2窗体实例
    form2.MdiParent = Me                        ' 设置form2为MDI子窗体
    form2.WindowState = FormWindowState.Normal' 子窗体默认大小显示
    form2.Show()
End Sub
```

“关于”菜单项事件代码：

```
Private Sub aboutMenuItem_Click(ByVal sender As System.Object, ByVal e As _
                        System.EventArgs) Handles aboutMenuItem.Click
    Dim form3 As New Form3                      ' 创建Form3窗体实例
    form3.MdiParent = Me                        ' 设置form3为MDI子窗体
    form3.WindowState = FormWindowState.Normal' 子窗体默认大小显示
    form3.Show()
End Sub
```

“退出”菜单项事件代码：

```
Private Sub quitMenuItem_Click(ByVal sender As System.Object, ByVal e As _
                        System.EventArgs) Handles quitMenuItem.Click
    End                                         ' 结束程序
End Sub
```

“窗口”菜单项的程序设计：

在“窗口”菜单中有三个菜单项，当单击“层叠”菜单项时，将按层叠方式排列所有子窗口；当单击“水平平铺”菜单项时，将按水平平铺方式排列所有子窗口；当单击“垂直平铺”菜单项时，将按垂直平铺方式排列所有子窗口。其中层叠方式执行效果如图8-7所示，相应的单击事件程序如下：

“层叠”菜单项事件代码：

```
Private Sub cascadeMenuItem_Click(ByVal sender As System.Object, ByVal e As _
                        System.EventArgs) Handles cascadeMenuItem.Click
    Me.LayoutMdi(MdiLayout.Cascade)             ' 层叠方式排列
```

```
End Sub
```

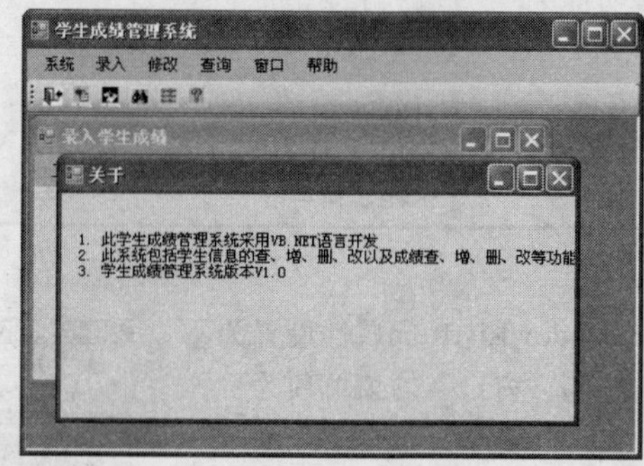

图8-7　层叠排列效果

"水平平铺"菜单项事件代码：

```
Private Sub horizonMenuItem _Click(ByVal sender As System.Object, ByVal e As _
                    System.EventArgs)  Handles horizonMenuItem.Click
    Me.LayoutMdi(MdiLayout.TileHorizontal)     ' 水平平铺方式排列
End Sub
```

"垂直平铺"菜单项事件代码：

```
Private Sub verticalMenuItem _Click(ByVal sender As System.Object, ByVal e As _
                    System.EventArgs) Handles verticalMenuItem.Click
    Me.LayoutMdi(MdiLayout.TileVertical)        ' 垂直平铺方式排列
End Sub
```

Form2中"关闭子窗口"菜单项的程序设计：

在MDI子窗口菜单项中，当单击"关闭子窗口"菜单项时，关闭当前活动的子窗口。相应的单击事件程序如下：

"关闭子窗口"菜单项事件代码：

```
Private Sub closeMenuItem_Click(ByVal sender As System.Object, ByVal e As _
                           System.EventArgs) Handles closeMenuItem.Click
    Me.Close()                                 ' 关闭本窗体
End Sub
```

工具栏按钮的程序设计：

在MDI主窗口工具栏中，提供了主菜单相应菜单项功能的快捷操作。当单击工具栏中相应的按钮时，将执行相应的功能，需要编写工具栏的ItemClicked事件程序，代码如下：

```
'  工具栏ItemClicked事件代码
Private Sub ToolStrip1_ItemClicked(ByVal sender As System.Object , _
    ByVal e As System.Windows.Forms.ToolStripItemClickedEventArgs) Handles
                                              ToolStrip1.ItemClicked

    Select Case e.ClickedItem.Name         ' 获得用户单击按钮的索引值
        Case "ToolStripButton1"            ' 用户单击第1个按钮
           quitMenuItem.PerformClick() ' 模拟用户单击退出菜单项，并执行相应程序
        Case "ToolStripButton2"                   ' 用户单击第2个按钮
          inportscoreMenuItem.PerformClick()     ' 调用录入学生成绩菜单项的单击事件代码
        Case "ToolStripButton6"                   ' 用户单击第6个按钮
          aboutMenuItem.PerformClick()           ' 模拟用户单击关于菜单项，并执行相应程序
     End Select
End Sub
```

程序分析：

- 工具栏的ItemClicked事件代码中，根据e.ClickedItem的name属性值可以获得用户单击的按钮的名

称，从而确定用户点击的是哪个按钮。

- 为实现与菜单项同样的功能，工具栏中的按钮单击事件代码中，利用相对应的菜单项的PerformClick()方法来模拟用户单击对应的菜单项，从而调用该菜单项的单击事件代码，这样就无需重复编写相同的代码，实现了代码重用。

习题

1. 对多重窗体程序来说，在默认情况下，VB.NET把哪个窗体指定为启动窗体?
2. 说明Sub Main过程的作用。
3. 窗体的IsMdiContainer属性的作用是什么?
4. 能否在设计阶段指定某个窗体为MDI子窗体?
5. 当打开一个MDI子窗体时，该窗体中的菜单显示在何处?
6. MDI窗体应用程序与多重窗体程序有何区别?
7. 模块在VB.NET应用程序中的作用是什么?
8. 试模仿Word界面制作MDI菜单和工具栏应用程序。

第9章　图形图像应用

Windows操作系统是基于图形的操作系统，图形也是Windows应用程序的基本元素。随着计算机技术的发展，应用程序越来越多地使用图形和多媒体技术，从而使用户界面更加美观，人机交互也更加方便。在VB.NET中，利用.NET框架所提供的GDI+类库，可以很容易绘制各种图形，包括绘直线和形状、处理位图图像和各种图像文件（.bmp、.jpg、.ico、.gif、.wmf等），还可以显示各种风格的文字。

9.1　GDI+简介

VB.NET的绘图功能是基于Windows API来实现的，即通过图形设备接口（Graphics Device Interface，GDI+）来提供的，它充分利用了Windows的图形库。

GDI+类库最早出现在Windows 2000操作系统中，现在已成为.NET框架的重要组成部分。GDI+包括一系列处理图形、文字和图像的类。它提供了二维图形绘制、图像处理的大量功能，但不包括三维图形处理功能。要处理三维图形，仍然需要通过COM接口调用DirectX类库来完成。

要在屏幕或打印机上显示信息，程序员只需调用由GDI+类提供的方法，这些方法随后对特定设备驱动程序进行适当的调用。通过使用GDI+，可以将应用程序与图形硬件分隔开来，而无需考虑特定设备的细节，正是这种分隔使得程序员能够创建与设备无关的应用程序。

VB.NET绘图的具体操作通过四个命名空间来实现，其中System.Drawing命名空间提供了基本的图形功能，每次创建新项目时，系统默认将该命名空间的引用添加到项目引用中，因此应用程序可以使用基本的绘图功能，而其他高级绘图功能则由System.Drawing.Drawing2D、System.Drawing.Imaging、System.Drawing.Text三个命名空间提供，若要在应用程序中使用它们，需通过Imports语句引用它们。

9.1.1　坐标系

坐标系是图形设计的基础，绘制图形都需要在一个坐标系中进行。在VB.NET中，绘图是在一个逻辑坐标系中进行的，它是一个相对的坐标系。比如，可以是窗体坐标系，也可以是某个对象坐标系（如文本框、按钮等对象）。无论基于哪一种对象，坐标系总是以该对象的左上角为原点（0，0）。除了原点外，坐标系还包括横坐标（*X*轴）和纵坐标（*Y*轴），*X*值是指点与原点的水平距离，*Y*值是指点与原点的垂直距离，如图9-1所示。

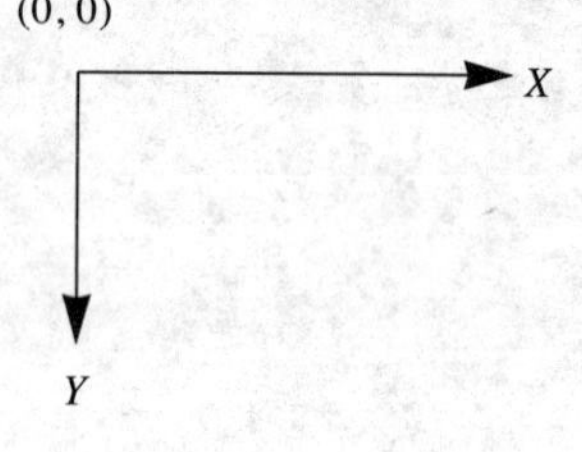

图9-1　坐标系

在Windows窗体中，每个对象（包括窗体本身）都有自己的尺寸。当在窗体上建立一个控件对象后，这个对象的原点在窗体这个坐标系中的位置便确定下来了，分别用Location.X和Location.Y来表示其*X*、*Y*值。当然，对于对象本身坐标系而言，它的左上角是原点（0,0）。另外，对象的大小也可以确定，其水平方向上的宽度用属性Size.Width来表示，垂直方向上的高度用属性Size.height来表示。

9.1.2　像素

当在屏幕上绘图时，实际上是通过一个点阵来建立其图形的，构成图形的点就是图像元素，简称像素（Pixel）。前面介绍的对象的Location.X、Location.Y、Size.Width和Size.height属性都是以像素为单位的。

计算机的屏幕分辨率决定了屏幕所能显示的像素的数量。比如，当屏幕分辨率设为800×600时，可以显示480 000个像素；而当屏幕分辨率设为1 024×768时，可以显示的像素就比800×600要多。分辨率确定后，每个像素在屏幕上的位置就确定了。对于同一个坐标点，如（400, 300），在不同的分辨率情况下，它在屏幕上的位置是不同的。比如，在800×600分辨率下，它在屏幕的正中；而在1 024×768分辨率时，它就不在屏幕正中。

像素是光栅设备可以显示的最小单位。对单色设备来说，每个像素可以用一位（比特）表示；而对彩色设备，每个像素必须用多位表示，位数越多表示的颜色越丰富。表9-1列出了部分设备中每个像素的位数及颜色数：

表9-1　像素与颜色

像素位数	颜色数	典型设备	像素位数	颜色数	典型设备
1	2	单色显示器、打印机	16	32 768或65 535	32K或64K色VGA
2	16	标准VGA	24	2^{24}	24位真彩色设备
8	256	256色VGA	32	2^{32}	32位真彩色设备

9.2 绘图

VB.NET提供了绘制各种图形的功能。它允许用户在窗体及其中的各种对象上绘制直线、矩形、多边形、圆、椭圆、圆弧、曲线、饼图等图形。

9.2.1 画笔

画笔是用来画线的基本对象。当在设备上画各种颜色的图形时，实际上都是通过画笔画出图形的边框以及颜色的。

1. 建立画笔

VB.NET中画笔就是“Pen”类的一个实例，创建一个画笔的语法格式如下：

语法：

```
Dim  画笔对象名 As  New  Pen (颜色 , 宽度)
```

说明：

1）画笔对象名：要创建的画笔对象名，可以是合法的VB.NET变量名。

2）颜色：用来定义画笔的颜色，通过一个Color结构来指定，表9-2列出了系统提供的部分颜色值。

3）宽度：是一个Single类型的值，其单位是像素用来指定画笔的宽度。

表9-2　Color结构中部分颜色

结构成员	颜色	结构成员	颜色
Aqua	浅绿色	Gold	金色
Bisque	橘色	Grey	灰色
Black	黑色	Green	绿色
Blue	蓝色	Red	红色
Brown	棕色	Pink	粉色
Cyan	青色	White	白色
Purple	紫色	Yellow	黄色

例如，定义一个名为BluePen的画笔，颜色为蓝色，宽度为3个像素，代码如下：

```
    Dim  BluePen  As  New  Pen (Color.Blue , 3)
```

在上面的语句中，颜色是通过Color结构的成员来指定的，格式为“Color.成员名”，本例中为“Color.Blue”。若要使用其他颜色，可以参考表9-2以及其他相关帮助以获得更多颜色成员值。

2. 删除画笔

当用完画笔后，可以通过画笔的Dispose方法来删除画笔，释放画笔对象所占用的全部资源。删除一个画笔的语法如下：

语法：

```
画笔对象名.Dispose()
```

例如，删除名为BluePen的画笔，格式如下：

```
BluePen.Dispose()
```

9.2.2 绘图方法

要画一个图形，必须先确定在什么地方画，也就是要确定在什么对象上画。VB.NET允许在窗体、打印机、图片框、各种控件（如文本框、按钮、标签等）对象上绘图，而早期的VB6.0只能在窗体、打印机、图片框上绘图。

在VB.NET中，绘图是通过Graphics对象来完成的。窗体、PictureBox控件可以使用Graphics对象，其他的控件如TextBox、按钮等控件也可以使用Graphics对象。也就是说，可以在各种可视控件上通过Graphics对象绘图。

可以通过不同的方法画出图形，下面介绍其中有两种常用方法。

1. *Paint方法*

VB.NET中各控件（包括窗体控件）对象都有一个Paint方法，它是从所有控件（包括窗体）的基类“Control”中继承的一个方法，由Paint事件触发调用。在“Control”类中，Paint方法声明为虚方法：

```
Overridable Protected Sub Paint (e  As  System.Windows.PaintEventArgs)
```

在Paint方法中参数e的类型是PaintEventArgs类，它包含一个Graphics属性，用来传递绘图的Graphics对象，该属性是只读的。可以重写控件的Paint方法，利用该Graphics对象，在该控件上绘图。代码如下：

```
Overridable Protected Sub Button1_Paint (ByVal sender As Object, ByVal e As _
                              System.Windows.PaintEventArgs) Handles Button1.Paint
    Dim  BluePen  As  New  Pen (Color.Blue , 3)                 ' 定义一个蓝色画笔
   e.Graphics.DrawLine(BluePen , 1,1,20,20)                     ' 画一根线
End Sub
```

在上面的例子中，重写了Button1按钮的Paint方法。当程序运行时，Paint方法被执行，从按钮中的坐标点(1, 1)到(20, 20)画了一条蓝色直线。其中Graphics的DrawLine方法的功能是画直线，关于Graphics的各种绘图方法在后续小节中介绍。

通过重写Paint方法，可以在该控件对象上绘图。若要在其他控件对象上绘图，就要利用CreateGraphics方法来实现了。

2. *CreateGraphics方法*

“Control”类除了有Paint方法外，还有一个CreateGraphics方法（函数）。该方法用来为窗体或控件建立一个Graphics对象。若调用成功，则返回一个Graphics对象，可以在这个对象上绘图，从而实现在窗体或控件上绘图。由于CreateGraphics方法是“Control”类的方法，因此控件和窗体都可以使用该方法。CreateGraphics方法的定义如下：

```
Public  Function  CreateGraphics ()  As Graphics
```

例如，若要在按钮Button2的Click事件中，在Button1对象上画线，先将Button1按钮设置为Graphics对象，再调用DrawLine方法即可。Button2的Click事件代码如下：

```
Dim g As Graphics
g = Button1.CreateGraphics()                        ' 将Button1设置为Graphics对象
g.DrawLine(BluePen , 1,1,20,20)                     ' 在Button1上画一条线
```

用CreateGraphics方法在指定的控件对象上的绘图的步骤如下：

1）声明一个Graphics对象。

2）用CreateGraphics方法建立一个指定控件的Graphics对象。

3）用Graphics对象的绘图方法绘图。

与Paint方法不同，CreateGraphics方法可以灵活地在任何控件对象上绘图，并且可以在事件过程中调用使用CreateGraphics方法实现的绘图方法。在后续例子中，将主要用CreateGraphics方法来实现绘图。

3. 清屏

在绘图时，有时需要清除所画的内容，以便重新开始绘图，这可以通过Graphics类的Clear方法来实现。利用该方法可以清除窗体或控件上已经画的图，同时也设置了绘图工作区的背景颜色。语法格式如下：

语法：

```
Graphics对象名.Clear(颜色)
```

说明：

1）Graphics对象名：先前创建的绘图对象名。

2）颜色：用来添充绘图工作区的背景，颜色值见表9-2。

例如，先在按钮对象上画线，再调用Clear方法清除按钮上的图像，用白色填充按钮图像区域。代码如下：

```
Dim g As Graphics
g = Button1.CreateGraphics()          ' 将Button1设置为Graphics对象
g.DrawLine(BluePen , 1,1,20,20)       ' 在Button1上画一条线
g.Clear(Color.White)                  ' 用白色清除Button1上的图像
```

9.2.3 直线与形状

前面介绍的绘图方法都是利用Graphics对象实现的。Graphics对象提供了丰富的绘图方法，还可以实现绘制直线、矩形、多边形、圆、椭圆、饼图、弧、曲线等图形。表9-3列出了Graphics对象常用的绘图方法。

表9-3 Graphics类的绘图方法

方 法	绘图功能
DrawLine	直线
DrawRectangle	矩形
DrawPolygon	多边形
DrawEllipse	圆、椭圆
DrawArc	圆弧
DrawPie	饼图
DrawCurve	非闭合曲线
DrawClosedCurve	闭合曲线
DrawBezier	贝赛尔曲线

1. 直线

可以用Graphics对象的DrawLine方法来绘直线，有两种使用DrawLine方法的格式：

语法：

```
DrawLine( 画笔对象名, X1 , Y1 , X2 , Y2 )
DrawLine( 画笔对象名, 点1 , 点2 )
```

说明：

1）画笔对象名：要使用的画笔对象，调用之前应已创建。

2）X1，Y1，X2，Y2：代表直线起点坐标（X1，Y1），X2、Y2代表直线终点坐标（X2，Y2），坐标值可以是Integer或Single类型的值。

3）点1、点2：点1、点2分别代表直线的起点和终点，它们是用Point或PointF结构定义的。Point或PointF结构可以用来指定一个点的一对坐标（X, Y）。其中，Point结构指定的X和Y是Integer类型；而PointF结构指定的是Single类型（浮点数）。用这两种结构定义点的格式如下：

```
Dim 变量名 As New Point(X,Y)
Dim 变量名 As New PointF(X,Y)
```

例如，定义一个Point结构坐标点（1, 1）和一个PointF结构坐标点（20.84 , 20.0），代码如下：

```
Dim Point1 As New Point(1,1)                 ' 定义Point结构的坐标点
Dim Point2 As New PointF(20.84F , 20.0F)     ' 定义PointF结构的坐标点
```

注意：

- 如果用常数来定义PointF结构坐标点，应在常数值后加上F后缀表示浮点数。

【例9.1】 在窗体中画一个围棋盘。

新建一个项目，在窗体的单击事件中编程，实现在窗体中画一个水平和垂直都是19条直线的网格，构成一个围棋盘。

程序代码如下：

```
Private Sub Form1_Click(ByVal sender As System.Object, ByVal e As _
                                    System.EventArgs)  Handles MyBase. Click
    Dim g As Graphics
    Dim I As Short
    Dim  BlackPen  As  New  Pen (Color.Black , 2)      ' 定义一个黑色画笔
    g = Me.CreateGraphics()                             ' 把窗体设置为Graphics对象
    For  I = 0 to 180 Step 10                           ' 重复画19条竖线
         g.DrawLine(BlackPen, 20+I , 20 , 20+I , 200)        ' 画一条线
    Next I
    For  I = 0 to 180 Step 10                           ' 重复画19条横线
         g.DrawLine(BlackPen, 20 , 20+I , 200 , 20+I)        ' 画一条线
    Next I
End Sub
```

程序启动后，当单击窗体后界面如图9-2所示。

程序分析：

- 此程序用CreateGraphics方法来绘图。
- Me关键字代表本程序所在的窗口对象，此处即Form1。
- 围棋盘的左上角定在窗体坐标系的（20, 20）点，右上角定在窗体坐标系的(200, 200)点，每隔10个像素画一条直线。当循环画水平直线时，直线的起点和终点的Y坐标不动，X坐标值以10个像素递增变化。循环画竖线的方法类似，只是X不动Y变化。

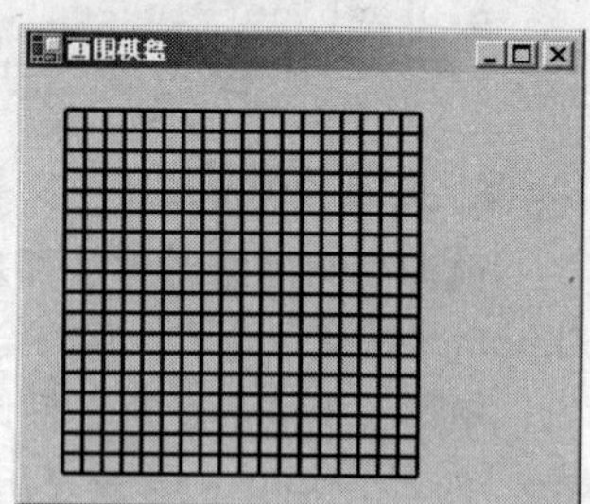

图9-2　绘制围棋盘

2. 矩形

可以用Graphics对象的DrawRectangle方法来绘制矩形，有两种使用DrawRectangle方法的格式：

语法：

```
DrawRectangle( 画笔对象名, X , Y , 宽度 , 高度 )
DrawRectangle( 画笔对象名, 矩形 )
```

说明：

1）画笔对象名：要使用的画笔对象，调用之前应已创建。

2）X, Y：X, Y代表矩形的左上角坐标（X, Y），坐标值可以是Integer或Single类型的值。

3）宽度、高度：宽度和高度分别代表绘制的矩形的宽度和高度值，它们可以是Integer或Single类型的值。

4）矩形：它是用Rectangle结构来定义的矩形。Rectangle结构可以用来指定矩形的位置和尺寸，该结构的构造函数定义如下：

语法：

```
Public Sub New(ByVal X As Integer , _
   ByVal Y As Integer , _
   ByVal Width As Integer , _
   ByVal Height As Integer )
```

说明：

X，Y代表矩形左上角的坐标，Width和Height分别代表矩形的宽度和高度，它们都是Integer类型的值。

例如，定义一个矩形结构，左上角的坐标为（20，20），宽度和高度分别为100和80，代码如下：

```
Dim Rect1 As New RecTangle(20 , 20 , 100 , 80)          ' 定义矩形结构
```

再根据上面定义的矩形，在窗体内绘制一个矩形，代码如下：

```
Dim  Rect1  As  RecTangle                               ' 声明矩形结构变量
```

```
Dim g As Graphics
Dim  BlackPen  As  New  Pen (Color.Black , 2)          ' 定义一个黑色画笔
Rect1 = New RecTangle(20 , 20 , 100 , 80)              ' 定义矩形结构
g = Me.CreateGraphics()                                ' 把窗体设置为Graphics对象
g.DrawRectangle(BlackPen , Rect1 )                     ' 在窗体上绘制矩形
```

3. 多边形

可以用Graphics对象的DrawPolygon方法来绘制多边形，使用DrawPolygon方法如下：

语法：

DrawPolygon(画笔对象名，顶点)

说明：

1）画笔对象名：要使用的画笔对象，调用之前应已创建。

2）顶点：顶点是一个数组，类型是Point或PointF结构。数组中的每一个元素都是Point或PointF结构的点，它代表多边形的一个顶点，两个相邻的顶点构成一条边，若最后一个顶点与第一个顶点不一致，将把它们连成线构成最后一条边。

例如，在窗体上绘制一个三角形，代码如下：

```
Dim g As Graphics
Dim  BlackPen  As  New  Pen (Color.Black , 2)          ' 定义一个黑色画笔
g = Me.CreateGraphics()                                ' 把窗体设置为Graphics对象
' 在窗体上绘制三角形
g.DrawPolygon(BlackPen , New Point() {New Point(20,80) , New Point(50,30) , _
                                      New Point(80,80) })
```

在上面的代码中，由于顶点数较少，在调用DrawPolygon时可直接用顶点作为数组参数，而不是事先定义好数组，再把数组作为参数来调用。

【例9.2】 在窗体中绘制一个矩形，在图片框中绘制一个三角形。

新建一个项目，在窗体中放一个按钮和一个图片框（白色背景），在按钮的单击（click）事件中编程，实现在窗体空白处绘制一个矩形，在图片框中绘制一个三角形。

程序代码如下：

```
Private Sub Button1_Click(ByVal sender As System.Object, ByVal e As _
                          System.EventArgs)  Handles Button1.Click
    Dim g1, g2 As Graphics
    Dim  BlackPen  As  New  Pen (Color.Black , 2)      ' 定义一个黑色画笔
    Dim p1 As New Point(20,80)                         ' 定义一个坐标点
    Dim p2 As New Point(50,30)                         ' 定义一个坐标点
    Dim p3 As New Point(80,80)                         ' 定义一个坐标点
    Dim  myPolyg  As  Point() = {p1 , p2 , p3}         ' 定义一个顶点数组
    g1 = Me.CreateGraphics()                           ' 把窗体设置为Graphics对象
    g1.DrawRectangle(BlackPen , 10,10,80,50 )          ' 在窗体上绘制矩形
    g2 = PictureBox1.CreateGraphics()                  ' 把图片框设置为Graphics对象
    g2.DrawPolygon(BlackPen , myPolyg)                 ' 在图片框中绘制三角形
End Sub
```

程序启动后，当单击“画图”按钮后界面如图9-3所示。

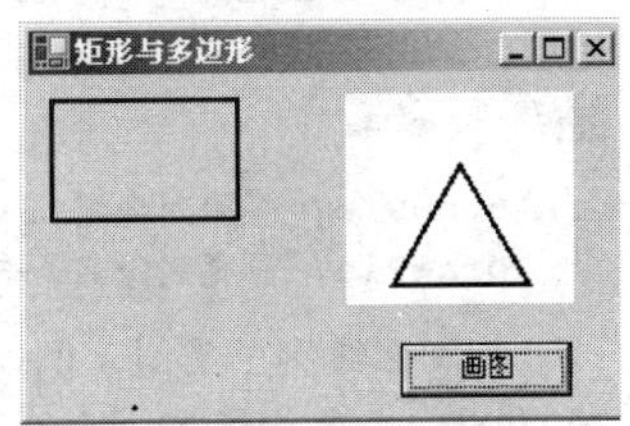

图9-3 绘制矩形和三角形

4. 圆和椭圆

圆和椭圆都是用Graphics对象的DrawEllipse方法来绘制。使用DrawEllipse方法的格式与画矩形方法的格式一样，所定义的矩形作为所绘制的圆或椭圆的外切矩形，圆或椭圆的大小和形状由外切矩形决定。使用DrawEllipse方法的语法如下：

语法：

DrawEllipse(画笔对象名，X ，Y ，宽度 ，高度)
DrawEllipse(画笔对象名，矩形)

例如定义一个长方形矩形，左上角的坐标为（20，20），宽度和高度分别为100和80，在其中绘制一个椭圆。另外定义一个正方形矩形，左上角的坐标为（140，20），宽度和高度分别为80和80，在其中绘制一个圆，代码如下：

```
Dim  Rect1,Rect2  As  RecTangle                          ' 声明矩形结构变量
Dim g As Graphics
Dim  BlackPen  As  New  Pen (Color.Black , 2)            ' 定义一个黑色画笔
Rect1 = New RecTangle(20 , 20 , 100 , 80)                ' 定义矩形结构
Rect2 = New RecTangle(140 , 20 , 80 , 80)                ' 定义矩形结构
g = Me.CreateGraphics()                                  ' 把窗体设置为Graphics对象
g.DrawEllipse(BlackPen , Rect1 )                         ' 在窗体上绘制椭圆
g.DrawEllipse(BlackPen , Rect2 )                         ' 在窗体上绘制圆
```

5. 弧线

弧线是用Graphics对象的DrawArc方法来绘制，弧线是圆或椭圆周的一部分，因而DrawArc方法的参数大部分与DrawEllipse方法相同，而有两个参数是特殊的。具体使用DrawArc方法有两种格式：

语法：

DrawArc(画笔对象名，X ，Y ，宽度 ，高度 ，起始角 ，扫描角)
DrawArc(画笔对象名，矩形 ，起始角 ，扫描角)

说明：

1）起始角：弧线的起始角度，Single类型值。角度的度量是以圆或椭圆向右的半径为0°，按顺时针方向递增（参见图9-4）；也可以是负值（逆时针）。

2）扫描角：从起始角开始，按顺时针方向递增角度（参见图9-4），Single类型值。扫描角的值可以是正值（顺时针），也可以是负值（逆时针）。

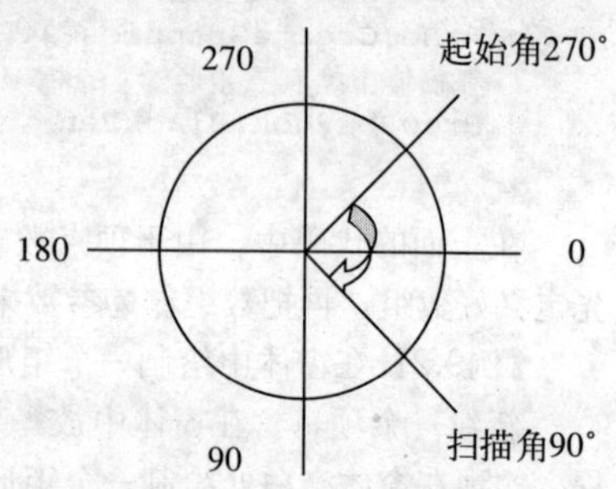

图9-4　扫描角示意图

例如，定义一个长方形矩形，左上角的坐标为（20，20），宽度和高度分别为100和80，在其中绘制一个椭圆弧；另外定义一个正方形矩形，左上角的坐标为（140，20），宽度和高度分别为80和80，在其中绘制一个圆弧，代码如下：

```
Dim  Rect1,Rect2  As  RecTangle                          ' 声明矩形结构变量
Dim g As Graphics
Dim  BlackPen  As  New  Pen (Color.Black , 2)            ' 定义一个黑色画笔
Rect1 = New RecTangle(20 , 20 , 100 , 80)                ' 定义矩形结构
Rect2 = New RecTangle(140 , 20 , 80 , 80)                ' 定义矩形结构
g = Me.CreateGraphics()                                  ' 把窗体设置为Graphics对象
g.DrawArc(BlackPen , Rect1, 30 , 80 )                    ' 在窗体上绘制椭圆弧
g.DrawArc(BlackPen , Rect2 , -30 , -80)                  ' 在窗体上绘制圆弧
```

6. 饼图

饼图也称为扇形图，它是圆或椭圆的一部分。与弧线不同，饼图是由弧和连接弧线两个端点的半径组成。饼图是通过Graphics对象的DrawPie方法来绘制的。它的使用方法与DrawArc方法完全相同。具体使用DrawPie方法有两种格式：

语法：

DrawPie(画笔对象名，X，Y，宽度，高度，起始角，扫描角)
DrawPie(画笔对象名，矩形，起始角，扫描角)

与画弧线例子类似，例如，定义一个长方形矩形，左上角的坐标为（20，20），宽度和高度分别为100和80，在其中绘制一个椭圆形扇形；另外定义一个正方形矩形，左上角的坐标为（140，20），宽度和高度分别为80和80，在其中绘制一个圆形扇形，代码如下：

```
Dim  Rect1,Rect2  As  RecTangle                          ' 声明矩形结构变量
Dim g As Graphics
```

```
Dim  BlackPen  As  New  Pen (Color.Black , 2)        ' 定义一个黑色画笔
Rect1 = New RecTangle(20 , 20 , 100 , 80)            ' 定义矩形结构
Rect2 = New RecTangle(140 , 20 , 80 , 80)            ' 定义矩形结构
g = Me.CreateGraphics()                              ' 把窗体设置为Graphics对象
g.DrawPie(BlackPen , Rect1 , 30 , 80)                ' 在窗体上绘制椭圆形扇形
g.DrawPie(BlackPen , Rect2 , -30 , -80)              ' 在窗体上绘制圆形扇形
```

9.3 填充

在9.2节中介绍的各种形状都是空心的图形，为了能画出实心的图形，必须使用“刷子”（Brush）来填充图形，也就是用“刷子”来绘图。

9.3.1 刷子

刷子是一种用来填充图形空间的对象，它具有颜色和图案。VB.NET提供了4种刷子，分别是实心刷子、阴影刷子、纹理刷子和渐变刷子，下面分别介绍。

1. 实心刷子

实心刷子的作用是用某一种颜色来填充图形，建立一个实心刷子是通过SolidBrush类的构造函数来实现的，语法格式如下：

语法：

```
Dim  刷子名 As  New  SolidBrush( 颜色 )
```

说明：

1）刷子名：要创建的刷子对象名，可以是合法的VB.NET变量名。

2）颜色：用来添充图形的颜色，它是Color结构数据类型，颜色值参见表9-2。

例如，建立一个红色的实心刷子，代码如下：

```
Dim  redBrush  As  New  SolidBrush( Color.Red )
```

2. 阴影刷子

阴影刷子的作用是用某一种图案来填充图形，建立一个阴影刷子是通过HatchBrush类的构造函数来实现的，语法格式如下：

语法：

```
Dim  刷子名 As  New  HatchBrush( 类型 , 前景颜色[ , 背景颜色] )
```

说明：

1）刷子名：要创建的刷子对象名，可以是合法的VB.NET变量名。

2）类型：代表刷子的样式，即填充的图案类型，它是一个HatchStyle枚举数据类型，该枚举有50多个成员，即有50多种图案类型，表9-4列出了部分图案类型。

3）前景颜色：图案的颜色，它是Color结构，颜色值参见表9-2。

4）背景颜色：可选项。图形区域的背景颜色，它是Color结构，颜色值参见表9-2。

注意：

- 由于阴影刷子HatchBrush是System.Drawing.Drawing2D命名空间中的类，为了能够使用阴影刷子，必须在程序模块前引入这个命名空间，示例如下：

```
Imports  System.Drawing.Drawing2D
```

- 引入了System.Drawing.Drawing2D命名空间后，就可以创建阴影刷子。例如，建立一个实心钻石（SolidDiamond）图案的阴影刷子，前景色为蓝色，背景色为白色，代码如下：

```
Dim  sd  As  New  HatchBrush( HatchStyle.SolidDiamond , Color.Blue , _
                             Color.White )
```

表9-4 HatchStyle枚举类型的部分图案

枚举成员	图 案	枚举成员	图 案
BackwardDiagonal	从右上到左下的斜线	LargeGrid	网格
Cross	水平线和垂直线交叉	OutlineDiamond	斜线交叉网格
DarkDownwardDiagonal	从左上到右下的斜线（密）	Percent05	前景色与背景色比例为5:100，指定5%阴影
DarkHorizontal	从右上到左下的斜线（密）	Percent90	前景色与背景色比例为90:100，指定90%阴影
DashedDownwardDiagonal	从左上到右下的断续斜线	Plaid	格子花呢
DashedUpwardDiagonal	从右上到左下的断续斜线	Shingle	鹅卵石
DiaonalBrick	从右上到左下的分层砖块	SmallGrid	小格子
DiaonalCross	交叉斜线	SolidDiamond	斜放的西洋跳棋盘
Divot	草皮	Sohere	小球
Horizontal	水平线	Vertical	垂直线
HorizontalBrick	水平分层砖块	Weave	编制图案
LargeCheckerBoard	西洋跳棋盘	ZigZag	锯齿线

3. 纹理刷子

纹理刷子的作用是用保存在位图文件中的图案来填充图形，建立一个纹理刷子是通过TextureBrush类的构造函数来实现的，语法格式如下：

语法：

```
Dim  刷子名 As  New  TextureBrush( 图像 [, 模式] )
```

说明：

1）刷子名：要创建的刷子对象名，可以是合法的VB.NET变量名。

2）模式：可选项。指定添充图形的纹理样式，它是一个WrapMode枚举数据类型，表9-5列出了部分纹理样式。

3）图像：它是一个Image类型的对象，其图像数据来源于一个图形文件，文件类型可以是.bmp、.jpg、.ico、.gif、.wmf等位图文件。

表9-5 WrapMode枚举类型的部分样式

枚举成员	样 式
Clamp	把纹理或倾斜度固定在边界上
Tile	使倾斜度或纹理平铺
TileFlipX	水平颠倒倾斜度或纹理，然后平铺倾斜度或纹理
TileFlipXY	水平和垂直颠倒倾斜度或纹理，然后平铺倾斜度或纹理
TileFlipY	垂直颠倒倾斜度或纹理，然后平铺倾斜度或纹理

纹理刷子使用一个Image类型的对象作为填充图形，可以通过Image类的FromFile方法从文件中加载图像，然后就可以创建纹理刷子。例如，用“d:\temp\tile2.ico”图像文件建立一个“Tile”样式的纹理刷子，代码如下：

```
Dim myImage As Image
myImage = Image.FromFile("d:\temp\tile2.ico")
Dim  tileBrush  As  New  TextureBrush(myImage , WrapMode.Tile )
```

4. 渐变刷子

所谓渐变刷子，就是刷子的颜色从一种颜色逐渐变为另一种颜色。建立一个渐变刷子是通过LinearGradientBrush类的构造函数来实现的，语法格式如下：

语法：

```
Dim 刷子名 As New LinearGradientBrush( 矩形 , 起始颜色 , 终止颜色 , 模式)
```

说明：

1）刷子名：要创建的刷子对象名，可以是合法的VB.NET变量名。

2）矩形：它是Rectangle结构数据类型，用来指定颜色渐变的范围和速度。如果实际填充的图形区域比这个矩形小，则只有部分颜色被填充到区域中，如果实际填充的图形区域比这个矩形大，则渐变颜色会被重复多次以填充整个区域。

3）起始颜色：渐变的开始颜色，它是Color结构数据类型，颜色值参见表9-2。

4）终止颜色：渐变的终止颜色，它是Color结构数据类型，颜色值参见表9-2。

5）模式：用来指定渐变的方向，它是LinearGradientMode枚举数据类型，方向值参见表9-6。

例如，建立一个起始颜色为黄色，终止颜色为红色的渐变刷子，渐变方向从左到右，代码如下：

```
Dim  myRect  As New Rectangle( 0 , 0 , 100  , 100)              ' 定义一个矩形结构
Dim  myBrush  As  New LinearGradientBrush(myRect , Color.Yellow , Color.Red , _
                       LinearGradientMode.Horizontal )          ' 定义一个渐变刷子
```

表9-6　LinearGradientMode枚举类型的成员

枚举成员	方　向	枚举成员	方　向
BackwardDiagnonal	从右上角到左下角	Horizontal	从左到右
ForwardDiagnonal	从左上角到右下角	Vertical	从上到下

9.3.2　填充图形

用刷子来填充图形，实际上就是用刷子来绘图，画出的图即为实心图。填充图形的方法与前面介绍的绘制形状的方法基本对应，有多少绘制形状的方法，就有多少填充图形的方法，只是使用的是刷子而不是画笔。例如，绘制矩形的方法是调用Graphics对象的DrawRectangle方法，而填充矩形是调用Graphics对象的FillRectangle方法，调用格式分别如下：

语法：

```
DrawRectangle( 画笔对象名, X , Y , 宽度 , 高度 )
FillRectangle( 刷子, X , Y , 宽度 , 高度 )
```

从上面的格式可以看出，填充图形的方法名称与绘制形状的方法名称很相似，仅仅是用“Fill”替换了“Draw”；另外，两个方法的参数也基本相同，只是填充图形用得是刷子，而绘制形状用的是画笔。

【例9.3】在窗体中分别绘制1个饼图及其所在的整个圆、1个实心圆和1个实心椭圆，实心圆用起始颜色为黄色，终止颜色为红色的渐变刷子画，实心椭圆用前景色与背景色比例为40:100的图案的阴影刷子绘制。

新建一个项目，在窗体中放一个按钮，在按钮的单击事件中编程，程序代码如下：

```
Imports  System.Drawing.Drawing2D
Private Sub Button1_Click(ByVal sender As System.Object, ByVal e As _
                               System.EventArgs)  Handles Button1.Click
    Dim  g1  As Graphics
    g1 = Me.CreateGraphics()                                  ' 把窗体设置为Graphics对象
    Dim  Rect1,Rect2 , Rect3  As  RecTangle                   ' 声明矩形结构变量
    Dim  BlackPen1  As  New  Pen (Color.Black , 1)            ' 定义一个黑色细画笔
    Dim  BlackPen2  As  New  Pen (Color.Black , 3)            ' 定义一个黑色粗画笔
    Rect1 = New RecTangle(20 , 20 , 80 , 80)                  ' 定义矩形结构
    g1.DrawEllipse(BlackPen1 , Rect1)                         ' 在窗体上画圆
    g1.DrawPie(BlackPen2 , Rect1 , -30 , -80)                 ' 在圆上画扇形
    Rect2 = New RecTangle(140 , 20 , 80 , 80)                 ' 定义正方形结构
    Dim  myBrush  As  New LinearGradientBrush(Rect2 , Color.Yellow , Color.Red , _
                    LinearGradientMode.Horizontal )' 定义一个渐变刷子
    g1.FillEllipse(myBrush , Rect2 )                          ' 在窗体上画渐变圆
    Dim  sd  As  New  HatchBrush( HatchStyle.Percent40 , Color.Blue , _
                                                   Color.White )
    Rect3 = New RecTangle(20 , 140 , 120 , 80)                ' 定义矩形结构
    g1.FillEllipse(sd , Rect3 )                               ' 在窗体上画阴影椭圆
End Sub
```

程序运行启动后，当单击“开始”按钮后界面如图9-5所示。

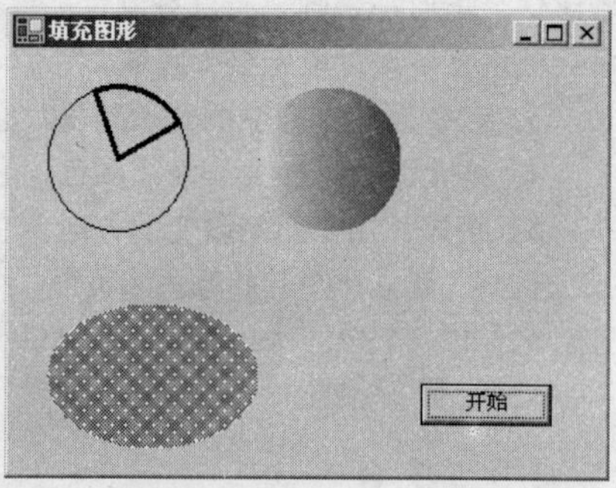

9.4 曲线

前面介绍了画各种直线、闭合形状的图形。除了这些功能外，VB.NET还提供了画曲线的方法，利用这些方法，可以绘出非闭合曲线、闭合曲线、贝赛尔曲线等各种曲线。

9.4.1 非闭合曲线

非闭合曲线通过Graphics对象的DrawCurve方法来绘制，用该方法可以连接多个点绘出一条曲线。有两种使用DrawCurve方法的格式：

图9-5 绘制饼图、实心圆和实心椭圆

语法：

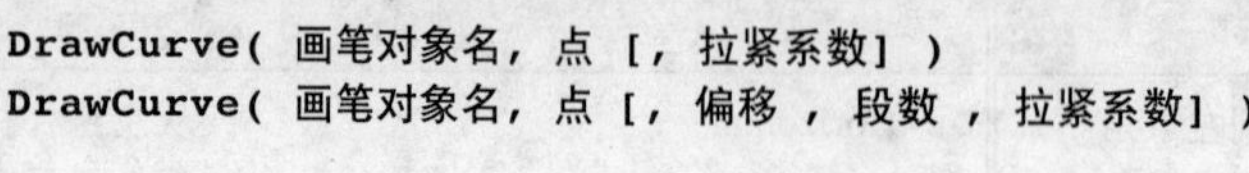

```
DrawCurve( 画笔对象名，点 [，拉紧系数] )
DrawCurve( 画笔对象名，点 [，偏移 ，段数 ，拉紧系数] )
```

说明：

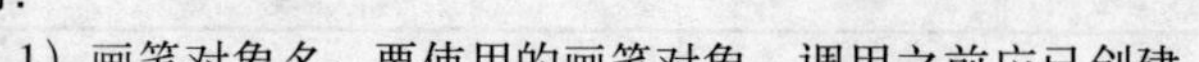

1）画笔对象名：要使用的画笔对象，调用之前应已创建。

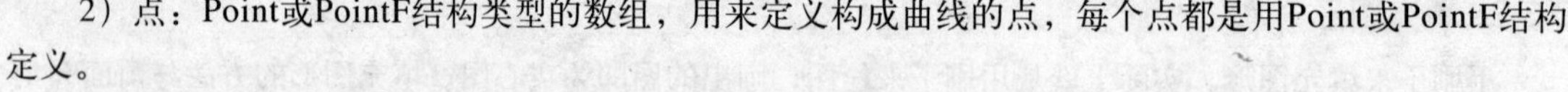

2）点：Point或PointF结构类型的数组，用来定义构成曲线的点，每个点都是用Point或PointF结构定义。

3）拉紧系数：可选项。Single类型的值，其值大于或等于0.0 ，用来指定曲线的拉紧程度，值越大拉紧程度越大。值为0.0即绘制的是直线段。

4）偏移：可选项。Integer类型的正值，相对于曲线起点的偏移量。点可以定义多个，但不一定从第一个点开始画曲线。如果从第一个点开始画，则偏移量为0；如果从第二个点开始画，则偏移量为1；依此类推。

5）段数：可选项。Integer类型的正值。要画曲线的段数，每两个点之间为一段。

注意：

- 为了用DrawCurve方法绘制曲线，数组中的点不能少于4个。
- 段数用来指定所画曲线的段的数量。这些段是在起始点之后并被画进曲线中的曲线段，段数必须大于等于1 。段数加上偏移量应小于数组中的点数。

例如，定义5个点，拉紧系数为0.5 ，画出黑色非闭合曲线，代码如下：

```
Dim  BlackPen  As  New  Pen (Color.Black , 2)       ' 定义一个黑色画笔
Dim g As Graphics
g = Me.CreateGraphics()                             ' 把窗体设置为Graphics对象
Dim  P1  As  New  Point (20 , 20)                   ' 定义一个点
Dim  P2  As  New  Point (120 , 80)                  ' 定义一个点
Dim  P3  As  New  Point (140 , 120)                 ' 定义一个点
Dim  P4  As  New  Point (60 , 180)                  ' 定义一个点
Dim  P5  As  New  Point (40 , 90)                   ' 定义一个点
Dim  curvePoints  As  Point () = {P1, P2, P3, P4, P5}
g.DrawCurve(BlackPen , curvePoints , 0.5)           ' 在窗体上画出非闭合曲线
```

若拉紧系数超过1.0F ，则画出曲线很不寻常，下面是拉紧系数为3.0F的代码：

```
Dim  BlackPen  As  New  Pen (Color.Black , 2)       ' 定义一个黑色画笔
Dim g As Graphics
g = Me.CreateGraphics()                             ' 把窗体设置为Graphics对象
Dim  P1  As  New  Point (20 , 20)                   ' 定义一个点
Dim  P2  As  New  Point (120 , 80)                  ' 定义一个点
Dim  P3  As  New  Point (140 , 120)                 ' 定义一个点
Dim  P4  As  New  Point (60 , 180)                  ' 定义一个点
Dim  P5  As  New  Point (40 , 90)                   ' 定义一个点
Dim  curvePoints  As  Point () = {P1, P2, P3, P4, P5}
g.DrawCurve(BlackPen , curvePoints , 3.0)           ' 在窗体上绘制非闭合曲线
```

上面两种拉紧系数绘制的曲线效果分别如图9-6a和图9-6b所示。

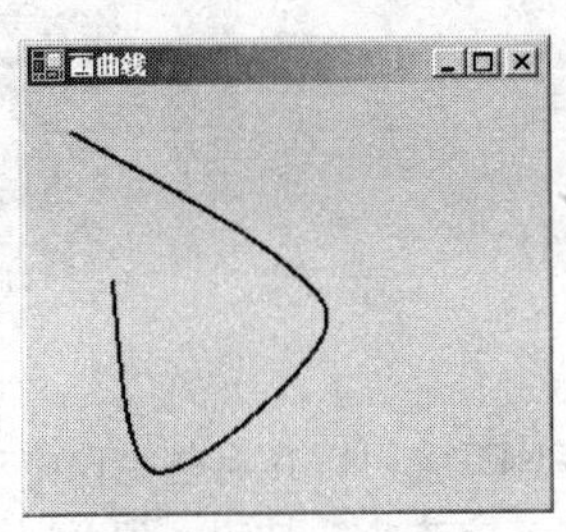

a) 拉紧系数为0.5效果

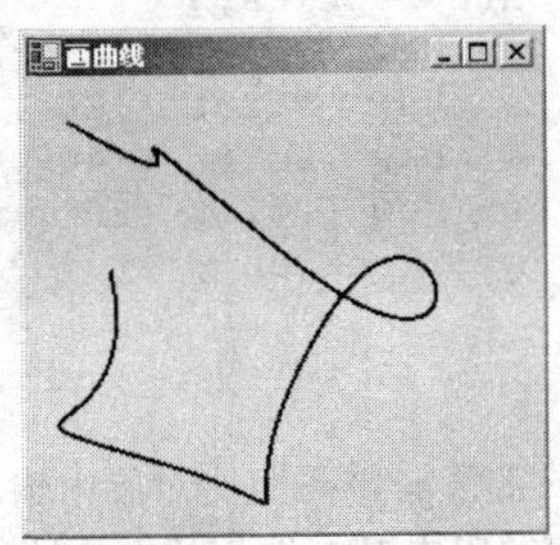

b) 拉紧系数为3.0效果

图9-6 非闭合曲线

9.4.2 闭合曲线

闭合曲线通过Graphics对象的DrawClosedCurve方法来绘制。用该方法可以连接多个点画出一条闭合曲线，其中若最后一个点与第一个点不一致，则将最后一个点和第一个点连接成一条曲线。画闭合曲线与非闭合曲线的格式基本相同，代码如下：

语法：

```
DrawClosedCurve( 画笔对象名, 点)
```

例如，定义5个点，画出黑色闭合曲线，代码如下：

```
Dim  BlackPen  As  New  Pen (Color.Black , 2)        ' 定义一个黑色画笔
Dim g As Graphics
g = Me.CreateGraphics()                              ' 把窗体设置为Graphics对象
Dim  P1  As  New  Point (20 , 20)                    ' 定义一个点
Dim  P2  As  New  Point (120 , 80)                   ' 定义一个点
Dim  P3  As  New  Point (140 , 120)                  ' 定义一个点
Dim  P4  As  New  Point (60 , 180)                   ' 定义一个点
Dim  P5  As  New  Point (40 , 90)                    ' 定义一个点
Dim  curvePoints  As   Point () = {P1, P2, P3, P4, P5}
g.DrawClosedCurve(BlackPen , curvePoints )           ' 在窗体上画出闭合曲线
```

9.4.3 贝赛尔曲线

在工程设计中，常用贝赛尔曲线来设计任意曲线。给定一组（4个）多边折线的顶点，可以唯一确定贝赛尔曲线的形状。多边折线称为贝赛尔多边形或特征多边形，改变特征多边形顶点的位置，就可以改变贝赛尔曲线的形状。

贝赛尔曲线通过Graphics对象的DrawBezier方法来绘制，有两种使用DrawBezier方法的格式：

语法：

```
DrawBezier( 画笔对象名, 点1 , 点2, 点3, 点4 )
DrawBezier( 画笔对象名, X1, Y1, X2, Y2, X3, Y3, X4, Y4 )
```

说明：

1）画笔对象名：要使用的画笔对象，调用之前应已创建。

2）点1、点2、点3和点4：四个点都是用Point或PointF结构定义。点1是曲线的起点，点2和点3是两个控制点，点4是曲线的终点。

3）X*i* 和Y*i*：Single类型的值，（X1 , Y1）是曲线的起点，（X2 , Y2）和（X3 , Y3）是控制点，（X4 , Y4）是曲线的终点。

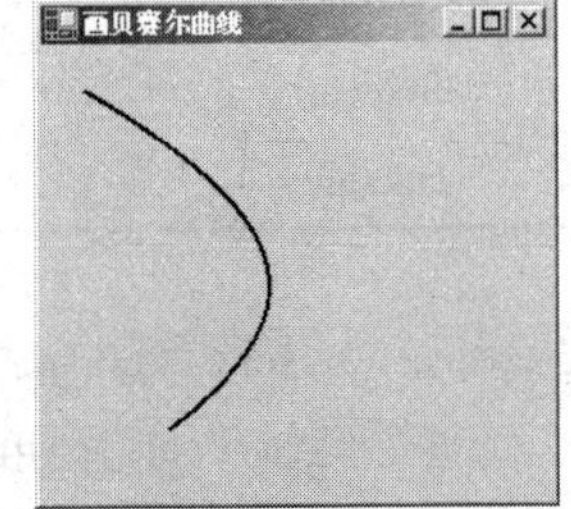

图9-7 黑色贝赛尔曲线

例如，定义4个点，画出一条黑色贝赛尔曲线，代码如下，效果如图9-7所示：

```
Dim  BlackPen  As  New  Pen (Color.Black , 2)        ' 定义一个黑色画笔
```

```
Dim g As Graphics
g = Me.CreateGraphics()                              ' 把窗体设置为Graphics对象
Dim  P1  As  New  Point (20 , 20)                    ' 定义一个点
Dim  P2  As  New  Point (120 , 80)                   ' 定义一个点
Dim  P3  As  New  Point (140 , 120)                  ' 定义一个点
Dim  P4  As  New  Point (60 , 180)                   ' 定义一个点
g.DrawBezier(BlackPen , P1 , P2 , P3 , P4)           ' 在窗体上画一条贝赛尔曲线
```

9.5 文本输出

在实际应用中，常常需要在控件对象中输出文本。VB.NET中可以在有些控件中“写”出文本。所谓“写”即以字符的编码来对应字符的图像输出，比如标签、文本框、按钮、列表框等控件，在它们的“Text”属性中保存了要显示的文本字符，改变文本即可改变显示的字符。而有些控件不能“写”出文本，只能“画”出文本，例如，窗体和图片框等。在这些控件中输出文本，实际上是通过Graphics对象的DrawString方法来画出字符的图像。当然，标签、文本框、按钮、列表框等控件也可以采用这种方法画出文本。本节就是介绍如何在控件中用DrawString方法来“画”出文本。

9.5.1 简单文本输出

用DrawString方法输出的文本可以具有很多的格式，如果仅包含字体、大小、颜色、样式，则称为简单文本输出。

1. 文本字体

要输出文本，需要先指定文本的字体，字体可以通过Font类的构造函数来设置，语法格式如下：

语法：

```
Dim  字体对象名 As New Font( 字体名称 , 大小 [, 样式 [, 量度]] )
```

说明：

1）字体对象名：要创建的字体对象名，可以是合法的VB.NET变量名。

2）字体名称：字体的名称，String类型值。如Time New Roman、宋体、楷体。

3）大小：Single类型的值，指定字体的大小，默认单位为点。

4）样式：可选项。指定字体的样式，是FontStyle枚举类型的值，各种样式见表9-7。

5）量度：可选项。指定字体大小的单位，是GraphicsUnit枚举类型的值，各种量度单位见表9-8。

例如，定义一个字体对象，其名称为“隶书”，大小为14，样式为下划线，量度单位为点，代码如下：

表9-7 FontStyle枚举类型的成员

枚举成员	样 式
Bold	粗体
Italic	斜体
Regular	常规
Strikeout	中划线
Underline	下划线

表9-8 GraphicsUnit枚举类型的成员

枚举成员	量度单位
Display	1/75英寸
Document	文档单位（1/300英寸）
Inch	英寸
Millimeter	毫米
Pixel	像素
Point	打印机点（1/72英寸）
World	通用

```
Dim  myFont  As  New  Font ("隶书" , 14 , FontStyle.Underline , GraphicsUnit.Point)
```

定义样式时，可以使用多个样式参数，在各样式参数之间用“Or”运算符连接。例如：

```
Dim  myFont  As  New  Font ("隶书" , 14 , _
                FontStyle.Underline Or FontStyle.Bold , GraphicsUnit.Point)
```

2. 输出文本

当定义了文本字体后，就可以用DrawString方法来输出文本，有三种使用DrawString方法的格式：

语法：

```
DrawString( 字符串, 字体对象 , 刷子, 点 )
DrawString( 字符串, 字体对象 , 刷子, X , Y )
DrawString( 字符串, 字体对象 , 刷子, 矩形 )
```

说明：

1）字符串：要输出的文本。

2）字体对象：要使用的字体对象名，调用之前应已创建。

3）刷子：指定字体的颜色，使用实心刷子。

4）点：PointF结构类型，用来指定文本输出的开始位置。

5）X和Y：Single类型的值，用来指定文本输出的开始位置的坐标值。

6）矩形：RectangleF结构类型（不是Rectangle）。用来定义一个矩形，矩形的左上角坐标、高度、宽度均为Single 型的值，文本在该矩形中输出。

【例9.4】 分别采用三种语法，在窗体中分别输出不同格式的文本。

新建一个项目，在窗体中放一个按钮，在按钮的单击事件中编程，程序代码如下：

```
Private Sub Button1_Click(ByVal sender As System.Object, ByVal e As _
                              System.EventArgs)  Handles Button1.Click
    Dim  g1  As Graphics
    g1 = Me.CreateGraphics()                                  ' 把窗体设置为Graphics对象
    Dim  Rect1  As  RecTangleF                                ' 声明矩形结构变量
    Dim  myString  As  String = "VB.NET程序设计教程"          ' 定义要输出的字符串
    Dim  myBrush1  As  New  SolidBrush (Color.Black)          ' 定义一个黑色刷子
    Dim  myBrush2  As  New  SolidBrush (Color.Red)            ' 定义一个红色刷子
    Dim  myBrush3  As  New  SolidBrush (Color.Blue)           ' 定义一个蓝色刷子
    ' 定义两种字体
    Dim  myFont1  As  New  Font ("隶书" , 14 , FontStyle.Underline , _
                                       GraphicsUnit.Point)
    Dim  myFont2  As  New  Font ("隶书" , 10 , _
              FontStyle.Underline Or FontStyle.Bold , GraphicsUnit.Point)
    Rect1 = New RecTangleF(20.0F , 20.0F , 200.0F , 20.0F)    ' 定义矩形结构
    Dim  P1  As  New PointF(20 , 50)                          ' 定义一个点
    g1.DrawString(myString , myFont1 , myBrush1 , P1) ' 用第一种格式在窗体上输出文本
    g1.DrawString(myString , myFont2 , myBrush2 , 20 , 80)    ' 用第二种格式输出文本
    g1.DrawString(myString , myFont2 , myBrush3 , Rect1)      ' 用第三种格式输出文本
End Sub
```

程序运行启动后，当单击“开始”按钮后界面如图9-8所示。

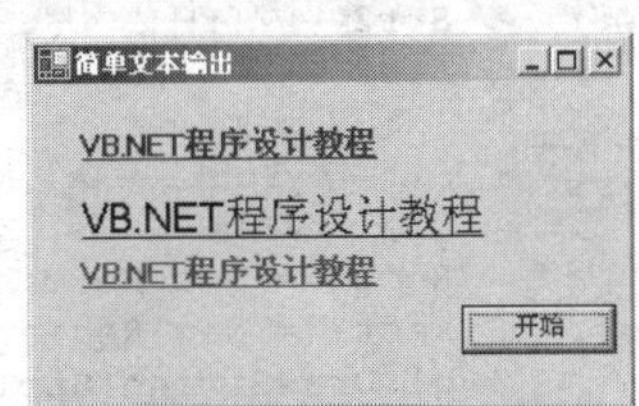

图9-8 输出不同格式文本

9.5.2 格式文本输出

格式文本输出也是用DrawString方法来输出文本。与简单文本输出相同，它也有3种使用调用方法：

语法：

```
DrawString( 字符串, 字体对象 , 刷子, 点 , 格式 )
DrawString( 字符串, 字体对象 , 刷子, X , Y , 格式 )
DrawString( 字符串, 字体对象 , 刷子, 矩形 , 格式 )
```

从上面的语法格式中可以看出，在输出格式文本的DrawString方法的参数中，多了一个“格式”参数，该参数的类型是StringFormat类。可以利用StringFormat类型的对象来定义文本的输出格式。

1. 文本对齐

要使输出的文本在矩形内对齐，可以通过StringFormat类的两个属性来设置。

（1）Alignment属性

Alignment属性用来指定文本在矩形内的对齐方式，其取值类型为StringAlignment枚举，该枚举包含3个成员值，用来指定3种对齐方式，见表9-9。

表9-9　StringAlignment枚举类型的成员

枚举成员	对齐方式
Center	居中
Far	右对齐
Near	左对齐

（2）LineAlignment属性

LineAlignment属性用来指定每行文本在矩形内的对齐方式，其取值类型与Alignment属性的取值类型相同。

组合使用上面的两个属性，可以使文本在矩形内按指定的对齐方式显示。要使用对齐方式的属性，需先定义一个StringFormat类型的对象。例如，定义文本对齐方式为居中，每行也居中显示，代码如下：

```
Dim  MySF  As  New  StringFormat()
MySF.Alignment = StringAlignment.Center
MySF.LineAlignment = StringAlignment.Center
```

2. 文本排列方向

要指定输出文本的排列方向，可以通过StringFormat对象的FormatFlags属性来设置。FormatFlags属性的取值类型为StringFormatFlags枚举，表9-10列出了该枚举的部分成员值。

表9-10　StringFormatFlags枚举类型的成员

枚举成员	排列方向
DirectionRightToLeft	指定文本从右到左排列
DirectionVertical	指定文本垂直排列

例如，定义文本为垂直排列方向，代码如下：

```
Dim  MySF  As  New  StringFormat()
MySF.FormatFlags = StringFormatFlags.DirectionVertical
```

【例9.5】分别采用水平和垂直方式输出古诗文。

新建一个项目，在窗体中放一个按钮，在按钮的单击（click）事件中编程，程序代码如下：

```
Private Sub Button1_Click(ByVal sender As System.Object, ByVal e As _
                              System.EventArgs)  Handles Button1.Click
    Dim  g1  As Graphics
    g1 = Me.CreateGraphics()                              ' 把窗体设置为Graphics对象
    Dim  Rect1, Rect2  As  RecTangleF                     ' 声明矩形结构变量
    Dim  myBrush1  As  New  SolidBrush (Color.Blue)      ' 定义一个蓝色刷子
    Dim  MySF  As  New  StringFormat()                    ' 声明格式对象
    MySF.Alignment = StringAlignment.Center               ' 水平对齐
    MySF.LineAlignment = StringAlignment.Center
    Dim  Str1  As  String = "登鹳雀楼"
    Dim  Str2  As  String
    Str2 = "白日依山尽，"  & vbCrLf & "黄河入海流。"  & vbCrLf
    Str2 & =  "欲穷千里目，"  & vbCrLf & "更上一层楼。"
    ' 定义两种字体
    Dim  myFont1  As  New  Font ("宋体" , 18 , FontStyle. Bold, GraphicsUnit.Point)
    Dim  myFont2  As  New  Font ("幼圆" , 14 , FontStyle. Bold, GraphicsUnit.Point)
    Rect1 = New RecTangleF(10 , 50 , 200 , 140)           ' 定义矩形结构(输出诗文)
    Rect2 = New RecTangleF(12 , 20 , 200 , 70)            ' 定义矩形结构(输出标题)
    g1.DrawString(Str1 , myFont1 , myBrush1 , Rect2 , MySF )  ' 输出标题文本
    g1.DrawString(Str2 , myFont2 , myBrush1 , Rect1 , MySF )  ' 输出诗文文本
    MySF.FormatFlags = StringFormatFlags.DirectionVertical    ' 垂直排列
    Dim  P1  As  New  PointF(230 , 100)                       ' 定义标题起点
    Dim  P2  As  New  PointF(290 , 100)                       ' 定义诗文起点
    g1.DrawString(Str1 , myFont1 , myBrush1 , P1 , MySF )     ' 输出标题文本
    g1.DrawString(Str2 , myFont2 , myBrush1 , P2 , MySF )     ' 输出诗文文本
End Sub
```

程序运行启动后，当单击“开始”按钮后界面如图9-9所示。

程序分析：

• 程序中用到了回车换行控制符vbCrLf，功能说明见表9-11。

• 程序中分别用两个矩形输出水平格式的标题和诗文。垂直方式的标题和诗文采用第一种格式的DrawString方法来输出。

3. 制表位

当需要按指定的位置输出文本时，就可以用制表位来调整文本的位置，而不是用空格来调整。制表位的功能类似于键盘上的“Tab”键。

制表位可以用StringFormat对象的SetTabStops方法来设置，该方法的语法格式如下：

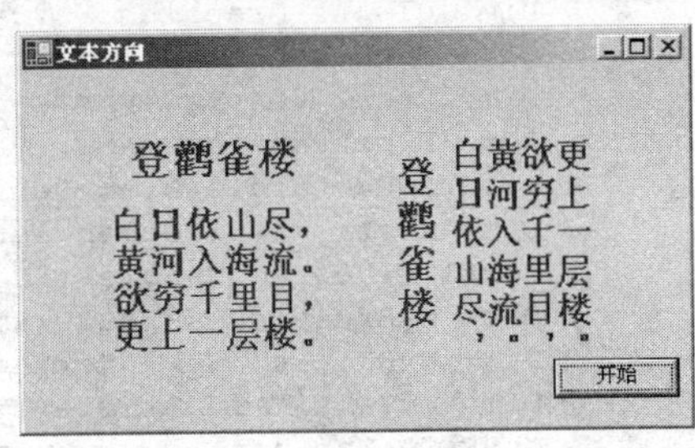

图9-9　水平和垂直方式输出文本

语法：

```
SetTabStops( 偏移量, 制表位 )
```

说明：

1）偏移量：Single类型，指定文本行的开头与第一个制表位之间的空格数。

2）制表位：Single类型的数组，指定制表位之间的距离（空格数）。

例如，下面代码先定义一个StringFormat对象，然后用SetTabStops方法来设置制表位，代码如下：

```
Dim  MySF  As  New  StringFormat()
Dim  tabs  As  Single() = {100 , 80 , 80 , 80}
MySF.SetTabStops(0, tabs)
```

在上面例子中，指定了要输出的文本行与第一个制表位之间的空格数为0（偏移量），制表位之间的空格数分别为100、80、80、80，即要输出的文本分5列显示，第一列和第二列之间的距离为100，其后的各列之间的距离为80。

定义了制表位后，不仅要使文本内容按制表位有规则地排列显示，还要在文本的适当位置插入制表符，插入的制表符与SetTabStops方法定义的制表位相对应。VB.NET中，ControlChars模块提供了多个控制符，见表9-11。其中，制表符是通过ControlChars的成员Tab（或vbTab常数）来指定的，表9-11中的常数可以在程序中的任何地方使用。

当调用输出和显示方法时，可以在输出的文本中用表9-11中的常数或成员来代替实际的值。例如：

```
Dim  S1  As  String
S1 = "数学" & ControlChars.Tab & "语文" & ControlChars.CrLf
```

上面的语句定义了一个字符串，包含两个子字符串、一个Tab字符、一个回车换行符，它与下面使用字符常数的语句等价：

```
S1 = "数学" & vbTab & "语文" & vbCrLf
```

表9-11　ControlChars模块成员

成　员	字符常量	等效字符	说　明
CrLf	vbCrLf	Chr(13) + Chr(10)	回车/换行
Cr	vbCr	Chr(13)	回车符
Lf	vbLf	Chr(10)	换行符
NewLine	vbNewLine	Chr(13) + Chr(10)	新行符
NullChar	vbNullChar	Chr(0)	值为0的字符
n/a	vbNullString	值为0的字符串	用于调用外部过程。与0长度字符串不同
Tab	vbTab	Chr(9)	Tab字符
Back	vbBack	Chr(8)	退格字符
Quote	无	Chr(34)	单（或双）引号字符

【例9.6】利用制表符，在窗体中输出学生的成绩表。

新建一个项目，在窗体中放一个按钮，在按钮的单击事件中编程，程序代码如下：

```
Private Sub Button1_Click(ByVal sender As System.Object, ByVal e As _
                                System.EventArgs)  Handles Button1.Click
    Dim  g1  As Graphics
    g1 = Me.CreateGraphics()                          ' 把窗体设置为Graphics对象
    Dim  Rect2  As New RecTangle(10 , 20 , 340 , 170) ' 定义矩形结构
    Dim  BlackPen  As  New  Pen (Color.Black , 1)     ' 定义一个黑色画笔
    g1.DrawRectangle(BlackPen , Rect2 )               ' 画矩形外框
    Dim  Rect1  As  RecTangleF                        ' 声明矩形结构变量
    Rect1 = New RecTangleF(20 , 20 , 340 , 170)       ' 定义矩形结构(输出成绩表)
    Dim  myBrush1  As  New  SolidBrush (Color.Blue)   ' 定义一个蓝色刷子
    Dim  MySF  As  New  StringFormat()                ' 声明格式对象
    Dim  myTabs  As  Single() = {120 , 120 }          ' 定义制表位
    MySF.SetTabStops( 0 , myTabs )
    ' 定义字体
    Dim  myFont1  As  New  Font ("宋体" , 14 , FontStyle. Bold, _
                                              GraphicsUnit.Point)
    Dim  Str1  As  String                             ' 定义成绩表内容
    Str1 = vbCrLf & vbTab
    Str1 & =  "学生成绩表" & vbCrLf & vbCrLf
    Str1 & =  "姓名" & ControlChars.Tab & _
              "数学" & ControlChars.Tab & _
              "语文" & ControlChars.CrLf & _
              vbCrLf
    Str1 & =  "刘刚" & ControlChars.Tab & _
              "75" & ControlChars.Tab & _
              "80" & ControlChars.CrLf
    Str1 & =  "吴欣" & vbTab & _
              "90" & vbTab & _
              "85" & vbCrLf
    g1.DrawString(Str1 , myFont1 , myBrush1 , Rect1 , MySF ) ' 输出成绩表内容
End Sub
```

程序运行启动后，当单击“开始”按钮后界面如图9-10所示。

图9-10　利用制表符输出格式文本

9.6　图像处理

在实践中，不仅要能够画出图像，还常常要对图像进行处理。图像处理涉及图像的变换、亮度、分辨率、特殊效果等方面。

9.6.1　刷新图像

前面介绍的用Graphics对象绘制图形的例子，都是把窗体或控件本身作为Graphics对象来绘图的。绘制的图像是暂时的，如果当前窗体被切换或被其他窗口覆盖，这些图像就会消失。只有在PictureBox控件中显示的图像才能永久显示。为了使图像永久地显示，一种解决办法是把绘图工作放到Paint事件代码中，这样即可自动刷新图像，然而这种方法只适合显示的图像是固定不变的情况。而实际应用中，往往要求在不同情况下画出的图是不同的，用Paint事件就不方便了。

要实现画出的图像能自动刷新，另一种解决方法是直接在窗体或控件的Bitmap对象上绘制图形，而不是在Graphics对象上画图。Bitmap对象非常类似于Image对象，它包含的是组成图像的像素。可以建立一个Bitmap对象，并在其上绘制图像后，再将其赋给窗体或控件的Bitmap对象，这样绘出的图就能自动刷新，不需用程序来重绘图像。

例如，定义一个Bitmap对象，将其赋给窗体的BackgroundImage属性：

```
Dim  bmp  As  Bitmap                        ' 声明一个Bitmap类型变量
bmp = New Bitmap(Me.Width , Me.Height)      ' 设置图像的尺寸，创建空的位图
Me.BackgroundImage = bmp                    ' 赋给窗体的BackgroundImage属性
```

然后，就要在Bitmap对象上画图，这还需要借助于Graphics对象提供的丰富的画图方法。因此，将

从Bitmap对象创建一个Graphics对象，之后就可以在Graphics对象上画图，也就是在Bitmap对象上画图，代码如下：

```
Dim  g  As  Graphics
g = Graphics.FromImage(bmp)                          ' 从bmp对象创建一个Graphics对象
g.Clear(Me.BackColor)                                ' 设置位图的背景色并清除原来的图像
Dim  BlackPen  As  New  Pen (Color.Black , 2)        ' 定义一个黑色画笔
g.DrawLine(BlackPen, 20 , 20 , 20 , 100)             ' 画一条线
```

使用上面的代码画出的图像，无论怎样切换窗口，图像始终不会消失，永久显示。

9.6.2 图形变换

在计算机图形学中，有三类变换：缩放、平移、旋转。在VB.NET中，Graphics对象提供了ScaleTransform、TranslateTransform、RotateTransform三种方法，可以实现缩放、平移、旋转变换。

1. 图形缩放

缩放图形是通过Graphics对象的ScaleTransform方法来实现的，语法格式如下：

语法：

```
Graphics对象名.ScaleTransform( 横向因子 , 纵向因子)
```

说明：

1）Graphics对象名：已创建的Graphics对象名，可以是合法的VB.NET变量名。

2）横向因子：横向缩放系数，Single类型值。如果值小于1，则图形在水平方向上被缩小；如果大于1，则图形在水平方向上被放大。

3）纵向因子：纵向缩放系数，Single类型值。如果值小于1，则图形在垂直方向上被缩小；如果大于1，则图形在垂直方向上被放大。

例如，g是一个已经创建的Graphics对象，且尚未绘制图像，将该图像水平方向放大2倍，垂直方向缩小1倍，代码如下：

```
g.ScaleTransform( 2.0 , 0.5)                    ' 缩放图像
```

2. 图形平移

图形平移是通过Graphics对象的TranslateTransform方法来实现的，语法格式如下：

语法：

```
Graphics对象名.TranslateTransform( 横向位移 , 纵向位移)
```

说明：

1）Graphics对象名：已创建的Graphics对象名，可以是合法的VB.NET变量名。

2）横向位移：Single类型值，指定横向位移分量，以当前坐标系统为单位。如果值大于0，则图形向右平移；如果小于0，则图形向左平移。

3）纵向位移：Single类型值，指定纵向位移分量，以当前坐标系统为单位。如果值大于0，则图形向下平移；如果小于0，则图形向上平移。

例如，g是一个已经创建的Graphics对象，且尚未绘制图像，将该图像向左平移40个单位，向下平移50个单位，代码如下：

```
g.TranslateTransform( -40 , 50)                 ' 平移图像
```

3. 图形旋转

旋转图形是通过Graphics对象的RotateTransform方法来实现的，语法格式如下：

语法：

```
Graphics对象名.RotateTransform( 旋转角度)
```

说明：

1）Graphics对象名：已创建的Graphics对象名，可以是合法的VB.NET变量名。

2）旋转角度：旋转度数，Single类型值。角度的度量是以坐标原点为圆心，通常是图像的左上角，正表示按顺时针方向旋转，负表示按逆时针方向旋转。

例如，g是一个已经创建的Graphics对象，且尚未绘制图像，将该图像逆时针旋转30.5°，代码如下：

```
    g.RotateTransform( -30.5 )                                ' 旋转图像
```

上面介绍了图形变换的三种基本方法。注意，每次调用这些方法时，图形的变换会被累积。例如分别两次平移变换，相当于两次平移总和。

【例9.7】利用三种图形变换方法，实现绘制嵌套正方形。每次将正方形缩小一定尺寸并旋转一定的角度。

新建一个项目，在窗体的单击事件中编程，程序代码如下：

```
Private Sub Form1_Click(ByVal sender As System.Object, ByVal e As _
                          System.EventArgs)  Handles Button1.Click
   Dim  bmp  As  Bitmap                              ' 声明一个Bitmap类型变量
   bmp = New Bitmap(Me.Width , Me.Height)            ' 设置图像的尺寸，创建空的位图
   Me.BackgroundImage = bmp                          ' 赋给窗体的BackgroundImage属性
         Dim G As Graphics
         G = Graphics.FromImage(bmp)                 ' 从bmp对象创建一个Graphics对象
         G.Clear(Me.BackColor)                       ' 设置位图的背景色并清除原来的图像
         Dim pts(3) As PointF
         Dim i, angle As Integer
         angle = 90
         For i = 0 To 3                              ' 建立正方形的4个顶点
               pts(i).X = 100 * Math.Cos(angle * Math.PI / 180)
               pts(i).Y = 100 * Math.Sin(angle * Math.PI / 180)
               angle += 90
         Next
         G.TranslateTransform(Me.Width / 2 , Me.Height / 2)' 平移正方形到窗口中央
         For i = 1 To 40
               G.DrawPolygon(Pens.Black , pts)             ' 画正方形
               G.RotateTransform(9)                        ' 旋转正方形
               G.ScaleTransform(0.92 , 0.92)               ' 缩小正方形
         Next
End Sub
```

程序运行启动后，当单击窗体后界面如图9-11所示。

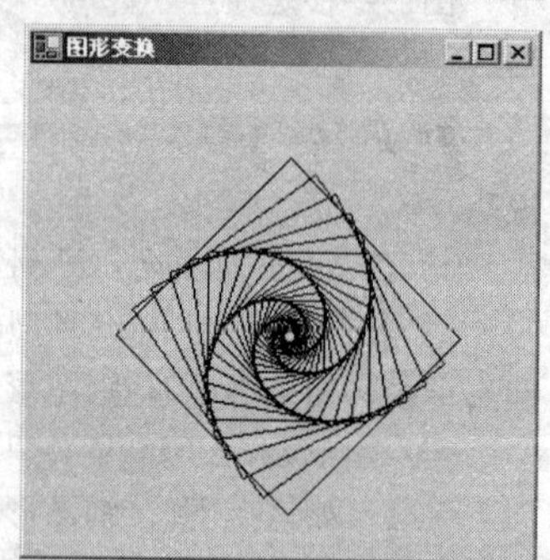

图9-11 嵌套正方形

程序分析：

- 此程序用Bitmap对象来画图，保持图像的永久显示。
- 为方便计算，将正方形的中心设在（0,0）位置，为了在窗体中心显示，利用程序代码“G.TranslateTransform (Mc. Width / 2, Me.Height / 2)”将图形平移到窗体中心。
- 语句Math.Cos是调用Math命名空间中的Cos数学余弦函数，若没有在模块中引入Math命名空间，则可采用此方法来调用数学函数。
- 为了产生如图9-11的效果，共画了40个正方形，每次缩小0.92倍，顺时针旋转9°。

9.6.3 特殊效果

每个图像都可以看做颜色值组成的像素，每个像素的值由一个或多个二进制位组成。黑白图像的每个像素由一个比特（bit）构成，256色的彩色图像的每个像素由一个字节构成，而24位真彩色图像的每个像素由三个字节组成，红、绿、蓝三种颜色分别保存在一个字节中。各种图像效果处理，例如浮雕、柔化、反转等特殊效果，实际上就是对图像中的像素值进行数学运算处理，有些处理算法简单，而有些就较复杂。

VB.NET中，当位图图像装入PictureBox对象或控件中，就可以使用Bitmap对象的GetPixel方法来获得每个像素的颜色值。GetPixel方法返回的是Color类型的数据，利用Color对象的R、G、B方法可获得颜色的各分量值。所有的图像处理算法都是先获得像素的颜色值，然后按一定的规则计算出该像素的新的颜色值，这个新值可以通过Bitmap对象的SetPixel方法写回到位图中。

使用Bitmap对象的GetPixel方法的语法格式如下：

语法：

Bitmap对象名.GetPixel(X, Y)

说明：

1）Bitmap对象名：已创建的Bitmap对象名，可以是合法的VB.NET变量名。

2）X和Y：像素坐标的水平和垂直分量，Single类型值。

GetPixel方法返回的是Color类型的数据。例如，假设g是一个已经创建的Bitmap对象，若要读取坐标点（2，2）的颜色值，代码如下：

```
Dim  p1  As  Color                                    ' 声明Color类型的变量
p1 = g.GetPixel( 2 , 2 )                              ' 读取像素的颜色值
```

使用Bitmap对象的SetPixel方法的语法格式如下：

语法：

Bitmap对象名.SetPixel(X, Y, 颜色)

说明：

1）Bitmap对象名：已创建的Bitmap对象名，可以是合法的VB.NET变量名。

2）X和Y：像素坐标的水平和垂直分量，Single类型值。

3）颜色：Color类型，指定要设置的颜色值。

SetPixel方法是将像素的颜色值设置为Color所指定的值。例如，假设g是一个已经创建的Bitmap对象，若要将坐标点（2，2）的红、绿、蓝三种颜色分别设置为（100,60,80），代码如下：

```
g.SetPixel( 2 , 2 , Color.FromArgb(100,60,80) )              ' 设置像素的颜色值
```

上面代码中用利用Color对象的FromArgb方法，返回一个Color类型的值，方法中的3个参数分别代表红、绿、蓝三种颜色值。

基于上述基本技术的知识，下面将介绍几种常用的图像特殊效果的处理方法。

1. 浮雕

在图像中烘托图形的边缘，淡化平淡区就产生浮雕效果。要实现浮雕效果，可以用像素及其相邻像素之间的差值来替换该像素的值。对于图像中的边缘，差值较大，产生的效果变得比较突出，而对于图像中的平坦部分，差值很小，接近于0，图像会变得很黑而看不清，因此，在算法中给每个差值加上一个常数，使图像整体变亮。

【例9.8】 在图片框中显示图像并实现浮雕效果图。

新建一个项目，在窗体中放一个按钮和一个图片框，图片框的SizeMode属性设置为AutoSize，在按钮的单击事件中编程，程序代码如下：

```
Private Sub Button1_Click(ByVal sender As System.Object, ByVal e As _
                          System.EventArgs)  Handles Button1.Click
    Dim  i , j  As  Integer
    Dim  r , g , b  As  Integer
    Dim  bmp  As  New  Bitmap (PictureBox1.Image)        ' 定义一个bitmap对象
    PictureBox1.Image = bmp                              ' 指定图片框的图像属性
    Dim  tmpbmp  As  New  Bitmap (PictureBox1.Image)     ' 定义一个临时bitmap对象
    ' 浮雕处理
    With tmpbmp
       For i = 0 to .Height-2                            ' 按Y坐标循环
          For j = 0 to .Width-2                          ' 按X坐标循环
              Dim p1 , p2  As  Color
```

```
                p1 = .GetPixel ( j , i )                    ' 获得点( j , i )的颜色值
                p2 = .GetPixel ( j+1 , i+1 )        ' 获得点( j+1 , i+1 )的颜色值
                ' 分别计算相邻像素的红、绿、蓝色差值并加上128，若超过255则取值为255
                r = Math.Min(Math.Abs(Cint(p1.R) - Cint(p2.R) + 128) , 255)
                g = Math.Min(Math.Abs(Cint(p1.G) - Cint(p2.G) + 128) , 255)
                b = Math.Min(Math.Abs(Cint(p1.B) - Cint(p2.B) + 128) , 255)
                bmp.SetPixel(j,i,Color.FromArgb(r,g,b)) ' 设置点( j , i )的新颜色值
            Next j
        Next i
    End With
End Sub
```

程序运行启动后，原始图像效果如图9-12a所示，当单击“开始”按钮后浮雕效果如图9-12b所示。

a) 原始图像

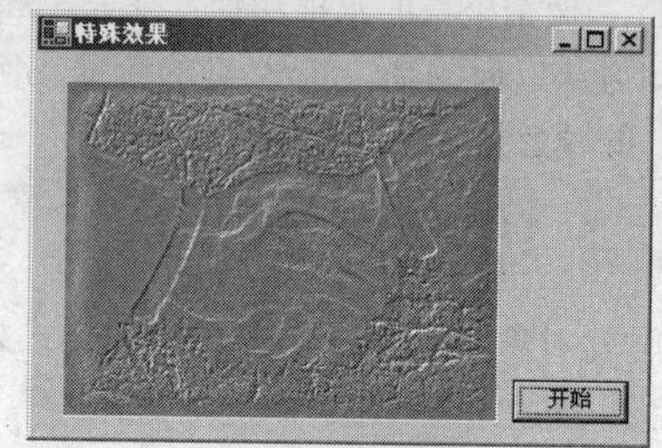

b) 浮雕效果

图9-12 浮雕特效

程序分析：

- 程序采用两重循环来遍历图像中的所有像素（除最右一列和最下面一行），图像的像素矩阵大小由图片框的Width和Height确定。
- 在内循环中计算像素的差值，利用对角相邻元素来计算差值。
- 语句块“With tmpbmp ... End With”的作用是简化代码，在块中出现的“.GetPixel”等语句表示调用tmpbmp对象的方法。
- 语句Math.Min是调用Math命名空间中的Min数学最小值函数，若没有在模块中引入Math命名空间，则可采用此方法来调用数学函数。

2. 柔化

柔化后图像比原图更柔和，有点像降低图像的对比度效果。要实现柔化，可以用像素周围相邻像素的平均值作为该像素的新值，即可减少像素间的差别，从而达到柔化效果。例如，相邻像素的范围可以取为3×3像素块，计算平均值时，用像素块的9个像素计算平均。若要增加柔化效果，可取较大的像素块。

【例9.9】在图片框中显示图像并实现柔化效果图。

新建一个项目，在窗体中放一个按钮和一个图片框，图片框的SizeMode属性设置为AutoSize，在按钮的单击事件中编程，程序代码如下：

```
Private Sub Button1_Click(ByVal sender As System.Object, ByVal e As _
                              System.EventArgs) Handles Button1.Click
    Dim  i , j , m , n  As  Integer
    Dim  r , g , b  As  Integer
    Dim  bmp  As  New  Bitmap (PictureBox1.Image)          ' 定义一个bitmap对象
    PictureBox1.Image = bmp                                 ' 指定图片框的图像属性
    Dim  tmpbmp  As  New  Bitmap (PictureBox1.Image)      ' 定义一个临时bitmap对象
    ' 柔化处理
    With tmpbmp
        For i = 1 to .Height-2                              ' 按Y坐标循环
            For j = 1 to .Width-2                           ' 按X坐标循环
```

```
            r = 0                                       ' 初始化红颜色值
            g = 0                                       ' 初始化绿颜色值
            b = 0                                       ' 初始化蓝颜色值
            ' 分别计算3×3像素块的红、绿、蓝颜色的平均值
            For m = -1 to 1
               For n = -1 to 1
                   Dim  p1  As  Color
                   p1 = .GetPixel ( j+m , i+n )         ' 获得点( j , i )的颜色值
                   r = r+p1.R
                   g = g+p1.G
                   b = b+p1.B
               Next n
            Next m
            bmp.SetPixel(j,i,Color.FromArgb(r/9,g/9,b/9))      ' 设置点( j , i )
                                                                  的新颜色值
        Next j
     Next i
  End With
End Sub
```

程序运行启动后，原始图像效果如图9-13a所示，当两次单击“开始”按钮，即进行两次柔化处理后，效果如图9-13b所示。

程序分析：

- 程序采用两重循环来遍历图像中所有像素（除位图外围一圈像素外）。
- 计算3×3像素块平均值采用了两重循环来计算，计算每个像素点的平均值前需将各颜色分量值置0。
- 为了保持原始图像，用一个临时bitmap对象“tmpbmp”来保存原始图像像素值，计算后的新值直接赋给图片框中的bitmap对象。

a) 原始图像

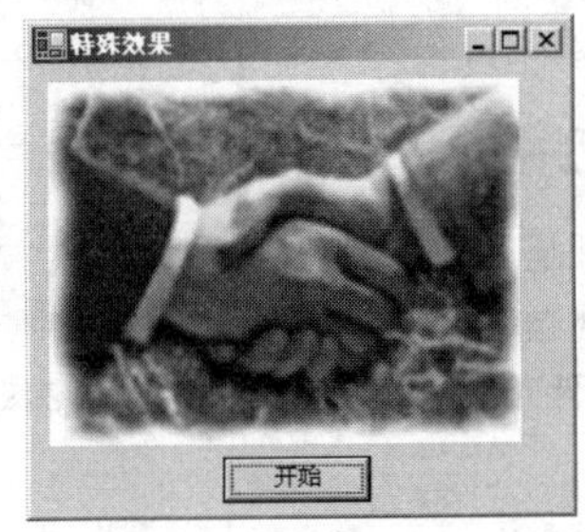

b) 柔化效果

图9-13　柔化特效

3. 反转

反转处理就是将图像中的每个像素的颜色改为其互补色。例如，黑色的互补色为白色，彩色的互补色是将其红、绿、蓝三色分别计算互补色。

【例9.10】在图片框中显示图像并实现反转效果图。

新建一个项目，在窗体中放一个按钮和一个图片框，图片框的SizeMode属性设置为AutoSize，在按钮的单击事件中编程，程序代码如下：

```
Private Sub Button1_Click(ByVal sender As System.Object, ByVal e As _
                          System.EventArgs)  Handles Button1.Click
    Dim  i , j  As  Integer
    Dim  r , g , b  As  Integer
    Dim  bmp  As  New  Bitmap (PictureBox1.Image)        ' 定义一个bitmap对象
    PictureBox1.Image = bmp                              ' 指定图片框的图像属性
    Dim  tmpbmp  As  New  Bitmap (PictureBox1.Image)     ' 定义一个临时bitmap对象
```

```
    ' 反转处理
    With tmpbmp
       For i = 0 to .Height-1                              ' 按Y坐标循环
           For j = 0 to .Width-1                           ' 按X坐标循环
              Dim  p1  As  Color
              p1 = .GetPixel ( j , i )                     ' 获得点( j , i )的颜色值
              ' 分别计算像素的红、绿、蓝色的反转值
              r = 255- p1.R                                ' 反转红色值
              g = 255-p1.G                                 ' 反转绿色值
              b = 255-p1.B                                 ' 反转蓝色值
              bmp.SetPixel(j,i,Color.FromArgb(r,g,b))      ' 设置点( j , i )的新颜色值
           Next j
       Next i
    End With
End Sub
```

程序运行启动后，原始图像效果如图9-14a所示，当单击“开始”按钮后反转效果如图9-14b所示。

程序分析：

- 程序采用两重循环来遍历图像中所有像素。
- 在内循环中计算像素各颜色分量的反转值。

a) 原始图像

b) 反转效果

图9-14 反转特效

9.7 多媒体应用

前面介绍的都是对静态图像的处理功能，在VB.NET中还提供了一些多媒体控件和引用，利用这些控件，可以处理视频、音频等媒体，从而方便地建立多媒体应用程序。本节主要介绍Windows Media Player控件，该控件用于播放音频、视频等多媒体信息。另外也简单介绍My.Computer. Audio对象的多媒体功能。

9.7.1 使用Windows Media Player控件

Windows Media Player控件是VB.NET 2008中最常用的播放多媒体的控件，使用之前要求Windows操作系统中已安装了Windows Media Player播放器。Windows Media Player控件只能播放AVI、WAV、MP3、DAT类型的文件，并且与操作系统安装的Windows Media Player播放器的设置相关。Windows Media Player控件使用一套高级的与设备无关的命令来控制多媒体设备，它的常用属性见表9-12。

表9-12 Windows Media Player控件常用属性

属 性	说 明
URL	获取多媒体文件名（含路径）
Ctlcontrols	对象属性，可实现对多媒体文件的控制方法。如Play、Stop、Pause等
CurrentPosition	获取多媒体文件当前的播放进度
Duration	获取当前多媒体文件的播放总时间

在默认状态下，VS.NET 2008的工具箱中没有这个控件，需要将它添加到工具箱中。下面结合实例介绍Windows Media Player控件的使用方法。

【例9.11】用Windows Media Player控件设计一个MP3播放器。

1）启动VB.NET，建立一个“Windows应用程序”项目。

2）将Windows Media Player控件添加到工具箱。

默认情况下工具箱中没有Windows Media Player控件，需要手工将其添加进去。方法是：将鼠标移动到工具箱上，使工具箱自动弹开；在工具箱上单击鼠标右键，在弹出菜单上选择“选择项”，打开如图9-15所示的“选择工具箱项”窗口，在“COM组件”选项卡中找到“Windows Media Player”并勾选，单击“确定”按钮，则在“工具箱”中多了一个Windows Media Player控件图标，如图9-16所示。

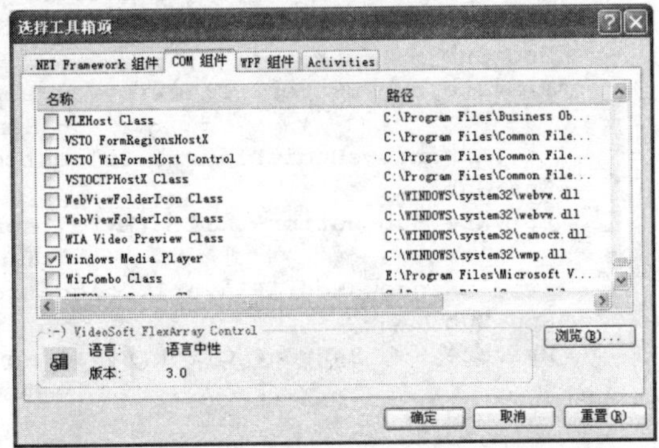

图9-15　添加Windows Media Player工具箱项

3）在窗体中添加控件。

在窗体上添加一个Windows Media Player控件、一个打开文件对话框、一个Label标签、一个文本框和4个命令按钮，效果如图9-17所示。从图9-17中可以看出，Windows Media Player控件本身有一组标准按钮，分别是后退、定位、快进、播放、停止、上一个、下一个、静音、音量。当媒体文件被装入，这些按钮会根据当前状态自动使能。窗体上各控件的属性设置见表9-13。

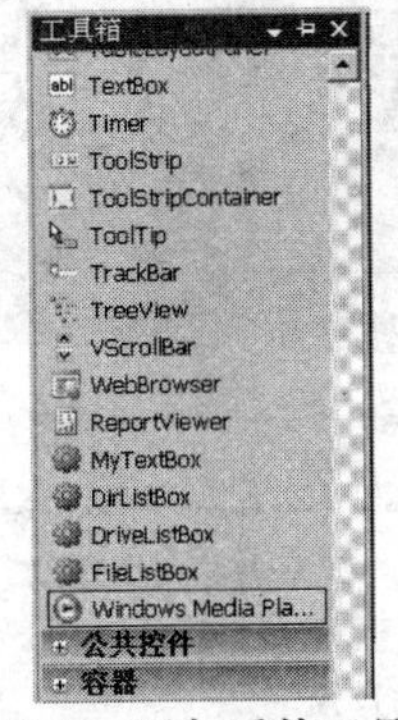

图9-16　添加后的工具箱

图9-17　窗体设计

表9-13　窗体及控件属性表

对象	对象名	属性名	属性值
Form	Form1	Text	多媒体应用示例
OpenFileDialog	OpenFileDialog1		
AxWindowsMediaPlayer	AxWindowsMediaPlayer1		
Label	Label1	Text	MP3文件：
TextBox	TextBox1	Text	
Button	Button1	Text	浏览
Button	Button2	Text	播放
Button	Button3	Text	停止
Button	Button4	Text	退出

4）编写各按钮的功能代码。

“浏览”按钮的功能是调用打开文件对话框，选择MP3媒体文件，为Windows Media Player控件装入要播放的文件，并将文件名放入文本框中。单击“播放”按钮即开始播放打开的MP3文件；单击“停止”按钮将停止播放MP3文件；而“退出”按钮的功能是结束程序运行。下面给出四个按钮的单击事件代码：

```
Private Sub Button1_Click(ByVal sender As Object, ByVal e As EventArgs) _
```

```
                              Handles Button1.Click
    OpenFileDialog1.Title = "打开MP3文件"
    OpenFileDialog1.Filter = "mp3 文件 (*.mp3)|*.mp3|所有文件 (*.*)|*.*"
    If OpenFileDialog1.ShowDialog() = System.Windows.Forms.DialogResult.OK Then
        TextBox1.Text = OpenFileDialog1.FileName
        AxWindowsMediaPlayer1.URL = TextBox1.Text              ' 装入MP3
    End If
End Sub
Private Sub Button2_Click(ByVal sender As Object, ByVal e As EventArgs) _
                              Handles Button2.Click
    AxWindowsMediaPlayer1.Ctlcontrols.play()                   ' 播放
End Sub
Private Sub Button3_Click(ByVal sender As Object, ByVal e As EventArgs) _
                              Handles Button3.Click
    AxWindowsMediaPlayer1.Ctlcontrols.stop()                   ' 停止播放
End Sub
Private Sub Button4_Click(ByVal sender As Object, ByVal e As EventArgs) _
                              Handles Button4.Click
    End
End Sub
```

5）运行程序。

程序运行后，单击“浏览”按钮可显示打开文件对话框，选择一个MP3媒体文件并确定后，单击“播放”按钮，Windows Media Player控件就开始播放选择的媒体文件，其效果见图9-18。播放过程中，Windows Media Player控件的相应按钮被自动激活，播放完毕又回到初始状态。

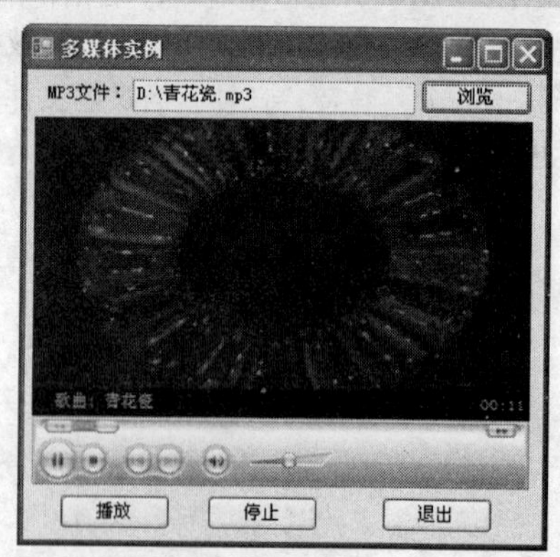

图9-18　打开并播放MP3媒体文件后的效果

9.7.2　使用My.Computer.Audio对象

在VB.NET 2008中，除了Windows Media Player控件外，还可以使用My.Computer.Audio对象来播放声音。My.Computer.Audio对象提供了一些播放WAV声音文件的方法，如表9-14所示。

表9-14　My.Computer.Audio对象常用方法

方　法	说　明
Play	播放 .wav 声音文件。此方法仅用于非服务器应用程序
PlaySystemSound	播放系统声音。此方法仅用于非服务器应用程序
Stop	停止在后台播放声音。此方法仅用于非服务器应用程序

表中的Play方法播放声音的语法格式如下：

语法：

```
My.Computer.Audio.Play(wavFileName,AudioPlayMode)
```

说明：

1）wavFileName：要播放的WAV声音文件名。

2）AudioPlayMode：播放模式，枚举成员值参见表9-15。

例如，使用 My.Computer.Audio.Play 方法播放声音文件和应用程序资源中的声音，并等待其结束，代码如下：

```
My.Computer.Audio.Play("E:\mp3\美丽的神话.mp3 ", AudioPlayMode.WaitToComplete)
```

当在后台循环播放声音时，应用程序可以执行其他代码。例如，在后台循环播放声音的调用代码如下：

```
My.Computer.Audio.Play("E:\mp3\美丽的神话.mp3 ", AudioPlayMode. BackgroundLoop)
```

表9-15　AudioPlayMode枚举成员值

成员名称	说　明
Background	使My.Computer.Audio.Play方法在后台播放声音。该调用代码继续执行
BackgroundLoop	使My.Computer.Audio.Play方法在后台播放声音，直至调用 My.Computer.Audio.Stop 方法为止。该调用代码继续执行
WaitToComplete	使My.Computer.Audio.Play方法播放声音，并等待，直至该方法完成后调用代码才可继续执行

若在后台播放声音，但不循环播放，其调用方法如下：

```
My.Computer.Audio.Play("E:\mp3\美丽的神话.mp3 ", AudioPlayMode. Background)
```

注意：

- 通常，应用程序在播放后台声音时，最终应停止声音的播放（调用My.Computer.Audio.Stop方法即可）。

9.8 综合应用

在应用程序开发过程中，图形图像的应用也是很经常的事。下面就设计一个画图工具模仿Windows系统自带的画图工具。

【例9.12】设计一个画图工具应用程序，运行后界面效果如图9-19所示。

图9-19　画图工具运行结果

1. 界面设计

新建一个Windows窗体应用程序，将窗体Form1调整到适当大小，在窗体Form1中添加1个Panel、1个PictureBox和1个StatusStrip控件，在Panel控件中分别放入3个GroupBox，3个GroupBox控件中再分别放入9个Button、5个Button和7个Button控件，添加1个ColorDialog控件。在StatusStrip控件中添加1个ToolStripStatusLabe，界面的设计可参考图9-19。

2. 属性设置

StatusStrip控件中的ToolStripStatusLabe1的Text属性设置为空值，画图工具中控件属性的设置如表9-16所示。其中GroupBox1、GroupBox2和GroupBox3分组框中包含的按钮控件的属性设置如表9-17、表9-18和表9-19所示。

表9-16　窗体和控件属性设置

对象	对象名	属性名	属性值
Form	Form1	Text	画图工具
PictureBox	PictureBox1	BackColor	White
		Dock	Fill
		BorderStyle	Fixed3D
GroupBox	GroupBox1	Text	工具
	GroupBox2	Text	宽度
	GroupBox3	Text	颜色
Panel	Panel1	Dock	Right

表9-17　“工具”分组框中按钮控件属性设置

对象名	属性名	属性值
Button1	Image，Tag	表示铅笔的图片，0
Button2	Image，Tag	表示直线的图片，1
Button3	Image，Tag	表示空心椭圆的图片，2
Button4	Image，Tag	表示填充椭圆的图片，3
Button5	Image，Tag	表示空心矩形的图片，4
Button6	Image，Tag	表示填充矩形的图片，5
Button7	Image，Tag	表示橡皮擦的图片，6
btnNew	Image	表示新建的图片
btnExit	Image	表示退出的图片

表9-18　“宽度”分组框中按钮控件属性设置

对象名	属性名	属性值
Button9	Image，Tag，FlatStyle	表示宽度为1的直线图片，1，Flat
Button10	Image，Tag，FlatStyle	表示宽度为2的直线图片，2，Flat
Button11	Image，Tag，FlatStyle	表示宽度为3的直线图片，3，Flat
Button12	Image，Tag，FlatStyle	表示宽度为4的直线图片，4，Flat
Button13	Image，Tag，FlatStyle	表示宽度为5的直线图片，5，Flat

表9-19　“颜色”分组框中按钮控件属性设置

对象名	属性名	属性值
Button14	BackColor，FlatStyle	Control，Flat
Button15	BackColor，FlatStyle	Red，Flat
Button16	BackColor，FlatStyle	Yellow，Flat
Button17	BackColor，FlatStyle	Green，Flat
Button18	BackColor，FlatStyle	Black，Flat
Button19	BackColor，FlatStyle	Blue，Flat
Button20	BackColor，FlatStyle，Text	Control，Flat，C

3. 程序代码设计

定义画图的起点终点、选择的图形枚举、画笔的宽度和图形类别枚举的代码如下：

```
Private g As Graphics
Private pStart, pEnd As Point              '定义画图的起点终点
Private ChoiceGraph As Integer             '所选择图形枚举
Private penWidth As Integer                '画笔宽度
Private Enum mySelected                    '图形类别枚举
    Pencil                                 '铅笔
    Line                                   '直线
    Ellipse                                '空心椭圆
    FillEllipse                            '填充椭圆
    Rec                                    '空心矩形
    FillRec                                '填充矩形
    Eraser                                 '橡皮擦
End Enum
```

窗体加载的事件代码：

```
Private Sub Form1_Load(ByVal sender As Object, ByVal e As System.EventArgs) _
                              Handles Me.Load
    g = Me.PictureBox1.CreateGraphics
    ChoiceGraph = mySelected.Pencil        '默认选择为铅笔工具
    penWidth = 1                           '初始化画笔宽度

End Sub
```

选择“工具”分组框中工具按钮时，将所选择的按钮的Tag属性值作为所选择图形枚举，事件代码如下：

```
Private Sub btnTool_Click(ByVal sender As System.Object, ByVal e As _
   System.EventArgs) Handles Button7.Click, Button6.Click, Button5.Click, _
             Button4.Click, Button3.Click, Button2.Click, Button1.Click
    ChoiceGraph = CType(sender, Button).Tag
End Sub
```

选择“宽度”分组框中工具按钮时，将所选择的宽度按钮的Tag值设为画笔宽度，事件代码如下：

```
Private Sub btnLine_Click(ByVal sender As System.Object, ByVal e As _
   System.EventArgs) Handles Button9.Click, Button13.Click, Button12.Click, _
                             Button11.Click, Button10.Click
    '把所有按钮的背景色都设为Black
    Me.Button9.BackColor = Color.White
    Me.Button10.BackColor = Color.White
    Me.Button11.BackColor = Color.White
    Me.Button12.BackColor = Color.White
    Me.Button13.BackColor = Color.White
    CType(sender, Button).BackColor = Color.Black      '选中的按钮背景色为黑色
    penWidth = CType(sender, Button).Tag                '选择宽度按钮的Tag值设为画笔宽度
End Sub
```

选择“颜色”分组框中工具按钮时，将所选择的颜色按钮的背景色设置为Button14按钮的背景色，而Button14按钮的背景色作为画笔的颜色，事件代码如下：

```
Private Sub btnColor_Click(ByVal sender As System.Object, ByVal e As System.EventArgs) _
    Handles Button20.Click, Button19.Click, Button18.Click, Button17.Click, _
                             Button16.Click, Button15.Click
    If CType(sender, Button).Text = "C" Then
         If ColorDialog1.ShowDialog = Windows.Forms.DialogResult.OK Then
              Me.Button14.BackColor = ColorDialog1.Color
         End If
    Else
         Me.Button14.BackColor = CType(sender, Button).BackColor
    End If
End Sub
```

添加一个方法，其功能是在画图过程中终点设置在起点的右下方。方法代码如下：

```
Private Sub Change_Point()
    Dim pTemp As Point           '定义临时点
    If pStart.X < pEnd.X Then
         If pStart.Y > pEnd.Y Then
              pTemp.Y = pStart.Y
              pStart.Y = pEnd.Y
              pEnd.Y = pTemp.Y
         End If
    End If
    If pStart.X > pEnd.X Then
         If pStart.Y < pEnd.Y Then
              pTemp.X = pStart.X
              pStart.X = pEnd.X
              pEnd.X = pTemp.X
         End If
         If pStart.Y > pEnd.Y Then
              pTemp = pStart
              pStart = pEnd
              pEnd = pTemp
         End If
    End If
End Sub
```

当单击鼠标时记录起点坐标，其事件代码如下：

```
Private Sub PictureBox1_MouseDown(ByVal sender As System.Object, ByVal e As _
        System.Windows.Forms.MouseEventArgs) Handles PictureBox1.MouseDown
    If e.Button = Windows.Forms.MouseButtons.Left Then
                                        '如果单击鼠标左键，则将当前点坐标赋给起始点
        pStart.X = e.X
        pStart.Y = e.Y
    End If
End Sub
```

当单击鼠标左键并移动时，如果选择的是铅笔则画出鼠标移动的轨迹，如果选择的是橡皮擦，则擦除鼠标移动的轨迹。事件代码如下：

```
Private Sub PictureBox1_MouseMove(ByVal sender As System.Object, ByVal e As _
        System.Windows.Forms.MouseEventArgs) Handles PictureBox1.MouseMove
    ToolStripStatusLabel1.Text = "X:" & e.X.ToString() & " Y:" & e.Y.ToString()
    If e.Button = Windows.Forms.MouseButtons.Left Then
        Select Case ChoiceGraph
            Case mySelected.Pencil           '选择的是铅笔
                Dim pen1 As New Pen(Button14.BackColor, penWidth)
                pEnd.X = e.X
                pEnd.Y = e.Y
                g.DrawLine(pen1, pStart, pEnd)
                pStart = pEnd                '将已经绘制的终点作为下一次的绘制的起点
            Case mySelected.Eraser           '选择的是橡皮擦
                Dim myPen As New Pen(Color.White, penWidth)
                                             '定义白色画笔作为擦除效果
                pEnd.X = e.X
                pEnd.Y = e.Y
                g.DrawLine(myPen, pStart, pEnd)
                pStart = pEnd                '将已经绘制的终点作为下一次的绘制的起点
        End Select
    End If
End Sub
```

当弹起鼠标左键时根据所选择的画图工具画出图形，事件代码如下：

```
Private Sub PictureBox1_MouseUp(ByVal sender As System.Object, ByVal e As _
        System.Windows.Forms.MouseEventArgs) Handles PictureBox1.MouseUp
    If e.Button = Windows.Forms.MouseButtons.Left Then
    '如果用户按下的是鼠标左键，记录终点坐标
    pEnd.X = e.X
    pEnd.Y = e.Y
    Select Case ChoiceGraph
        Case mySelected.Line                             '如果选择的是铅笔
            Dim myPen As New Pen(Me.Button14.BackColor, penWidth)
            g.DrawLine(myPen, pStart, pEnd)              '根据起点和终点绘制直线

        Case mySelected.Rec                              '如果选择的是空心矩形
            Change_Point()
            Dim myPen As New Pen(Me.Button14.BackColor, penWidth)
            g.DrawRectangle(myPen, pStart.X, pStart.Y, pEnd.X - pStart.X, _
                                                 pEnd.Y - pStart.Y)

        Case mySelected.FillRec                          '如果选择的是填充矩形
            Change_Point()
            Dim rec As New Rectangle(pStart.X, pStart.Y, pEnd.X - pStart.X, _
                                                 pEnd.Y - pStart.Y)
            Dim sbr As New SolidBrush(Button14.BackColor)
            g.FillRectangle(sbr, rec)
```

```
        Case mySelected.Ellipse                          '如果选择的是空心椭圆
            Change_Point()
            Dim pen1 As New Pen(Button14.BackColor, penWidth)
           g.DrawEllipse(pen1, pStart.X, pStart.Y, pEnd.X - pStart.X, _
                                                   pEnd.Y - pStart.Y)
         Case mySelected.FillEllipse                     '如果选择的是填充椭圆
            Change_Point()
            Dim rec As New Rectangle(pStart.X, pStart.Y, pEnd.X - pStart.X, _
                                                   pEnd.Y - pStart.Y)
            Dim sbr As New SolidBrush(Button14.BackColor)
            g.FillEllipse(sbr, rec)
        End Select
    End If
End Sub
```

“新建”按钮事件代码如下：

```
Private Sub btnNew_Click(ByVal sender As System.Object, ByVal e As _
                                System.EventArgs) Handles btnNew.Click
    PictureBox1.Refresh()                                '刷新
End Sub
```

“退出”按钮事件代码如下：

```
Private Sub btnExit_Click(ByVal sender As System.Object, ByVal e As _
                                System.EventArgs) Handles btnExit.Click
    End
End Sub
```

窗体大小改变事件代码如下：

```
Private Sub Form1_Resize(ByVal sender As Object, ByVal e As System.EventArgs) _
                          Handles Me.Resize g = Me.PictureBox1.CreateGraphics
End Sub
```

程序分析：

- 由于按钮控件太多，在“工具”分组框中根据按钮控件的Tag属性值和枚举类型来确定用户选择的是哪个画图工具，在“宽度”分组框中根据按钮控件的Tag属性值来确定画笔的粗细。

习题

1. VB.NET的绘图功能是通过哪几个命名空间来实现的？
2. 在任何容器中画图，默认的坐标原点（0,0）在什么位置？
3. 利用Paint事件与用CreateGraphics方法来实现画图有何异同？
4. 画图形的基本步骤是什么？
5. 在窗体上输出格式文本的步骤是什么？
6. 编写程序，在窗体上画出10行10列的网格线，要求网格画满整个窗体。
7. 在窗体上利用画椭圆的方法画出重叠的3个椭圆，每个椭圆相差60°。
8. 试编写程序实现当鼠标单击窗体上任何位置，在该位置画出各种随机颜色的实心小球。
9. 试编写程序实现将PictureBox中的图像进行上下或左右翻转处理。翻转处理只要将每个像素值画在需要翻转的位置上即可实现。
10. Windows Media Player控件能播放哪些类型的多媒体文件？
11. 用My Computer Audio对象能播放视频文件吗？

第10章 数据文件

文件操作是程序设计中经常用到的。很多程序将数据保存在文件中，因此对文件的访问是十分重要的。对计算机而言，文件往往存储在诸如磁盘的外部设备中，对文件的操作也常常涉及文件夹的操作。本章将介绍VB.NET对文件和文件夹处理的操作。

10.1 文件概述

在计算机科学技术中，常用“文件”这个术语来表示输入输出操作的对象。所谓“文件”，是指按一定的结构和形式存储在外部设备上的相关数据的集合。例如，用记事本编辑的文档是一个文件，用Word编辑的文档也是一个文件，将其保存到磁盘上就是一个磁盘文件，输出到打印机上就是一个打印机文件。

文件分类的标准有很多，根据文件的存储和访问方式进行分类，可以将文件分为顺序文件、随机文件和二进制文件。

1. 顺序文件

顺序文件（Sequential File）是由一系列ASCII码格式的文本行组成的，每行的长度可以不同。文件中的每个字符都表示一个文本字符或文本格式设置序列（如换行符等）。顺序文件中的数据是按顺序排列的，数据的顺序与其在文件中出现的顺序相同。

顺序文件是最简单的文件结构，它实际上是普通的文本文件，任何文本编辑软件都可以访问这种文件。

早期的计算机存储介质都是采用顺序访问文件的方式，如磁带。由于这种方式不能直接定位到需要的内容，而必须从头顺序读写，直到所需的内容。因此顺序访问文件的读写速度一般很慢，因而顺序文件较适用于有一定规律且不经常修改的数据存储。顺序文件的主要优点是占用空间少，容易使用。

2. 随机文件

随机文件（Random Access File）是以随机方式存取的文件，由一组长度相等的记录组成。在随机文件中，记录包含一个或多个字段（Field），字段类型可以不同，每个字段的长度也是固定的，使用前需事先定好。此外，每个记录都有一个记录号，随机文件打开后，可以根据记录号访问文件中的任何记录，不需像顺序文件那样顺序进行。

随机文件的数据是以二进制方式存储在文件中的。随机文件的优点是数据的存取较为灵活、方便，访问速度快，文件中的数据容易修改。但是随机文件占用的空间较大，数据组织较复杂。

3. 二进制文件

二进制文件（Binary File）是以二进制方式保存的文件。二进制文件可以存储任意类型的数据，除了不假定数据类型和记录长度外，二进制访问类似于随机访问。但是，必须准确地知道数据是如何写入文件的，才能正确地读取数据。例如，如果存储一系列姓名和分数，需要记住第一个字段（姓名）是文本，第二个字段（分数）是数值，否则读出的内容就会出错，因为不同的数据类型有不同的存储长度。

二进制文件占用的空间较小，并且二进制访问方式具有最大的灵活性。二进制存取时，可以定位到文件的任何字节位置，并可以获取任何一个文件的原始字节数据，任何类型的文件都可以用二进制访问方式打开，但是二进制文件不能用普通的文字编辑软件打开。

VB.NET提供了两种操作文件的方法，一是使用常规的文件操作函数（请读者自行查阅相关资料），二是利用System.IO对象模型。下面将介绍利用System.IO对象模型访问文件和文件夹的方法。

10.2 流与System.IO模型

在现实世界中，“流”是气体或液体运动的一种状态。借用这个概念，VB.NET用流（Stream）来表示数据的传输操作，将数据从内存传输到某个载体或设备中，叫做输出流；反之，若将数据从某个载体或设备传输到内存中，叫做输入流。更进一步推广流的概念，可以把与数据传输有关的事物称为流。例如，可以把文件变量叫做流，除了文件流外，还存在网络流、内存流和磁带流等。

VB.NET中对文件的操作就是利用流来完成的。流的输入输出是通过System.IO模型来实现的，该模型提供了大量的类，可以将数据从流中读出或将流中的数据写入文件。

10.2.1 System.IO命名空间的资源

System.IO模型中的资源由System.IO命名空间提供。该命名空间含有对数据流和文件进行同步或异步读写的类、结构和枚举类型，表10-1、表10-2、表10-3分别列出了System.IO命名空间提供的部分常用的类、结构和枚举。

表10-1 System.IO提供的部分类

类 名	说 明
BinaryReader	以二进制形式从流中读取字符串和简单数据类型
BinaryWriter	以二进制形式将字符串和简单数据类型写入流
BufferedStream	用于带缓冲区的流对象，读取或写入另一个流。该类不能被继承
Directory	提供一些静态方法，用来建立、移动、枚举目录或子目录
DirectoryInfo	提供一些实例方法，用来建立、移动、枚举目录或子目录
DirectoryNotFoundException	当访问磁盘上不存在的目录时产生的异常
EndOfStreamException	当试图超出流的末尾进行读操作时引发的异常
ErrorEventArgs	为Error事件提供数据
File	辅助建立文件流（File Stream）对象，同时提供一些静态方法，用来建立、移动、复制、删除或打开文件
FileInfo	辅助建立文件流（File Stream）对象，同时提供一些实例方法，用来建立、移动、复制、删除或打开文件
FileLoadException	当找到一个文件但不能加载时引发的异常
FileNotFoundException	当试图访问磁盘上不存在的文件时引发的异常
FileStream	为文件建立一个流，它支持同步和异步读写操作。对流的操作实际上就是对文件进行操作
FileSystemEventArgs	提供目录事件的数据，这些事件包括修改（Changed）、建立（Created）、删除（Deleted）等
FileSystemWatcher	侦听文件系统更改通知，并在目录或目录中的文件发生更改时引发事件
IOException	发生I/O错误时引发的异常
MemoryStream	用该类可以建立一个流，这个流以内存而不是磁盘或网络连接作为支持存储区
Path	对包含文件或目录路径信息的String实例执行操作，这些操作以交叉平台方式执行
PathTooLongException	当文件名或目录名长度超过系统允许的最大长度时引发的异常
RenamedEventArgs	为重命名（Renamed）事件提供数据
Stream	是一个抽象类，它提供了字节序列的一个普通视图
StreamReader	实现一个TextReader类，使其以一种特定的编码从字节流中读取字符
StreamWriter	实现一个TextWriter类，使其以一种特定的编码向流中写入字符
StringReader	实现一个TextReader类，实现读取字符串
StringWriter	实现一个TextWriter类，实现将信息写入字符串，该信息存储在基础的StringBuilder中
TextReader	抽象类，可读取连续字符序列的阅读器
TextWriter	抽象类，可编写一个有序字符序列的写入器

表10-2 System.IO提供的部分结构

结构名	说 明
WaitForChangedResult	含有关于所发生的更改的信息

表10-3 System.IO提供的部分枚举

枚举名	说 明
FileAccess	定义访问文件的方式
FileAttributes	提供文件和文件夹的属性
FileMode	指定打开文件的方式
FileShare	指定文件的共享方式
NotifyFilters	指定监视文件或文件夹更改的类型
SeekOrigin	指定文件存取时的相对位置
WatcherChangeTypes	可能会发生的文件或文件夹的更改

10.2.2 System.IO命名空间的功能

上面介绍了System.IO命名空间中的成员，其中包括大量的类。利用这些类，可以实现对数据流和文件进行同步/异步读写操作。总的来看，System.IO命名空间提供了如下功能（括号中是提供相应功能的类）：

1）建立、删除、管理文件和文件夹（File和Directory）。

2）监控文件和文件夹的访问操作（FileSystemWatcher）。

3）对流进行单字节字符或字节块的读写操作（SystemReader和SystemWriter）。

4）对流进行多字节字符的读写操作（SystemReader和SystemWriter）。

5）对流进行字符的读写操作（SystemReader和SystemWriter）。

6）对字符串进行字符的读写操作，并允许把字符串作为字符流处理（StringReader和StringWriter）。

7）从一个流中读取数据类型和对象，或将数据类型和对象写入流中（BinaryReader和BinaryWriter）。

8）文件的随机访问（FileStream）。

9）系统性能优化（MemoryStream和BufferedStream）。

10）枚举文件或文件夹的属性（FileAccess、FileMode、FileShare、FileAttributes和DirectoryAttributes）。

11）监控文件或文件夹可能的改变（WatcherChangeTypes）。

12）枚举文件或文件夹可能的改变（ChangedFilters）。

13）指定监控的文件或文件夹（WatcherTarget）。

14）指定文件的相对位置（SeekOrigin）。

注意：

- 所有的流都支持读、写和查找操作（随机访问）。
- MemoryStream类没有缓冲，其数据可以直接写入内存或从内存读取。使用该类可减少应用程序对临时缓冲区或交换文件的需求，但增加了对常规内存的需求。

10.3 文件和文件夹操作

VB.NET提供了Directory和File等几个类，来实现对文件夹和文件进行复制、移动、删除、改名等操作，下面分别介绍文件夹和文件操作相关的类及其用法。而对文件内容的读写操作是通过文件读写的流对象“Stream”来实现的，这部分内容将在10.4节介绍。

10.3.1 文件夹操作

对文件夹操作主要是利用Directory和DirectoryInfo这两个类来实现的，它们都是System.IO命名空间中的成员，因此在使用这两个类之前，需要先引入System.IO命名空间，引入的语句如下：

```
Imports  System.IO                ' 引入System.IO命名空间
```

1. Directory类

Directory类提供了操作文件夹所需的全部方法。由于Directory类提供的方法是共享的，所以不需要先建立对象就可以直接调用它的方法。下面介绍它的常用方法。

（1）CreateDirectory方法

CreateDirectory方法的功能是建立一个新的文件夹，同时返回一个包括新建文件夹信息的DirectoryInfo对象（DirectoryInfo对象在本节后面介绍），调用语法如下：

语法：

```
Directory.CreateDirectory(path)
```

说明：

path：String类型，代表要创建的文件夹的合法路径，可以是绝对路径，也可以是相对路径。

例如，在C盘根文件夹中创建一个名为temp的子文件夹，方法如下：

```
Directory.CreateDirectory( "C:\temp")
```

CreateDirectory方法还可以一次建立多级文件夹，示例如下：

```
Directory.CreateDirectory( "C:\dir1\dir2\dir3" )
```

上面示例将在C盘上建立dir1文件夹，然后在dir1文件夹中建立dir2文件夹，最后在dir2文件夹中建立dir3文件夹。如果指定的路径已存在，这个方法不会建立新文件夹，也不会产生任何异常，而仍会返回一个DirectoryInfo对象，描述已经存在的文件夹信息。

（2）Delete方法

Delete方法的功能是删除指定文件夹及其中的所有文件和子文件夹，调用语法如下：

语法：

```
Directory.Delete(path, force)
```

说明：

1）path：String类型，代表要删除的文件夹的合法路径。

2）force：可选项，Boolean类型，默认为False，表示不删除子文件夹；True表示删除所有子文件夹。

例如，删除C盘根文件夹中的名为temp的空文件夹，方法如下：

```
Directory.Delete( "C:\temp" )
```

若temp文件夹中没有任何文件或子文件夹，即可成功删除temp文件夹，否则将产生异常。如要删除含有子文件夹的文件夹，应使用带force参数的方法，示例如下：

```
Directory.Delete( "C:\ temp" , True )
```

上面示例将删除C盘temp文件夹及其中的所有文件和子文件夹。

注意：

- 若要删除的文件夹不存在，Delete方法将产生异常。

（3）Exists方法

Exists方法的功能是判断指定的文件夹是否存在。若该文件夹存在则返回一个逻辑值True，否则返回False。调用语法如下：

语法：

```
Directory.Exists(path)
```

说明：

path：String类型，代表指定的文件夹的合法路径。 如果指定的文件夹不存在，Directory类的很多方法会失败。因此，在做文件夹操作前，可以先用Exists方法确定文件夹是否存在，示例如下：

```
If Directory.Exists( "C:\temp" ) then Directory.Delete( "C:\ temp" , True )
```

上面示例先判断C盘temp文件夹是否存在，若存在（即Exists方法返回True)，才执行删除文件夹的操作。

（4）Move方法

Move方法的功能是移动指定的整个文件夹到同一个磁盘中的另外一个位置。Move方法具有改名的功能，即将源文件夹移动到目标文件夹指定的位置，不是移动到目标文件夹中，而是将源文件夹名改为目标文件夹名。它的调用语法如下：

语法：

```
Directory.Move(source , destination)
```

说明：

1）source：String类型，代表指定的源文件夹的合法路径。

2）destination：String类型，代表指定的目标文件夹的合法路径。

例如，将C盘根文件夹中的名为temp的子文件夹移动到“C:\”中，并改名为dir1，方法如下：

```
Directory.Move( "C:\temp" , "C:\dir1" )
```

上面示例执行的结果是把temp文件夹移动到C盘dir1文件夹中。如果目标和源文件夹不是同一个磁盘，将产生异常。例如：

```
Directory.Move( "C:\temp" , "D:\" )                    ' 出错
```

另外，如果目标文件夹已存在，也将产生异常。例如，若C盘中已存在dir1文件夹，执行下面语句将产生异常：

```
Directory.Move( "C:\temp" , "C:\dir1" )                ' 出错
```

（5）GetLogicalDrives方法

GetLogicalDrives方法的功能是返回一个字符串数组，其中包括当前计算机中所有逻辑驱动器的名字，每个驱动器名是形如“C:\”的字符串。调用语法如下：

语法：

```
Directory.GetLogicalDrives()
```

例如，下面示例获得本机所有逻辑驱动器的名字，将其存放到字符串数组myDrv中，并将数组中所有元素放到一个组合框combobox1中：

```
Dim  myDrv() , x  As  String
myDrv = Directory.GetLogicalDrives()
For Each x In myDrv
       ComboBox1.Items.Add(x)
Next x
```

（6）GetDirectories方法

GetDirectories方法的功能是返回一个字符串数组，其中包括指定文件夹中的所有子文件夹的完整路径名字，不包括子文件夹中的子文件夹名。调用语法如下：

语法：

```
Directory.GetDirectories(path , pattern)
```

说明：

1）path：String类型，代表指定的文件夹的合法路径。

2）pattern：可选项，String类型，指定要查找的子文件夹名字的搜索通配符。

例如，下面示例获得C盘dir1文件夹中的所有子文件夹的名字，将其存放到字符串数组myDrv中：

```
Dim  myDrv()  As  String
myDrv = Directory.GetDirectories("c:\dir1")
```

上例中，GetDirectories方法会重新指定数组的大小，并填充整个数组，所以不需要指定数组的上界。GetDirectories方法还可以使用通配符，获得符合条件的子文件夹名。例如，要获得C:\WinNT下所有名字中包含“system”的子文件夹名，使用下面的语句：

```
Dim myDrv()  As  String
myDrv = Directory.GetDirectories("c:\WinNT" , "*system*")
```

上面示例将返回形如“C:\WinNT\System32”、“C:\WinNT\System”等的子文件夹名。

注意：

- 若path指定的文件夹不存在，GetDirectories方法将产生异常。

(7) GetFiles方法

GetFiles方法的功能是返回一个字符串数组，其中包括指定文件夹中的所有文件的完整路径名，但不包括子文件夹中的文件名。调用语法如下：

语法：

```
Directory.GetFiles(path, pattern)
```

说明：

1) path：String类型，代表指定的文件夹的合法路径。

2) pattern：可选项，String类型，指定要查找的文件名的搜索通配符。

例如，下面示例获得C盘dir1文件夹中的所有文件名，将其存放到字符串数组myFiles中：

```
Dim  myFiles()  As  String
myFiles = Directory.GetFiles("c:\dir1")
```

GetFiles方法还可以使用通配符，获得符合条件的文件名。例如，要获得C:\WinNT下所有扩展名为ini的文件名，使用下面的语句：

```
Dim  myFiles ()  As  String
myFiles = Directory.GetFiles("c:\ WinNT" , " *.ini ")
```

注意：

- 若path指定的文件夹不存在，GetFiles方法将产生异常。

(8) GetFileSystemEntries方法

GetFileSystemEntries方法的功能是返回一个字符串数组，其中包括指定文件夹中的所有子文件夹和文件的完整路径名，但不包括子文件夹中的文件夹和文件名。该方法实际是GetDirectories和GetFiles方法返回的数组的总和。其调用语法如下：

语法：

```
Directory.GetFileSystemEntries(path, pattern)
```

说明：

1) path：String类型，代表指定的文件夹的合法路径。

2) pattern：可选项，String类型，指定要查找的文件夹和文件名字的搜索通配符。

例如，下面示例获得C盘dir1文件夹中的所有文件夹和文件的名字，将其存放到字符串数组myFiles中：

```
Dim  myFiles()  As  String
myFiles = Directory.GetFileSystemEntries("c:\dir1")
```

GetFileSystemEntries方法也可以使用通配符，获得符合条件的文件夹和文件名。例如，要获得C:\WinNT下所有包含“system”的文件夹和文件名，使用下面的语句：

```
Dim  myFiles ()  As  String
myFiles = Directory.GetFileSystemEntries ("c:\ WinNT" ,  "*system*")
```

若要列举C:\WinNT下所有的文件夹和文件名，可以使用下面的语句：

```
Dim  myFiles ()  As  String
For Each myFiles In Directory.GetFileSystemEntries ("c:\ WinNT" )
   Console.WriteLine(myFiles)            ' 在输出窗口显示文件夹或文件名
Next
```

GetFileSystemEntries返回的是一个字符串数组，要区分每一个字符串是表示文件还是文件夹，可以使用Directory或File对象的Exists方法来判断。

注意：

• 若path指定的文件夹不存在，GetFileSystemEntries方法将产生异常。

除了前面介绍的方法，Directory对象还有其他的一些方法，见表10-4。读者可查阅资料或在线帮助，了解它们的功能和用法。

表10-4 Directory提供的其他方法

方法名	说明	方法名	说明
GetCurrentDirectory	返回当前目录的路径	SetCreationTime	设置或修改目录创建时间
SetCurrentDirectory	设置或更改当前目录的路径	GetLastAccessTime	获得文件最后访问时间
GetDirectoryRoot	返回指定路径的根目录	SetLastAccessTime	设置或修改文件最后访问时间
GetParent	返回指定目录的父目录对象	GetLastWriteTime	获得文件最后修改时间
GetCreationTime	获得目录创建时间	SetLastWriteTime	设置或修改文件最后修改时间

2. DirectoryInfo类

DirectoryInfo和Directory类很相似，它也提供了操作文件夹所需的全部方法。它们的区别在于使用方法不同，Directory对象方法可以直接调用，而DirectoryInfo对象在使用前，需要先建立该对象的一个实例，然后才能调用DirectoryInfo提供的方法。

创建DirectoryInfo对象的一个实例是通过调用它的构造函数来实现的，语法如下：

语法：

```
Dim 对象名 As New DirectoryInfo (path)
```

说明：

1）对象名：代表要创建的DirectoryInfo对象的名称。

2）path：String类型，代表指定的文件夹的合法路径。

例如，下面语句创建了一个关于C盘根文件夹的DirectoryInfo对象：

```
Dim  di  As  New  DirectoryInfo("c:\")
```

DirectoryInfo类的大多数方法与Directory类相同，下面介绍几个不同的方法。

（1）CreateSubDirectory方法

CreateSubDirectory方法的功能是在当前实例所指定的文件夹下建立一个新的文件夹，同时返回一个DirectoryInfo对象来代表新的了文件夹，调用语法如下：

语法：

```
对象名.CreateSubDirectory(path)
```

说明：

path：String类型，代表要创建的文件夹的合法路径，可以是多级子文件夹。

例如，在C盘根文件夹中创建一个名为temp的子文件夹，方法如下：

```
Dim  di  As  New  DirectoryInfo("c:\")
di.CreateSubDirectory( "temp" )
```

CreateSubDirectory方法的还可以一次建立多级文件夹，示例如下：

```
Dim  di  As  New  DirectoryInfo("c:\")
di.CreateSubDirectory( "dir1\dir2\dir3" )
```

上面示例将在C盘上建立dir1文件夹，然后在dir1文件夹中建立dir2文件夹，最后在dir2文件夹中建立dir3文件夹，同时返回一个DirectoryInfo对象，代表新建文件夹信息。如果指定的路径已存在，这个方法不会建立新文件夹，也不会产生任何异常。

（2）GetFileSystemInfos方法

GetFileSystemInfos方法的功能是返回一个FileSystemInfo对象数组，数组中的每个元素都是当前实例所表示的文件夹中的文件和子文件夹。调用语法如下：

语法：

对象名.GetFileSystemInfos(pattern)

说明：

pattern：可选项，String类型，指定要查找的文件夹和文件名字的搜索通配符。

例如，获取C盘根文件夹中所有文件和子文件夹对象，方法如下：

```
Dim  di  As  New  DirectoryInfo("c:\")
Dim  itemsInfo()  As  FileSystemInfo
ItemsInfo = di.GetFileSystemInfos()
```

GetFileSystemInfos方法还可以使用通配符，获得符合条件的对象。例如，要获得C:\WinNT下所有包含“system”的文件夹和文件对象，使用下面的语句：

```
Dim  di  As  New  DirectoryInfo("c:\WinNT")
Dim  itemsInfo()  As  FileSystemInfo
ItemsInfo = di.GetFileSystemInfos("*system*")
```

关于FileSystemInfo对象的常用属性，见表10-5，读者可查阅资料或在线帮助，了解它的详细用法。

表10-5 FileSystemInfo的常用属性

属性名	说明	属性名	说明
Name	表示文件或文件夹的名字	LastAccessTime	表示文件或文件夹的最后访问时间
FullNmae	表示文件或文件夹的完整名字（含路径）	LastWriteTime	表示文件或文件夹的最后修改时间
Extension	表示文件的扩展名	Attributes	表示文件或文件夹的属性
CreationTime	表示文件或文件夹的创建时间		

如果要区分是文件还是文件夹，可以判断FileSystemInfo对象的Attributes属性是否为文件夹（是否等于FileAttribute枚举的Directory值），是则为文件夹，否则就是文件。代码如下：

```
Dim  di  As  New  DirectoryInfo("c:\")
Dim  i  As  Integer
Dim  itemsInfo()  As  FileSystemInfo
itemsInfo = di.GetFileSystemInfos("*system*")
i = 1
If itemsInfo(i).Attributes And FileAttributes.Directory Then
    ' 是文件夹
Else
    ' 是文件
End If
```

注意：

- DirectoryInfo的GetFileSystemInfos方法和Directory的GetFileSystemEntries方法有些类似，但是GetFileSystemInfos返回的是FileSystemInfo对象数组，而GetFileSystemEntries方法返回的是字符串数组。

10.3.2 文件操作

对文件操作主要是利用File和FileInfo这两个类来实现的，它们都是System.IO命名空间中的成员。因此在使用这两个类之前，需要先引入System.IO命名空间。

1. File类

File类提供了操作文件的方法，其中包括复制、移动、打开、关闭文件等方法。File类有些方法的使用与Directory类相同，表10-6列出了相同的方法，这里就不再赘述。

表10-6　File类与Directory类相同的方法

方法名	方法名	方法名
GetCreateTime GetLastAccessTime GetLastWriteTime	SetCreateTime SetLastAccessTime SetLastWriteTime	Exists

File类有一些方法与Directory类的用法不同，也有一些特有的方法。下面分别介绍这些方法。

（1）Create方法

Create方法的功能是建立并打开一个新文件，同时返回指向该文件的Stream流对象，可以利用这个Stream对象对打开的文件进行读写操作，有关读写文件的操作在10.4节介绍。Create方法的调用语法如下：

语法：

```
File.Create(path, bufferSize)
```

说明：

1）path：String类型，代表要创建的文件的完整路径，可以是绝对路径，也可以是相对路径。

2）bufferSize：可选项，Integer类型，指定该文件的缓冲区大小（字节）。

例如，在C盘根文件夹中创建一个名为myfile.dat的文件，返回一个名为ss的Stream流对象，方法如下：

```
Dim ss As Stream
ss = File.Create( "C:\myfile.dat" )
```

Create方法还可以在创建文件的同时指定文件的缓冲区大小。例如，在C盘根文件夹中创建一个名为myfile.dat的文件，并指定了该文件的缓冲区为4 096字节，示例如下：

```
Dim ss As Stream
ss = File.Create( "C:\myfile.dat" , 4096)
```

注意：

• 用File类的Create方法创建文件时，如果指定的文件已存在，那么该文件会被新文件替代，新文件将打开并可以读写，而且是以独占方式打开的，其他程序只能在文件被关闭后才能访问它。

在有些情况下，用File类的Create方法创建文件时会发生异常，表10-7列出了各种可能导致的异常类型。

表10-7　Create方法可能导致的异常类型

异常类型	发生条件
SecurityException	调用者没有所需权限
ArgumentException	Path是一个零长度字符串，仅包含空白，或者包含一个或多个无效字符
ArgumentNullException	Path为空引用（即为nothing）
PathTooLongException	Path的长度超过了系统定义的最大长度
DirectoryNotFoundException	Path指定的目录不存在
IOException	创建文件时发生了I/O错误
UnauthorizedAccessException	Path指定了一个只读文件
NotSupportedException	Path字符串中包含一个冒号（:）

（2）CreateText方法

CreateText方法类似于Create方法，它的功能是建立并打开一个新文本文件，同时返回指向该文件的StreamWriter流对象，StreamWriter对象也类似于Stream对象，但它只能用于文本文件的读写操作，而Stream对象可以用于文本文件和二进制文件读写操作。CreateText方法的调用语法如下：

语法：

```
File.CreateText(path)
```

说明：

path：String类型，代表要创建的文本文件的完整路径，可以是绝对路径，也可以是相对路径。

例如，在C盘根文件夹中创建一个名为myfile.txt的文本文件，并返回一个名为sw的StreamWriter流对象，方法如下：

```
Dim sw As StreamWriter
sw = File.CreateText( "C:\myfile.txt" )
```

（3）Copy方法

Copy方法的功能是复制一个文件到新的位置。它的调用语法如下：

语法：

```
File.Copy(source, destination, overwrite)
```

说明：

1）source：String类型，代表源文件的完整路径，可以是绝对路径，也可以是相对路径。

2）destination：String类型，代表目标文件的完整路径，可以是绝对路径，也可以是相对路径。

3）overwrite：Boolean类型，默认为False，表示若文件已存在，不覆盖已有的文件，True表示要覆盖。

例如，将C盘根文件夹中的名为myfile.txt的文件，复制到D:\dir1中，并更名为myfile_bak.txt，若目标文件已存在，则覆盖目标文件，方法如下：

```
File.Copy("C:\myfile.txt" , "D:\dir1\myfile_bak.txt" , true)
```

注意：

- 用File类的Copy方法复制文件时，源和目的路径都必须存在，否则将产生异常。
- Copy方法一次只能复制一个文件，它不支持通配符。

（4）Move方法

Move方法的功能是将指定的文件移动到新的位置，可以使用它来给文件改名，另外它允许在不同的磁盘上移动文件，这与Directory类的Move 方法不同。它的调用语法如下：

语法：

```
File.Move(source, destination)
```

说明：

1）source：String类型，代表源文件的完整路径，可以是绝对路径，也可以是相对路径。

2）destination：String类型，代表要目标文件的完整路径，可以是绝对路径，也可以是相对路径。

例如，将C盘根文件夹中的名为myfile.txt的文件，移动到D:\dir1中，并更名为myfile_new.txt，方法如下：

```
File.Move("C:\myfile.txt" , "D:\dir1\myfile_new.txt" )
```

注意：

- 用File类的Move方法移动文件时，源文件必须存在，否则将产生异常。

（5）Delete方法

Delete方法的功能是删除指定的文件，若文件被打开，将产生异常。它的调用语法如下：

语法：

```
File.Delete(path)
```

说明：

path：String类型，代表要删除的文件的完整路径，可以是绝对路径，也可以是相对路径。

例如，删除C盘根文件夹中的名为myfile.txt的文件，方法如下：

```
File.Delete("C:\myfile.txt" )
```

（6）GetAttributes方法

GetAttributes方法的功能是获得指定文件的属性，该方法返回一个FileAttrubutes对象，该对象包含了文件的所有属性，表10-8列出了文件的各种属性。

表10-8 文件属性

属性值	说明
Archive	文件的存档状态。大多数备份软件使用此属性表示文件是否已经备份过，若是就清除掉该标志
Compressed	文件已压缩
Encrypted	文件是加密的
Hidden	文件是隐藏的
Normal	文件正常，没有为文件设置其他属性。此属性仅在单独使用时有效，不能和其他属性一同使用
NotContentIndexed	操作系统的内容索引服务不会创建次文件的索引
Offline	文件已脱机，文件中的数据不能立即供使用
ReadOnly	文件是只读的
SparseFile	文件是稀疏文件。稀疏文件通常是数据为零的大文件
System	文件是系统文件。系统文件一般是操作系统的一部分或由操作系统以独占方式使用的文件
Temporary	文件是临时文件。若不再需要，该文件会由创建它的程序删除

GetAttributes方法的调用语法如下：

语法：

```
File.GetAttributes(path)
```

说明：

path：String类型，指定文件的完整路径，可以是绝对路径，也可以是相对路径。

若要检查一个文件是否包括特定的属性，可以通过将GetAttributes方法的返回值和文件属性的相应枚举值进行与（AND）的操作，操作结果若为True，则表示该文件具有特定的属性，否则表示没有特定的属性。例如，要判断C盘根文件夹中的名为myfile.txt的文件是否为只读文件，方法如下：

```
Dim  fpath  As  String
Fpath - "C:\myfile.txt"
If File.GetAttributes(fpath) And FileAttributes.Readonly Then
    ' 是只读文件
Else
    ' 不是只读文件
End If
```

注意：

• 用File类的GetAttributes方法获得指定文件的属性时，文件必须存在，否则将产生异常。

（7）Open方法

Open方法的功能是打开一个已经存在的文件，并返回一个指向该文件的Stream对象。它的调用语法如下：

语法：

```
File.Open(path, FileMode, FileAccess, FileShare)
```

说明：

1）path：String类型，代表要打开的文件的完整路径，可以是绝对路径，也可以是相对路径。

2）FileMode：可选项，枚举类型，指定文件的打开方式，取值见表10-9。

3）FileAccess：可选项，枚举类型，指定文件的访问权限，取值见表10-10。

4）FileShare：可选项，枚举类型，指定文件的共享方式，取值见表10-11。用来指定当文件打开后，其他程序如何共享此文件。

表10-9 FileMode的取值

取值	说明
Append	打开现有文件并将文件指针移动到文件尾，若文件不存在，就创建该文件。File.Append属性只能同FileAccess.Write一起使用。任何读操作都将引发ArgumentException异常
Create	指定操作系统应创建文件。若文件已存在，它将被改写；若文件不存在，则使用CreateNew来创建
CreateNew	指定操作系统应创建文件。若文件不存在，将引发FileNotFoundException异常
Open	指定操作系统应打开现有文件。若文件不存在，将引发IOException异常
OpenOrCreate	若文件存在，操作系统就打开现有文件；否则，就创建文件
Truncate	指定操作系统应打开现有文件。文件一旦打开，就将被截断为零字节大小。若对该文件进行读写将导致异常

表10-10 FileAccess的取值

取值	说明
Read	对文件进行只读访问。若试图向文件写数据将产生异常
ReadWrite	对文件进行读和写访问。可从文件读数据和向文件写数据
Write	对文件进行写访问。若试图从文件读数据将产生异常

表10-11 FileShare的取值

取值	说明
Inheritable	使文件句柄可由子进程继承
None	拒绝共享当前文件。文件关闭前，本进程再次打开或其他程序试图打开该文件都将产生异常
Read	允许以只读方式共享当前文件。如果未指定此标志，在文件关闭前，若本进程或其他程序试图打开该文件以进行读取的请求都将产生异常
ReadWrite	允许以读写方式共享当前文件。如果未指定此标志，在文件关闭前，若本进程或其他程序试图打开该文件以进行读写的请求都将产生异常
Write	允许以可写方式共享当前文件。如果未指定此标志，在文件关闭前，若本进程或其他程序试图打开该文件以进行写入的请求都将产生异常

例如，以只读方式打开C盘根文件夹中的名为myfile.txt的文件，方法如下：

```
Dim  fstream  As  Stream
fstream  = File.Open( "C:\myfile.txt" , FileMode.Open , FileAccess.Read )
```

上面的语句要求文件必须存在，若文件不存在，要求能创建该文件并以读写方式打开C盘根文件夹中的名为myfile.txt的文件，方法如下：

```
Dim  fstream  As  Stream
fstream  = File.Open( "C:\myfile.txt" , FileMode.OpenOrCreate , _
                                        FileAccess.ReadWrite )
```

（8）OpenRead方法

OpenRead方法的功能是以读方式打开一个已经存在的文件，并返回一个指向该文件的Stream对象，若文件不存在或被打开，将产生异常。它的调用语法如下：

语法：

```
File.OpenRead(path)
```

说明：

path：String类型，代表要打开的文件的完整路径，可以是绝对路径，也可以是相对路径。

OpenRead方法等价于用Open方法的Read访问权限方式打开一个已经存在的文件。例如，以读方式打开C盘根文件夹中的名为myfile.txt的文件，方法如下：

```
Dim  fstream  As  Stream
fstream  = File.OpenRead( "C:\myfile.txt" )
```

（9）OpenWrite方法

OpenWrite方法的功能是以写方式打开一个已经存在的文件，并返回一个指向该文件的Stream对象，若文件不存在或被打开，将产生异常。它的调用语法如下：

语法：

```
File.OpenWrite(path)
```

说明：

path：String类型，代表要打开的文件的完整路径，可以是绝对路径，也可以是相对路径。

OpenWrite方法等价于用Open方法的Write访问权限方式打开一个已经存在的文件。例如，以写方式打开C盘根文件夹中的名为myfile.txt的文件，方法如下：

```
Dim  fstream  As  Stream
fstream  = File.OpenWrite( "C:\myfile.txt" )
```

（10）AppendText方法

AppendText方法的功能是以追加方式打开一个文本文件，可以在这个文件后追加文本，并返回一个指向该文件的StreamWriter对象，若文件不存在，将建立一个新文件并打开。它的调用语法如下：

语法：

```
File.AppendText(path)
```

说明：

path：String类型，代表要打开的文件的完整路径，可以是绝对路径，也可以是相对路径。

例如，以追加方式打开C盘根文件夹中的名为myfile.txt的文本文件，方法如下：

```
Dim  fsw  As  StreamWriter
fsw  = File.AppendText( "C:\myfile.txt" )
```

（11）OpenText方法

OpenText方法的功能是以读方式打开一个已经存在的文本文件，并返回一个指向该文件的StreamReader对象，若文件不存在，将产生异常。它的调用语法如下：

语法：

```
File.OpenText(path)
```

说明：

path：String类型，代表要打开的文件的完整路径，可以是绝对路径，也可以是相对路径。

例如，以读方式打开C盘根文件夹中的名为myfile.txt的文本文件，方法如下：

```
Dim  fsr  As  StreamReader
fsr  = File.OpenText( "C:\myfile.txt" )
```

注意：

- OpenText方法与Open、OpenRead、OpenWrite方法有所不同。OpenText方法可以打开用UTF-8编码的文件、普通ASCII文本和Unicode文本，和该文件相关联的StreamReader对象会在读文件时进行相应的转换，以保证从文件中获得正确的信息。

• OpenText方法的默认编码方式为UTF-8。

2. FileInfo类

FileInfo和File类很相似，它也提供了操作文件所需的全部方法。他们的区别在于使用方法不同，File对象方法可以直接调用，而FileInfo对象在使用前，需要先建立该对象的一个实例，然后才能调用FileInfo提供的方法。

创建FileInfo对象的一个实例是通过调用它的构造函数来实现的，语法如下：

语法：

```
Dim 对象名 As New FileInfo (path)
```

说明：

1）对象名：代表要创建的FileInfo对象的名称。

2）path：String类型，代表指定的完整文件名。

例如，下面的语句创建了一个关于C盘根文件夹中的myFile.txt文件的FileInfo对象：

```
Dim fi As New FileInfo("c:\myFile.txt")
```

注意：

• 创建FileInfo对象实例时，指定的文件必须存在，否则将产生异常。

FileInfo对象提供许多操作文件所需的属性和方法，大多数都和File类的功能相同。它也有一些特殊的属性和方法，简单介绍如下：

（1）Length属性

Length属性返回以字节为单位的文件大小，返回结果为Long类型。File类没有提供类似的属性或方法。

（2）CreationTime、LastAccessTime和LastWriteTime属性

CreationTime属性返回文件建立的时间，LastAccessTime属性返回文件最后一次访问的时间，LastWriteTime属性返回文件最后一次修改的时间。

（3）Name、FullName和Extension属性

Name属性返回文件名，FullName属性返回完整文件名（包括全路径），Extension属性返回文件的扩展名，三个属性值都是String类型。

（4）CopyTo和MoveTo方法

这两个方法的功能分别是复制和移动当前FileInfo实例所代表的文件，类似于File类的Copy和Move方法。CopyTo方法会返回一个FileInfo对象，代表目标文件。调用语法如下：

语法：

```
FileInfo对象名.CopyTo(path, force)
FileInfo对象名.MoveTo(path)
```

说明：

1）path：String类型，代表目标文件的合法路径。

2）force：可选项，Boolean类型，默认为False，表示不覆盖已存在的文件；True表示覆盖已存在的文件。

注意：

• 用MoveTo方法时，若指定的目标文件已存在，将产生异常。

（5）Directory方法

Directory方法返回一个代表文件父目录的DirectoryInfo对象。

（6）DirectoryName方法

DirectoryName方法返回文件父目录的名字字符串。

10.3.3 文件管理控件

在许多应用系统中，当打开文件或将数据存入磁盘时，需要显示和获取磁盘驱动器、文件夹、文件的信息。为此，VB.NET提供了DriveListBox、DirListBox和FileListBox三个控件，分别用于对驱动器、文件夹和文件进行操作。默认情况下，这三个控件并不在标准的控件工具箱中，使用时需要先添加到工具箱中，步骤如下：

1）将鼠标移动到工具箱上，让工具箱自动弹开。

2）在工具箱上单击鼠标右键，在弹出菜单上选择“选择项”，打开如图10-1所示的“选择工具箱项”窗口。

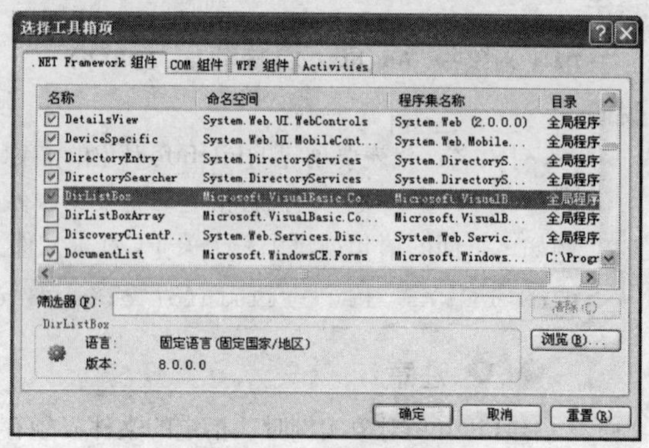

图10-1 选择工具箱项

3）在“.NET Framework组件”选项卡中，勾选DriveListBox、DirListBox和FileListBox三个控件。

4）单击“确定”按钮，即可将这三个控件添加到“工具箱”中。

1. DriveListBox控件

DriveListBox控件主要用于对磁盘驱动器进行操作，使用该控件可以进行驱动器的切换和选择。下面介绍DriveListBox控件的常用属性、事件。

（1）Name属性

Name属性指定DriveListBox控件对象的名字。

（2）Drive属性

Drive属性是在程序运行中所使用的属性，它指示当前选中的驱动器盘符，该属性与DirListBox控件结合使用时，可以指定所在驱动器上的文件夹。

（3）SelectedIndexChanged事件

SelectedIndexChanged事件是DriveListBox控件最常用的事件。当用户在DriveListBox下拉列表框中选择一个驱动器，或者输入了一个合法的驱动器符，或者在程序中给Drive属性赋予一个新的值，即改变了当前驱动器，都会触发Change事件。因此可以在Change事件过程中，用Drive属性来更新文件夹列表框DirListBox中显示的当前文件夹，使驱动器DriveListBox和文件夹列表框DirListBox保持联动。

2. DirListBox控件

DirListBox控件主要用于显示文件夹列表，使用该控件可以对所选择的文件夹进行操作，比如路径的选择和设置当前文件夹。下面介绍DirListBox控件的常用属性、事件。

（1）Namc属性

Name属性指定DirListBox控件对象的名字。

（2）Path属性

Path属性指定当前选中的文件夹的完整路径（包括盘符），该属性与FileListBox控件结合使用时，可以指定所在文件夹中的文件。

（3）ScrollAlwaysVisible属性

ScrollAlwaysVisible属性指定文件夹列表框是否总是有滚动条。

（4）SelectionMode属性

SelectionMode属性指定文件夹列表框中的列表项被选择的方式，可取值如下：

- SelectionMode.None：表示不可选。
- SelectionMode.One：默认值，单选。
- SelectionMode.MultiSimple：可多选。
- SelectionMode.MultiExtended：可多选，可以用Shift 、Ctrl和箭头键选择多项。

（5）Items属性

Items属性返回文件夹列表框中的全部列表项集合。

(6) SelectedItems属性

SelectedItems属性返回文件夹列表框中被选中的全部列表项集合。

(7) SelectedItem属性

SelectedItem属性返回文件夹列表框中当前被选中的列表项。

(8) SelectedIndex属性

SelectedIndex属性返回文件夹列表框中当前被选中的列表项索引号，-1表示没有选择。

(9) SelectedIndexChanged事件

SelectedIndexChanged事件是DirListBox控件最常用的事件之一。当用户在DirListBox列表框中双击一个文件夹，或者在程序中给Path属性赋予一个新的值，都会触发SelectedIndexChanged事件。因此可以在SelectedIndexChanged事件过程中，用Path属性来更新文件列表框FileListBox中显示的当前文件，使文件夹列表框DirListBox和文件列表框FileListBox保持联动。

3. FileListBox控件

FileListBox控件主要用于显示文件列表，使用该控件可以对所选择的文件进行操作。下面介绍FileListBox控件的常用属性、事件。

(1) Name属性

Name属性指定DirListBox控件对象的名字。

(2) Path属性

Path属性指定当前选中的文件的完整路径（包括盘符）。

(3) Pattern属性

Pattern属性指定文件列表框所显示的文件类型。

(4) FileName属性

FileName属性指定文件列表框中被选择的文件名。该属性值与DirListBox的Path属性值合用即可获得当前选择的文件的完整名（含路径）。

(5) Items属性

Items属性返回文件列表框中的全部列表项集合。

(6) SelectedItems属性

SelectedItems属性返回文件列表框中被选中的全部列表项集合。

(7) SelectedItem属性

SelectedItem属性返回文件列表框中当前被选中的列表项。

(8) SelectedIndex属性

SelectedIndex属性返回文件列表框中当前被选中的列表项索引号，-1表示没有选择，0代表第一项。

(9) SelectedIndexChanged事件

SelectedIndexChanged事件是FileListBox控件最常用的事件之一。当用户在FileListBox列表框中选择文件时，会触发SelectedIndexChanged事件。

10.3.4 应用示例

前面介绍了文件对象、文件夹对象、文件管理控件的基本用法，下面举例说明综合应用这些控件和对象的方法。

【例10.1】 利用DriveListBox、DirListBox和FileListBox三种控件，实现驱动器列表框、文件夹列表框和文件列表框保持联动。并能创建、删除、移动文件和文件夹。

1. 界面设计

由一个驱动器列表框（DriveListBox）、一个文件夹列表框（DirListBox）、一个文件列表框（FileListBox）、两个GroupBox和多个标签（Label）、文本框以及命令按钮（Button）组成。表10-12列出了主要的对象及其属性，运行结果如图10-2所示。

表10-12　窗体及控件属性表

对　象	对象名	属性名	属性值
Form	Form1	Text	文件、文件夹操作示例
DriveListBox	DriveListBox1		
DirListBox	DirListBox1		
FileListBox	FileListBox1		
Button	btnNewDir	Text	新建文件夹
	btnMoveDir	Text	移动文件夹
	btnDelDir	Text	删除文件夹
	btnNewFile	Text	新建文件
	btnCopyFile	Text	复制文件
	btnMoveFile	Text	移动文件
	btnDelFile	Text	删除文件
TextBox	txtNewDirName		新建文件夹名
	txtDestDirName		目标文件夹
	txtNewFileName		新建文件名
	txtDestFileName		目标文件

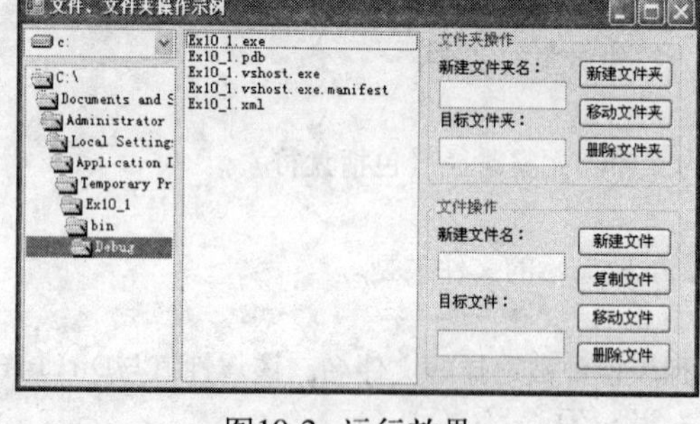

图10-2　运行效果

2. 程序代码设计

为了能够使用File和Directory类提供的方法，应在模块中引入System.IO命名空间。

```
Imports System.IO ' 引入命名空间System.IO
```

要实现驱动器列表框、文件夹列表框和文件列表框保持联动，需分别编写DriveListBox1和DirListBox1的SelectedIndexChanged事件代码，相关的程序如下：

```
Private Sub DriveListBox1_SelectedIndexChanged(ByVal sender As System.Object, _
        ByVal e As  System.EventArgs) Handles DriveListBox1.SelectedIndexChanged
    DirListBox1.Path = DriveListBox1.Drive
End Sub
Private Sub DirListBox1_SelectedIndexChanged(ByVal sender As System.Object, _
        ByVal e As  System.EventArgs) Handles DirListBox1.SelectedIndexChanged
    FileListBox1.Path = DirListBox1.Path
End Sub
```

要实现创建、删除、移动文件夹，需分别编写相应按钮的单击事件代码。具体实现的功能是，在“新建文件夹名”文本框中输入要新建的文件夹名称，单击“新建文件夹”按钮，即可在文件夹列表框中选择的当前文件夹中，创建一个键入的新文件夹；移动文件夹的功能是将文件夹列表框中选择的文件夹，移动到由“目标文件夹”文本框中指定的文件夹；删除文件夹的功能是将文件夹列表框中选择的文件夹删除。相关的程序如下：

创建文件夹程序：

```
Private Sub btnNewDir_Click(ByVal sender As System.Object, ByVal e As _
                              System.EventArgs) Handles btnNewDir.Click
    Dim spath As String
```

```
    spath = DirListBox1.Path
    If txtNewDirName.Text = "" Or spath = "" Then
        MsgBox("请输入要新建的文件夹名！")
    Else
        Directory.CreateDirectory(spath & "\" & txtNewDirName.Text)
    End If
End Sub
```

移动文件夹程序：

```
Private Sub btnMoveDir_Click(ByVal sender As System.Object, ByVal e As _
                             System.EventArgs)  Handles btnMoveDir.Click
    Dim spath As String
    spath = DirListBox1.Path
    If spath = "" Then
        MsgBox("请先选择源文件夹！")
        Exit Sub
    End If
    If txtDestDirName.Text = "" Then
        MsgBox("请输入完整的目标文件夹名！")
        Exit Sub
    End If
    Try
        Directory.Move(spath , txtDestDirName.Text)
        MsgBox("移动文件夹成功！")
    Catch exp As ArgumentNullException
        MsgBox("给定路径无效！")
    Catch exp As System.Security.SecurityException
        MsgBox("调用者无权限！")
    Catch exp As ArgumentException
        MsgBox("给定路径为空或者有非法字符！")
    Catch exp As System.IO.IOException
        MsgBox("目标文件夹已存在或目标与源不在同一卷！")
    End Try
End Sub
```

删除文件夹程序：

```
Private Sub btnDelDir_Click(ByVal sender As System.Object, ByVal e As _
                            System.EventArgs)  Handles btnDelDir.Click
    Dim spath As String
    Dim flg As MsgBoxResult
    spath = DirListBox1.Path
    flg = MsgBox("确实要删除" & spath & "文件夹吗？", MsgBoxStyle.YesNo)
    If flg = MsgBoxResult.Yes Then
        Directory.Delete(spath)
    End If
End Sub
```

对文件实现创建、删除、复制、移动，需分别编写相应按钮的单击事件代码。具体实现的功能是，在“新建文件名”文本框中输入要新建的文件名称，单击“新建文件”按钮，即可在文件夹列表框中选择的当前文件夹中，新建一个键入的新文件；移动文件的功能是将文件列表框中选择的文件，移动到由“目标文件”文本框中指定的文件；复制文件的功能是将文件列表框中选择的文件，复制到由“目标文件”文本框中指定的文件；删除文件的功能是将文件列表框中选择的文件删除。相关的程序如下：

新建文件程序：

```
Private Sub btnNewFile_Click(ByVal sender As System.Object, ByVal e As _
                             System.EventArgs)  Handles btnNewFile.Click
    Dim spath As String
    Dim ss As Stream
    spath = DirListBox1.Path
    If txtNewFileName.Text = "" Or spath = "" Then
        MsgBox("请输入要新建的文件名！")
```

```
    Else
        ss = File.Create(spath & "\" & txtNewFileName.Text)
        ss.Close()
    End If
End Sub
```

移动文件程序：

```
Private Sub btnMoveFile_Click (ByVal sender As System.Object, ByVal e As _
                              System.EventArgs)  Handles btnMoveFile.Click
    Dim spath As String
    spath = DirListBox1.Path
    If FileListBox1.FileName = "" Then
        MsgBox("请先选择源文件！")
        Exit Sub
    End If
    If txtDestFileName.Text = "" Then
        MsgBox("请输入完整的目标文件名！")
        Exit Sub
    End If
    File.Move(spath & "\" & FileListBox1.FileName, txtDestFileName.Text)
End Sub
```

复制文件程序：

```
Private Sub btnCopyFile_Click (ByVal sender As System.Object, ByVal e As _
                              System.EventArgs)  Handles btnCopyFile.Click
    Dim spath As String
    spath = DirListBox1.Path
    If FileListBox1.FileName = "" Then
        MsgBox("请先选择源文件！")
        Exit Sub
    End If
    If txtDestFileName.Text = "" Then
        MsgBox("请输入完整的目标文件名！")
        Exit Sub
    End If
    File.Copy(spath & "\" & FileListBox1.FileName, txtDestFileName.Text)
End Sub
```

删除文件夹程序：

```
Private Sub btnDelFile_Click(ByVal sender As System.Object, ByVal e As _
                              System.EventArgs)  Handles btnDelFile.Click
    Dim spath As String
    Dim flg As MsgBoxResult
    spath = FileListBox1.FileName
    flg = MsgBox("确实要删除" & DirListBox1.Path & "\" & spath & "文件吗？", _
                                                       MsgBoxStyle.YesNo)
    If flg = MsgBoxResult.Yes Then
        File.Delete(DirListBox1.Path & "\" & spath)
    End If
End Sub
```

程序分析：

- 在DriveListBox1的SelectedIndexChanged事件代码中，DirListBox1.Path = DriveListBox1.Drive语句的作用是使驱动器列表框和文件夹列表框保持联动。
- 在DirListBox1的SelectedIndexChanged事件代码中，FileListBox1.Path = DirListBox1.Path语句的作用是使文件夹列表框和文件列表框保持联动。
- 在移动文件夹代码中，使用了Try...Catch...End Try结构来捕获并处理各种异常。

10.4 文件读写操作

上一节介绍的File类对文件进行各种操作，而没有涉及文件内容的操作，本节将介绍如何使用Stream对象来读写文件中的数据。

一般把文件分为文本文件和二进制文件（顺序文件实际上是以二进制方式存储的）。文本文件是按行读写的，而二进制文件没有行的概念，它是按字节读写的。对这两类文件，VB.NET提供了不同的对象进行访问。

在VB.NET中，要读写文件，是通过流（Stream）对象进行的。使用流对象读写文件的基本步骤如下：

1）建立一个流Stream对象。

2）基于创建的流Stream对象，建立流Reader对象读取文件内容。

3）基于创建的流Stream对象，建立流Writer对象向文件写入内容。

要建立一个Stream对象，可以通过上一节介绍的File类的Open和Create方法来建立，也可以利用下面将要介绍的FileStream类来建立。对文件进行读的Reader对象有两种：StreamReader对象用于读文本文件，而BinaryReader对象用于读二进制文件。同样地，对文件写的Writer对象也有两种：StreamWriter对象用于写文本文件，而BinaryWriter对象用于写二进制文件。

10.4.1 文本文件读写

对文本文件进行读写，VB.NET提供了几个对象来完成，下面介绍用FileStream对象、StreamReader对象和StreamWriter对象实现文本文件读写的方法。

1. FileStream类

要进行文件的读写，首先要创建一个关于文件的Stream对象，可以使用FileStream类来创建。用FileStream类创建FileStream流对象的方法如下：

语法：

```
Dim 对象名 As New FileStream(path, FileMode, FileAccess, FileShare)
```

说明：

1）对象名：创建的FileStream对象的变量名。

2）path：String类型，代表要打开的文件的完整路径，可以是绝对路径，也可以是相对路径。

3）FileMode：可选项，枚举类型，指定文件的打开方式，取值见表10-9。

4）FileAccess：可选项，枚举类型，指定文件的访问权限，取值见表10-10。

5）FileShare：可选项，枚举类型，指定文件的共享方式，取值见表10-11。用来指定当文件打开后，其他程序如何共享此文件。

例如，创建一个基于C盘根文件夹中的名为myfile.txt的文件的FileStream对象，以只读方式打开该文件，方法如下：

```
Dim  fstream  As New FileStream( "C:\myfile.txt" , FileMode.Open , _
                    FileAccess.Read )
```

FileStream类有一些常用属性和方法，介绍如下：

（1）Length属性

Length属性获取文件的长度，以字节为单位，它是只读的属性。

（2）Position属性

Position属性可以获取或设置文件流的当前位置。FileStream没有指示已到文件尾的标志，可以通过比较Length和Position属性值是否相等来检查是否已到文件尾。

（3）SetLength方法

SetLength方法的功能是设置文件的长度，调用语法如下：

语法：

```
FileStream.SetLength(NewLength)
```

说明：

NewLength：Long类型，指定文件的长度，单位是字节。

注意：

- 如果NewLength小于文件当前长度，则截断文件；若大于文件当前长度，则扩展文件，但扩展后，新旧长度的文件之间的内容是不确定的。

(4) Seek方法

FileStream类支持通过Seek方法对文件进行随机访问，调用语法如下：

语法：

```
FileStream.Seek( offset , origin )
```

说明：

1) offset：Long类型，指定开始查找的相对于origin的位置，单位是字节。

2) origin：SeekOrigin枚举类型，指定起始参考点。可取值见表10-13。

表10-13 SeekOrigin的取值

取 值	说 明
Begin	指定流的开头
Current	指定流内的当前位置
End	指定流的结尾

(5) Lock方法

Lock方法可锁定文件，防止其他进程访问文件的全部或部分，调用语法如下：

语法：

```
FileStream.Lock( position , length )
```

说明：

1) position：Long类型，指定要锁定范围的起始位置，单位是字节。

2) length：Long类型，指定要锁定的范围，单位是字节。

(6) UnLock方法

UnLock方法可解锁用Lock方法锁定的文件，调用语法如下：

语法：

```
FileStream.UnLock( position , length )
```

说明：

1) position：Long类型，指定要取消锁定范围的起始位置，单位是字节。

2) length：Long类型，指定要取消锁定的范围，单位是字节。

FileStream类也提供了Read、ReadByte和Write、WriteByte方法，可以用来进行文件的简单读写操作，读者可查阅相关资料了解具体用法。

2. StreamReader类

要进行文本文件的读操作，需要创建一个关于文件的StreamReader对象。用StreamReader类的构造方法创建StreamReader对象的方法如下：

语法：

```
Dim 对象名  As New StreamReader(FS, encoding, buffersize)
Dim 对象名  As New StreamReader(path, encoding, buffersize)
```

说明：

1) 对象名：创建的StreamReader对象的变量名。

2) FS：FileStream对象名，代表要进行读操作的文件FileStream对象。

3) path：String类型，代表要打开的文件的完整路径，可以是绝对路径，也可以是相对路径。

4) encoding：可选项，枚举类型，指定文件编码的方式，默认为UTF-8。

5) buffersize：可选项，Integer类型，指定缓冲区的大小。

例如，创建一个可以读取C盘根文件夹中的名为myfile.txt的文件内容的StreamReader对象，需先建立关于该文件的FileStream对象，方法如下：

```
Dim fstream As New FileStream( "C:\myfile.txt" , FileMode.Open , _
                               FileAccess.Read )
Dim sr As StreamReader
sr = New StreamReader(fstream)
```

也可以直接建立和文件关联的StreamReader对象。例如，直接创建一个可以读取C盘根文件夹中的名为myfile.txt的文件内容的StreamReader对象，方法如下：

```
Dim sr As New StreamReader("C:\myfile.txt")
```

StreamReader类还有一些常用方法，介绍如下：

（1）ReadLine方法

ReadLine方法从文件流中读取一行字符，并返回读取的字符串，若到达文件尾，则返回Nothing。ReadLine方法无参数。

例如，创建一个可以读取C盘根文件夹中的名为myfile.txt的文件内容的StreamReader对象，需先建立关于该文件的FileStream对象，方法如下：

```
Dim fstream As New FileStream( "C:\myfile.txt" , FileMode.Open , _
                               FileAccess.Read )
Dim sr As StreamReader
sr = New StreamReader(fstream)
Dim strLine As String
Dim strAll As String
strLine = sr.ReadLine()          ' 读取文件的第一行
strAll = sr.ReadToEnd()          ' 读取文件的全部内容
```

（2）ReadToEnd方法

ReadToEnd方法读取从文件流当前位置到末尾的全部字符，并返回读取的字符串。ReadToEnd方法无参数。

（3）Read方法

Read方法从文件当前位置读取下一个字符或下一组字符，若成功，则返回大于0的整数；若到达文件尾，返回0；若试图读文件尾后的下一个字符，返回-1。

语法：

```
StreamReader.Read(chars, startindex , count )
```

说明：

1）chars：char类型数组，存放读取的字符。

2）startindex：Integer类型，数组起始存放位置的下标。

3）count：Integer类型，从文件当前位置处读取的字符数量。

（4）Close方法

Close方法关闭当前的StreamReader实例并释放关联的资源。Close方法无参数。

3. StreamWriter类

要进行文本文件的写操作，需要创建一个关于文件的StreamWriter对象。用StreamWriter类创建StreamWriter流对象的方法如下：

语法：

```
Dim 对象名 As New StreamWriter( FS , encoding, buffersize)
Dim 对象名 As New StreamWriter(path, append , encoding, buffersize)
```

说明：

1）对象名：创建的StreamWriter对象的变量名。

2）FS：FileStream对象名，代表要进行写操作的文件FileStream对象。

3）path：String类型，代表要写入的文件的完整路径，可以是绝对路径，也可以是相对路径。

4）encoding：可选项，枚举类型，指定文件编码的方式，默认为UTF-8。

5）buffersize：可选项，Integer类型，指定缓冲区的大小。

6）append：可选项，Boolean类型，默认为False，确定是否将数据追加到文件中。若文件已存在，且append为False，则改写文件；若文件已存在，且append为True，则数据追加到文件；若文件不存在，将创建文件。

例如，创建一个可以向C盘根文件夹中的名为myfile.txt的文本文件写入内容的StreamWriter对象，使用默认UTF-8编码格式，方法如下：

```
Dim fstream As New FileStream( "C:\myfile.txt" , FileMode.Open , _
                                          FileAccess.ReadWrite )
Dim sw As StreamWriter
sw = New StreamWriter (fstream)
```

也可以直接建立和文件关联的StreamWriter对象。例如，直接创建一个可以向C盘根文件夹中的名为myfile.txt的文本文件写入内容的StreamWriter对象，使用默认UTF-8编码格式，方法如下：

```
Dim sw As New StreamWriter("C:\myfile.txt")
```

StreamWriter类还有一些常用属性和方法，介绍如下：

（1）NewLine属性

NewLine属性获取或设置StreamWriter对象所使用的行结束符，默认为回车换行符。

（2）AutoFlush属性

AutoFlush属性默认为True，则在调用Write或WriteLine方法后自动将缓冲区中数据写入文件；若为False，需要调用Flush方法才能将数据写入。

（3）Encoding属性

Encoding属性获取StreamWriter对象所使用的字符编码方式。

（4）WriteLine方法

WriteLine方法将字符和行结束符写入缓冲区。调用语法如下：

语法：

```
StreamWriter.WriteLine( str )
```

说明：

str：String类型，要写入文件的字符串。

（5）Write方法

Write方法将字符数组写入缓冲区。调用语法如下：

语法：

```
StreamWriter.Write(chars , startindex , count )
```

说明：

1）chars：char类型数组，存放要写入的字符。

2）startindex ：Integer类型，数组起始下标。

3）count ：Integer类型，写入的字符数量，即数组元素的个数。

（6）Flush方法

Flush方法将缓冲区数据写入文件。Flush方法无参数。

（7）Close方法

Close方法关闭当前的StreamWriter实例并释放关联的资源，在关闭之前，将缓冲区数据写入文件。Close方法无参数。

注意：

- 用StreamWriter向文件写入数据，实际上数据是先写入文件的缓冲区，然后通过调用Flush方法或关闭StreamWriter对象，再将缓冲区中数据写入文件。

10.4.2 二进制文件读写

对二进制文件进行读写，VB.NET提供了BinaryReader对象和BinaryWriter对象实现文件读写的访问。

1. BianryReader类

BinaryReader对象实现从二进制文件读取数据。要用BinaryReader对象提供的方法，需要先创建该对象的一个实例。BinaryReader对象是和FileStream对象相关联的，可以利用BinaryReader类的构造方法创建BinaryReader对象的实例，方法如下：

语法：

```
Dim 对象名 As New binaryReader( FS, encoding)
```

说明：

1）对象名：创建的BinaryReader对象的变量名。

2）FS：FileStream对象名，代表要进行读操作的文件FileStream对象。

3）encoding：可选项，枚举类型，指定BinaryReader对象的编码方式，默认为UTF-8。

例如，创建一个可以读取C盘根文件夹中的名为myfile.dat的二进制文件内容的BinaryReader对象，需先建立关于该文件的FileStream对象，方法如下：

```
Dim fstream As New FileStream( "C:\myfile.dat" , FileMode.Open , _
                                                    FileAccess.Read )
Dim sr As BinaryReader
sr = New BinaryReader(fstream)
```

建立了BinaryReader对象后，就可以使用它提供各种方法来读取二进制文件中不同类型的数据，BinaryReader对象提供的各种方法见表10-14。

表10-14 BinaryReader对象提供的方法

方法	说明
ReadBoolean	从当前流中读取1个字节的Boolean值，并使该流的当前位置前进1字节
ReadByte	从当前流中读取下一个字节，并使该流的当前位置前进1字节
ReadBytes	从当前流中读取count个字节放入字节数组，并使该流的当前位置前进count个字节
ReadChar	从当前流中读取下一个字符， 并根据所使用的encoding和读取的特定字符，使该流的当前位置前进适当个字节
ReadChars	从当前流中读取count个字符放入字符数组， 并根据所使用的encoding和读取的特定字符，使该流的当前位置前进适当个字节
ReadDecimal	从当前流中读取16个字节的十进制数值，并使该流的当前位置前进16字节
ReadSingle	从当前流中读取4个字节的浮点数，并使该流的当前位置前进4字节
ReadDouble	从当前流中读取8个字节的浮点数，并使该流的当前位置前进8字节
ReadInt16	从当前流中读取两个字节的有符号整数，并使该流的当前位置前进2字节
ReadInt32	从当前流中读取4个字节的有符号整数，并使该流的当前位置前进4字节
ReadInt64	从当前流中读取8个字节的有符号整数，并使该流的当前位置前进8字节
ReadSByte	从当前流中读取1个字节的有符号字节，并使该流的当前位置前进1字节
ReadString	从当前流中读取1个字符串，字符串有长度前缀，一次7位地被编码为整数，并使该流的当前位置前进适当个字节。字符串是用BinaryWriter的WriteString方法写入文件中的
ReadUInt16	使用Little Endian编码从当前流中读取两个字节的无符号整数，并使该流的当前位置前进2字节
ReadUInt32	使用Little Endian编码从当前流中读取4个字节的无符号整数，并使该流的当前位置前进4字节
ReadUInt64	使用Little Endian编码从当前流中读取8个字节的无符号整数，并使该流的当前位置前进8字节
Close	关闭当前的BinaryReader对象，并释放关联的资源

使用BinaryReader对象的方法来读取二进制文件，示例如下：

```
Dim fstream As New FileStream( "C:\myfile.dat" , FileMode.Open , _
                                                    FileAccess.Read )
```

```
Dim sr As BinaryReader
sr = New BinaryReader(fstream)
Dim blnX As Boolean
Dim bytX(9) As Byte
Dim chrX As Char
chrX = sr. ReadChar()                          ' 读取一个字符
blnX = sr. ReadBoolean()                       ' 读取一个逻辑值
bytX = sr.ReadBytes(10)                        ' 读取10个字节
```

注意：

- 使用BinaryReader对象来读取二进制文件中的数据时，必须知道数据在文件中的存储格式，比如第一个字节代表一个逻辑值，第二、第三个字节代表一个2字节有符号整数，这样才能正确读出数据，如果读错一个字符，就将导致数据不正常。

2. BianryWriter类

BinaryWriter对象实现向二进制文件写入数据。要用BinaryWriter对象提供的方法，需要先创建该对象的一个实例。BinaryWriter对象也是和FileStream对象相关联的，可以利用BinaryWriter类的构造方法创建BinaryWriter对象的实例，方法如下：

语法：

```
Dim 对象名 As New binaryWriter( FS , encoding )
```

说明：

1）对象名：创建的BinaryWriter对象的变量名。

2）FS ：FileStream对象名，代表要进行写操作的文件FileStream对象。

3）encoding ：可选项，枚举类型，指定BinaryWriter对象的编码方式，默认为UTF-8。

例如，创建一个可以写入C盘根文件夹中的名为myfile.dat的二进制文件内容的BinaryWriter对象，需先建立关于该文件的FileStream对象，方法如下：

```
Dim fstream As New FileStream( "C:\myfile.dat" , FileMode.Open , _
                                            FileAccess.Read )
Dim bw As BinaryWriter
bw = New BinaryWriter(fstream)
```

建立了BinaryWriter对象后，就可以使用它提供几种方法来向二进制文件中写入不同类型的数据，BinaryWriter类提供的各种方法见表10-15。

表10-15 BinaryWriter对象常用的方法

方 法	说 明
Write	写入数据。Write方法有多种形式，与BinaryReader对象的Read方法对应，可以写入各种类型的数据，但不包括Date和Object类型数据
Flush	清理当前所有缓冲区，并使所有缓冲区中的数据写入文件
Seek	设置当前流中的位置
Close	关闭当前的BinaryWriter对象，并释放关联的资源

10.4.3 应用示例

前面介绍了的文件读写的对象的基本用法，下面举例说明综合应用这些对象对文件进行读写操作的方法。

【例10.2】选择一个磁盘中的文本文件，利用StreamReader对象，读取文本文件内容并显示在文本框中，修改显示的文件内容后，再利用StreamWriter对象把文本框中修改后的内容写回到该文件中。

1. 界面设计

由一个显示选择的文件的文本框和一个显示打开的文件内容的多行文本框（TextBox）、一个标签

(Label) 以及三个命令按钮 (Button) 组成，另外，为了能打开一个文件，还要添加一个打开文件对话框控件OpenFileDialog1。表10-16列出了主要的对象及其属性，运行结果界面如图10-3所示。

表10-16 窗体及控件属性表

对 象	对象名	属性名	属性值
Form	Form1	Text	文件读写示例
Label	Label1	Text	请选择要读写的文件：
Button	btnSelFile	Text	选择文件
	btnReadFile	Text	读文件
	btnWriteFile	Text	写文件
TextBox	txtFileName		
	txtContent	MultiLine	True
		ScrollBars	Both
OpenFileDialog	OpenFileDialog1		

2. 程序代码设计

为了能够正确使用StreamReader和StreamWriter类提供的方法，应在模块中引入System.IO命名空间。

```
' 引入命名空间System.IO
Imports System.IO
```

要实现打开一个磁盘上的文本文件，需编写“选择文件”按钮的单击事件代码，在程序中要求选择的文件类型是.txt扩展名的文件，当用户选择了一个文件后，将该文件的完整名显示在显示选择的文件的文本框中，相关的程序如下：

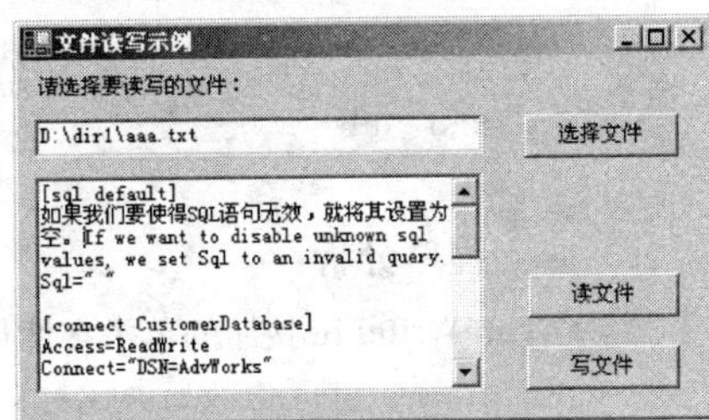

图10-3 文件读写效果

```
Private Sub btnSelFile_Click(ByVal sender As System.Object, ByVal e As _
                            System.EventArgs)  Handles btnSelFile.Click
        OpenFileDialog1.InitialDirectory = "c:\"
        OpenFileDialog1.Filter = "文本文件 (*.txt)|*.txt|所有文件 (*.*)|*.*"
        OpenFileDialog1.FilterIndex = 1                ' 指定*.txt是默认过滤器
        OpenFileDialog1.RestoreDirectory = True
        If OpenFileDialog1.ShowDialog = DialogResult.OK Then
            txtFileName.Text = OpenFileDialog1.FileName
        End If
    End Sub
```

要实现从选择的文件中读取数据，需编写“读文件”按钮的单击事件代码。具体实现的功能是，如果用户选择了一个文件，就用StreamReader对象，从打开的文件中读出全部数据，显示在多行文本框中。程序代码如下：

```
' 读文件
Private Sub btnReadFile_Click(ByVal sender As System.Object, ByVal e As _
                        System.EventArgs)   Handles btnReadFile.Click
      If txtFileName.Text <> "" Then              ' 用户选择了一个文件
         Dim s As FileStream
         Dim fs As FileStream
         fs = New FileStream(txtFileName.Text, FileMode.OpenOrCreate, FileAccess.Read)
         Dim sr As StreamReader
         sr = New StreamReader(fs)
         txtContent.Text = sr.ReadToEnd          ' 读取全部数据放入文本框
         sr.Close()                              ' 关闭StreamReader对象
         fs.Close()                              ' 关闭FileStream对象
        End If
   End Sub
```

要将多行文本框中的内容写回文件，需编写“写文件”按钮的单击事件代码。具体实现的功能是，用StreamWriter对象，以改写方式（不是追加方式）逐行写回文件中。相关的程序如下：

```
' 写文件
Private Sub btnWriteFile_Click(ByVal sender As System.Object, ByVal e As _
                               System.EventArgs) Handles btnWriteFile.Click
    If txtFileName.Text <> "" Then
        Dim i As Integer
        Dim s As String
        Dim fs As FileStream
        fs = New FileStream(txtFileName.Text, FileMode.OpenOrCreate, _
                            FileAccess.ReadWrite)
        Dim sw As StreamWriter
        sw = New StreamWriter(fs)                  ' 以改写方式创建StreamWriter对象
        For i = 0 To txtContent.Lines.Length - 1   ' 循环取多行文本框中的数据行
            s = txtContent.Lines.GetValue(i)       ' 取一行数据
            sw.WriteLine(s)                        ' 将一行数据写入文件缓冲区
        Next i
        sw.Flush()                                 ' 将文件缓冲区数据写入文件
        sw.Close()                                 ' 关闭StreamWriter对象
        fs.Close()                                 ' 关闭FileStream对象
    End If
End Sub
```

程序分析：

- 在btnWriteFile按钮的单击事件代码中，sw = New StreamWriter(fs)语句使用了append参数的默认值为false，表示以改写方式对文件进行写操作。
- 利用多行文本框的Lines.Length属性，可以获得该文本框中文本的行数，而它的Lines.GetValue(i)方法可以获取第i行的文本。

习题

1. 文件有哪几种类型？各有何特点？
2. 对文件夹操作有哪几种对象？使用方法有何区别？
3. 对文件操作有哪几种对象？使用方法有何区别？
4. 使用File类的Create方法创建文件时，什么情况下会产生异常？
5. 文件操作相关的控件有哪些？如何配合使用？
6. 如何读写文本文件的内容？基本操作步骤是什么？
7. 二进制文件可以按行读取数据吗？如何读出二进制文件的内容？
8. 试编写Windows资源管理器界面并实现简单的文件操作功能。
9. 编写程序实现打开任意的文本文件，读出其中内容，判断该文件中某给定关键字出现的次数。
10. 编写程序实现，任意选择两个文本文件，将其中一个文件内容连接在另一个文件内容的后面，生成一个新文本文件并保存到磁盘。

第11章　数据库应用

在应用程序中，对于数据库的访问可以说是必不可少的，因为使用计算机的目的就是处理数据，而出于安全、效率等方面的考虑，重要的数据都会放在数据库中。所以，提供一个便捷、高效的数据库访问方案，对于一个成功的应用程序框架来说是至关重要的。.NET框架对此提供的是ADO.NET，也就是深受欢迎的ADO模型的新一代产品。

对数据库最基本的访问主要就是浏览、添加、修改和删除等操作，在本章中将会用案例来呈现如何应用ADO.NET进行这些操作，同时也会讲解ADO.NET的体系结构，只有真正理解了这个体系，你才能够超越模仿，进入随心所欲的境界。

11.1　数据库概述

数据库如此重要，那么究竟什么是数据库呢？顾名思义，数据库是用来存储数据的。但是文件(如同上一章介绍的)也可以用来存储数据，它们有什么区别呢？应该说，数据库比起文件系统来是要先进一些的，它提供了按照内容快速检索数据的能力，也提供了高度安全的数据访问限制。虽然说数据库中的数据在存储媒介上往往还是以文件的形式存在，但是由于有数据库管理系统管理这些数据，用户见到的只是安全、高效、可以随时查询和修改的数据集合。数据库文件与应用程序文件分开，数据库是独立的，它可以为多个应用程序所使用，以达到数据共享的目的。

数据库管理系统（Database Management System, DBMS）就是一个用来提供数据库服务的软件，这样的软件有很多，本章用到的是微软公司的Access 2007数据库。

Access数据库具有简单易学的特点，特别适合于初学者，它和现在常用的其他数据库如SQL Server、Oracle、Informix等一样，都是关系数据库，可以用二维表格来存储数据信息。一个数据库中可以有多个表格，这些表格设计的原则是尽量减少冗余，并且互相之间通过某些字段可以互相关联。其中，表格的每一行叫做一条记录，每一列叫做一个字段。有些字段可以唯一确定该表中的一条记录，则这些字段就称为该表的主键。

11.2　创建数据库

本小节先介绍如何创建一个实验数据库：XSCJ（学生成绩），下面的章节将在该数据库基础上进行讨论。

1）启动Microsoft Access 2007后，在“新建空白数据库”栏中单击“空白数据库”模板，选择数据库存放路径并输入数据库名为“XSCJ.accdb”，单击“创建”按钮完成数据库的创建，如图11-1所示。

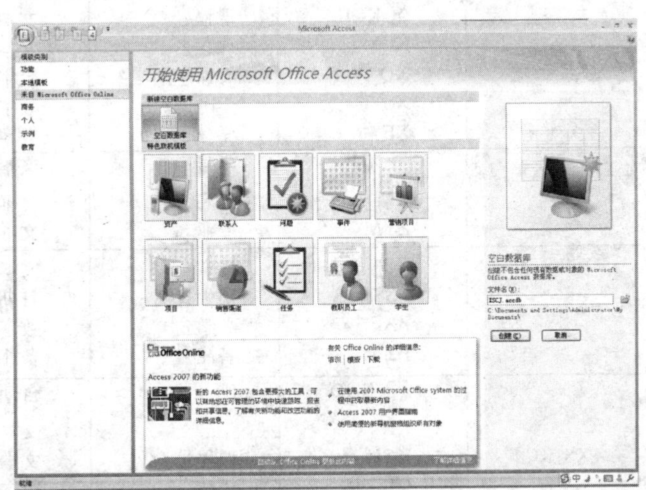

图11-1　创建空白数据库

2）在“所有表”栏中右击“表1：表”，选择“设计视图”选项，在弹出的“另存为”对话框中命名表名为“KC”并单击“确定”按钮，系统打开表的设计视图，在该视图中，有“字段名称”、“数据类型”和“说明”三个选项，可根据需要创建表。本例创建KC（课程）表、XS（学生）表和XS_KC（成绩）表三个表。创建

XS_KC表完成之后的窗口如图11-2所示，设计完后关闭设计窗口，另外两个表也按同样方法创建。

该设计窗口的每一行对应数据表的每一列。按设定的字段名填入后，数据类型自动默认为“文本”类型，可根据需要单击下拉按钮，再选定适当的类型；说明列可不填，仅供注释。

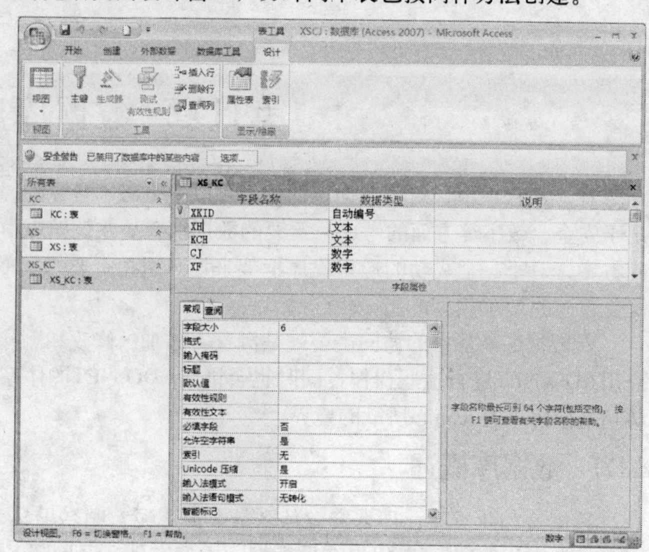

图11-2　XS_KC数据表设计窗口

Access数据类型包括以下几种：

- 文本：字符，最多255个。
- 备注：字符，最多64K。
- 数字：用于数据计算的整数、长整数、小数等。
- 日期/时间：日期与时间值。
- 货币：用于表示货币的数字。
- 自动编号：对每条记录顺序编号。
- 是/否：逻辑值，取值“真”还是“假”。
- OLE对象：一幅图像、电子表格或其他OLE 协议创建的对象。
- 超级链接：存储链接到其他URL文档的字段。
- 查阅向导：使用组合框从其他表中选择值的字段。

附件：利用此数据类型可以存储数字图像和二进制文件的数据类型。

下部的字段属性表，对应选定行所对应的数据属性。注意“自动编号”类型的字段是该表的主键(在字段名称前有个小钥匙图标)，由系统自动维护；其他类型数据的“必填字段”都是默认“否”，如果根据需要改为“是”后，以后该字段的数据必须输入。该输入的字段没有输入，这些是初学者编程时常会引起出错的。

本数据库三个表的各字段名称、含义、类型和数据属性如表11-1所示。

表11-1　字段名称、含义、类型和数据属性

表　名	字段名称	含　义	数据类型	长　度	必　填
KC	KCH	课程号	文本	4	是
	KCM	课程名	文本	16	否
	XQ	开课学期	数字	整型	否
	XS	学时	数字	整型	否
	XF	学分	数字	整型	否
XS	XH	学号	文本	6	是
	XM	姓名	文本	8	否
	ZYM	专业名	文本	10	否
XS	XB	性别	文本	2	否
	CSSJ	出生日期	日期/时间		否
	ZXF	总学分	数字	整型	否
	BZ	备注	备注		否
XS_KC	XKID	ID	自动编号		/
	XH	学号	文本	6	是
	KCH	课程号	文本	4	否
	CJ	成绩	数字	整型	否
	XF	学分	数字	整型	否

3）三个表建好后，用鼠标双击“XS”表名，打开数据输入界面，在每列中填入相应类型和格式的

数据，即可完成该数据表的建造工作。数据输入窗口如图11-3所示，对数据表的查询和增加、修改、删除的操作，都可在此窗口完成。

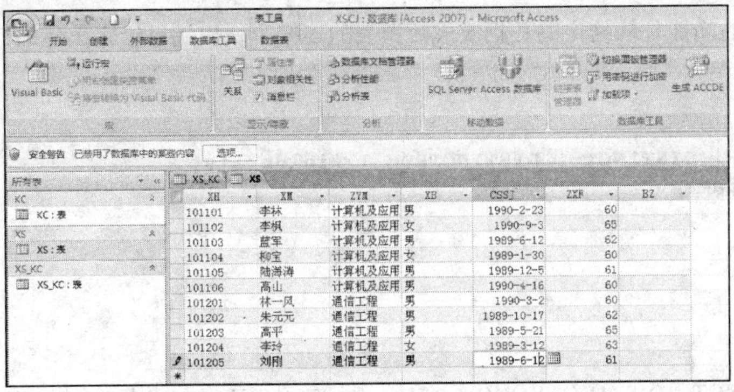

图11-3 XS（学生）表数据输入窗口

4）Access数据库系统的其他操作：因本章是从应用程序的角度去操作数据库，有兴趣的读者想在Access环境中操作数据库，请查阅其他有关书籍。

11.3 SQL主要语言

要学习编制数据库应用程序，就离不开SQL。SQL的英文名称是Structured Query Language，即结构化查询语言，该语言是数据库操作的通用语言，具有独立于数据库平台的功能，因此使用十分广泛。SQL语句分为三类，一类是数据定义语言（Data Definition Language, DDL），用于创建、修改和删除一个数据库中的表、字段和索引等；另一类是数据操作语言（Data Manipulation Language, DML），用于查询和增删改数据表中的内容；再一类是数据控制语言（Data Control Language, DCL），用于安全管理，确定哪些用户可以查看或修改数据库中的数据。SQL不仅仅是一个查询工具，它还控制数据库管理系统（DBMS）提供给用户的所有功能，包括定义数据存储的结构、数据更新、数据检索、实现数据共享和规定数据的完整性等。

表11-2列出了常用的SQL命令及其相应的功能，表11-3列出了常用的一些SQL子句，这些命令和子句经过一定的组合，可以创建一个SQL语句，用于完成数据库操作功能。

表11-2 SQL命令

命　令	分　类	功　能
SELECT	DML	根据查询条件查询数据表
INSERT	DML	向数据表中插入记录
UPDATE	DML	更改数据表的记录
DELETE	DML	删除数据表的记录
CREATE	DDL	创建一个表、字段或索引
ALTER	DDL	添加一个字段或改变一个字段的定义
DROP	DDL	删除一个表或索引

表11-3 SQL子句

子　句	功　能	子　句	功　能
FROM	指定要操作的数据表	HAVING	指定在一个查询中每一个组的条件
WHERE	指定查询条件	ORDER BY	指定查询的排序
GROUP BY	指定分组条件		

11.3.1 SELECT命令

1. 功能

SELECT命令的功能是从给定的数据表或数据表的连接中找出满足给定条件的记录，并且返回这些记录的内容。

2. 语法

```
SELECT [ALL | DISTINCT | DISTINCTROW ] fields_list
FROM table_names
[WHERE ...]
[GROUP BY...]
[HAVING...]
[ORDER BY...]
```

3. 参数说明

[ALL | DISTINCT | DISTINCTROW]：ALL是选择符合SQL语句中条件的全部记录；DISTINCT是过滤掉返回字段中包含内容的记录；DISTINCTROW是过滤掉返回记录中包含内容的记录。

fields_list：字段名称列表，可以来自同一个表，也可以来自不同的表，字段名称之间用逗号分隔。如果不同的表中有相同的字段名称，在字段名称列表中，需要指明字段来自哪一个表，即以table_name.fields_name方式来指明。

table_names：要查询的数据表名称，可以是一个表，也可以是多个表，表名称之间用逗号分隔。

FROM WHERE GROUP BY HAVING ORDER BY子句的说明见表11-3。

4. 逻辑运算符

要组成一个查询条件，必然要用到一些比较运算符和逻辑运算符，以及一些通配符等，表11-4、表11-5和表11-6分别列出了这些内容。

表11-4 SQL语句中的逻辑运算符

运算符	意 义	示 例
NOT	逻辑上相反的条件	SELECT * FROM XS WHERE NOT (XM='李林')
AND	两个条件必须同时成立	SELECT * FROM XS WHERE XM='李林' AND XH=' 101101'
OR	两个条件之一成立	SELECT * FROM XS WHERE XM='李林' OR XH=' 101101'

5. 比较运算符

在搜索条件中使用运算符时，应用下面的原则：

表11-5 SQL语句中的比较运算符

运算符	意 义	示 例
=	等于	SELECT * FROM XS WHERE XM='李林'
<> 或 !=	不等于	SELECT * FROM XS WHERE XM!='李林'
>	大于	SELECT * FROM XS WHERE XH>' 101101'
<	小于	SELECT * FROM XS WHERE XH<' 101101'
>=	大于或等于	SELECT * FROM XS WHERE XH>=' 101101'
<=	小于或等于	SELECT * FROM XS WHERE XH<='101101'
BETWEEN	值的测试范围	SELECT * FROM XS WHERE CSSJ BETWEEN '2/23/1988' AND '2/23/1990'
IS [NOT] NULL	测试是否为空	SELECT * FROM XS WHERE BZ IS NOT NULL
[NOT] LIKE	模式匹配	SELECT * FROM XS WHERE XM LIKE ('李%')
ANY(SOME)	测试子查询条件	SELECT * FROM XS WHERE XH <>ANY (SELECT XH FROM XS_KC)
ALL	测试子查询条件	SELECT xh,cj FROM XS_KC WHERE kch='02' AND cj>ALL (SELECT cj FROM XS_KC WHERE kch='04')

6. 通配符

表11-6 SQL语句中的通配符

通配符	意 义	示 例
%	在该位置上有零个或多个字符	SELECT * FROM XS WHERE XM LIKE '李%'
_	在该位置上有一个字符	SELECT * FROM XS WHERE XM LIKE '李_'

7. 聚合函数

在SELECT语句中可使用的聚合函数如表11-7所示。

表11-7 聚合函数

聚合函数	描 述
AVG(expr)	列平均值。该列只能包含数字数据
COUNT(expr), COUNT(*)	列值的计数。(expr)忽略空值,(*)在计数中包含空值
MAX(expr)	列中最大值（文本数据类型中按字母顺序排序在最后的值），忽略空值
MIN(expr)	列中最小值（文本数据类型中按字母顺序排序在最前的值），忽略空值
SUM(expr)	列值的合计。该列只能包含数字数据

8. Select语句使用示例

【例】查询学生表中所有字段。

```
SELECT * FROM XS
```

【例】从学生表中查询所有专业名称，要求不重复显示相同的专业名称。

```
SELECT DISTINCT ZYM FROM XS
```

【例】按学号升序、成绩降序检索学生成绩。

```
SELECT * FROM XS_KC ORDER BY xh ASC , cj DESC
```

【例】查询至少有一门课程成绩大于85分的学生姓名。

```
SELECT xm FROM XS, XS_KC WHERE XS_KC.cj>85 and XS.xh= XS_KC.xh
```

【例】查询与“张三”专业相同的学生姓名。

```
SELECT xm FROM XS WHERE XS. ZYM = (SELECT ZYM FROM XS
   WHERE xm in ('张三'))
```

【例】查询所有成绩在80分和90分之间的学生。

```
SELECT XS.xm FROM XS, XS_KC WHERE (XS_KC.cj BETWEEN 80 AND 90)
   AND (XS.xh= XS_KC.xh)
```

【例】计算英语课程的平均成绩、最高成绩、最低成绩。

```
SELECT kcm,AVG(XS_KC.cj) as "平均成绩", MAX(XS_KC.cj) as "最高成绩";
, MIN(XS_KC.cj) as "最低成绩" FROM XS_KC,KC ;
   WHERE kcm= "英语" and XS_KC.kch = KC.kch
```

【例】统计每门课程的名称、平均成绩。

```
SELECT KC.kcm,AVG(XS_KC.cj) as "平均成绩" FROM KC, XS_KC ;
   GROUP BY XS_KC.kch WHERE XS_KC.kch = KC.kch
```

【例】将成绩表和课程表按内部连接，查询每个学生的学号、课程名、该课程成绩。

```
SELECT XS_KC.xh , KC.kcm , XS_KC.cj FROM XS_KC
   INNER JOIN KC ON XS_KC.kch=KC.kch
```

注意：

- 写SELECT，以及下面的INSERT、UPDATE 和DELETE语句中的保留字等，其大小写是不敏感的。

要求语句中空格、引号、等号都是半角的。要求各个字段和它的值，一定要匹配，数据类型如果是字符型的字段，输入的数据要加单引号。

11.3.2 INSERT命令

1. 功能

INSERT命令的功能是用来向一个表中加入一条记录。

2. 语法

```
INSERT INTO table [(field1 [,field2 [,...]])] VALUES (val1 [,val2 [,...]])
```

使用该语句时，必须指定欲加入的每个字段和它的值，如果一个字段和对应的数值为空，那么系统自动加入一个相应的默认值，新加入的记录到表的尾部。例如：

```
Insert into XS_KC (CJ, KCH, XH) values (78, '01' , '101102')
```

这条语句的功能是向“XS_KC”数据表中添加一个新记录，该记录的“CJ”字段(数字类型)值为78，“KCH”字段值为’01’，“XH”字段值为’101102’。

注意：

• INSERT语句添加记录时，除要求字段和值匹配，语句符号是半角外，对没有写出的字段，如本例的数字字段“XF”将补0，而“自动编号”类型的“XKID”字段，则不能写，是由系统自动填写序号。另外如果字段是“必填项”，则字段名和对应的数值一定要写。

11.3.3 UPDATE命令

1. 功能

UPDATE命令的功能是用来把数据表中的某些字段设置为一个新值。

2. 语法

```
UPDATE table SET value WHERE criteria
```

其中SET子句中的value是一个等式表达式。它将改变指定的表中被选择的那些记录的当前值。例如：

```
UPDATE XS_KC Set CJ=87, KCH='02' WHERE XKID=31
```

这条语句的功能是改写“XS_KC”数据表中“XKID”字段值为31的记录，将该行“CJ”字段值改为87，“KCH”字段值改为’02’。

注意：

• UPDATE语句改写记录的字段时，除要求字段和值匹配，语句符号是半角外，对没有写出的字段，如本例的数字字段“XF”和“自动编号”类型的“XKID”字段，则不变。另外WHERE保留字不能少，是对满足条件的指定记录（唯一一个或多个记录）进行修改。

11.3.4 DELETE命令

1. 功能

DELETE命令是用来一次删除指定表中的记录。该命令删除的是整个记录，而不是单个字段。

2. 语法

```
DELETE * FROM table WHERE criteria
```

例如：

```
DELETE * FROM XS_KC WHERE XH='101102'
```

这条语句的删除“XS_KC”数据表中“XH”为’101102’的所有记录。

注意：

• DELETE语句删除记录时，除要求字段和值匹配，语句符号是半角外，另外WHERE保留字不能少，是对满足条件的指定记录（唯一一个或多个记录）进行删除。

以上对SQL语句中的数据操作语言（DML）——用于查、增、改、删数据表中的内容的四个语句做了介绍，这些是编程时常用的。其他类型的语言，如数据定义语言(DDL)——用于创建、修改和删除表、字段和索引等语句是一次性的操作，一般在Access环境中操作而编程不用。

11.4 ADO.NET数据访问技术与应用

什么是ADO.NET？ADO是Active Data Object的缩写，它是微软提供的一套面向对象的数据库访问工具，而ADO.NET则是更新一代的ADO，它所提供的数据库访问工具更全面、更方便也更高效。

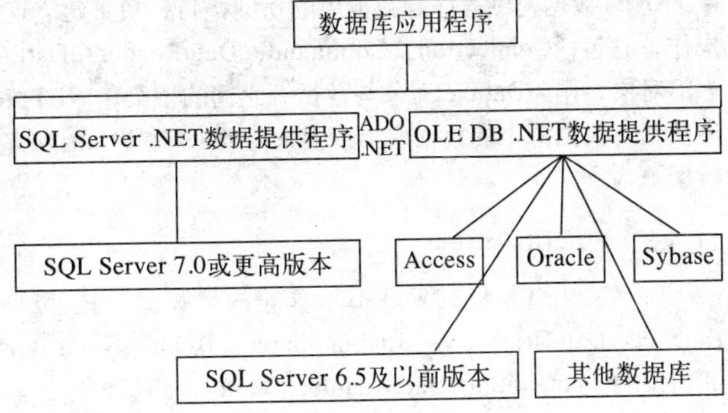

图11-4 通过ADO.NET访问数据库的接口模型

11.4.1 ADO.NET模型

ADO.NET(ActiveX Data Object .NET)是一个功能强大的数据访问接口，通过ADO.NET可以方便地访问数据库，其编程接口如图11-4所示。

从图11-4可看出，ADO.NET主要使用SQL Server .NET或OLE DB .NET数据提供程序来访问数据源。其中，SQL Server .NET数据提供程序用于访问SQL Server 7.0或更新版本的数据库，如SQL Server 2000。OLE DB .NET数据提供程序用于访问Access、Oracle、Sybase、SQL Server 6.5或更老版本的数据库以及其他数据源。只要数据源有OLE DB驱动程序，就能在ADO.NET中进行访问。

SQL Server .NET和OLE DB .NET数据提供程序访问物理数据库的结构分别如图11-5所示。

SQL Server .NET数据提供程序通过专门的表格数据流协议（Tabular Data Stream，TDS）与SQL Server通信，无须依赖OLE DB或ODBC，并且由通用语言执行环境（Common Language Runtime, CLR）直接管理，因此使用SQL Server .NET数据提供程序访问SQL Server数据库比使用OLE DB .NET数据提供程序具有更高的效率。OLE DB .NET数据提供程序则必须通过OLE DB服务组件和数据源的OLE DB提供程序（Provider）两个组件才能与OLE DB数据源进行通信。

对于开发者而言，使用这两种数据提供程序访问数据库具有相同的编程模型。本章的所有数据库应用示例中主要使用Access数据库，因此本章以OLE DB .NET数据提供程序介绍为主。

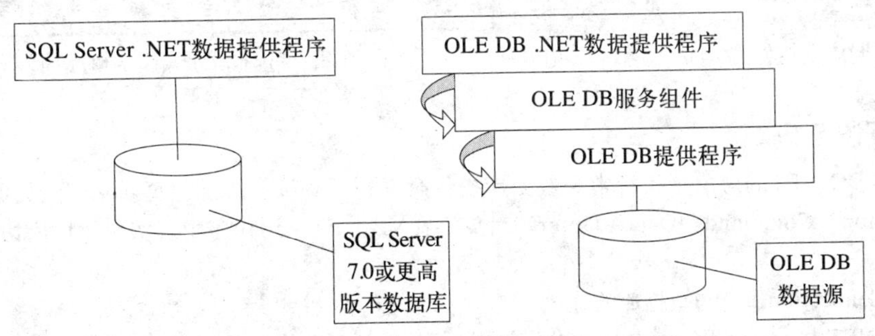

图11-5 数据提供程序访问物理数据库的模型

注意：

- 除了支持SQL Server .NET和OLE DB .NET数据提供程序外，ADO.NET还支持ODBC .NET和ORACLE .NET数据提供程序。

11.4.2　ADO.NET结构

ADO.NET对象模型的两个核心组件是.NET数据提供程序和DataSet对象，其结构如图11-6所示。

DataSet对象是ADO.NET的核心组件，它可以用于多种不同的数据源和XML数据，或用来管理应用程序本地的数据。DataSet包含一个或多个表（DataTable）对象，DataTable对象由数据行（DataRow）和数据列（DataColumn）组成，表可以有主键，表之间可以建立关系（DataRelation）。

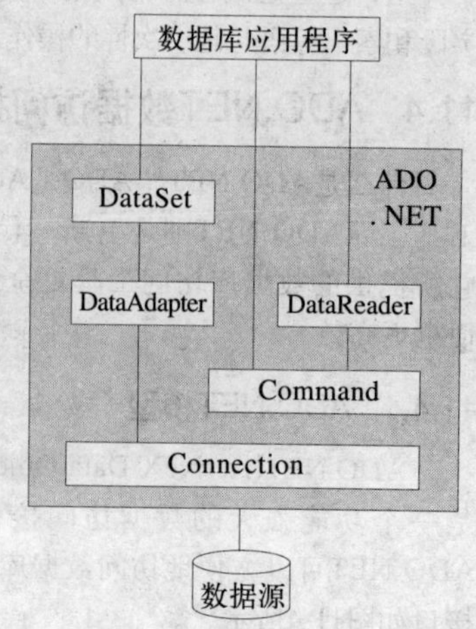

图11-6　ADO.NET的结构

.NET数据提供程序是数据库的访问接口，负责建立连接和数据操作。它包括Connection、Command、DataReader和DataAdapter等一组对象。作为DataSet对象与数据源之间的桥梁，.NET数据提供程序负责将数据源中的数据取出后置入DataSet对象中，或将数据存回数据源。

11.4.3　数据访问控件

在VB.NET集成开发环境工具箱的“数据”控件列表中，有DataSet、DataGridView、BindingSource、BindingNavigator和几组不同前缀的Connection、DataAdapter、Command等控件，如图11-7所示。如果部分控件不在工具箱中，可以用鼠标右击工具箱，选择“选择项”菜单，进入“选择工具箱项”对话框，将相应的控件添加到工具箱中，如图11-8所示。本章例题是对Access数据库操作，采用的是OleDb前缀的一组控件对象，如果是其他类型的数据库，只需选用不同前缀的控件即可。

图11-7　数据访问控件

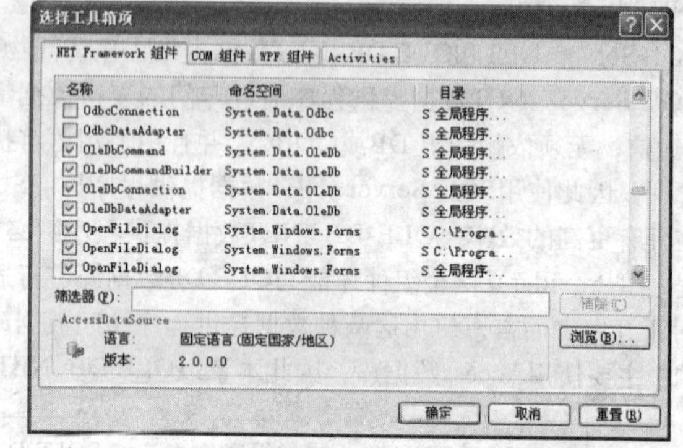

图11-8　“选择工具箱”项对话框

11.4.4　数据访问步骤

当使用ADO.NET的对象来执行常规数据库操作时（包括查询、添加、更新和删除数据等），都要涉及Connection、Command和DataAdapter等对象。在VB.NET应用程序中，实现数据库访问的基本步骤如下：

（1）用Connection建立与数据库的连接

在ADO.NET中，一般用Connection对象建立数据库的连接，在工具箱中有几种Connection对象，可以根据需要选择相应的Connection对象。通过设置Connection对象的ConnectionString属性，就可以连接各种数据源。ConnectionString属性值是字符串类型，通常把它称为数据库连接串，对于不同的数据库，它的连接串是不同的。例如，连接到C盘TEMP文件夹中的Access数据库XSCJ.mdb的连接串如下：

```
OleDbConnection1.ConnectionString = "Provider=Microsoft.Jet.OLEDB.12.0;Data Source"& _
                                    "='C:\TEMP\XSCJ.mdb'"          ' 定义连接
```

```
OleDbConnection1.Open()                                   ' 打开连接
```

正确地设置了数据库连接串后，还要调用Connection对象的Open方法来打开数据库连接。

上面介绍的是程序方式建立数据库连接的方法，还可以在VB.NET 2008开发环境中用可视化方式建立数据库连接，仍以Access数据库为例，说明如下：

- 首先，点击“数据/添加新数据源”菜单项弹出对话框，如图11-9左图所示，单击“下一步”按钮，在对话框中单击“新建连接”按钮，弹出“选择数据源”对话框，在此对话框中选择“Microsoft Access数据库文件”数据源，单击“继续”按钮，显示如图11-9右图所示，选择要连接的数据库文件名，单击“确定”按钮，在“数据源配置向导”对话框中单击“下一步”按钮，显示提示“将连接字符串保存到应用程序配置文件中”，如图11-10所示，勾选“是，将连接保存为”复选框，单击“下一步”按钮，选择数据库对象，如图11-11所示，再单击“完成”按钮，系统即建立了一个数据源，新建的DataSet对象名为“XSCJDataSet”。

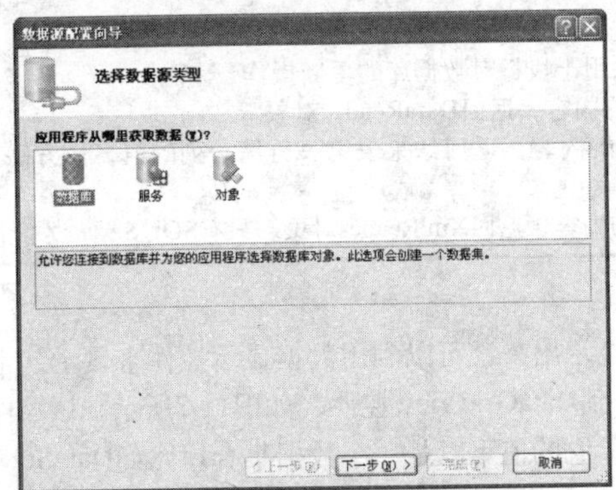

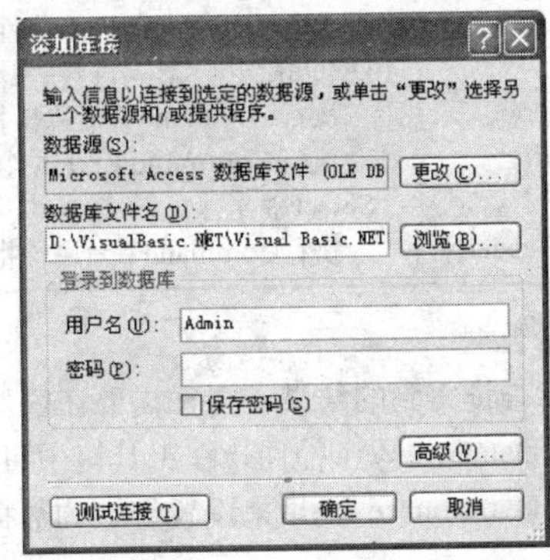

图11-9　添加新数据源对话框

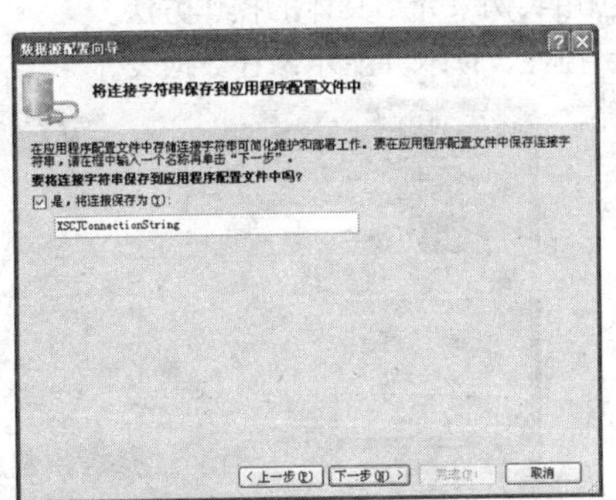

图11-10　将连接字符串保存到配置文件中

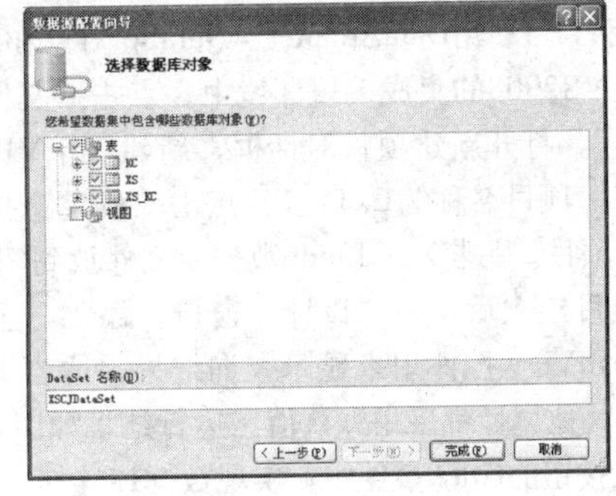

图11-11　选择数据库对象对话框

- 其次，在项目中添加一个OleDbConnection对象，在它的“ConnectionString”属性下拉列表中将显示系统已建立的连接，如图11-12所示，选择相应的连接即可完成数据库的连接设置。
- 最后，在程序中调用OleDbConnection对象的Open方法打开数据库连接即可。

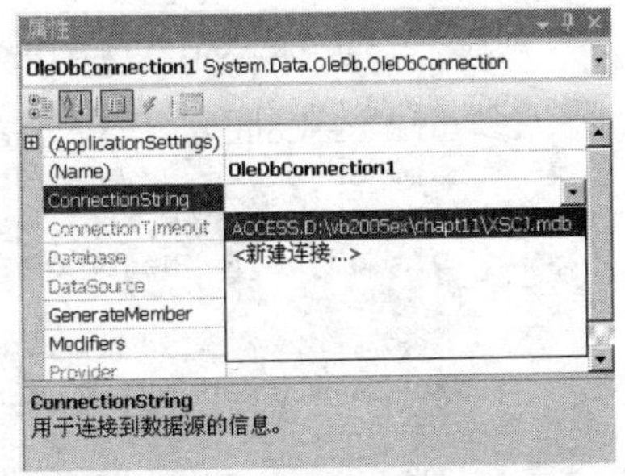

图11-12　设置连接属性

(2) 用Command对象执行SQL命令

连接数据库后，就可以通过Command对象或DataAdapter对象来执行Select、Insert、Update或Delete等SQL命令，对数据库进行查询、插入、更新和删除等操作。Command对象要执行的SQL命令是通过它的CommandText属性来定义的，CommandText属性值也是字符串类型。执行SQL命令是通过调用Command对象的几个方法来完成的，Command对象的常用方法见表11-8。

（3）用DataAdapter对象执行SQL命令

若不用Command对象来执行SQL的命令，也可以用DataAdapter对象对数据库进行操作。DataAdapter对象可以用于在数据源和DataSet数据集之间交换数据，它可以向DataSet填充数据，也可以把DataSet数据更新回原始数据源。DataAdapter对象包含了四个Command对象，分别是SelectCommand、InsertCommand、UpdateCommand和DeleteCommand，它们分别执行Select、Insert、Update和Delete的SQL命令。这四个Command对象的使用方法与前面介绍的相同。

表11-8 Command对象的常用方法

方 法	说 明
Cancel()	取消Comand对象的执行
CreateParameter	创建Parameter对象
ExecuteNonQuery()	执行CommandText属性指定的内容，返回数据表被影响行数。只有Update、Insert和Delete命令会影响行数。该方法用于执行对数据库的更新操作
ExecuteReader()	执行CommandText属性指定的内容，返回DataReader对象
ExecuteScalar()	执行CommandText属性指定的内容，返回结果表第一行第一列的值。该方法只能执行Select命令
ExecuteXmlReader()	执行CommandText属性指定的内容，返回XmlReader对象。只有SQL Server才能用此方法

（4）显示数据

从数据库查询得到的结果，往往需要在窗体中显示出来，可以利用数据显示控件来显示。常用的数据显示控件是DataGridView控件，在工具箱中可以找到DataGridView控件，如图11-7所示。该控件的一个重要属性是“DataSource”，用来设置绑定的数据源，它的值可以是一个数据集合，比如DataSet对象等。

11.4.5 数据访问简单实例

介绍了数据库访问的基本步骤后，下面以一个数据库应用实例来介绍具体的操作方法。

【例11.1】用DataAdapter、DataSet对象和DataGridView控件，读取并显示课程数据表。

在VS2008的集成编辑环境中，点击“文件”菜单“新建项目”，打开新建项目对话框，新建一个VB.NET窗体应用程序，项目名称为Ex11_1，点击“确定”按钮即建立了一个新项目。另将XSCJ.mdb数据库文件放到CH11目录中。

项目建立后，在“设计”窗口，添加一个按钮和一个DataGridView控件用来显示查询结果，适当调整该控件的大小，其他属性都采用默认值。运行结果如图11-13所示。

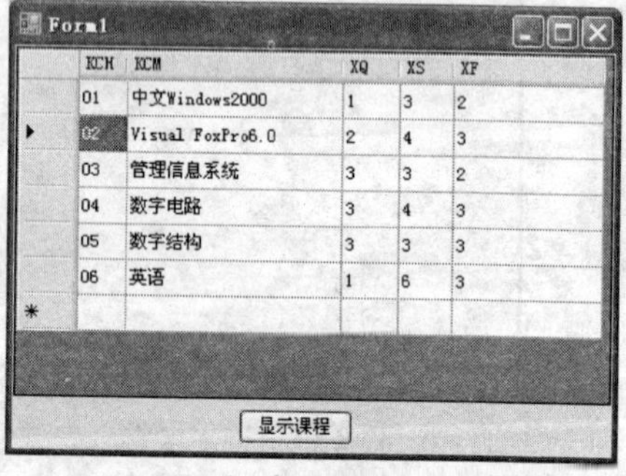

图11-13 程序的输出结果

在按钮的Click事件中，实现数据库连接、打开、查询、显示，所有与数据库访问有关的对象都是在代码中创建，具体程序代码如下：

```
Private Sub Button1_Click(ByVal sender As System.Object, ByVal e As System.EventArgs) _
                                                   Handles Button1.Click
    Dim objConn As New OleDb.OleDbConnection    '创建一个OleDbConnection连接对象
    Dim objDa As New OleDb.OleDbDataAdapter     '一个OleDbDataAdapter对象
    Dim objComm As New OleDb.OleDbCommand       '一个OleDbCommand对象
    Dim objDs As New DataSet                    '一个数据集DataSet对象

    '设置连接字符串，告诉程序应当如何连接到数据库
    objConn.ConnectionString = "Provider=Microsoft.ACE.OLEDB.12.0;DataSource" & _
             "='D:\VisualBasic.NET\Visual Basic.NET\实例文件\CH11\XSCJ.accdb'"
    '设置SQL命令，告诉程序应当如何取数据
    objComm.CommandText = "Select * From kc"          'kc表(课程)
    '把objConn设置为objComm的数据库连接，相当于告诉"卡车"：应该走objConn这座"桥"
    objComm.Connection = objConn
```

```
        objDa.SelectCommand = objComm
        objConn.Open()                          '打开数据库连接,相当于把桥造好
        objDa.Fill(objDs,"kc")                  '填充数据集并命名表
        objConn.Close()                 '关闭数据库连接，相当于填充完毕，可以把桥拆掉了
        '把DataGridView1的DataSource属性设置为刚刚取到的数据表,这样就可以显示数据了
        DataGridView1.DataSource = objDs.Tables("kc")
    End Sub
```

以上程序含有较详细的注释，理解起来不会有太多的困难。它是在程序中创建Connection、DataAdapter、Command和DataSet对象（不是利用控件来创建），连接并打开XSCJ数据库，读取KC表填充到DataSet对象，再将KC表在DataGridView控件中显示输出。

11.5 DataSet对象与应用

DataSet是ADO.NET结构的主要组件，它是一个容器，可以把从数据源取得的数据保存在内存中，换句话说，它是一个内存数据库。DataSet中可以包含多个数据表，可在程序中动态地产生数据表，数据表可来自数据库、文件或XML数据，DataSet对象还包括主键、外键和约束等信息。此外，DataSet还提供方法对数据集中的表数据进行浏览、编辑、排序、过滤或建立视图。

值得一提的是，DataSet提供的数据服务是所谓的“断开缓存”的。也就是说，一旦把数据取到了应用程序中，就不再需要与数据库保持连接了。由于数据库连接是一种比较昂贵的资源，如果尽早释放掉连接的话，就可以让别的应用程序有更多的机会使用数据库。

在使用DataSet对象访问数据库时，需要与其他对象配合使用，其中DataAdapter对象与其关系最为密切。本节介绍DataSet对象及其相关的对象，以及使用DataSet对象访问数据库的方法。

11.5.1 DataSet及相关对象

1. DataAdapter对象

DataAdapter对象用来传递各种SQL命令，并将命令执行结果填入DataSet对象。并且，DataAdapter对象还可将DataSet更改过的数据写回数据源。它是数据库与DataSet对象之间沟通的桥梁。

DataAdapter是怎样向DataSet填充数据的？如图11-14所示，先用Connection建立数据库连接，相当于在数据库和应用程序之间建立一座桥梁，然后再用DataAdapter来填充它。DataAdapter相当于一辆运货的卡车，Command就是卡车上的搬运工，一辆卡车上最多可以有四位搬运工，分别是Select、Insert、Update和Delete，每人专司一种任务。

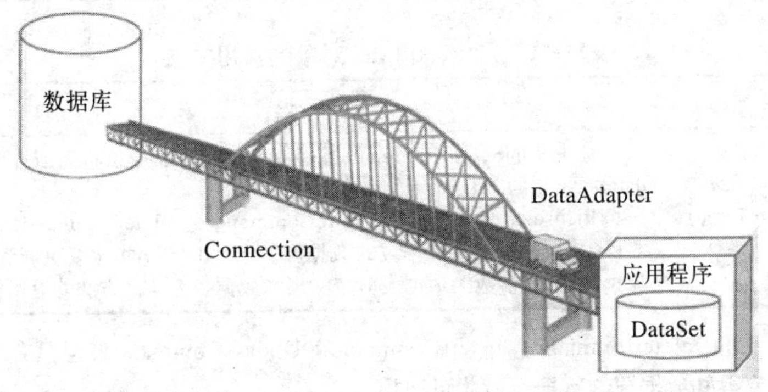

图11-14　ADO.NET的三个对象协同工作

使用DataAdapter对象前必须先创建，创建DataAdapter对象的语法格式有4种：

语法：

```
Dim 对象名 As New OleDbDataAdapter ()
Dim 对象名 As New OleDbDataAdapter (OleDbCommand对象)
Dim 对象名 As New OleDbDataAdapter (SQL命令串, OleDbConnection对象)
Dim 对象名 As New OleDbDataAdapter (SQL命令串, 连接字符串)
```

创建SqlDataAdapter对象语法格式与之类似，只要将所有的“OleDb”改为“Sql”即可。例如，以下代码使用第一种格式创建DataAdapter对象：

```
Dim conn As New OleDbConnection()
Dim cmd As New OleDbCommand()
conn.ConnectionString = "Provider=Microsoft.ACE.OLEDB.12.0; Data Source=" & _
                                          "'D:\CH11\ XSCJ.mdb'"
conn.Open()
cmd.Connection = conn
cmd.CommandText = "Select * from XS"
Dim Adpt As New OleDbDataAdapter(cmd)
```

再如，以下代码使用第三种格式创建DataAdapter对象：

```
Dim conn As New OleDbConnection()
conn.ConnectionString = "Provider=Microsoft.ACE.OLEDB.12.0; Data Source=" & _
                                          "'D:\CH11\XSCJ.mdb'"
conn.Open()
Dim Adpt As New OleDbDataAdapter("Select * from XS", conn)
```

第一种格式是在创建了DataAdapter对象后，通过赋予其连接、SQL命令等对象属性值，第四种格式则不需先建立OleDbConnection和OleDbCommand对象即可直接创建，例如：

```
Dim Adpt As New OleDbDataAdapter("Select * from XS", _
    "Provider=Microsoft.ACE.OLEDB.12.0; Data Source=" & "'D:\CH11\XSCJ.mdb')"
```

创建DataAdapter对象的几种格式，读者可自行选择使用。

DataAdapter对象的常用属性和方法分别列于表11-9和表11-10中。

表11-9　DataAdapter对象的常用属性

属　性	说　明
ContinueUpdateOnError	获取或设置当执行Update( )方法更新数据源发生错误时是否继续。默认为False
DeleteCommand	获取或设置删除数据源中的数据行的SQL命令。该值为Comand对象。例如：cmd.DeleteCommand=New OleDbCommand("Delete from xs where xh='100001'",conn)
InsertCommand	获取或设置向数据源中插入数据行的SQL命令。该值为Comand对象
SelectCommand	获取或设置查询数据源的SQL命令。该值为Comand对象
UpdateCommand	获取或设置更新数据源中的数据行的SQL命令。该值为Comand对象

表11-10　DataAdapter对象的常用方法

方　法	说　明
Fill(dataset,srcTable)	将数据集的SelectCommand属性指定的SQL命令执行后所选取的数据行置入参数dataSet指定的DataSet对象
Update(dataset,srcTable)	调用InsertCommand或UpdateCommand或DeleteCommand属性指定的SQL命令，将DataSet对象更新到相应的数据源。参数dataSet指定要更新到数据源的DataSet对象，srcTable参数为数据表对应的来源数据表名。该方法的返回值为影响的行数

DataAdapter对象的DeleteCommand、InsertCommand和UpdateCommand属性只有在调用Update( )方法，DataAdapter对象得知数据源的数据行后才可使用。

由表11-9可知，DataAdapter对象有两个常用方法：Fill( )用于新增或更新DataSet中的记录；当新增、修改或删除DataSet中的记录时，并需要更改数据源时，使用Update( )方法。

2. DataSet对象

DataSet对象包括3个常用的集合：DataTableCollection（数据表的集合，包括多个DataTable对象）、DataRowCollection（行集合，包含多个DataRow对象）和DataColumnCollection（列集合，包含多个DataColumn对象）。DataSet对象的结构如图11-15所示。

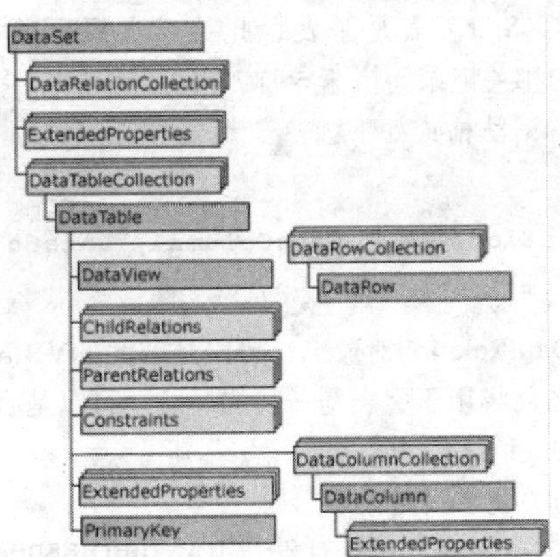

图11-15 DataSet对象的结构

必须先创建DataSet对象后才能使用它，创建的语法格式为：

语法：

```
Dim 对象名 As New DataSet()
Dim 对象名 As New DataSet(数据集名)
```

第一种格式未指出数据集名，可在创建DataSet对象后用DataSetName属性进行设置。例如，以下代码定义数据集对象DS，其中包含数据表XS：

```
Dim conn As String = "Provider=Microsoft.ACE.OLEDB.12.0; Data Source=" & _
                                   "'D:\CH11\XSCJ.mdb'"
Dim ObjAdpt As New OleDbDataAdapter("Select * from XS",conn)
Dim DS As New DataSet()                    ' 定义DataSet对象
ObjAdpt.Fill(DS,"students")                ' 填充数据集
```

注意，创建DataSet对象后，必须使用DataAdapter对象的Fill方法将数据表记录填入DataSet对象。并要注意，在Fill方法中使用的students参数所指定的表名，并不是数据库中的表名称，而是DataSet对象中的表名。

DataSet对象的常用属性和方法分别列于表11-11和表11-12中。

表11-11 DataSet对象的常用属性

属 性	说 明
CaseSensitive	获取或设置在DataTable对象中字符串比较时是否区分字母的大小写。默认为False
DataSetName	获取或设置DataSet对象的名称
EnforceConstraints	获取或设置执行数据更新操作时是否遵循约束。默认为True
HasErrors	DataSet对象内的数据表是否存在错误行
Tables	获取数据集的数据表集合(DataTableCollection)，DataSet对象的所有DataTable对象都属于DataTableCollection，可参见图11-15

表11-12 DataSet对象的常用方法

方 法	说 明
Clear()	清除DataSet对象的数据，删除所有DataTable对象
Copy()	复制DataSet对象的结构和数据，返回值是与本DataSet对象具有同样结构和数据的DataSet对象

DataSet对象最常用的属性是Tables，通过该属性可以获得或设置数据表行、列的值。例如，表达式：DS.Tables("students").Rows(i).Item(j)表示访问DataSet对象中的students表的第i行第j列。

3. DataRelation对象

DataRelation是表示DataSet对象中的两个DataTable对象相关列之间存在的关系，例如，在“学生/

成绩”关系中，XS表是父表，XS_KC表是子表，此关系类似于数据库表的主键/外键关系。通过DataRelation可以在父表和子表的相关记录间快速导航。

创建DataRelation对象实例的语法格式如下：

语法：

```
关系对象名 = New DataRelation(关系名,DataColumn1, DataColumn2)
```

说明：

1）关系对象名：要创建的DataRelation对象名，可以是合法的VB.NET变量名。

2）关系名：要创建的关系名，将用于父表与子表的导航。可以是合法的VB.NET变量名。

3）DataColumn1：为父表的关联字段对象名。

4）DataColumn2：为子表的关联字段对象名。

例如，定义一个名为XS_XK的DataRelation对象，用名为tblXS和tblXK的DataTable对象中的学号字段，创建学生表和学生成绩表之间的关系，代码如下：

```
XS_XK = New DataRelation("XSXS_KC", tblXS.Columns("XH"), tblXK.Columns("XH"))
```

定义了DataRelation对象后，还需要用它的Add方法将建立的关系添加到DataSet中。下一小节将用一个例子来说明如何利用DataRelation对象来查询关联数据表。

11.5.2 用DataSet查询数据库

1. 简单查询

在例11.1中已经演示了如何使用DataGridView控件和DataAdapter、DataSet对象来实现数据库的访问，其中DataAdapter、DataSet对象是在程序中创建的，而不是在设计时就建立。下面将介绍在设计阶段就建立DataAdapter、DataSet和DataGridView控件对象来实现数据库访问的方法。

【例11.2】用一个DataGridView、DataAdapter、DataSet、Connection控件和一个按钮对象，查询学生信息。

用和例11.1同样的方法新建项目后，在“设计”界面添加一个按钮，再从工具箱的“数据”控件组中，双击OleDbConnection控件，添加对象到窗体上，控件图标OleDbConnection1出现在窗体的不可见控件区。OleDbConnection1是OleDbConnection类型的对象，在使用数据库之前，必须首先连接到数据库，相当于是在数据库和应用程序之间建一座“桥”，上例是用程序代码设定，本例使用设计窗口手动设定。

参考11.4.4节中介绍的方法建立OleDbConnection1对象，并参考图11-11所示设置“ConnectionString”属性。

本例题还要添加OleDbDataAdapter1控件对象，它充当数据库和程序之间的数据搬运者。添加OleDbDataAdapter1时，会自动弹出“数据适配器配置向导”对话框；或在以后修改OleDbDataAdapter1时，在控件对象上点鼠标右键，在弹出的菜单中选择“配置数据适配器”，再在“数据适配器配置”对话框中选择连接，选择数据表，生成SQL语句，如图11-16所示。

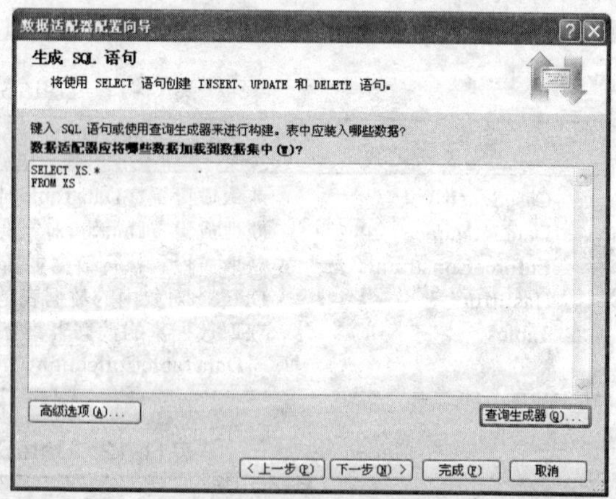

图11-16　OleDbDataAdapter1的数据适配设定

数据库连接和数据表设定后，下一步要做的工作是建立应用程序的DataSet。

如图11-17所示是OleDbDataAdapter1控件对象的“生成数据集”菜单，相当于在程序中建立一个“库房”，随后程序就可以使用它了。这个库房是DataSet对象。

如图11-18所示，在确认窗口中数据表前的方框上点勾，自动新建XscjDataSet1，单击“确定”按钮后，在窗体不可见控件区会出现DataSet1控件图标。注意新建的图标是DataSet1，因DataSet是一个类的名字，DataSet1是类的一个实例。

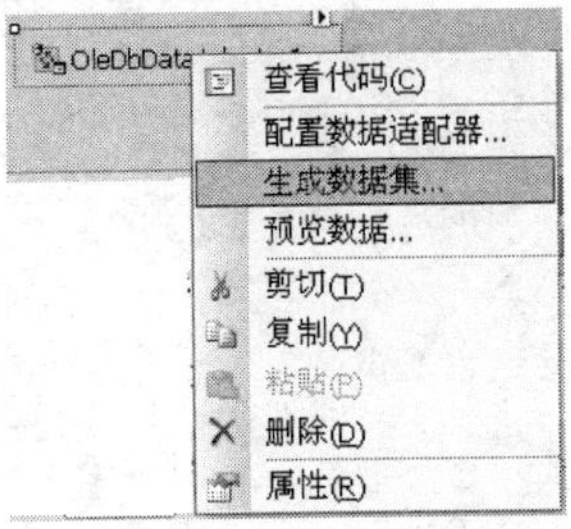

图11-17 OleDbDataAdapter的生成数据集

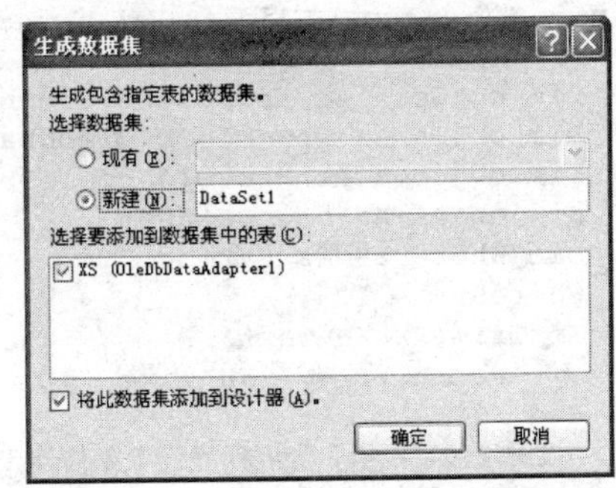

图11-18 自动添加DataSet1对象控件

然后在窗体上再添加一个DataGridView控件，作为表格的输出，其DataSource的属性设为DataSet11，DataMember的属性设为XS表，见图11-19，DataGridView1控件中就会出现XS表的各个字段。此时只有表结构，数据并没有出现，具体的数据在运行的时候才能得到。

整个操作添加了以上四个控件并完成相应的属性设置后，程序代码只需简单的一行就可以实现数据库查询了，程序代码如下：

```
Private Sub Button1_Click(ByVal sender As System.Object, ByVal e As System.EventArgs) _
                                                    Handles Button1.Click
    OleDbDataAdapter1.Fill(DataSet11)
End Sub
```

单击“查询”按钮后输出结果如图11-20所示。

图11-19 DataGridView1控件属性设定

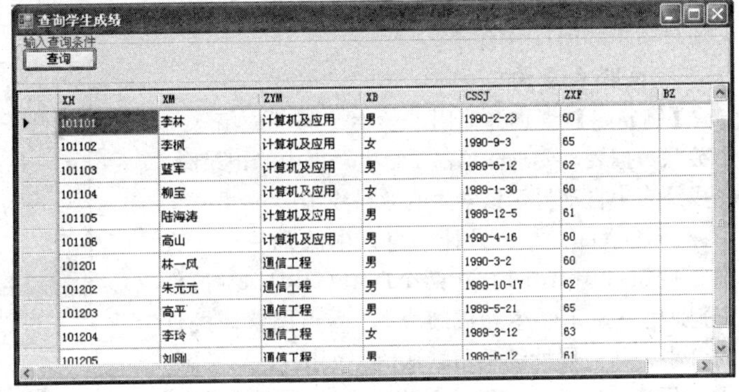

图11-20 运行效果

注意：

• 前一个例题是用程序动态设定各项，本程序是在设计阶段用手工设定同样的各项。

2. 条件查询

在例11.2中介绍的查询是输出表中的全部记录，在实际应用中常要求按某些条件进行查询，同时显示的字段也不一定是全部，这可以通过为SQL语句添加WHERE子句来实现条件查询，而显示部分字段可以通过指定字段列表或设置DataGridView的Columns属性来实现。下面用一个例子来介绍使用条件查询输出数据库表的方法。

【例11.3】 按学号条件查询学生信息，要求学号和姓名栏的标题用汉字显示，不显示备注字段。

新建项目，在“设计”窗口中添加一个GroupBox、一个标签、一个文本框（TxtXH）、一个按钮（Button1）和一个DataGridView控件，适当调整该控件的大小，其他属性都采用默认值，如图11-21所示。

在“查询”按钮的Click事件中，实现数据库连接、打开、查询、显示，若用户输入了学号，则按该学号进行模糊查询，否则输出全部记录，具体程序代码如下：

```
Private Sub Button1_Click(ByVal sender As System.Object, ByVal e As System.EventArgs) _
                                                    Handles Button1.Click
    Dim objConn As New OleDb.OleDbConnection    '创建一个OleDbConnection连接对象
    Dim objDa As New OleDb.OleDbDataAdapter     '一个OleDbDataAdapter对象
    Dim objComm As New OleDb.OleDbCommand       '一个OleDbCommand对象
    Dim objDs As New DataSet                    '一个数据集DataSet对象
    Dim WhereStr As String                      '定义查询条件字符串变量
    WhereStr = ""
    If Trim(TxtXH.Text) <> "" Then
        WhereStr = " XH like '%" + Trim(TxtXH.Text) + "%'"   ' 生成查询条件字符串
    End If
    '设置连接字符串，告诉程序应当如何连接到数据库
    objConn.ConnectionString = "Provider=Microsoft.ACE.OLEDB.12.0;Data Source" & _
            "='D:\VisualBasic.NET\Visual Basic.NET\实例文件\CH11\XSCJ.accdb'"
    '设置SQL命令，设置显示的字段列表和相应的标题
    objComm.CommandText = "Select XH as 学号,XM as 姓名,ZYM,XB,CSSJ,ZXF  From xs"
    If WhereStr <> "" Then
        objComm.CommandText = objComm.CommandText & " where " & WhereStr
    End If
    '把objConn设置为objComm的数据库连接
    objComm.Connection = objConn
    objDa.SelectCommand = objComm
    objConn.Open()                              '打开数据库连接
    objDa.Fill(objDs, "xs")                     '填充数据集
    objConn.Close()                             '关闭数据库连接，相当于填充完毕
    '把DataGridView1的DataSource属性设置为刚刚取到的数据表,这样就可以显示数据了
    DataGridView1.DataSource = objDs.Tables("xs")
End Sub
```

在学号中输入“1011”，单击“查询”按钮后的运行结果如图11-21所示。

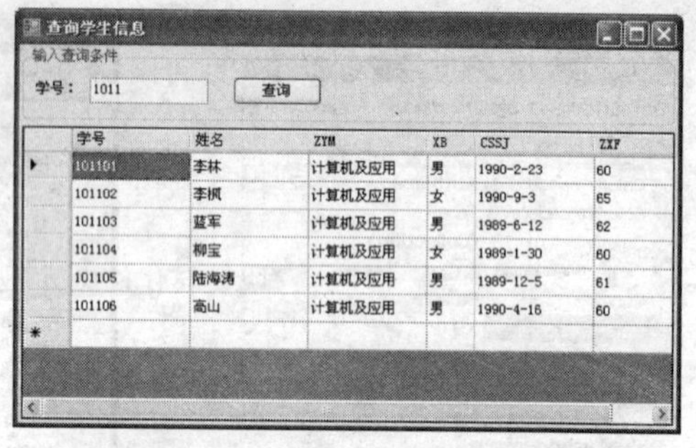

图11-21　输入条件后的查询结果

3. 关联表查询

【例11.4】查询并输出“学生”与“成绩”两个关联数据表，要求在单击“学生”表中的记录时，在成绩表中自动显示该学生的各科成绩。

新建项目，在“设计”窗口中添加一个“查询”按钮（Button1）和两个DataGridView控件（分别用来显示学生和成绩表），适当调整该控件的大小，其他属性都采用默认值，如图11-22所示。

程序是在第一个DataGridView中选定“学生”数据表的“学号”值，在第二个DataGridView表格中显示绑定的“成绩”数据表中对应该学号的学生的成绩。XH字段是关联两个数据表的主键。

要实现关联查询，首先要建立DataAdapter、Connection、DataSet对象，另外还要建立DataRelation对象“XS_XK”，打开数据库连接后，分别获取“学生”、“成绩”两个关联数据表，建立它们之间的关系，然后将关系添加到DataSet中。所有的操作都在“查询”按钮的Click事件代码中完成，代码如下：

图11-22　关联查询程序输出结果

```
Private Sub Button1_Click(ByVal sender As System.Object, ByVal e As System.EventArgs) _
                                                    Handles Button1.Click
    Dim conn As New OleDb.OleDbConnection
```

```
    conn.ConnectionString = " Provider=Microsoft.ACE.OLEDB.12.0;DataSource" & _
        "='D:\VisualBasic.NET\Visual Basic.NET\实例文件\CH11\XSCJ.accdb'"
    '两个OleDBDataAdapter和两个数据表，一个代表XS表，一个代表XS_KC表
    Dim daXS As New OleDb.OleDbDataAdapter
    Dim daXK As New OleDb.OleDbDataAdapter
    Dim tblXS As New DataTable
    Dim tblXK As New DataTable
    '建立数据集对象,读学生XS和成绩XS_KC两个数据表到数据集中
    Dim dSXSandXK As New DataSet
    dSXSandXK.Tables.Add(tblXS) : dSXSandXK.Tables.Add(tblXK)

    '设置读取数据的SQL命令
    daXS.SelectCommand = New OleDb.OleDbCommand("Select XH,XM From XS", conn)
    daXK.SelectCommand = New OleDb.OleDbCommand("Select XH,KCH,CJ,XF From XS_KC", conn)
    '打开数据库连接，填充两个数据表
    conn.Open() : daXS.Fill(tblXS) : daXK.Fill(tblXK) : conn.Close()

    '开始建立两个数据表之间的关联，关联字段用XH
    '必须在数据表被填充以后建立关联
    Dim XS_XK As DataRelation
    '第一个参数是关联的名字，第二个参数是父表中的XH，第三个参数是子表中的XH
    XS_XK = New DataRelation("XSXS_KC", tblXS.Columns("XH"), tblXK.Columns("XH"))
    '把建立好的关联加入数据集
    dSXSandXK.Relations.Add(XS_XK)
    '以下开始数据绑定,设置DataSource和DataMember属性
    DataGridView1.DataSource = tblXS
    DataGridView2.DataSource = tblXS : DataGridView2.DataMember = "XSXS_KC"
End Sub
```

4. XML数据查询

利用DataSet不仅可以访问关系数据库，也可以访问XML文件。DataSet对象提供了一个读取XML数据的方法ReadXML，调用该方法可以将XML数据读到DataSet对象中。下面举例说明查询XML文件的方法。

【例11.5】用DataSet 查询包含“成绩”数据表的XML文件。

XML文档可以用一系列的标记，以文本方式描述数据，譬如Access的数据表，可以转化为XML格式的文件。转化的方法是打开所要转化的表，在“导出”栏中选择“其他”菜单中的“XML文件”，如图11-23所示。

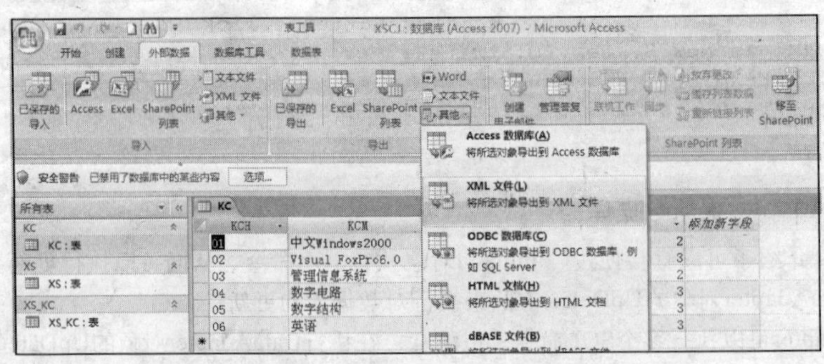

图11-23 表转化为XML文件

本例用到的“KC.xml”存放在CH11目录中，XML源文件如下(有删节)：

```
<?xml version="1.0" encoding="UTF-8"?>
<dataroot xmlns:od="urn:schemas-microsoft-com:officedata"xmlns:xsi="http://www.w3.org/2001/
    XMLSchema-instance"  xsi:noNamespaceSchemaLocation="KC.xsd" generated=
                                                        "2010-03-23T09:51:03">
    <KC>
        <KCH>01</KCH>
```

```
        <KCM>中文Windows2000</KCM>
        <XQ>1</XQ>
        <XS>3</XS>
        <XF>2</XF>
    </KC>
    ......
    <KC>
        <KCH>06</KCH>
        <KCM>英语</KCM>
        <XQ>1</XQ>
        <XS>6</XS>
        <XF>3</XF>
        </KC>
</dataroot>
```

新建项目，在“设计”窗口中添加一个“XML表格”按钮（Button1）、一个“XML原文”按钮（Button2）、一个多行文本框（Textbox1）和一个DataGridView控件，适当调整该控件的大小，其他属性都采用默认值，如图11-24所示。

当点击“XML表格”按钮，XML文档的内容填入到DataGridView表格内显示；当点击“XML原文”按钮，将XML文档的结构显示在多行文本中。

下面分别列出“显示数据”和“XML架构”按钮的单击事件代码：

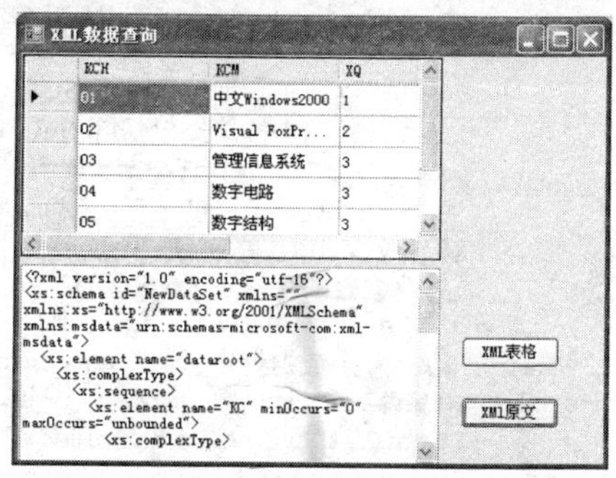

图11-24　XML数据查询程序输出结果

```
Dim KCxml As New DataSet
Private Sub Button1_Click(ByVal sender As Object, ByVal e As EventArgs) _
                                Handles Button1.Click
    KCxml.Clear()
    KCxml.ReadXml("D:\VisualBasic.NET\Visual Basic.NET\实例文件\CH11\KC.xml")
    With DataGridView1
        .DataSource = KCxml
        .DataMember = "KC"
    End With
End Sub
Private Sub Button2_Click(ByVal sender As Object, ByVal e As EventArgs) _
                                Handles Button2.Click
    Dim swXML As New System.IO.StringWriter
    KCxml.WriteXmlSchema(swXML)
    TextBox1.Text = swXML.ToString
End Sub
```

11.5.3 用DataAdapter更新数据库

在11.4.4节中介绍了可以直接使用Command对象执行SQL命令，从而可以执行更新数据库的操作。这里介绍通过DataAdapter对象的UpDate()方法来执行对数据库的更新。

使用DataAdapter可以执行多个SQL命令。但注意，在执行DataAdapter对象的UpDate()方法之前，所操作的都是数据集DataSet（即内存数据库）中的数据，只有执行了Update()方法后，才会对物理数据库进行更新。下面以例11.6说明通过DataAdapter对象对数据库更新的方法。

【例11.6】 通过DataAdapter对象维护学生表记录。

新建项目，在窗体上布置一个DataGridView作为学生数据表的输出，若干个标签、文本框、组合框和一个DateTimePicker控件，用于显示学生明细信息，三个Button分别实现添加、修改和删除学生记录；另外，数据操作的Connection、DataAdapter、Command和DataSet对象在程序中添加。窗体中主要控件及对象属性见表11-13，界面设计效果见图11-25。

表11-13　窗体控件及对象属性表

对　象	对象名	属性名	属性值
Form	Form1	Text	学生信息维护
DataGridView	DataGridView1	ScrollBars	Both
		SelectionMode	FullRowSelect
Button	btnAdd	Text	添加
	btnEdit	Text	修改
	btnDelete	Text	删除
TextBox	txtStuXH	Text	
TextBox	txtStuXM	Text	
TextBox	txtStuZXF	Text	
TextBox	txtStuBZ	MultiLine	True
		ScrollBars	Both
ComboBox	cbxStuXB		
ComboBox	cbxStuZYM		
DateTimePicker	dtpStuCSSJ		

功能设计：当加载窗体后，将读取学生表并添加到DataSet对象中，同时在DataGridView中显示学生记录。当选择学生记录时，在下面的各文本框、组合框中显示相应学生的详细数据，可以在其中进行修改和添加记录。“添加”按钮的功能是将各文本框、组合框等对象中输入的值作为一条新记录添加到物理数据库中；“修改”按钮的功能是将各文本框、组合框等对象中输入的值作为DataGridView中当前选择的记录写入物理数据库；“删除”按钮的功能是将DataGridView中当前选择的记录从物理数据库中删除。当进行添加、修改、删除操作时，均弹出确认对话框提示用户。

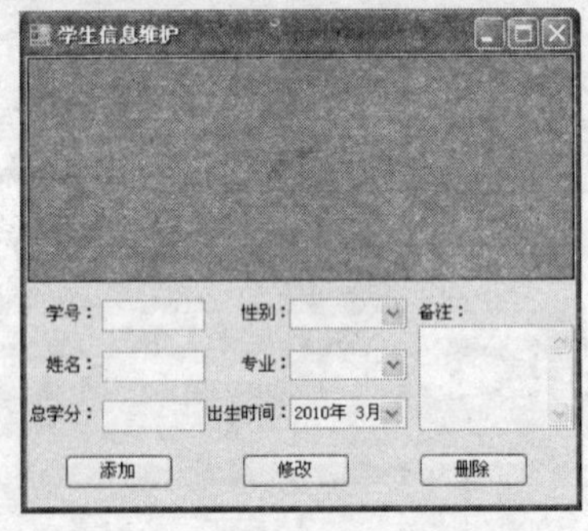

图11-25　学生信息维护窗体设计

程序代码设计：为便于所有过程访问数据库，在窗体层定义3个全局变量，分别是一个数据集DataSet对象、一个学生表DataTable对象、一个OleDbDataAdapter对象。同时还定义了2个全局过程，其中refreshdata过程是用来更新物理数据库并刷新窗体中的数据显示，bindgridview过程的功能则是读取数据库并显示数据。具体代码如下：

```
Dim objDs As New DataSet                        '一个数据集DataSet对象
Dim objXSTable As DataTable                     '一个学生表Table对象
Dim objDa As New OleDb.OleDbDataAdapter         '一个OleDbDataAdapter对象

    Public Sub refreshdata()                    '更新并刷新显示
        objDa.Update(objDs, "XS")               '更新物理学生表
        objXSTable.Clear()                      '清空学生表记录
        bindgridview()                          '重新添充学生表记录
    End Sub
    Public Sub bindgridview()
        Dim objConn As New OleDb.OleDbConnection '创建一个OleDbConnection连接对象
        Dim objComm As New OleDb.OleDbCommand    '一个OleDbCommand对象
        '设置连接字符串，告诉程序应当如何连接到数据库
        objConn.ConnectionString = " Provider=Microsoft.ACE.OLEDB.12.0;DataSource" & _
               "='D:\VisualBasic.NET\Visual Basic.NET\实例文件\CH11\XSCJ.accdb'"
        '设置SQL命令，告诉程序应当如何取数
        objComm.CommandText = "Select XH as 学号,XM as 姓名,ZYM,XB,CSSJ,ZXF,BZ  From xs"
        '把objConn设置为objComm的数据库连接
        objComm.Connection = objConn
        objDa.SelectCommand = objComm
        '创建能自动生成用于协调对 DataSet 的更改与关联物理数据库的单表命令的对象
        Dim builder As OleDb.OleDbCommandBuilder = New OleDb.OleDbCommandBuilder(objDa)
        objConn.Open()                                  '打开数据库连接
        objDa.Fill(objDs, "xs")                         '填充数据集
```

```
        objXSTable = objDs.Tables("xs")
        objConn.Close()                                 '关闭数据库连接
        '把DataGridView1的DataSource属性设置为刚刚取到的数据表,这样就可以显示数据了
        DataGridView1.DataSource = objXSTable
    End Sub
```

程序分析：

- 在bindgridview过程代码中，创建了一个能自动生成用于协调对 DataSet 的更改与关联数据库的SQL命令的对象，类型为OleDbCommandBuilder，程序中对DataSet中数据的任何更改，都能自动生成相关的SQL命令，无须用户手工生成，当用户调用OleDbDataAdapter对象的Update方法时，就可以将DataSet中数据的更新写入到物理数据库中。
- 在refreshdata过程代码中，调用OleDbDataAdapter对象的Update方法，将DataSet中数据的更新写入到物理数据库中。

当窗体加载时，要在DataGridView中显示学生数据表，因此在窗体Load事件代码中调用bindgridview过程来读取学生表并显示记录。代码如下：

```
Private Sub Sub Form1_Load(ByVal sender As System.Object, ByVal e As System.EventArgs) _
                                                                    Handles MyBase.Load
    bindgridview()
End Sub
```

当用户选择DataGridView中的学生记录时会触发CellClick事件，可以在该事件中实现在下面的各文本框、组合框中显示相应学生的详细数据，代码如下：

```
Private Sub DataGridView1_CellClick(ByVal sender As Object, ByVal e As _
      System.Windows.Forms.DataGridViewCellEventArgs) Handles DataGridView1.CellClick
    txtStuXH.Text = DataGridView1.CurrentRow.Cells.Item(0).Value.ToString
                                                 '显示学号
    txtStuXM.Text = DataGridView1.CurrentRow.Cells.Item(1).Value.ToString
                                                 '显示姓名
    txtStuZXF.Text = DataGridView1.CurrentRow.Cells.Item(5).Value.ToString
                                                 '显示总学分
    cbxStuXB.Text = DataGridView1.CurrentRow.Cells.Item(3).Value.ToString
                                                 '显示性别
    cbxStuZYM.Text = DataGridView1.CurrentRow.Cells.Item(2).Value.ToString
                                                 '显示专业
    dtpStuCSSJ.Text = DataGridView1.CurrentRow.Cells.Item(4).Value.ToString
                                                 '显示出生日期
    txtStuBZ.Text = DataGridView1.CurrentRow.Cells.Item(6).Value.ToString
                                                 '显示备注
End Sub
```

在“添加”按钮的单击事件代码中，先弹出确认对话框要求用户确认，若确认则创建一个新的记录对象，将用户输入的各个数据分别添入记录对象相应的字段中，然后再将新记录添加到DataSet对象的学生表中，最后调用refreshdata过程写入物理数据库并刷新显示。代码如下：

```
Private Sub btnAdd_Click(ByVal sender As System.Object, ByVal e As System.EventArgs) _
                                                              Handles btnAdd.Click
    Dim response As MsgBoxResult
    response = MsgBox("确实要添加记录吗？", vbOKCancel + vbQuestion, "系统提示")
    If response = MsgBoxResult.Ok Then                          ' 用户选择"确定"
        Dim myRow As DataRow = objXSTable.NewRow()
        myRow("学号") = txtStuXH.Text
        myRow("姓名") = txtStuXM.Text
        myRow("ZXF") = txtStuZXF.Text
        myRow("XB") = cbxStuXB.Text
        myRow("ZYM") = cbxStuZYM.Text
        myRow("BZ") = txtStuBZ.Text
        myRow("CSSJ") = CDate(dtpStuCSSJ.Text)
        objXSTable.Rows.Add(myRow)                              '向学生表添加记录
```

```
        refreshdata()                                          '更新并刷新显示
    End If
End Sub
```

在“修改”按钮的单击事件代码中，先弹出确认对话框要求用户确认，若确认则将用户输入的各个数据对DataSet学生表的当前记录对象相应的字段分别进行修改，然后再调用refreshdata过程写入物理数据库并刷新显示。代码如下：

```
Private Sub btnEdit_Click(ByVal sender As System.Object, ByVal e As System.EventArgs) _
                                                        Handles btnEdit.Click
    Dim response As MsgBoxResult
    response = MsgBox("确实要修改记录吗？", vbOKCancel + vbQuestion, "系统提示")
    If response = MsgBoxResult.Ok Then     ' 用户选择“确定”
        objXSTable.Rows.Item(DataGridView1.CurrentRow.Index).Item(0) = txtStuXH.Text
                                                 '修改学号
        objXSTable.Rows.Item(DataGridView1.CurrentRow.Index).Item(1) = txtStuXM.Text
                                                 '修改姓名
        objXSTable.Rows.Item(DataGridView1.CurrentRow.Index).Item(5) = txtStuZXF.Text
                                                 '修改总学分
        objXSTable.Rows.Item(DataGridView1.CurrentRow.Index).Item(3) = cbxStuXB.Text
                                                 '修改性别
        objXSTable.Rows.Item(DataGridView1.CurrentRow.Index).Item(2) = cbxStuZYM.Text
                                                 '修改专业
        objXSTable.Rows.Item(DataGridView1.CurrentRow.Index).Item(4) = dtpStuCSSJ.Text
                                                 '修改出生日期
        objXSTable.Rows.Item(DataGridView1.CurrentRow.Index).Item(6) = txtStuBZ.Text
                                                 '修改备注
        refreshdata()                                          '更新并刷新显示
    End If
End Sub
```

程序分析：

- 在“修改”的Click事件代码中，DataGridView1.CurrentRow.Index是用户在DataGridView中选择的记录的索引号，利用它可以访问学生表对象的对应该索引号的记录。

在“删除”按钮的单击事件代码中，先弹出确认对话框要求用户确认，若确认则将用户选择的DataSet学生表的当前记录删除，然后再调用refreshdata过程写入物理数据库并刷新显示。代码如下：

```
Private Sub btnDelete _Click(ByVal sender As System.Object, ByVal e As System.EventArgs) _
                                                        Handles btnDelete.Click
    Dim response As MsgBoxResult
    response = MsgBox("确实要删除记录吗？", vbOKCancel + vbQuestion, "系统提示")
    If response = MsgBoxResult.Ok Then          ' 用户选择"确定"
        objXSTable.Rows.Item(DataGridView1.CurrentRow.Index).Delete()
                                                       '删除学生表当前记录
        refreshdata()                                  '更新并刷新显示
    End If
End Sub
```

程序运行后，若选择记录并删除，效果如图11-26所示。

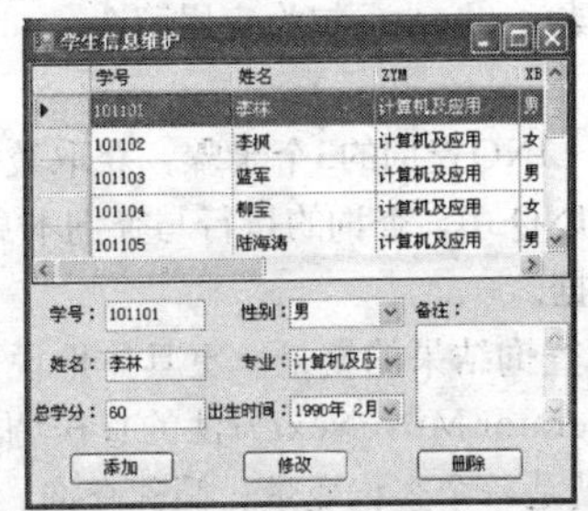

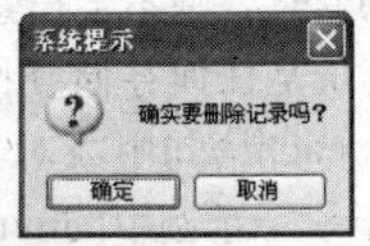

图11-26 学生信息维护程序输出结果

11.6 LINQ查询

11.6.1 LINQ概述

查询是一种从数据源检索数据的表达式，它通常用专门的查询语言来表示。随着时间的推移，人们已经为各种数据源开发了不同的语言，例如，用于关系数据库的SQL和用于XML的XQuery。因此，开发人员不得不针对他们必须支持的每种数据源或数据格式而学习新的查询语言。LINQ通过提供一种跨各种数据源和数据格式使用数据的一致模型，简化了这一情况。在 LINQ 查询中，始终会用到对象。可以使用相同的基本编码模式来查询和转换 XML 文档（LINQ to XML）、SQL 数据库（LINQ to SQL）、ADO.NET 数据集（LINQ to Dataset）、.NET 集合中的数据以及对其有 LINQ 提供程序可用的任何其他格式的数据。LINQ查询架构如图11-27所示。Visual Studio 2008包含LINQ Privider的程序集，这些程序集支持将LINQ与.NET Framework集合、SQL Server数据库、ADO.NET数据集和XML文档一起使用。

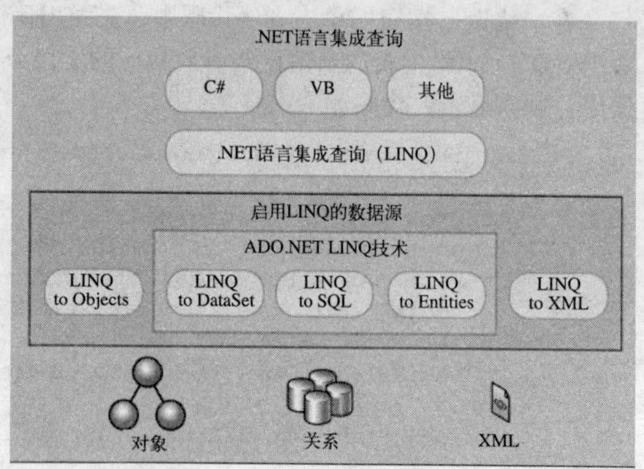

图11-27　LINQ查询架构

11.6.2 使用LINQ查询

LINQ查询由标识查询数据源的查询子句和标识查询迭代变量的查询子句组合而成。查询表达式还可以包含对源数据进行排序、筛选、分组和连接的指令或要应用于源数据的计算。查询表达式语法与SQL语句的语法十分类似，因此好学易懂。所有 LINQ 查询操作都由三个不同的操作组成，即获取数据源、创建查询和执行查询（也就是 from...where...select）。

【例11.7】 使用LINQ查询从一组数据中查找出所有的偶数。

在窗体的加载事件（Form1_Load）中添加代码，代码如下：

```
Dim numbers As Integer() = {29, 30, 76, 55, 84, 42, 6}                 ' 数据源
Dim numQuery = From num In numbers Where num Mod 2 = 0 Select num      ' 创建查询
For Each num In numQuery                                               ' 执行查询
    Debug.Print(num)
Next
```

程序运行后即时窗体中输出的结果如图11-28所示。

图11-28　输出的偶数

程序分析：

- 此示例将一个整数数组numbers用作数据源，但其中numQuery为查询变量，其本身不执行任何操作并且不返回任何数据，它只是存储在以后某个时刻执行查询时为生成结果而必需的信息；from子句指定数据源；num为范围变量，表示数据源的后继元素；where子句为应用筛选器；select子句指定返回元素的类型。
- 这个示例虽然很简单，但是很清楚地显示了LINQ查询的3个步骤：获取数据源、创建查询和执行查询。图11-29显示了完整的查询操作，在 LINQ 中，查询的执行与查询本身截然不同；换句话说，如果只是创建查询变量，则不会检索任何数据。

在LINQ中，查询变量是任何存储查询而不是查询结果的变量。更具体地说，查询变量始终是一个可枚举的类型，当在For each语句中或对其IEnumerator.MoveNext方法的直接调用中循环访问它时，它将产生一个元素序列。上一个示例中的numQuery就是一个查询变量，简称查询。

通常查询变量都声明为显式类型（泛型），以便明确使用查询序列时的类型。例如，上个示例中的

numQuery可以声明如下：

```
Dim numQuery As IEnumerable(Of Integer) = From num In numbers Where num Mod 2 = 0 Select num
```

但是，也可以使用局部类型推理功能，而不显示声明查询变量的类型，这样编译器会在编译时根据上下文来推断查询变量的类型：

```
Dim numQuery = From num In numbers Where num Mod 2 = 0 Select num
```

查询表达式是用查询语法表示的查询，就像任何其他表达式一样，可以用在任何Visual Basic表达式有效的上下文中。查询表达式由一组用类似于SQL或XQuery的声明性语法编写的子句组成。每个子句又包含一个或多个表达式，而这些表达式本身又可能是查询表达式或包含查询表达式。

查询表达式必须以From子句开头，并且必须以Select或Group子句结尾。在第一个From子句和最后一个Select或Group子句之间，查询表达式可以包含一个或多个可选子句，即Where、Orderby、Join、Let甚至附加的From子句。还可以使用Into关键字使Join或Group子句的结果能够充当同一查询表达式中附加查询子句的源。如表11-14所示列出了一个查询表达式具备的各个分量及其作用。

无论LINQ查询的是数据库中的数据，还是对象、XML等，都要由三个不同的操作组成：获取数据源、创建查询、执行查询。下面将详细介绍LINQ的几种基本查询操作。

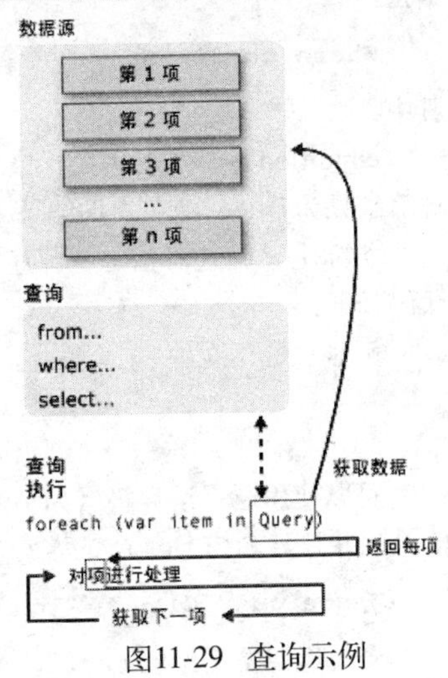

图11-29　查询示例

1. 指定数据源（From子句）

From子句指定要查询的一个或多个范围变量和一个集合。在LINQ查询中，第一步是指定要查询的数据源。因此，查询中的From子句总是最先出现，查询运算符根据源的类型选择结果并设置结果的形式。From子句的语法格式如下：

表11-14　一个查询表达式具备的各个分量及其作用

作　用	子　句	说　明
Destination：目标	Dim<变量>=	使用类型推理来赋值
Source：源	From<项目>in<数据源>	信息源提供一套项目
Filter：过滤器	Where<表达式>,distinct	表达式指定选择的标准
Order：排序	Order by<表达式>，<表达式>[升序|降序]	控制结果的排序
Aggregate：合计	Count([<表达式>])，sum（<表达式>）,min（<表达式>），max(<表达式>)，avg(<表达式>)	合计源项目
Projection：投影	Select<表达式>	构造输出内容

语法：

```
From element [As type] In collection [ _ ] [ , element2 [As type2 ] In collection2 [ , ...]]
```

其中：

1）element是必需的，这是一个范围变量，用于循环访问集合的元素，必须为可枚举类型。该范围变量用于在查询循环访问collection时，引用collection的每个成员。

2）type是可选的，用于指明element的类型。如果不指定type，则根据collection推断element的类型。

3）collection是必需的。这是引用要查询的集合，必须为可枚举类型。

例如，下面的代码声明了一个查询变量query，并使用From子句指定了数据源customers和范围变量cust。

```
Dim query = From cust In customers _
'           ......
```

范围变量类似于循环迭代变量，但在查询表达式中，实际上不发生迭代。执行查询（通常使用For

Each循环执行）时，范围变量将用作对customers中的每个后续元素的引用。由于编译器可以推断cust的类型，因此不需要显式指定此类型。

2. 筛选数据（Where子句）

在查询中最常用的查询操作是应用布尔表达式形式的筛选器。此筛选器使查询只返回那些表达式结果为True的元素。LINQ查询跟其他查询一样都是使用Where子句生成结果。Where子句的语法格式如下：

语法：

```
Where condition
```

其中：

condition是一个表达式，该表达式的计算结果必须为Boolean值或Boolean值的等效值。如果条件的计算结果为True，则在查询结果中包含该元素；否则从查询结果中排除该元素。

实际上，筛选器指定从源序列中排除哪些元素。在下面的示例，只包含那些地址位于伦敦的客户。代码如下：

```
Dim londonCusts = From cust In customers _
                  Where cust.City = "London" _
'                 ......
```

可以使用逻辑运算符（如 And 和 Or）将筛选器表达式组合在 Where 子句中。例如，若要只返回位于伦敦并且姓名为 Devon 的客户，使用下面的代码：

```
Where cust.City = "London" And cust.Name = "Devon" _
```

若要返回位于伦敦或巴黎的客户，使用下面的代码：

```
Where cust.City = "London" Or cust.City = "Paris" _
```

3. 排序（Order By子句）

在查询表达式中，Order By子句可使返回的序列或子序列（组）按升序或降序排序。可以指定多个键，以便执行一个或多个要排序的操作。排序是由针对元素类型的默认比较器执行的，默认排序方式为升序。还可以指定自定义比较器，但是只能通过基于方法的语法使用。其语法格式如下。

语法：

```
Order By orderExp1[ Ascending | Descending ][ , orderExp2 [ ... ]]
```

其中：

1）orderExp1是必需的，它是当前查询结果中的一个或多个字段，用于标识返回值的排序方式，字段名称必须以逗号(，)分隔。

2）Ascending表示为升序排列，Descendding表示降序排列。

例如下面的查询基于 Name 属性对结果排序。由于 Name 是一个字符串，因此返回的数据将按字母 A 到 Z 的顺序排序。示例代码如下：

```
Dim londonCusts1 = From cust In customers _
                   Where cust.City = "London" _
                   Order By cust.Name Ascending _
'                  ......
```

若要按相反顺序（从Z到A）对结果排序，可使用Order By...Descending子句。如果 Ascending和Descending都未指定，则默认为Ascending。

4. 选择数据（Select子句）

Select子句指定所返回元素的形式和内容。例如可以指定结果包含的是整个Customer对象、仅一个Customer属性、属性的子集、来自不同数据源的属性的组合，还是一些基于计算的新结果类型。当Select子句生成除源元素副本以外的内容时，该操作称为“投影”。其语法格式如下：

语法：

```
Select [ var1 = ] fieldName1 [ ,[ var2 = ] fieldName2 [ ...] ]
```

其中：

1）varl是可选的，可用于引用列表达式的结果的别名。

2）fieldNamel是必需的，是要在查询结果中返回的字段的名称。

例如若要检索包含整个 Customer 对象的集合，选择范围变量本身，示例代码如下：

```
Dim londonCusts2 = From cust In customers _
                   Where cust.City = "London" _
                   Order By cust.Name Ascending _
                   Select cust
```

如果 Customer 实例是一个包含许多字段的大型对象，而要检索的只是名称，则可以选择 cust.Name，如下面的示例所示。局部类型推理知道此操作会将结果类型从 Customer 对象集合更改为字符串集合。示例代码如下：

```
Dim londonCusts3 = From cust In customers _
                   Where cust.City = "London" _
                   Order By cust.Name Ascending _
                   Select cust.Name
```

若要从数据源中选择多个字段，可以使用两种方法：

1）在Select子句中，指定要包含在结果中的字段。编译器将定义一个匿名类型，该类型将这些字段作为其属性。

由于下面示例中的返回元素是匿名类型的实例，因此无法在代码中的其他位置按名称引用该类型。编译器为该类型指定的名称含有在普通 Visual Basic 代码中无效的字符。在下面的示例中，londonCusts4 内的查询返回的集合中的元素是某个匿名类型的实例。示例代码如下：

```
Dim londonCusts4 = From cust In customers _
                   Where cust.City = "London" _
                   Order By cust.Name Ascending _
                   Select Name = cust.Name, Phone = cust.Phone
For Each londonCust In londonCusts4
    Debug.Print (londonCust.Name & " " & londonCust.Phone)
Next
```

2）定义含有要包括在结果中的特定字段的命名类型，并在 Select 子句中创建和初始化该类型的实例。仅当必须在返回各个结果的集合以外使用这些结果，或者必须将这些结果作为参数传入方法调用时才使用此选项。下面的示例中的 londonCusts5 类型是 IEnumerable(Of NamePhone)。示例代码如下：

```
Public Class NamePhone
    Public Name As String
    Public Phone As String
End Class
Dim londonCusts5 = From cust In customers _
                   Where cust.City = "London" _
                   Order By cust.Name Ascending _
                   Select New NamePhone With {.Name = cust.Name, _
                                              .Phone = cust.Phone}
```

5. 分组（Group By子句）

在使用Group By子句结束查询时，结果采用列表的形式。列表中的每个元素是一个具有Key成员及根据该键分组的元素列表的对象。在循环访问生成组序列的查询时，必须使用嵌套的for each循环。外部循环用于循环访问每个组，内部循环用于循环访问每个组的成员。Group By子句的语法格式如下：

语法：

```
Group [ listField1 [ , listField2 [ ... ] ] By keyExp1 [, keyExp2 [ ... ] ] ]
    Into aggregateList
```

其中：

1）listFieldl、listField2是可选的，用于指明查询变量的一个或多个字段，这些查询变量显式标识要包括在分组结果中的字段。如果未指定任何字段，则查询变量的所有字段都包括在分组结果中。

2）keyExpl是必需的，是一个表达式，标识用于确定元素的分组的键。可以指定多个键来指定一个组合键。

3）keyExp2是可选的，是一个或多个附加键，与keyExpl组合在一起，创建一个组合键。

4）aggregateList是必需的，是一个或多个表达式，标识如何对组进行聚合。若要为分组结果标识一个成员名称，可以使用Group关键字。

例如，下面的代码按年级（class year）对学生进行分组，示例代码如下：

```
Dim studentsByYear = From student In students _
                     Select student _
                     Group By year = student.Year _
                     Into Classes = Group
For Each yearGroup In studentsByYear
    Debug.Print (vbCrLf & "Year: " & yearGroup.year)
    For Each student In yearGroup.Classes
        Debug.Print ("    " & student.Last & ", " & student.First)
    Next
Next
```

6. 连接（Join和Group Join）

Join子句和数据库中的Join子句的意义相同。Join子句可以将来自不同源序列，并且在对象模型中没有直接关系的元素相关联，但是每个源中的元素必须共享某个可以进行比较以判断是否相等的值。Join子句接受两个源序列作为输入，每个序列中的元素都必须是可以与另一个序列中的相应属性进行比较的属性，或者包含一个这样的属性。Join子句使用特殊的Equals关键字比较指定的键是否相等，并且Join子句执行的所有连接都是同等连接。Join子句的输出形式取决于所执行的连接的具体类型，连接类项包括：内部连接、分组连接和左外部连接。Join子句连接的语法格式如下：

语法：

```
Join element In collection [ joinClause _ ] [ groupJoinClause ... _ ] On key1 Equals key2
[ And key3 Equals key4 [... ]
```

其中：

1）element是必需的，表示要连接的集合的控制变量。

2）collection是必需的，表示要与 Join 运算符左侧的集合组合的集合。Join 子句可以嵌套在另一个Join 子句中，也可以嵌套在 Group Join 子句中。

3）joinClause是可选的，表示用于进一步限制查询的一个或多个其他 Join 子句。

4）groupJoinClause是可选的，表示用于进一步限制查询的一个或多个其他 Group Join 子句。

5）key1 Equals key2是必需的，表示标识要连接的集合的键。必须使用 Equals 运算符来比较要连接的集合的键。通过使用 And 运算符来标识多个键，可以组合连接条件。key1 必须来自 Join 运算符左侧的集合，key2 必须来自 Join 运算符右侧的集合。

在连接条件中使用的键可以是包含集合中的多个项的表达式。不过，每个键表达式只能包含其各自集合中的项。例如，下面的代码使用两个数据源并将来自这两者的属性隐式组合在结果中。该查询选择姓氏以元音开头的学生。示例代码如下：

```
Dim vowels() As String = {"A", "E", "I", "O", "U"}
Dim vowelNames = From student In students _
                 Join vowel In vowels _
                 On student.Last(0) Equals vowel _
                 Select Name = student.First & " " & _
                 student.Last, Initial = vowel _
                 Order By Initial
For Each vName In vowelNames
    Debug.Print (vName.Initial & ":  " & vName.Name)
Next
```

Join 子句基于要连接的集合中的匹配键值组合两个集合。所得集合可以包含 Join 运算符左侧标识的集合和Join子句中标识的集合的值的任何组合。查询将只返回满足 Equals 运算符所指定的条件的结果。

这等效于SQL中的 INNER JOIN。

可以在查询中使用多个Join子句，以便将两个或更多集合连接为单个集合。在不使用 Join 子句的情况下，可以执行隐式连接来组合集合。为此，应在 From 子句中包括多个 In 子句，并指定标识要用于连接的键的 Where 子句。

使用Group Join子句可以将多个集合组合为单个分层集合。这与 SQL 中的 LEFT OUTER JOIN 类似。

Group Join 子句基于要连接的集合中的匹配键值组合两个集合。产生的集合可以包含一个如下所述的成员：该成员引用由第二个集合中的元素组成的集合，这些元素与第一个集合中的键值相匹配。还可以指定要应用到第二个集合中的分组元素的聚合函数。Group Join 子句语法形式如下：

语法：

```
Group Join element [As type] In collection _
    On key1 Equals key2 [ And key3 Equals key4 [... ] ] _
    Into expressionList
```

其中：

1）element是必需的，表示要连接的集合的控制变量。

2）type是可选的，表示element 的类型。如果不指定 type，则从 collection 推断 element 的类型。

3）collection是必需的，表示要与 Group Join 运算符左侧的集合组合的集合。Group Join 子句可以嵌套在 Join 子句或另一个 Group Join 子句中。

4）key1 Equals key2是必需的，标识要连接的集合的键。必须使用 Equals 运算符来比较要连接的集合的键。可以使用 And 运算符标识多个键，从而组合连接条件。key1 参数必须来自于 Join 运算符左侧的集合。key2 参数必须来自于 Join 运算符右侧的集合。在连接条件中使用的键可以是包含集合中的多个项的表达式。不过，每个键表达式只能包含其各自集合中的项。

5）expressionList是必需的，表示一个或多个表达式，标识对集合中的元素组进行聚合的方式。若要为分组结果标识一个成员名称，可使用 Group 关键字 (<alias> = Group)。还可以包含要应用于组的聚合函数。

例如一个经理集合和一个雇员集合。这两个集合的元素都具有一个 ManagerID 属性，用于标识向特定经理汇报的雇员。连接运算的结果将包含具有匹配 ManagerID 值的每个经理和雇员所对应的结果。Group Join 运算的结果将包含完整的经理列表。每个经理结果都将包含一个成员，该成员引用与特定经理匹配的雇员的列表。示例代码如下：

```
Dim customerList = From cust In customers _
                   Group Join ord In orders On _
                   cust.CustomerID Equals ord.CustomerID _
                   Into CustomerOrders = Group, _
                        OrderTotal = Sum(ord.Total) _
                   Select cust.CompanyName, cust.CustomerID, _
                          CustomerOrders, OrderTotal
For Each customer In customerList
    Debug.Print (customer.CompanyName & " (" & customer.OrderTotal & ")")
    For Each order In customer.CustomerOrders
        Debug.Print (vbTab & order.OrderID & ": " & order.Total)
    Next
Next
```

Group Join 运算产生的集合可以包含来自 From 子句中标识的集合以及 Group Join 子句的 Into 子句中标识的表达式的值的任意组合。

7. 存储查询结果（Let子句）

LINQ查询表达式中，存储子表达式的结果有时很有用，这样可以在随后的子句中使用。可以使用Let关键字完成这一工作，该关键字可以创建一个新的范围变量，并且用提供的表达式的结果初始化该变量，一旦用值初始化了该范围变量，就不能用于存储其他值。但如果该范围变量存储的是可查询的类型，则可以对其进行查询。Let子句语法形式如下：

语法：

```
Let variable = expression [, ...]
```

其中：

1）variable是必需的，表示一个别名，可用于引用所提供的表达式的结果。

2）expression是必需的，表示一个将进行计算并赋值给指定变量的表达式。

下面的代码示例使用 Let 子句计算产品 10% 的折扣。示例代码如下：

```
Dim discountedProducts = From prod In products _
                         Let Discount = prod.UnitPrice * 0.1 _
                         Where Discount >= 50 _
                         Select prod.ProductName, prod.UnitPrice, Discount
For Each prod In discountedProducts
    Debug.Print ("Product: {0}, Price: {1}, Discounted Price: {2}", _
                 prod.ProductName, prod.UnitPrice.ToString("$#.00"), _
                 (prod.UnitPrice - prod.Discount).ToString("$#.00"))
Next
```

【例11.8】定义一个学生类和一个班级类并实例化这些类，使用LINQ查询，其中要按照班级进行分组，并显示每个学生的“学号”、“姓名”、“班级”和“班主任”。

新建一个Windows窗体项目并命名为“Ex11_8”，添加一个学生类（Student）和一个班级类（StudentClass）。学生类的代码如下：

```
Public Class StudentClass
    Private stuClassId As Integer        ' 班级编号
    Private stuClassName As String       ' 班级名称
    Private stuClassTeacher As String    ' 班主任
    Public Property ClassId()
        Get
            Return stuClassId
        End Get
        Set(ByVal value)
            stuClassId = value
        End Set
    End Property
    Public Property ClassName()
        Get
            Return stuClassName
        End Get
        Set(ByVal value)
            stuClassName = value
        End Set
    End Property
    Public Property ClassTeacher()
        Get
            Return stuClassTeacher
        End Get
        Set(ByVal value)
            stuClassTeacher = value
        End Set
    End Property
End Class
```

班级类的代码如下：

```
Public Class StudentClass
    Private stuClassId As Integer        '班级编号
    Private stuClassName As String       ' 班级名称
    Private stuClassTeacher As String    '班主任
    Public Property ClassId()
        Get
            Return stuClassId
```

```
        End Get
        Set(ByVal value)
            stuClassId = value
        End Set
    End Property
    Public Property ClassName()
        Get
            Return stuClassName
        End Get
        Set(ByVal value)
            stuClassName = value
        End Set
    End Property
    Public Property ClassTeacher()
        Get
            Return stuClassTeacher
        End Get
        Set(ByVal value)
            stuClassTeacher = value
        End Set
    End Property
End Class
```

在窗体的加载事件（Form1_Load）中添加代码，代码如下：

```
Private Sub Form1_Load(ByVal sender As System.Object, ByVal e As System.EventArgs) _
                                                            Handles MyBase.Load
    Dim students As New List(Of Student)
    students.Add(New Student With {.Id = "101101", .Name = "李林", .ClassId = 1})
    students.Add(New Student With {.Id = "101102", .Name = "李枫", .ClassId = 1})
    students.Add(New Student With {.Id = "101103", .Name = "蓝军", .ClassId = 2})
    students.Add(New Student With {.Id = "101104", .Name = "柳宝", .ClassId = 3})
    students.Add(New Student With {.Id = "101105", .Name = "陆海涛", .ClassId = 3})
    students.Add(New Student With {.Id = "101106", .Name = "高山", .ClassId = 3})
    students.Add(New Student With {.Id = "101107", .Name = "林一风", .ClassId = 2})
    students.Add(New Student With {.Id = "101108", .Name = "朱元元", .ClassId = 1})
    Dim stuClasses As New List(Of StudentClass)
    stuClasses.Add(New StudentClass With {.ClassId = 1, .ClassName = "计算机系1班", _
                                          .ClassTeacher = "杨思成"})
    stuClasses.Add(New StudentClass With {.ClassId = 2, .ClassName = "计算机系2班", _
                                          .ClassTeacher = "郑伊健"})
    stuClasses.Add(New StudentClass With {.ClassId = 3, .ClassName = "计算机系3班", _
                                          .ClassTeacher = "方向明"})
    Dim process = From s In students Join c In stuClasses On s.ClassId Equals _
        c.ClassId Select s.Id, s.ClassId, s.Name, c.ClassName, c.ClassTeacher _
                        Group By ClassId Into TheClass = Group
    For Each proc In process
        Debug.Print(vbCrLf & "班级：" & proc.ClassId & "班")
        For Each stu In proc.TheClass
            Debug.Print("学号：" & stu.Id & " 姓名：" & stu.Name & " 班级：" & stu.ClassName & _
                                          " 班主任：" & stu.ClassTeacher)
        Next
    Next
End Sub
```

按F5快捷键运行程序，程序运行后输出窗口如图11-30所示。

11.6.3 LINQ to Object

凡是使用LINQ查询表达式查询的数据，都包含在LINQ to Object中，LINQ to Object是指直接对任意IEnumerable或IEnumerable<(Of<(T>)>)集合使用LINQ查询，而无需使用中间LINQ提供程序或API，如LINQ to SQL或LINQ to XML。可以使用LINQ来查询任何可枚举的集合，如List<(Of<(T>)>)、Array或Dictionary<(Of<(TKey, TValue>)>)。该集合可以是用户定义的集合，也可以是.NET Framework API返

回的集合。从根本上说，LINQ to Object表示一种新的处理集合的方法。采用旧方法，必须编写指定如何从集合检索数据的复杂的foreach循环。而如果采用LINQ方法，只需编写用于描述要检索的内容的声明性代码就可以得到要检索的数据。

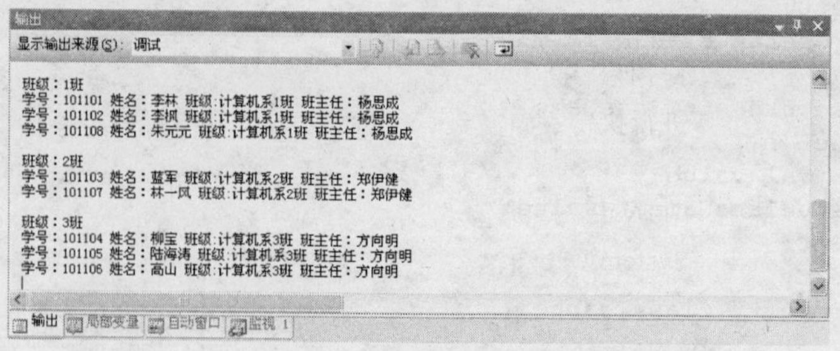

图11-30 LINQ查询的结果

使用LINQ可用于查询和转换字符串和字符串集合，对文本文件中的半结构化数据尤其有用，LINQ查询还可与传统的字符串函数和正则表达式结合使用。例如，可以使用Split或Split方法来创建字符串数组，然后可以使用LINQ来查询或修改此数组。

【例11.9】有两个文本文件“Employee”和“Wages”，分别记录员工的姓名和编号、工资，使用LINQ查询员工的编号、姓名和工资。Employee.txt和Wages.txt文件如图11-31所示，LINQ查询的结果如图11-32所示。

新建一个Windows窗体应用程序项目并命名为“Ex11_9”，在应用程序Debug目录下新建“Employee”和“Wages”文本文件，其中文件内容如图11-31所示。

因为涉及文件的读取操作，所以添加如下的命名空间：

```
Imports System.IO
Imports System.Text
```

在窗体的加载事件（Form1_Load）中添加代码，代码如下：

```
Private Sub Form1_Load(ByVal sender As System.Object, ByVal e As System.EventArgs) _
                                                      Handles MyBase.Load
    '读取员工信息到数组中
    Dim employees() As String = File.ReadAllLines("Employee.txt", Encoding.Default)
    Dim wagesList() As String = File.ReadAllLines("Wages.txt", Encoding.Default)
                                              '读取工资信息到数组中
    Dim empvswag = From emp In employees Let employee = emp.Split(" ") From wag In wagesList _
    Let empid = wag.Split(" ") Where employee(0) = empid(0) Select "编号: " & employee(0) & _
    " 姓名: " & employee(1) & " 工资: " & empid(1)
        For Each item In empvswag
        Debug.Print(item)
    Next
End Sub
```

按F5快捷键运行程序，程序运行后输出窗口如图11-32所示。

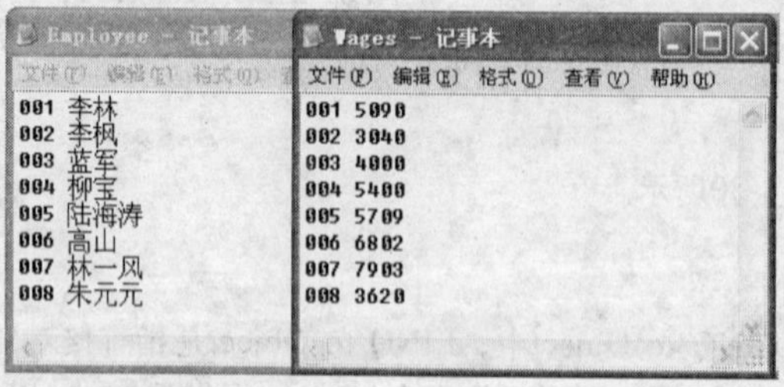

图11-31 记录员工和工资的文本文件

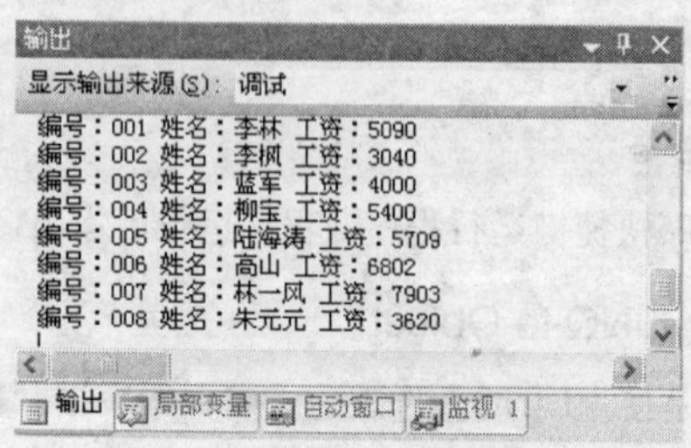

图11-32 LINQ查询结果

11.6.4 LINQ to SQL

1. 什么是LINQ to SQL

LINQ to SQL全称为基于关系数据的.NET语言集成查询，是.NET Framework 3.5版的一个组件，提供了用于将关系数据作为对象管理的运行时基础结构。在LINQ to SQL中，关系数据库的数据模型映射到编程语言表示的对象模型。当应用程序运行时，LINQ to SQL会将对象模型中的语言集成查询转换为SQL，然后将它们发送到数据库进行执行；当数据库返回结果时，LINQ to SQL会将它们转换回编程语言处理的对象。

LINQ to SQL编程接口集中在System.Data.Linq.dll程序集中，要想使用LINQ to SQL，必须在项目中引用该程序集，命名空间为“System.Data.Linq”。

2. 使用对象关系设计器

通常使用对象关系设计器（O/R设计器）实现许多LINQ to SQL功能的用户界面。对象关系设计器提供一个可视化设计图面，用于创建基于数据库中对象的LINQ to SQL实体类和关联。换句话说，O/R设计器用于在应用程序中创建映射到数据库对象的对象模型，并生成一个强类型DataContext，DataContext通常称为数据上下文，是通过数据库连接映射的所有实体的源，它跟踪所有检索到的实体所做的更改并提交回数据库。DataContext用来连接数据库、从数据库中检索对象，以及将更改提交回数据库。使用DataContext就像使用ADO.NET的SqlConnection一样。

此外，O/R设计器还提供了将存储过程和函数映射到DataContext方法以返回数据并填充实体类的功能。最后，O/R设计器提供了对实体类之间的继承关系进行设计的能力。

这里需要注意的是O/R 设计器当前仅支持 SQL Server 2000、SQL Server 2005、SQL Server 2008 和 SQL Server Express 数据库。本书使用的是Access 2007数据库，使用LINQ to SQL访问Access数据库，可以安装ALinq进而操作数据。ALinq的下载地址为“http://cn.alinq.org/”。

ALinq 是一套与Linq to SQL 相兼容的 ORM 框架，旨在让 LINQ 技术能够应用在各种主流数据库上，目前已经支持 Access、SQLite、MySql、Oracle、Firebird、SQL2000、SQL2005 等主流数据库。使用 ALinq 做开发，能让程序很方便地运行于各种数据库，并且在使用上完全与Linq to SQL相同。有关ALinq的详细信息请读者查阅相关资料。

11.7 报表

一个完整的数据库应用系统，常常需要报表的功能。VB.NET的报表是通过Crystal Reports报表设计工具来实现的。Crystal Reports包含在VS.NET开发环境中，它提供了丰富的编程模型和灵活的选项定制报表，可以在程序运行时由用户自定义报表、调整对象大小和位置，以及报表参数和登录许可。Crystal Reports能以整体有效的方式，开发具有演示文稿质量的交互式报表。

11.7.1 建立报表

1. 添加报表

在应用系统中实现报表功能，首先要添加报表，下面以一个简单例子来介绍添加报表的基本步骤：

1）启动VB.NET，建立一个“Windows应用程序”项目，命名为“ReportDemo”。

2）选择菜单“项目/添加新项”，在“添加新项”对话框中选择“报表”，如图11-33所示，将报表名设置为“myReport.rdlc”，点击“添加”按钮（第一次使用会出现用户许可协议向导，请选择接受协议），然后出现“Crystal Reports库”对话框。

3）在“Crystal Reports库”对话框中（如图11-34所示），选择报表类型，本例选择默认类型，即标准类型的报表向导，点击“确定”按钮。

4）在弹出的“数据”对话框左侧的“可用数据源”中，双击“创建新连接数据”树中的ODBC（RDO）分支。

5）出现“ODBC（RDO）”对话框后，选择“MS Access Database”，单击“下一步”按钮，如图11-35所示，弹出“连接信息”对话框，单击“完成”按钮。弹出“连接数据库”对话框，如图11-36所示，选择数据库“XSCJ.accdb”，单击“确定”按钮。

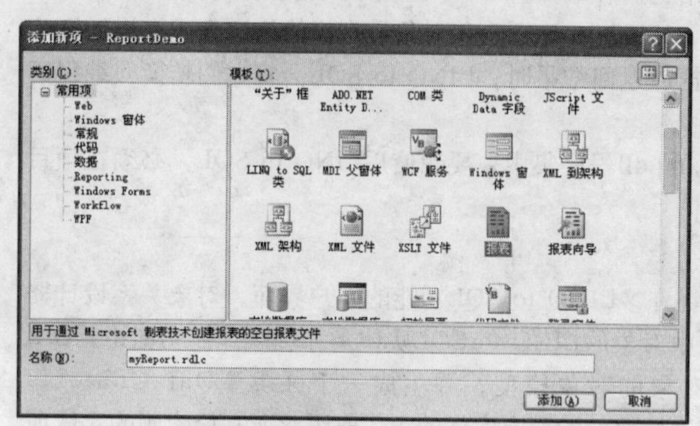

图11-33　添加报表文件

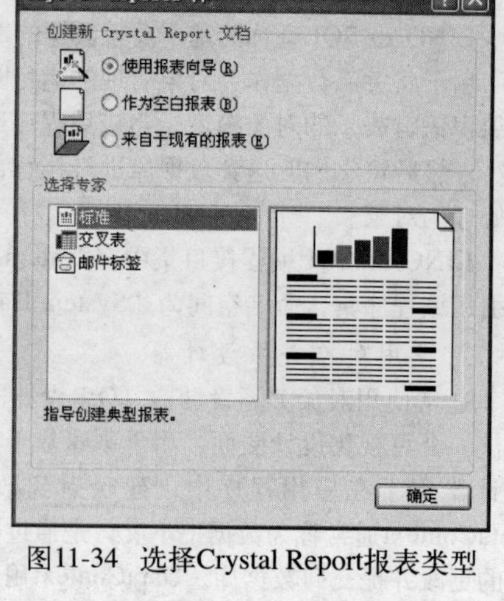

图11-34　选择Crystal Report报表类型

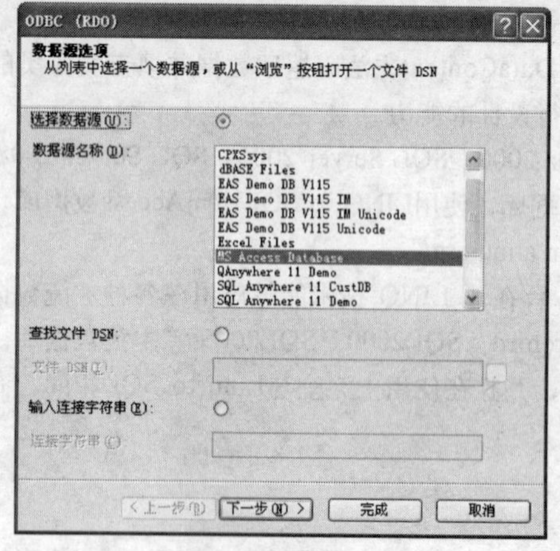

图11-35　选择数据源

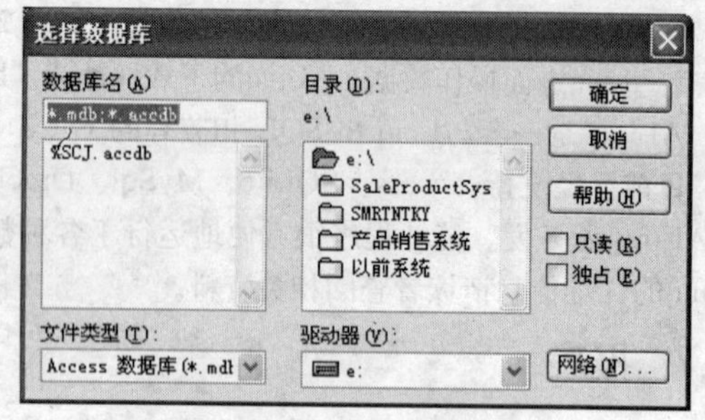

图11-36　连接数据库

6）在“数据”对话框中选择“XS”表，如图11-37所示，单击“下一步”按钮。

7）在图11-38中，弹出“字段”对话框，在“可用字段”中选择需要的字段添加到右侧的“要显示的字段”中，如图11-39所示。

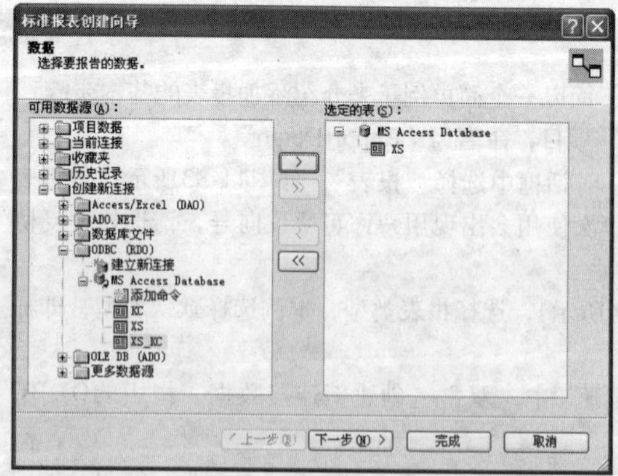

图11-37　选择报表样式

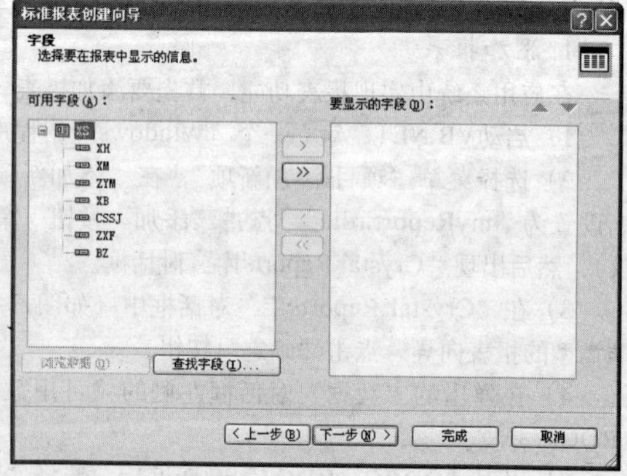

图11-38　选择字段

8）在图11-39中，单击“下一步”按钮，出现“分组”对话框，在“可用字段”中选择需要的字段添加到右侧的“分组依据”中，如图11-40所示。

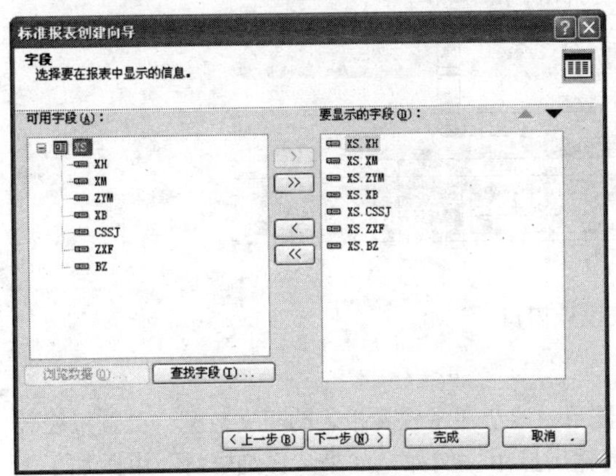

图11-39 选择字段

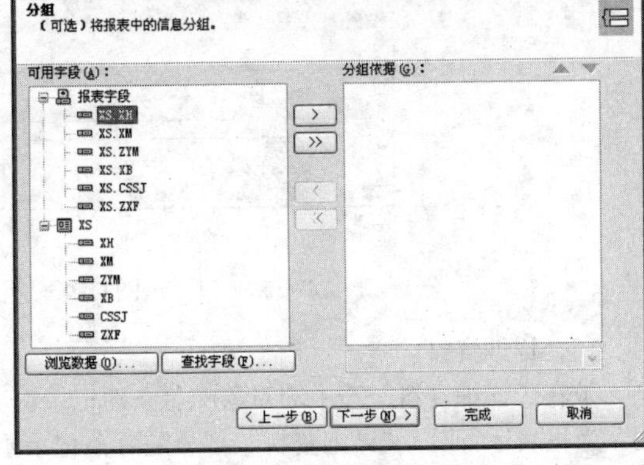

图11-40 设置报表分组字段

9）在图11-40中，单击“下一步”按钮，弹出“记录选定”对话框，在“可用字段”中选择需要的字段添加到右侧的“筛选字段”中，如图11-41所示。

10）在图11-41中，单击“下一步”按钮，弹出“报表样式”对话框，设置报表的样式，本例选择“表”样式，如图11-42所示，然后点击“完成”按钮。

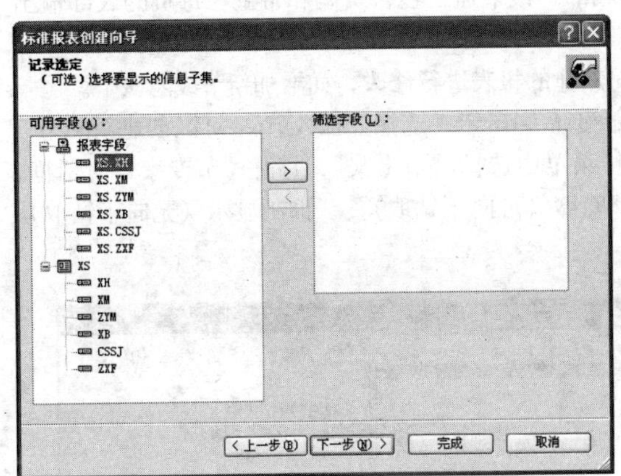

图11-41 设置报表筛选字段

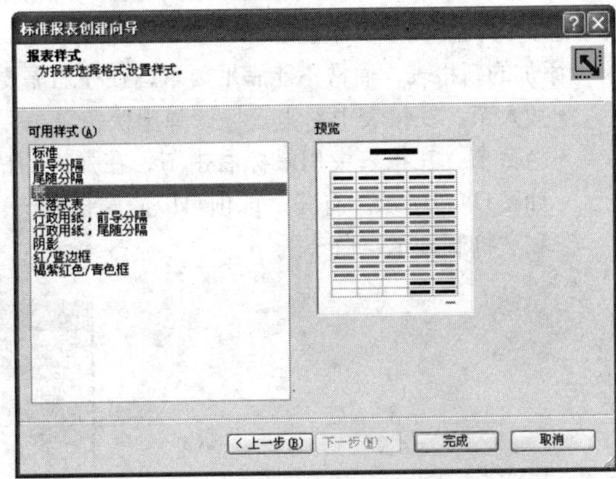

图11-42 设置报表标题和样式

执行完上述步骤后，即创建了一个报表，在项目的设计窗口中将会出现报表的设计窗口，如图11-42所示。在其中，“字段资源管理器”窗口显示出来，可以拖放报表字段到报表中，同时，在工具箱中增加了一个“Crystal Reports”工具箱，可以从中选择文本、线条等对象添加到报表中。另外，在项目文件所存储的文件夹中，生成了一个报表文件 myReport.rpt 。

2. 报表节

从报表的结构来看，新建的报表一般分为5个报表节：报表头、页眉、详细资料、报表尾、页脚，参见图11-43。这5个报表节的作用各不相同，输出报表时显示的方式也有所不同。

（1）报表头

放在“报表头”节中的对象只在报表开头输出显示一次。该节通常包含报表的标题和其他希望只在报表开头输出一次的信息。

（2）页眉

放在“页眉”节中的对象输出显示在每个新页的开始位置。该节通常包含希望在每页的顶部输出的信息。它可以包含文本信息（如章节名、文档名等），也可以包含字段标题，在报表中，这些字段标题将作为标签显示在字段列的顶部。图表和交叉表不能放在“页眉”节中。

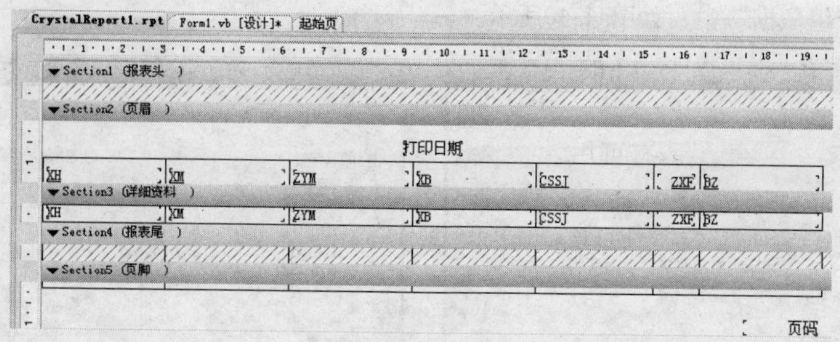

图11-43　报表设计窗口

(3) 详细资料

放在“详细资料”节中的对象随每条新记录输出显示。该节通常包含报表的正文数据、批量报表数据。当报表运行时，“详细资料”部分随每条记录重复输出显示。例如，如果“详细资料”中添加了一个有100条记录的数据库对象，则报表运行时将输出100个单独的“详细资料”部分。

(4) 报表尾

放在“报表尾”节中的对象只在报表结束位置输出显示一次。该节通常包含希望只在报表结尾输出一次的信息。

(5) 页脚

放在“页脚”节中的对象输出显示在每个新页的底部。该节通常包含页码和希望在每页的底部输出的信息。图表和交叉表不能放在“页脚”节中。

添加的新报表，通常不能满足要求，往往还需要对新建的报表进行修改，如增加新节或隐藏节。

- 插入节。在报表中右击鼠标，弹出快捷菜单，如图11-44所示，选择“插入/节”可以创建新的节。
- 隐藏节。在报表中用鼠标右击节，在弹出的快捷菜单中选择“节专家”，打开“节专家”对话框，如图11-45所示。有三个选项可以隐藏报表节：“隐藏（可向下钻取）”、“抑制显示（无向下钻取）”和“抑制显示空白节”。

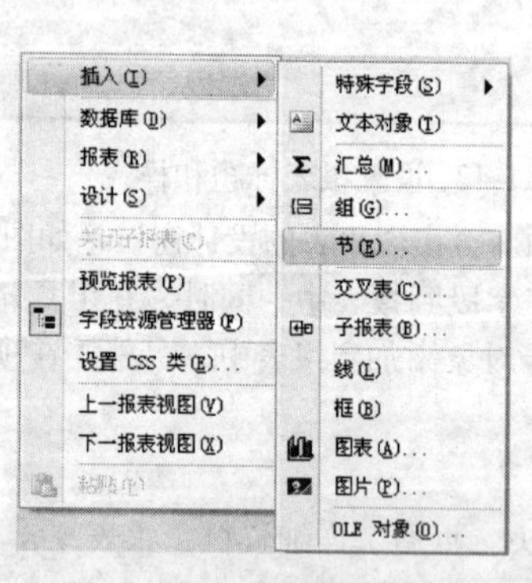

图11-44　报表节快捷菜单

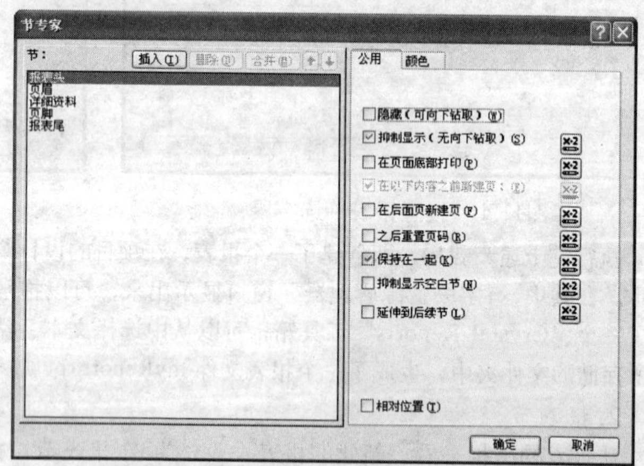

图11-45　“节专家”对话框

3. 插入字段

在报表设计过程中，可以利用“字段资源管理器”插入、修改和删除报表中的字段。“字段资源管理器”是Crystal Report设计器的一部分，它以树视图方式显示可以添加到报表中的数据库字段和特殊字段，此外，还显示已经定义的在报表中使用的公式、参数、组名、运行总计和未绑定字段。

在Crystal Report设计器单击“视图/其他窗口/文档大纲”菜单命令，就可以查看“字段资源管理器”，

图11-46中的两个图分别显示出“字段资源管理器”结构和特殊字段包含的内容。

利用“字段资源管理器”，可以向报表中添加各种数据字段。Crystal Report提供了如下的报表字段：

(1) 数据库字段

“数据库字段”中列出了所有可用的数据库表的字段。要向报表插入一个数据库字段。可在“字段资源管理器”中展开“数据库字段”，如图11-46所示，选择一个字段，拖到“详细资料”部分或其他报表节中。

(2) 公式字段

“公式字段”是在报表中创建的单独公式。例如，计算学生的年龄。要向报表中插入公式字段就先要建立公式，建立的方法是右击“公式字段”，从快捷菜单中选择“新建”，然后就可以定义公式。定义好公式后，可以像插入数据库字段一样将公式插入到报表中。

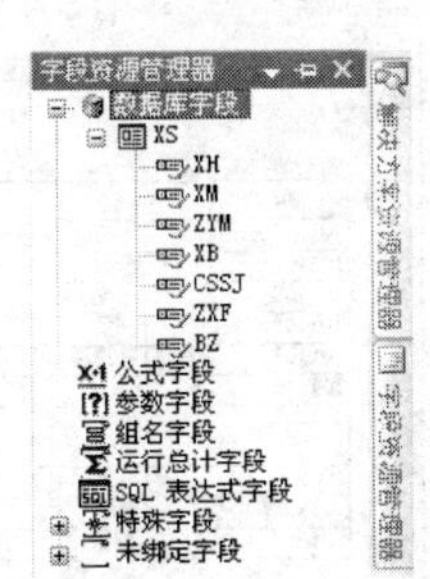

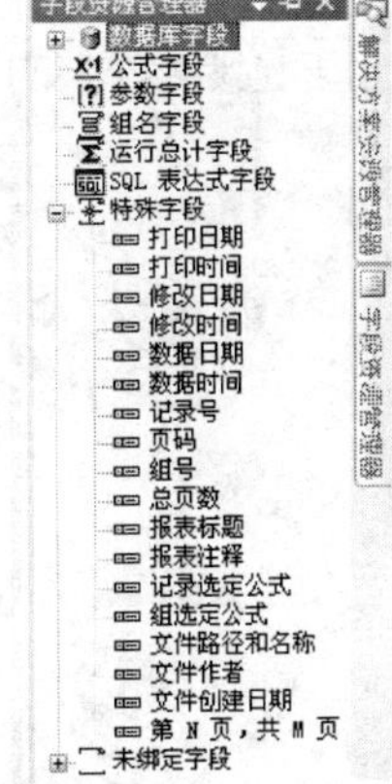

图11-46 字段资源管理器

(3) 参数字段

“参数字段”提示报表用户输入信息，可以把参数看做是在报表生成之前用户需要回答的问题，用户回答的信息决定报表的内容。例如，可以提示用户输入Title参数，将其作为报表的参数。要向报表中插入参数字段，方法是右击“参数字段”，从快捷菜单中选择“新建”，然后在“创建参数字段”对话框中定义参数。创建的参数将被列于“字段资源管理器”中“参数字段”节点下，之后，就可以像插入数据库字段一样将参数字段插入到报表中。

(4) 组名字段

为便于报表数据的阅读和分析，常需要将报表中的数据分组，可以通过“组名字段”来实现。要向报表中插入组名字段，方法是右击“组名字段”，从快捷菜单中选择“插入组”，然后在“插入组”对话框中指定分组字段、排序方式，确定后，报表将会自动进行分组。

(5) 运行总计字段

运行总计是以记录为基础在记录上显示总计，它将当前记录及其之前的所有记录（报表以及组等中的记录）总计在一起。在“字段资源管理器”中，右击“运行总计字段”，从快捷菜单中选择“新建”，然后在“创建运行总计字段”对话框中定义运行总计名称、选择要摘要的字段和汇总的方法。

(6) SQL表达式字段

SQL表达式与公式类似，只不过SQL表达式是用SQL语言编写的。SQL表达式可以用于从数据库查询特定数据集合。可以基于SQL表达式字段进行排序、分组和选择。要向报表中插入SQL表达式字段，方法是右击“SQL表达式字段”，从快捷菜单中选择“新建”，在名称框中输入名称，然后在“SQL表达式编辑器”对话框中编辑SQL表达式。

(7) 特殊字段

在报表中要显示特殊信息（如页码、打印日期和报表备注等），可以使用特殊字段。Crystal Report提供了多个特殊字段，参见图11-46。要向报表中插入特殊字段，方法是在“字段资源管理器”中展开“特殊字段”节点，将需要的字段拖到报表所需的节中。

11.7.2 浏览与打印报表

报表创建完成后，还需要运行显示出报表。Crystal Report提供了一个报表浏览控件CrystalReportViewer，它可以在工具箱的“Crystal Reports”中找到。将CrystalReportViewer控件添加到窗体中，设置其Dock属性为Fill，这样控件将充满整个窗体，另外，该控件的一个重要属性就是ReportSource，该属性指定要显示的报表文件，通过“浏览”选择11.7.1节中创建的“myReport.crt”报表文件。设置完成后，运行程序，报表即显示在窗体中，如图11-47所示。

在图11-47中，左侧部分是显示报表的分组树，由于本例没有对报表进行分组，所以该部分没有任何显示。上侧为工具栏，可以控制报表的显示。第1个按钮是导出按钮，可以将报表导出为Excel、Word

或RTF格式，第2个按钮是打印按钮，第3个按钮是刷新显示按钮，第4个按钮用于切换组树的显示，中间4个按钮是控制报表前后翻页，第9个按钮是跳转到指定页，第10个按钮是关闭当前视图，第11个按钮用于查找文字，第12个按钮改变显示的比例。每个按钮的具体使用请读者查阅相关资料。

XH	XM	ZYM	XB	CSSJ	ZXF	BZ
101101	李林	计算机及应用	男	1990-2-23 0:0	60	
101102	李枫	计算机及应用	女	1990-9-3 0:00	65	
101103	蓝军	计算机及应用	男	1989-6-12 0:0	62	
101104	柳宝	计算机及应用	女	1989-1-30 0:0	60	
101105	陆海涛	计算机及应用	男	1989-12-5 0:0	61	
101106	高山	计算机及应用	男	1990-4-16 0:0	60	
101201	林一风	通信工程	男	1990-3-2 0:00	60	
101202	朱元元	通信工程	男	1989-10-17 0:	62	
101203	高平	通信工程	男	1989-5-21 0:0	65	
101204	李玲	通信工程	女	1989-3-12 0:0	63	
101205	刘刚	通信工程	男	1989-6-12 0:0	61	

图11-47 使用CrystalReportViewer显示报表

习题

1. 什么是数据库、表、字段、记录？什么是表的主键？
2. 在设计Access数据表时，如有300个字符的文本数据字段，应选择什么数据类型？
3. 从“XS”数据表中，查找满足XH为101101～101139的记录，采用的Select语句是什么？
4. ADO.NET由哪几部分组成？
5. 要访问ORACLE数据库应使用哪一种数据提供程序？
6. ADO.NET中Connection、DataAdapter、Command、DataSet对象的作用是什么？如何搭配使用它们？
7. DataGridView控件的作用是什么？通过它的什么属性可以绑定数据？
8. 参考本章的例11.1程序，新建项目，查询XSCJ.accdb数据库中的XS表，显示XH、XM、CSSJ三列数据字段。
9. 参考本章的例11.6程序，添加DataGridView和Button控件对象，以及Connection、DataAdapter、Command和DataSet对象控件，在设计阶段就建立DataAdapter、DataSet和DataGridView控件对象来实现“学生”数据表的访问，并对该数据表做增、改、删操作，效果如图11-48所示。

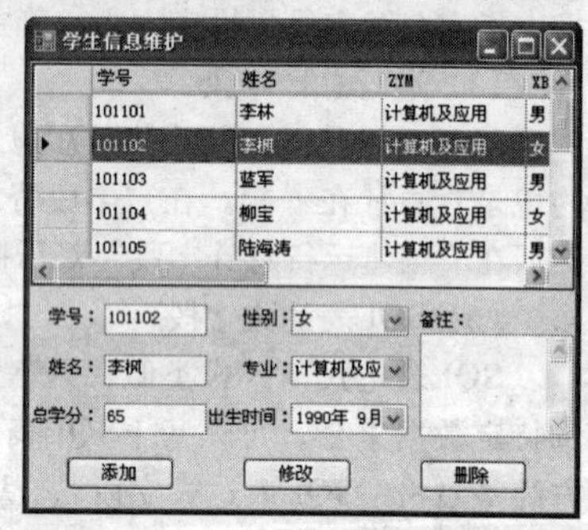

图11-48 习题9效果图

第二部分 实 验

实验1 创建简单的VB.NET程序实例

目的和要求

1）熟练掌握VB.NET的启动方法。

2）熟悉VB.NET集成开发环境。

3）熟悉常用菜单，使用菜单和工具栏创建项目，保存项目和生成.exe文件。

4）学会向窗体中放置控件和使用“属性”窗口。

5）学会建立一个简单界面的应用程序，在“代码编辑器”窗口中添加代码。

6）掌握启动项目和结束项目的方法。

7）使用“帮助”查找帮助信息。

内容和步骤

学习用VB编程必须先熟悉VB.NET的集成开发环境，VB.NET的集成开发环境包括标题栏、菜单栏、工具栏、控件箱和窗体。使用集成开发环境达到以下要求。

一、创建简单VB.NET实例

1. 启动VB.NET项目

启动Visual Studio 2008后，单击“新建项目”菜单，会出现如图T1-1所示的“新建项目”对话框。首先，在“项目类型”栏中选择“Visual Basic项目”，然后在右侧的“模板”栏中选择 “Windows窗体应用程序”。选择模板后，在“名称”栏中输入项目的名称，在“位置”栏中输入保存项目的路径，单击“确定”按钮即可进入VB.NET集成开发环境。

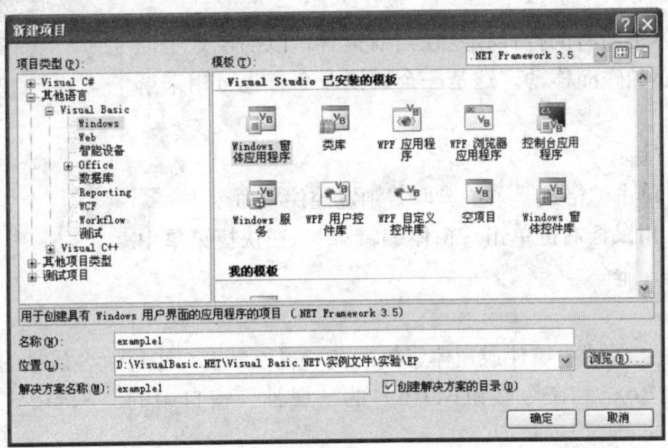

图T1-1 “新建项目”对话框

2. 创建界面

创建书本中第1章的例1.1界面如图T1-2所示，熟悉控件的使用。

（1）创建控件

创建控件有以下方法：

- 在控件箱中双击选定的控件，该控件会自动出现在窗体中间。
- 在控件箱中单击选定的控件，将变成十字线的鼠标指针放在窗体上，拖动十字线画出适合的控件大小。

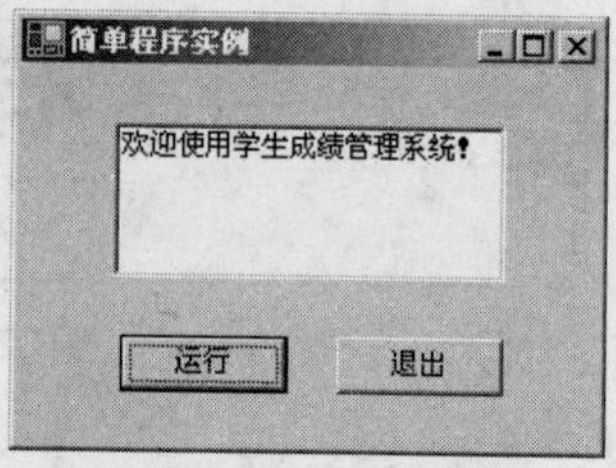

图T1-2　例1.1中的界面

(2) 选择控件

选择控件有以下几种方法：

- 单击某个控件，当控件的四周出现尺寸柄时表示控件被选中。
- 用↑、↓、←、→方向键在不同的控件中切换。
- 按住Shift键，依次单击几个控件，可同时选中几个控件。
- 在控件的外围拖出一个选择框，则在框内的所有控件都同时选中，如图T1-3所示。

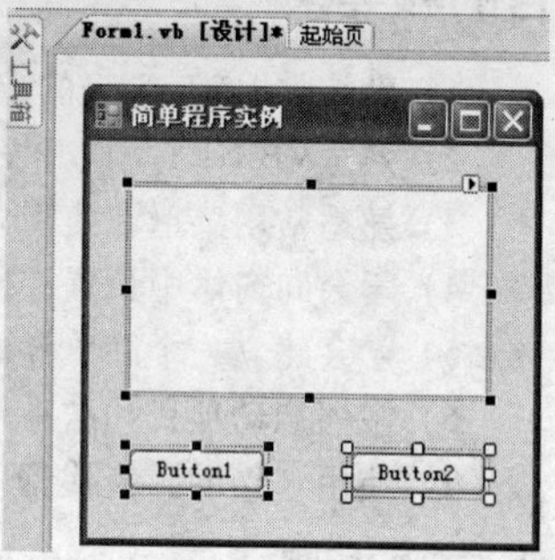

(3) 移动控件

移动控件有以下方法：

- 先用鼠标选择控件，再把窗体上的控件拖动到一新位置。
- 先选择控件，然后在“属性”窗口中改变“Location.X”和“Location.Y”属性。
- 先选择控件，用Ctrl +↑、↓、←、→方向键调整控件位置。

图T1-3　选中控件

(4) 调整控件大小

调整控件大小有以下方法：

- 先选择某控件，然后拖动尺寸柄向各方向调整大小。
- 先选择某控件，用 Shift +↑、↓、←、→方向键调整控件大小。

(5) 安排控件位置

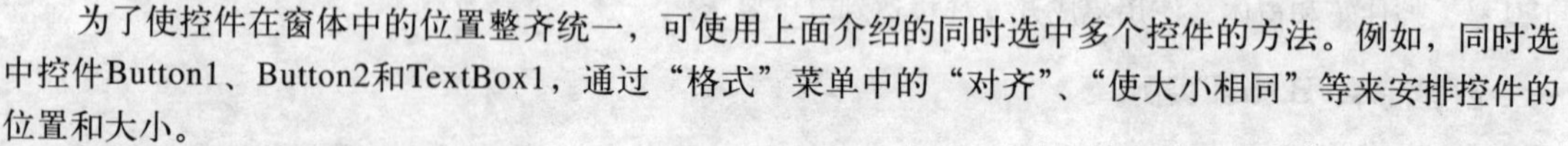

为了使控件在窗体中的位置整齐统一，可使用上面介绍的同时选中多个控件的方法。例如，同时选中控件Button1、Button2和TextBox1，通过“格式”菜单中的“对齐”、“使大小相同”等来安排控件的位置和大小。

例如，选择“格式”菜单中的“使大小相同”的“两者”命令，则在界面中的两个按钮的宽度和高度都相同，显示如图T1-4所示。

(6) 移去控件

选中某控件，按Del按钮删除控件，则窗体中控件被移去。

(7) 锁定控件

锁定控件是将窗体上所有的控件锁定在当前位置，以防已处于理想位置的控件因不小心触碰而移动。这是一个切换命令，也可用来解锁控件位置。

锁定控件有以下方法：

- 先选中该控件，单击“格式”菜单选取“锁定控件”命令。
- 先选中该控件，用鼠标右键单击“窗体编辑器”，在快捷菜单中单击“锁定控件”命令。

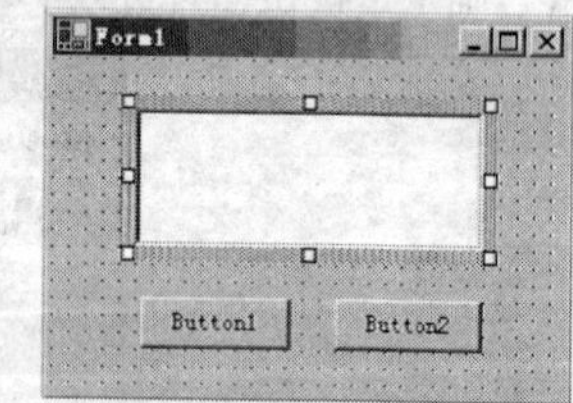

图T1-4　安排控件位置

3. 设置属性

设置属性的步骤是：先选中控件或窗体，然后在“属性”窗口中修改各属性的值。

1) 将文本框TextBox1和命令按钮Button1的“属性”窗口中的“Name”属性改变成txtYou和cmdRun。

2) 将文本框txtYou的“属性”窗口中的“BackColor”和“ForeColor”属性分别改成黄色和蓝色。

3) 修改文本框txtYou的“属性”窗口中的“Font”属性，单击出现图T1-5所示的字体对话框。

分别将“字体样式”和“大小”改成“粗体”和“小二”(号字)则显示如图T1-6所示。

4) 设置窗体的图标。

用窗体“Form1”“属性”窗口改变“Icon”属性来改变窗体的图标，单击“Icon”属性后 ... 的按

钮来选择另一个图标。通过设置窗体的 Icon 属性，换一个能说明窗体或应用程序的具体用途的图标，使它们在窗体最小化时出现。

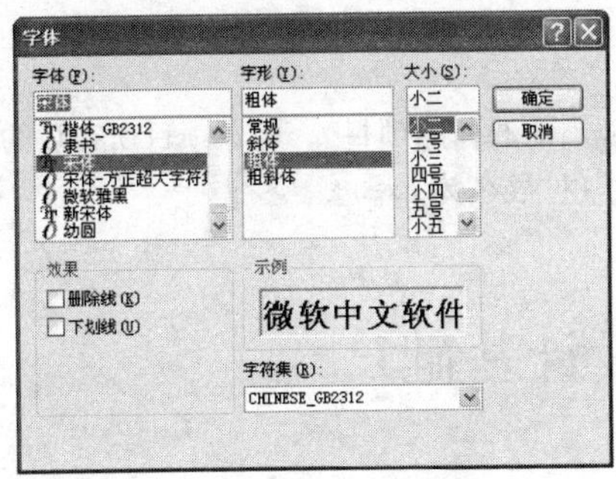

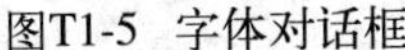
图T1-5 字体对话框

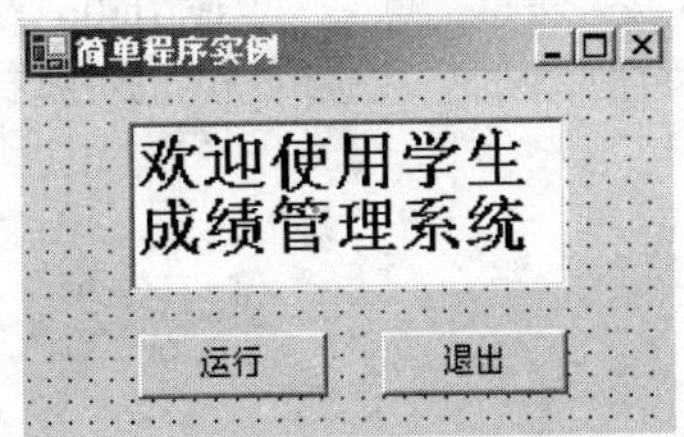

图T1-6 修改字体格式

5）设置窗体“Form1”“属性”窗口的“Text”属性为“简单程序实例”。

6）修改txtYou的属性“Text”为“欢迎使用学生成绩管理系统”。

4. 修改代码

修改事件cmdRun_Click的代码，使单击按钮“运行”后txtYou由“欢迎使用学生成绩管理系统！”消失，变成如下代码：

```
Private Sub cmdRun_Click (ByVal sender As System.Object, ByVal e As _
                                  System.EventArgs)  Handles cmdRun.Click
    txtYou.Visible =False
End Sub
```

练习：

- 单击按钮，将文本框中显示的内容修改为“欢迎使用VB.NET”。
- 将窗体中的文本框和按钮左对齐。

5. 保存项目

保存项目的方法有：

- 在工具栏中单击“保存”按钮。
- 选择“文件”菜单，单击“保存”命令。

上面两种方法，默认将窗体文件保存为“Form1.vb”文件，将项目保存为步骤1中指定的项目文件，即图T1-1所示的“example1.vbproj”文件。

6. 运行程序

将程序代码编写好后，就可以运行该应用程序。运行程序的方法有：

- 在工具栏中单击 ▶ （启动）按钮。
- 选择“调试”（Run）菜单，单击“启动”命令。
- 直接按“F5”键。

二、修改项目名称，生成可执行文件

1. 设置窗体、项目和解决方案的“名称”属性和文件名

设置窗体、项目和解决方案的“名称”属性和文件名，使其在“解决方案资源管理器”窗口中的显示如图T1-7所示。

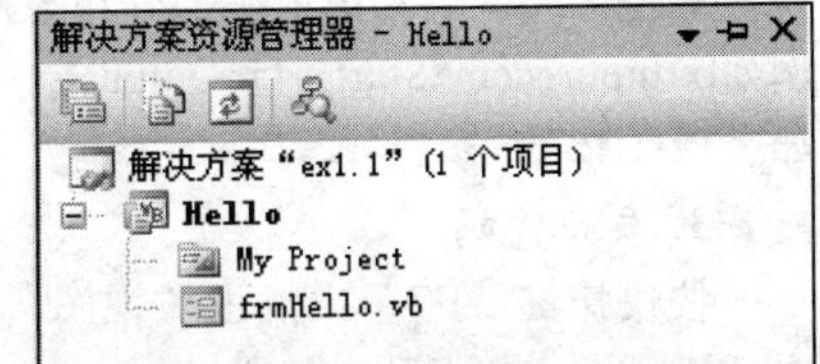

图T1-7 解决方案资源管理器

在窗体的“属性”窗口中，将窗体的“name”属性设置为“FrmHello”，然后选择“文件”菜单的“另存为”命令，将窗体文件保存为“frmHello.vb”文件；在“解决方案资源管理器”窗口中，分别选择项目和解决方案的名称，然后选择“文件”菜单的“另存为”命令，将项目

文件保存为“Hello.vbproj”文件，将解决方案文件保存为“ex1.1.sln”文件。

2. 生成可执行文件

为了使程序可以脱离VB.NET环境直接运行，可以将程序编译成可执行文件（.exe文件），编译可执行文件的步骤：

选择“生成”菜单，单击“生成 Hello”命令（生成当前选择的项目），将在项目所存放的文件夹中的“bin”子文件夹中，生成应用程序的可执行程序文件（扩展名为.exe）。

实验2 程序设计基础1

目的和要求

1）掌握VB.NET的常量、变量和表达式的定义和使用。
2）熟练掌握VB.NET语句的编写。
3）掌握分支结构的使用。
4）掌握循环结构的使用。
5）掌握各种常用函数的使用。

内容和步骤

一、电流计算

计算如图T2-1所示电路图中的电流I，已知电路图中电阻$R_1 = 200\Omega$、$R_2 = 300\Omega$、$R_3 = 600\Omega$。根据欧姆定律：$R = R_1 + R_3 * R_2 /(R_3 + R_2)$，$I = U/ R$。

通过文本框txtInput输入电压U，单击按钮（cmdStart）开始运算，在文本框txtOutput中输出计算的电流I。

1. 新建一个“Visual Basic.NET项目”

将项目命名为“Exe0201”，出现一个新的Form1窗口。

2. 设置属性

在Form1窗口中放置两个Label控件、两个TextBox控件和一个Button控件。界面安排如图T2-2所示。

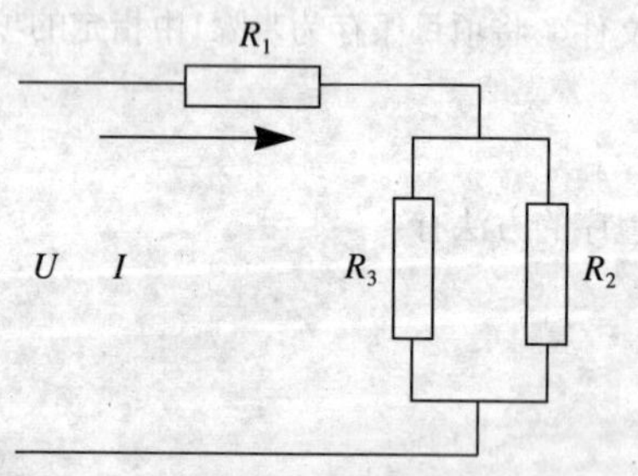

图T2-1 电路图

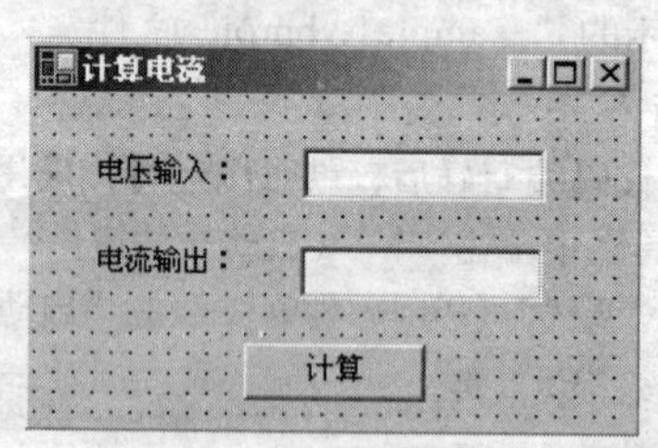

图T2-2 界面设计

对控件的取名采用前缀部分和控件名组合，例如txtInput、cmdStart、labOutput等，属性设置如表T2-1所示。

表T2-1 属性设置

对 象	控件名称	属性名称	属性值
Label	labInput	Text	输入电压
	labOutput	Text	输出电流
TextBox	txtInput	Text	空
	txtOutput	Text	空
Button	cmdStart	Text	计算

3. 添加代码

按快捷键“F7”或点击“视图”菜单中的“代码”命令打开代码编辑器。

在按钮cmdStart单击的过程中添加代码：

点击代码编辑器的对象列表框下拉按钮选择

cmdStart，如图T2-3所示。然后点击代码窗口的过程列表框下拉按钮选择Click过程，在“Private Sub cmdStart_Click( )”后添加代码。

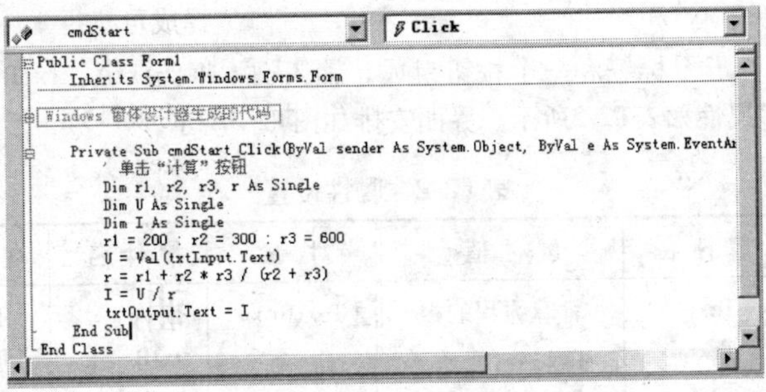

图T2-3　代码编辑

程序代码如下：

```
Private Sub cmdStart_Click(ByVal sender As System.Object, ByVal e As _
                               System.EventArgs)  Handles cmdStart.Click
' 单击"计算"按钮
   Dim r1, r2, r3, r As Single
   Dim U As Single
   Dim I As Single
   r1 = 200: r2 = 300: r3 = 600
   U = Val(txtInput.Text)
   r = r1 + r2 * r3 / (r2 + r3)
   I = U / r
   txtOutput.Text = I
End Sub
```

- 程序代码中运算的变量r1、r2、r3、r、U和I为单精度型的变量。
- 文本框txtInput 的属性是字符型，因此在计算时必须用Val函数进行转换。

4. 保存项目

单击“文件”菜单，选择“保存”命令，将项目保存为“Exe0201. vbproj”。

5. 运行

单击“调试”菜单，选择“启动调试”命令，或单击工具栏的“启动调试”按钮，在窗体的文本框txtInput输入电压值，然后单击“计算”按钮则出现运行结果，运行结果如图T2-4所示。

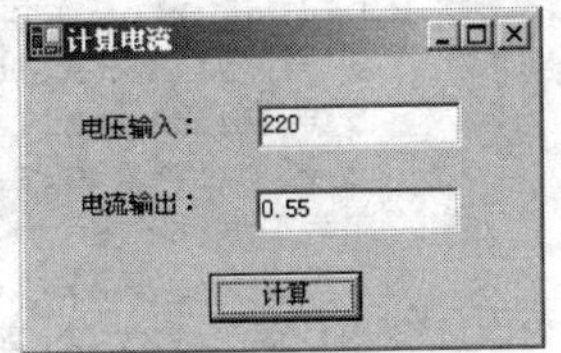

图T2-4　运行结果

练习：

- 在电路图中，将变量r1、r2、r3的数据类型设置为Double，则在文本框中显示的数据会有何变化，如果数据类型为Integer则在文本框中的数据如何显示。

二、求$ax^2+bx+c=0$的方程的解（分支结构）

求方程解的公式如下：

$$x_{1,2}=\frac{-b\pm\sqrt{b^2-4ac}}{2a}$$

方程的根有以下几种可能：

1）$a=0$，一个实根。

2）$b^2-4ac=0$，有两个相等的实根。

3）$b^2-4ac>0$，有两个不等的实根。

4）$b^2-4ac<0$，有两个共轭复根。

1. 新建一个“Visual Basic.NET项目”

将项目命名为“Exe0202”，出现一个新的Form1窗口。

2. 设置属性

界面由五个文本框、五个标签和一个按钮组成，输入文本框为txtA、txtB和txtC，输出文本框为txtX1、txtX2。界面控件属性如表T2-2所示。界面安排如图T2-5所示。

表T2-2 属性设置

对 象	控件名	属性名	属性值	对 象	控件名	属性名	属性值
Form	Form1	Text	计算方程的根	TextBox	txtA	Text	空
Label	LabA	Text	a =		txtB	Text	空
	LabB	Text	b =		txtC	Text	空
	LabC	Text	c =		txtX1	Text	空
	LabX1	Text	x1 =		txtX2	Text	空
	LabX2	Text	x2 =	Button	btnStart	Text	计算

3. 添加代码

按快捷键“F7”或点击“视图”菜单中的“代码”命令打开代码编辑器。

(1) 在模块中添加代码

为了能够引用VB.NET提供的数学函数，在“代码编辑器”窗口的最顶上，输入如下代码：

```
Imports  System.Math
```

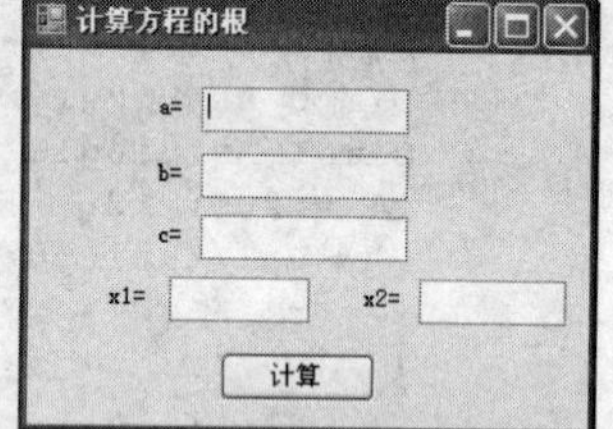

图T2-5 界面安排

(2) 在按钮btnStart单击的过程中添加代码

要求功能是在文本框中输入a、b、c单击按钮btnStart，计算方程根并将运行结果显示在文本框txtX1和txtX2中。点击代码编辑器的对象列表框下拉按钮选择btnStart，然后点击代码窗口的过程列表框下拉按钮选择Click过程，在“Private Sub btnStart_Click( )”后添加代码：

```
Private Sub btnStart_Click(ByVal sender As System.Object, ByVal e As _
                            System.EventArgs)  Handles btnStart.Click
    Dim a, b, c, Disc, x1, x2, RPart, IPart As Single
    a = Val(txtA.Text)                                    ' 取数据a
    b = Val(txtB.Text)                                    ' 取数据b
    c = Val(txtC.Text)                                    ' 取数据c
    If Abs(a) <= 0.000001 Then                            ' 当a=0时
         txtX1.Text =-b/c
         txtX2.Text = "无解"
    Else                                                  ' 当a<>0时
         Disc = b * b - 4 * a * c
         RPart = -b / (2 * a)
         If Abs(Disc) <= 0.000001 Then               ' 当Disc=0时
              txtX1.Text = RPart
              txtX2.Text = RPart
         ElseIf Disc > 0.000001 Then                 ' 当Disc>0时
              x1 = (-b + Sqrt(Disc)) / (2 * a)
                   x2 = (-b - Sqrt(Disc)) / (2 * a)
              txtX1.Text = x1
              txtX2.Text = x2
         Else                                             ' 当Disc<0时
              IPart = Sqrt(-Disc) / (2 * a)
              txtX1.Text = RPart & "+" & IPart & "i"
              txtX2.Text = RPart & "-" & IPart & "i"
         End If
    End If
End Sub
```

- 对于判断b^2-4ac是否等于0时，要注意一个问题，由于变量Disc（b^2-4ac）是实数类型，而实数在计算和存储时会有一些微小的误差，因此不能直接用如下语句判断“If Disc = 0 Then...”，因为这样会出现本来是0的量由于上述误差而被判别为不等于0，导致结果出错。通常采用的办法是判别Disc的绝对值（Abs（Disc））是否小于一个很小的数（0.000001），如果小于此数则认为Disc = 0。
- 当计算的根为两个共轭复数时，将实部和虚部用“&”组合成字符串显示在文本框中。

4. 保存项目

单击“文件”菜单，选择“保存”命令，将项目保存为“Exe0202.vbproj”。

5. 运行

单击“调试”菜单，选择“启动调试”命令，或单击工具栏的“启动调试”按钮，在窗体的文本框中分别输入a、b、c的值为2、1、−6，然后单击按钮“计算”，运行结果如图T2-6所示。

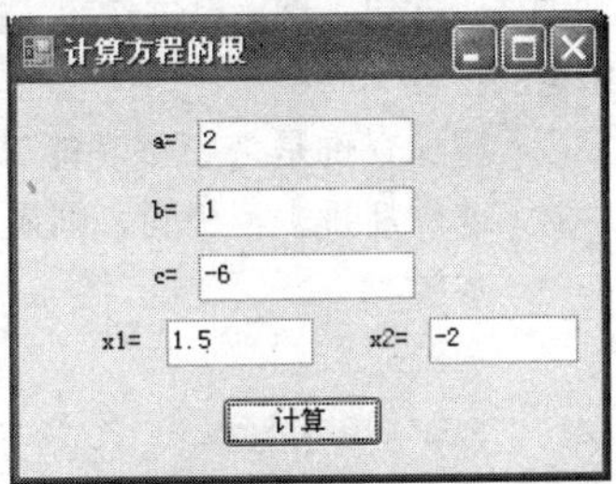

图T2-6 计算效果

三、摇奖（循环结构）

功能要求：摇奖是用For循环由随机数生成器循环产生三位数的中奖号码，为了获得摇奖的效果，出现每个号码之间有一段时间间隔，用一个For循环生成延时程序。

1. 新建一个“Visual Basic.NET项目”

将项目命名为“Exe0203”，出现一个新的Form1窗口。

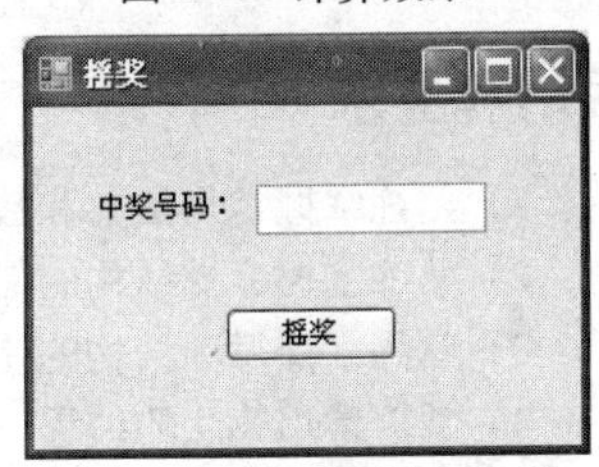

图T2-7 摇奖界面控件布局

2. 设置属性

界面由一个文本框txtPrize、一个“摇奖”按钮（btnStart）和一个标签组成。界面控件属性如表T2-3所示。界面控件布局如图T2-7所示。

表T2-3 属性设置

对 象	控 件 名	属 性 名	属 性 值
Form	Form1	Text	摇奖
Label	Label1	Text	中奖号码
TextBox	txtPrize	Text	空
Button	btnStart	Text	摇奖

3. 添加代码

双击Form1窗口或点击“视图”菜单中的“代码”命令打开代码编辑器。

在按钮btnStart单击的过程中添加代码：

点击代码编辑器的对象列表框下拉按钮选择btnStart，然后点击代码窗口的过程列表框下拉按钮选择Click过程，在“Private Sub btnStart_Click( )”后添加代码：

```
Private Sub btnStart_Click(ByVal sender As System.Object, ByVal e As _
                        System.EventArgs)  Handles btnStart.Click
' 单击摇奖按钮
        Dim i As Integer, j As Integer
        Dim a As Single
        Dim StrPrize As String
        StrPrize=""
        For i = 1 To 3
              j = Int(10 * Rnd)                    ' 产生0～9 的随机数
              StrPrize = StrPrize & j
              For a = 1 To 10000 Step 0.001        ' 延时
              Next a
              txtPrize.Text = StrPrize
              txtPrize.Refresh                     ' 刷新文本框
        Next i
End Sub
```

- 字符串连接用“&”运算符。
- 使用空的For循环来延时，每次循环增加步长0.001。

• txtPrize.Refresh语句用来循环刷新文本框，使在每摇一次奖，反映在文本框的新内容立即显示。

4. 保存项目

单击“文件”菜单，选择“保存”命令，将项目保存为“Exe0203.vbproj”。

5. 运行

单击“调试”菜单，选择“启动调试”命令，或单击工具栏的“启动调试”按钮，然后单击按钮“摇奖”，运行结果如图T2-8所示。

图T2-8 摇奖结果

练习：

• 增加查询是否中奖功能，根据摇出的号码，对输入的奖券号码进行判断。若相同，则显示祝贺对话框，否则显示“谢谢参与”字样。

实验3 程序设计基础2

目的和要求

1）熟练掌握常用函数和数组的使用。
2）熟练掌握分支结构的使用。
3）熟练掌握循环结构的使用。
4）掌握常用算法的编程。

内容和步骤

一、筛选法求素数

用筛选法求100以内的素数，素数是指一个数x除了1和它本身，不能被其他任何整数整除。

算法：将100以内的每个数都被2～$\sqrt{x}$的数除，若出现能被整除的数则就不是素数；而如果到最后仍然不能被整除，则该数就是素数。

用筛选法求素数必须采用双重循环来实现。单击窗体时进行运算，在集成环境的“输出”窗口中显示结果。

1. 新建一个“Visual Basic.NET项目”

将项目命名为“Exe0301”，出现一个新的Form1窗口。

2. 添加代码

• 在模块中添加代码。

为了能够引用VB.NET提供的数学函数，在“代码编辑器”窗口的最顶上，输入如下代码：

```
Imports  System.Math
```

• 在单击窗体的事件过程中添加代码，置数组元素值为0～100。

```
Private Sub Form1_Click(ByVal sender As System.Object, ByVal e As _
                        System.EventArgs)  Handles MyBase. Click
   Const N = 100
   Dim i, j, Line, a(N) As Integer
   For i = 0 To N - 1                                           ' 置初值
         a(i) = i
   Next I
End Sub
```

• 判断素数，当数能被整除时，就将该数赋值为0。通过判断是否为0来确定是否是素数。程序中Sqrt函数为求平方根，Mod函数为求余数。

在“End Sub”前添加如下代码：

```
For i = 2 To Sqrt(N)
    For j = i + 1 To N
        If a(i) <> 0 And a(j) <> 0 Then
            If a(j) Mod a(i) = 0 Then a(j) = 0                    ' 能整除就赋0
        End If
    Next j
Next I
```

• 显示数组值，每行显示10个数，每个数之间空一格。

在“End Sub”前添加如下代码：

```
Debug.WriteLine("显示出100以内的素数")
For i = 2 To N - 1
    If a(i) <> 0 Then
        Debug.Write(a(i) & Space(1))
        Line = Line + 1
    End If
   If Line <> 0 And Line Mod 10 = 0 Then Debug.WriteLine("")
                                                  ' 每行显示10个数
Next i
```

3. 保存项目

单击“文件”菜单，选择“保存”命令，将项目保存为“Exe0301.vbproj”。

4. 运行

单击“调试”菜单，选择“启动调试”命令，或单击工具栏的“启动调试”按钮，单击窗体，运行结果在集成环境的“输出”窗口显示，如图T3-1所示。

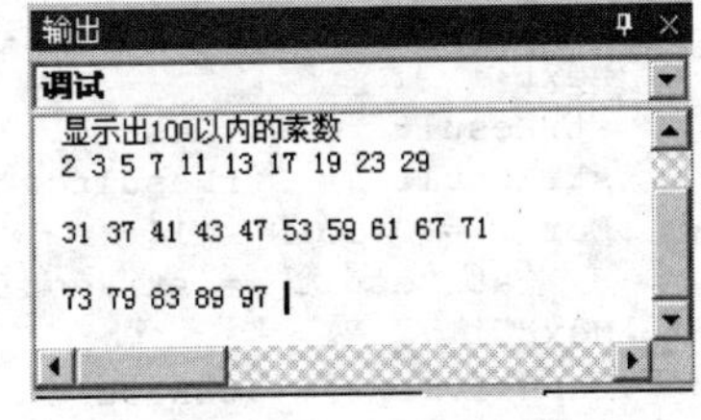

图T3-1 输出素数

练习：

• 从窗体输入一个整数，判断是否为素数，要求结果显示在标签控件中，则界面和程序代码将如何修改。

• 画出程序流程图。

二、选择法排序

算法：将数组中的元素一轮一轮地进行比较。第一轮两两比较找出最小的数，然后与第一个元素a[0]对换；第二轮将从a[1]开始的数中找出最小的数与a[1]对换；到每比较一轮找出未经排序的数中最小的一个进行对换；直到剩下最后一个元素为止。

采用双重循环来实现，数组元素个数从键盘输入，通过随机函数产生数组元素，然后对数组元素进行排序。

1. 新建一个“Visual Basic.NET项目”

将项目命名为“Exe0302”，出现一个新的Form1窗口。

2. 设置属性

界面仅由一个标签组成，将其放在左上角。界面控件属性如表T3-1所示。

表T3-1 属性设置

对 象	控 件 名	属 性 名	属 性 值
Form	Form1	Text	选择法排序
Label	Label1	Text	空
		Size	272, 120

3. 添加代码

• 在单击窗体的事件过程中添加代码，用InputBox输入数组元素个数，InputBox函数返回的字符型数据，必须用Val转换为数值型。数组在运行时才能确定元素个数，因此采用动态数组。Int(Rnd * 100) + 1语句用于产生1到100间的随机整数。

```
Private Sub Form1_Click(ByVal sender As System.Object, ByVal e As _
                              System.EventArgs)  Handles MyBase. Click
   Dim i, j, Min, Temp, a() As Integer
   Dim N As Integer
```

```
    Dim strResult  As String
    N = Val(InputBox("请输入数组元素个数：", "输入"))
    ReDim a(N)
    strResult  = "显示排序前的a元素:" & chr(13) & chr(10)
    For i = 0 To N - 1
         a(i) = Int(Rnd * 100) + 1           ' 产生1到100间的随机整数
         strResult  = strResult & a(i) & Space(2)
    Next i
End Sub
```

- 比较并交换数组元素进行排序，变量Min是用来记录在比较中较小的数在数组中的位置j(下标)，最后得出最小的数的下标。

在“End Sub”前添加如下代码：

```
For i = 0 To N - 2
    Min = i
    For j = i + 1 To N - 1
        If a(Min) > a(j)
            Then Min = j
    Next j
    If Min<> i then
        Temp = a(i)                                    ' 交换数据
        a(i) = a(Min)
        a(Min) = Temp
    End If
Next i
strResult  = strResult & chr(13) & chr(10)
strResult  = strResult & "显示排序后的a元素:" & chr(13) & chr(10)
For i = 0 To N - 1
    strResult  = strResult &  a(i) & Space(2)
Next i
Label1.Text = strResult                                ' 在Label1标签中显示结果
```

4. 保存项目

单击“文件”菜单，选择“保存”命令，将项目保存为 “Exe0302.vbproj”。

5. 运行

单击窗体，出现InputBox输入框如图T3-2所示。

排序前后的结果显示在标签中，运行结果界面如图T3-3所示。

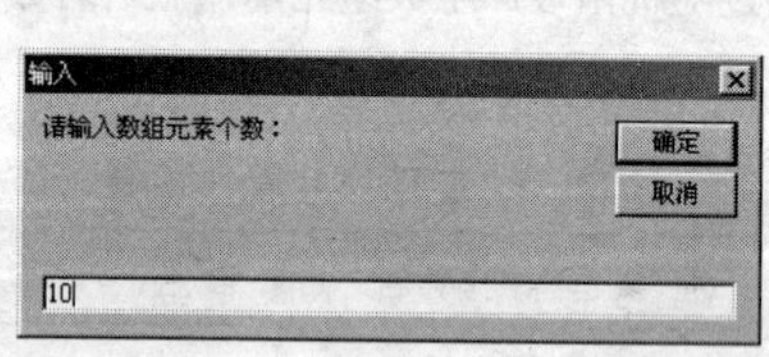

图T3-2　InputBox输入框

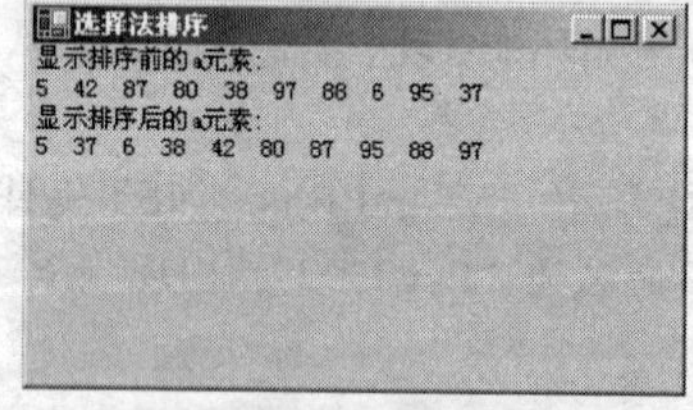

图T3-3　运行结果

练习：

- 变量Temp有没有必要，如果不使用Temp能否交换数据。
- 在内循环中，如果用一个变量来记录查找的最小数，则程序应如何修改？

三、调试“选择法排序”程序

- 用单步运行查看i和j时a(i)和a(Min)的变化。
- 在语句“If a(Min) > a(j) Then”处设置断点，查看程序运行过程中a(i, j)的变化。
- 在监视窗口中添加变量i、j、a(i)和a(Min)，观察其变化。

四、“选择法排序”程序中InputBox的函数值

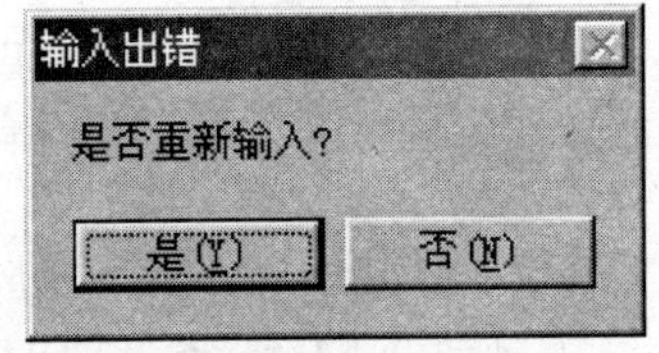

图T3-4 MsgBox消息框

在InputBox输入框中如果单击“取消”按钮或输入负数或0时，用MsgBox显示出错信息，如图T3-4所示。当在图T3-4中选择“是”按钮则从InputBox输入框中重新输入，如果选择“否”按钮，则终止程序。

输入数据元素个数部分添加到选择法排序程序的“ReDim a(N)”语句前：

```
Dim i, j, Min, Temp, a() As Integer
Dim N As Integer
Dim Response As Integer
Dim Answer As Boolean
Answer = False
Do
    N = Val(InputBox("请输入数组元素个数：", "输入"))
    If N <= 0 Then
        Response = MsgBox("是否重新输入?", vbOKCancel, "输入出错")
        If Response = 1 Then
            Answer = False
        Else
            End
        End If
    Else
        Answer = True
    End If
Loop While Answer = False
```

实验4 Sub过程

目的和要求

1）熟练掌握“代码编辑器”窗口的操作。

2）掌握Sub过程的定义。

3）熟练掌握Sub过程的参数传递。

4）掌握Sub过程的变量有效范围。

内容和步骤

VB.NET中过程分为事件过程和通用过程。事件过程在前面已练习过了，下面主要练习使用通用过程。通用过程的定义与事件过程相同，通用过程是直到被调用时才起作用的。

过程调用时的参数传递分为按地址和按值传递两种。通用过程的有效范围可分为Public和Private，存储类型可以使用局部变量，在本过程结束就释放。也可以用Static定义过程中所有的变量为静态变量，在调用结束后仍保留其值。

一、使用“代码编辑器”窗口

1. 选择过程的方法

- 单击对象列表框选择对象，然后单击过程列表框选择过程名。
- 按Ctrl+↑或Ctrl+↓，在各个过程中移动。
- 按Ctrl+Alt+J打开对象浏览器显示项目中所有的对象和过程，在对象浏览器中选择窗体中显示的过程名，双击过程名。

2. 查看过程代码

在"代码编辑器"窗口中可以一次只查看一个过程，也可以同时查看模块中的所有过程。这些过程彼此之间用线隔开。利用"代码编辑器"窗口左边的"+"、"−"图标，可展开或折叠过程代码。

3. 自动完成编码

代码编辑器能自动列举适当的选择，用于填充语句、属性和参数，使编写代码更加方便。

"自动列出成员特性"用于显示控件的下拉属性表。当用户在代码中输入一控件名并输入"."时，就会显示控件的下拉属性表，键入属性名的前几个字母，即可选中该属性，按Tab键或双击该属性将完成这次输入。当不能确认控件有什么属性时，这个选项是非常有用的。

"自动快速信息"功能用于显示语句和函数的语法，当输入合法的VB.NET语句或函数名之后，语法立即显示在当前行的下面，并用黑体字显示它的第一个参数。在输入第一个参数值之后，第二个参数又以黑体字出现。

二、用选择法对数组中的整数按由小到大的顺序排列

算法：先将数组a中的最小的数与第一个元素a(0)比较，当a(0)大时就对换；再将数组中剩余数中最小的数与第二个元素a(1)比较，当a(1)大时就对换；依次类推。每比较一轮，在未排序的数中找出最小的一个与数组前面的数对换，直到整个数组比较完为止。

1. 新建一个"Visual Basic.NET项目"

将项目命名为"Exe0401"，出现一个新的Form1窗口。

2. 界面设计

窗体包含两个文本框、两个按钮和三个标签。从文本框txtN中输入排序数组中元素个数，在标签labResult中显示排序前的数组元素，在文本框txtNumber中显示排序后的数组元素，由于元素个数未知，文本框含有垂直滚动条，并且不能修改，将"ReadOnly"设为True。界面控件属性如表T4-1所示。界面控件布局如图T4-1所示。

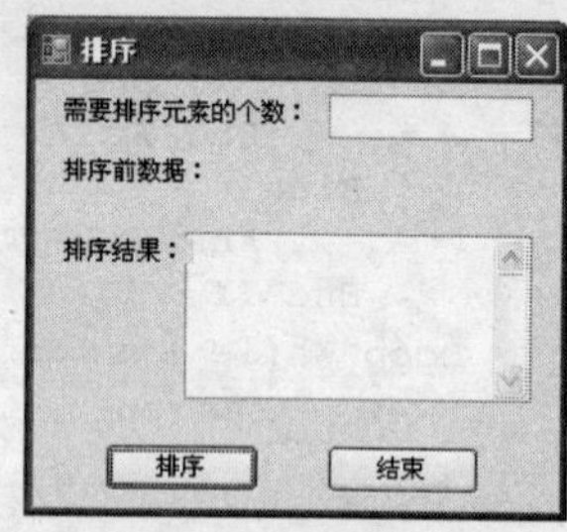

图T4-1　界面控制布局

表T4-1　窗体中控件属性表

对　象	对象名	属性名	属性值
Form	frmSort	Text	排序
Button	CmdSort	Text	排序
	CmdEnd	Text	结束
TextBox	txtN	Text	空
	txtNumber	Text	空
		ReadOnly	True
		MultiLine	True
Label	labN	Text	需要排序元素的个数：
	labNumber	Text	排序前数据：
	labResult	Text	排序结果：

3. 添加代码

• 声明N和a为模块级变量，a为动态数组：

```
Option Explicit                      ' 在模块级设置
Public Class frmSort
    Dim N As Integer                 ' 定义模块级变量和数组
    Dim a() As Integer
End Class
```

• 在窗体模块代码中添加Sort过程。Sort过程是实现排序的通用过程，参数数组b按地址传递。数组b中的最小的数与第一个元素b(min)比较并将小的数放在b(min)中：

```
Private Sub Sort( b() As Integer )
```

```
' 排序过程
    Dim i As Integer, j As Integer
    Dim min As Integer, temp As Integer
    For i = 0 To N - 2
        min = i
        For j = i + 1 To N - 1
            If  b(min) > b(j) Then min = j
        Next j
        temp =b(i)
        b(i)= b(min)
        b(min) = temp
    Next i
End Sub
```

- 单击“排序”按钮，调用Sort过程并显示在文本框中：

```
Private Sub cmdSort_Click(ByVal sender As System.Object, ByVal e As _
                  System.EventArgs)  Handles cmdSort.Click
    Dim i As Integer
    Call Sort(a)                                  ' 调用Sort过程
    For i = 0 To N - 1
        txtNumber.Text = txtNumber.Text & a(i) & " "
    Next i
End Sub
```

- 输入需要排序元素的个数文本框改变时，判断输入数据的有效性：

```
Private Sub txtN_TextChange(ByVal sender As System.Object, ByVal e As _
                         System.EventArgs)  Handles txtN. TextChanged
    Dim i As Integer
    Randomize
    If Val(txtN.Text) > 0 And IsNumeric(Val(txtN.Text)) Then
   ' 判断输入数据的有效性
        N = Val(txtN.Text)
        ReDim a(N)
        For i = 0 To N - 1
            a(i) = Int(100 * Rnd)
            labNumber.Text = labNumber.Text & a(i) & " "
        Next i
    Else
        MsgBox "数据个数出错！", , "数据个数"
    End If
End Sub
```

- 单击结束按钮：

```
Private Sub cmdEnd_Click(ByVal sender As System.Object, ByVal e As _
                                    System.EventArgs)  Handles cmdEnd.Click
    End
End Sub
```

4. 保存项目

单击“文件”菜单，选择“保存”命令，将项目保存为 “Exe0401.vbproj”。

5. 运行

单击“调试”菜单，选择“启动调试”命令，或单击工具栏的“启动调试”按钮，单击窗体中的“排序”按钮，运行结果如图T4-2所示。

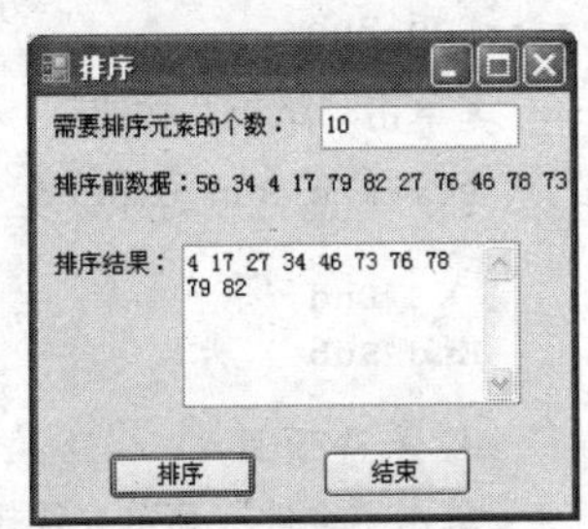

图T4-2　排序结果

练习：

- 通过编辑器选项设置要求变量声明的“Option Explicit”语句，当在程序中使用未声明的变量会怎样？
- 将子过程Sort中的“If b(min) > b(j) Then min = j”改成“If

b(min) > b(j) Then b(min) = b(j)”是否可以。

• 在sort过程中添加“Debug.Write(min)”语句，运行查看结果。

三、计算三角形面积

在按钮Click事件过程中调用计算三角形面积的子过程area，并在窗体中显示出结果。

1. 新建一个“Visual Basic.NET项目”

将项目命名为“Exe0402”，出现一个新的Form1窗口。

2. 创建窗体

界面设计：窗体由两个分组框、四个标签、四个文本框和两个按钮组成。分组框用来将输入和显示结果的控件分成两组，文本框txtA、txtB和txtC分别用于输入三角形的三个边长，文本框txtArea用于显示三角形面积。按钮cmdStart和cmdEnd分别用于计算和结束程序。

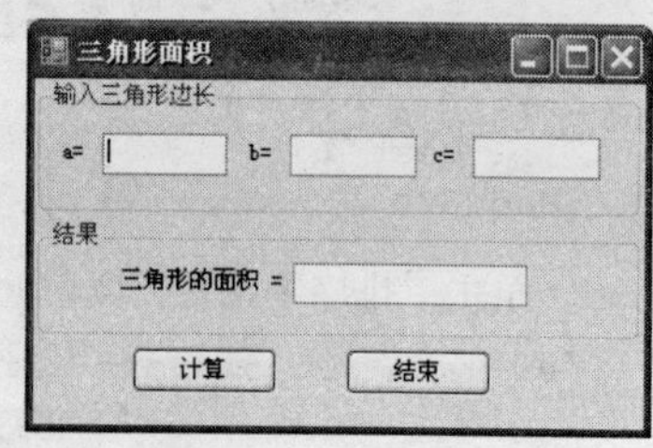

图T4-3 界面设计

界面设计如图T4-3所示。

3. 编写代码

• 在模块中添加代码：

为了能够引用VB.NET提供的数学函数，在“代码编辑器”窗口的最顶上，输入如下代码：

```
Option Explicit                              ' 在模块中设置，本句应放在其他语句的最前面
Imports  System.Math
```

• 计算面积的过程为通用过程，形参x、y、z是按值传递的，形参s传递的方式是按地址传递的。形参s是按地址传递方式，因此在被调用过程area中改变了s的值，在主调过程cmdStart_Click中的s也相应改变。

```
Private Sub area(ByVal x As Single, ByVal y As Single, ByVal z As Single, _
                                    ByRef s As Single)
    Dim p As Single
    p = (x + y + z) / 2
    s = Sqrt(p * (p - x) * (p - y) * (p - z))
End Sub
```

• 单击“计算”按钮， cmdStart_Click中的s变量名和通用过程area中相同，都是局部变量，但有不同的有效范围：

```
Private Sub cmdStart_Click(ByVal sender As System.Object, ByVal e As _
                                System.EventArgs)  Handles cmdStart.Click
    Dim a As Single, b As Single, c As Single
    Dim s As Single
    a = Val(txtA.Text)
    b = Val(txtB.Text)
    c = Val(txtC.Text)
    Call area(a, b, c, s)
    txtArea.Text = Int(s * 100) / 100
End Sub
```

• 单击“结束”按钮：

```
Private Sub cmdEnd_Click(ByVal sender As System.Object, ByVal e As _
                              System.EventArgs)  Handles cmdEnd.Click
    End
End Sub
```

4. 保存项目

单击“文件”菜单，选择“保存”命令，将项目保存为 “Exe0402.vbproj”。

5. 运行

单击“调试”菜单，选择“启动调试”命令，或单击工具栏的“启动调试”按钮，单击窗体中的

“计算”按钮，运行结果如图T4-4所示。

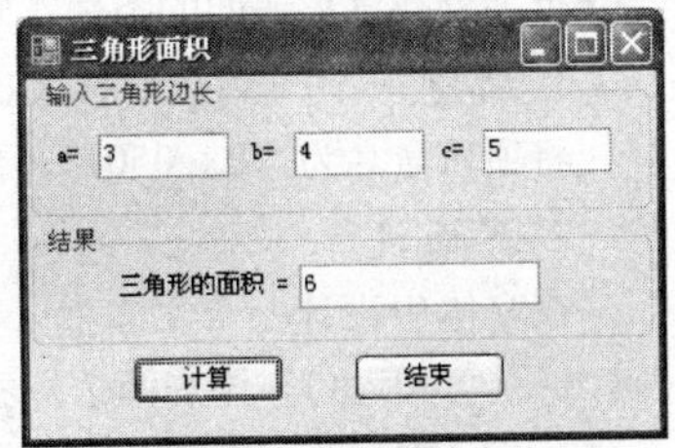

图T4-4 运行结果

练习：

- 将形参s的传递方式由按地址传递改为按值传递，看结果如何。
- 调试单步运行，观察在运行时area过程的参数结合。
- 调试使用监视窗口，观察运行时两个变量s的变化和有效范围。
- 将s定义为模块级变量，程序代码如下，运行结果是否会改变？

```
Option Explicit
Imports  System.Math
Dim s As Single                                    ' 定义为模块级变量

Private Sub area(ByVal x As Single, ByVal y As Single, ByVal z As Single)
    Dim p As Single
    p = (x + y + z) / 2
    s = Sqrt(p * (p - x) * (p - y) * (p - z))
End Sub

Private Sub cmdEnd_Click(ByVal sender As System.Object, ByVal e As _
                                System.EventArgs)  Handles cmdEnd.Click
    End
End Sub

Private Sub cmdStart_Click(ByVal sender As System.Object, ByVal e As _
                                System.EventArgs)  Handles cmdStart.Click
   Dim a As Single, b As Single, c As Single
   a = Val(txtA.Text)
   b = Val(txtB.Text)
   c = Val(txtC.Text)
   Call area(a, b, c)
   txtArea.Text = Int(s * 100) / 100
End Sub
```

实验5 Function过程

目的和要求

1）掌握Function过程的定义和调用。
2）掌握变量的有效范围和静态存储。
3）掌握递归过程的定义和调用。

内容和步骤

与Sub过程不同，Function 过程可返回一个值到调用的过程，也可以放弃返回值。函数过程要定义函数的数据类型，函数过程调用时的参数传递也分为按地址和按值传递两种。

一、查找法的递归实现

算法：

折半查找法可以在大量的数中查找某一个数，查找的方法是对大量的数（放在数组中）先排序，每次与数组的中间值比较，每次比较使范围减半，从而迅速找到所需的元素。如果开始的数组长度为20，则第一次比较后查找范围为10个元素，第二次为5个元素，经过这样4次比较后就可以找到所需的元素。折半查找算法的定义是具有递归性质的，可以方便地用递归函数实现。

折半查找满足递归的条件：每次将查找范围减半；递归的结束条件：找到该元素和找不到元素。

1. 新建一个“Visual Basic.NET项目”

将项目命名为“Exe0501”，出现一个新的Form1窗口。

2. 界面设计

在窗体中设计一个文本框text1，设计两个按钮“查找”（cmdFind）和“退出”（cmdExit），添加两个标签用来显示数组和提示输入查找数，再添加一个标签LabAnswer用于显示查找结果。界面设计如图T5-1所示。

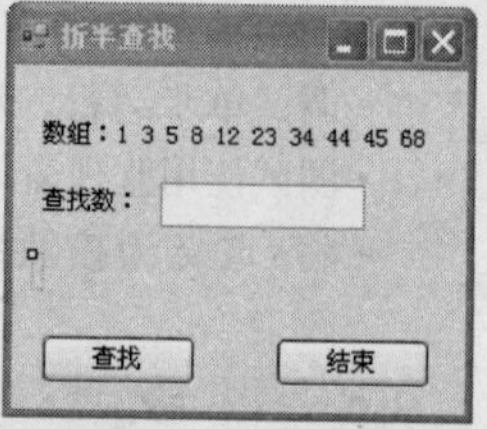

图T5-1　界面显示

3. 编写代码

- 函数Search用来查找元素，本程序采用函数的递归调用。每次调用函数将查找范围减半；当找到该元素和找不到元素时结束调用：

```
Const N = 10
Dim A(N) As Integer
Function Search(Top As Integer, Bottom As Integer, Num As Integer) As Integer
' 查找元素
    Dim Min As Integer
    Min = Fix(Top + Bottom) / 2
    If A(Min) = Num Then
        Search = Min
        Exit Function
    End If
    If Top >= Bottom Then
        Search = -1
        Exit Function
    End If
    If Num < A(Min) Then
        Bottom = Min - 1
    Else
        Top = Min + 1
    End If
    Search = Search(Top, Bottom, Num)
End Function
```

- 窗体装载时初始化数组A：

```
Private Sub Form1_Load (ByVal sender As System.Object, ByVal e As System.EventArgs) _
                                                        Handles MyBase.Load
    A(0) = 1: A(1) = 3: A(2) = 5: A(3) = 8: A(4) = 12
    A(5) = 23: A(6) = 34: A(7) = 44: A(8) = 45: A(9) = 68
End Sub
```

- 单击“查找”按钮调用Search函数并显示查找结果：

```
Private Sub cmdFind_Click(ByVal sender As System.Object, ByVal e As _
                               System.EventArgs)  Handles cmdFind.Click
    ' 查找按钮
    Dim Low As Integer, Up As Integer, MyNum As Integer
    Dim Answer As Integer
    Low = 0
    Up = N - 1
    MyNum = Val(Text1.Text)
    Answer = Search(Low, Up, MyNum)
    If Answer = -1 Then
        labAnswer.Text = "数组中无" & MyNum & "!"
    Else
        labAnswer. Text = MyNum & "的位置在第" & Answer + 1 & "个。"
    End If
End Sub
```

- 单击“退出”按钮：

```
Private Sub cmdExit_Click(ByVal sender As System.Object, ByVal e As _
                                    System.EventArgs)  Handles cmdExit.Click
    End
End Sub
```

4. 保存项目

单击“文件”菜单，选择“保存”命令，将项目保存为“Exe0501.vbproj”。

5. 运行

单击“调试”菜单，选择“启动调试”命令，或单击工具栏的“启动调试”按钮，单击窗体中的“查找”按钮，运行结果如图T5-2所示。

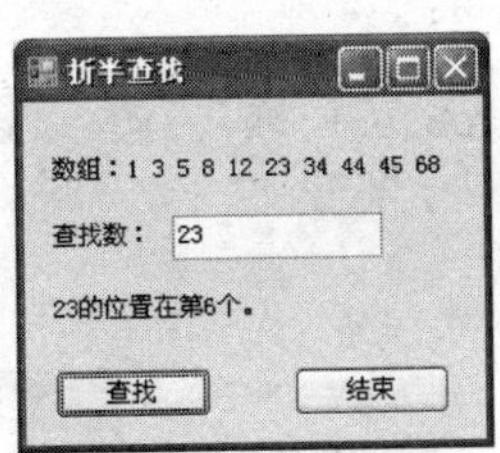

图T5-2 查找结果

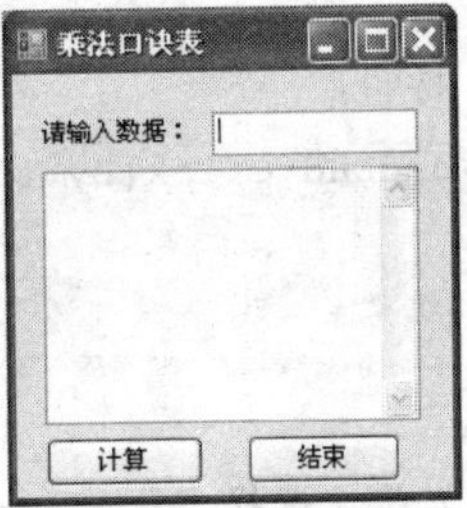

图T5-3 界面设计

练习：

- 将实验4中计算三角形面积的Sub子过程改成Function过程，在函数的实参列表中除去实参s，则结果如何。
- 在程序调试中使用单步运行，查看递归调用的具体步骤。

二、使用静态变量用数组实现计算乘法口诀表

1. 新建一个“Visual Basic.NET项目”

将项目命名为“Exe0502”，出现一个新的Form1窗口。

2. 界面设计

窗体Form1的界面有两个文本框(txtX、txtResult)，两个按钮“计算”、“结束”(cmdStart、cmdEnd)和一个标签。从文本框txtX输入需要计算的数据，计算结果在文本框txtResult中显示。界面如图T5-3所示。

3. 编写程序代码

- 模块变量声明：

```
Option Explicit                              ' 本句应放在其他语句的最前面
Public Class Form1
    Dim a(9) As Integer                      ' 本句应放在窗体设计器生成代码的最前面
    Dim X As Integer                         ' 本句应放在窗体设计器生成代码的最前面
End Class
```

- 函数Func，通过声明S为静态数组，在函数Func下次调用时S仍保留上次运算的值，完成累加的过程：

```
Function Func(k As Integer)
    Static S As Integer                      ' 声明S为静态变量
    S = k + S
    Func = S
End Function
```

- 从文本框中输入X：

```
Private Sub txtX_TextChanged(ByVal sender As Object, ByVal e As _
                                    System.EventArgs)  Handles txtX. TextChanged
    X = Val(txtX.Text)
End Sub
```

• 在按钮cmdStart_Click事件中循环调用函数Func，计算乘法口诀，每次计算的结果分别存放在数组a的各元素中：

```
Private Sub cmdStart_Click(ByVal sender As System.Object, ByVal e As _
                                System.EventArgs) Handles cmdStart.Click
    Dim i As Integer
    For i = 1 To X
        a(i -1) = Func(X)
    Next i
    For i = 1 To X
        txtResult.Text = txtResult.Text & i & "×" & X & "=" & a(i - 1) & "  "
    Next i
End Sub
```

• 单击“结束”按钮：

```
Private Sub cmdEnd_Click(ByVal sender As System.Object, ByVal e As _
                                System.EventArgs) Handles cmdEnd.Click
    End
End Sub
```

4. 保存项目

单击“文件”菜单，选择“保存”命令，将项目保存为“Exe0502.vbproj”。

5. 运行

单击“调试”菜单，选择“启动调试”命令，或单击工具栏的“启动调试”按钮，单击窗体中的“查找”按钮，运行结果如图T5-4所示。

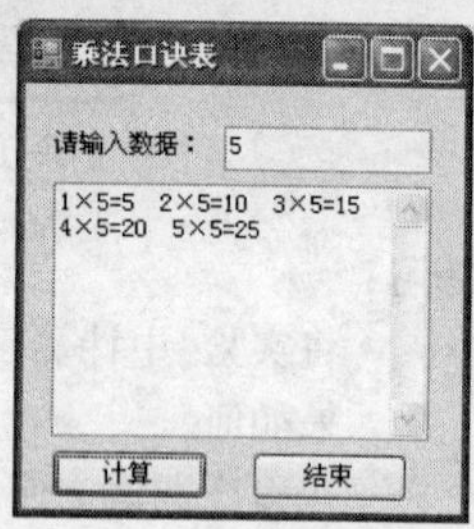

图T5-4 运行结果

练习：

• 在txtX_TextChanged事件中添加检查输入数据是否合法，并提供出错提示。
• 调试程序，用单步运行查看S的值。
• 如果输入5计算后，在文本框中输入6，计算会出现什么结果？

实验6 窗体、标签、文本框和按钮

目的和要求

1）学会添加多个窗体。
2）掌握启动窗体和切换窗体。
3）掌握为窗体添加事件代码。
4）掌握标签的属性和事件代码。
5）掌握文本框属性和事件代码。
6）掌握按钮事件代码。

内容和步骤

窗体是用户交互的主要载体，是可视化应用程序设计的基础界面，控件是创建界面的基本构造模块。窗体和控件都是创建应用程序所使用的对象。

一、窗体和控件应用

1. 创建窗体

创建一个项目，由两个窗体组成。Form1用于输入用户名和用户密码，当输入正确时单击“确定”

按钮显示Form2，同时掩藏Form1；当输入出错则提示出错，单击“退出”按钮结束程序；Form2中显示“欢迎登录！”，单击Form2中的“返回”按钮回到Form1，并关闭Form2。

新建一个项目，窗体为Form1，然后选择“项目”菜单的“添加Windows窗体”命令，添加一个窗体，窗体的名称为Form2，这样项目就由两个窗体组成。

2. 设置启动窗体

设置启动窗体的步骤如下：

1）选择“项目”菜单的“属性”命令。

2）在项目属性页中，单击“启动窗体”列表框的右边的下拉箭头，选择启动对象，这里使用本程序缺省的启动窗体为Form1。如图T6-1所示。

3）单击“确定”按钮。

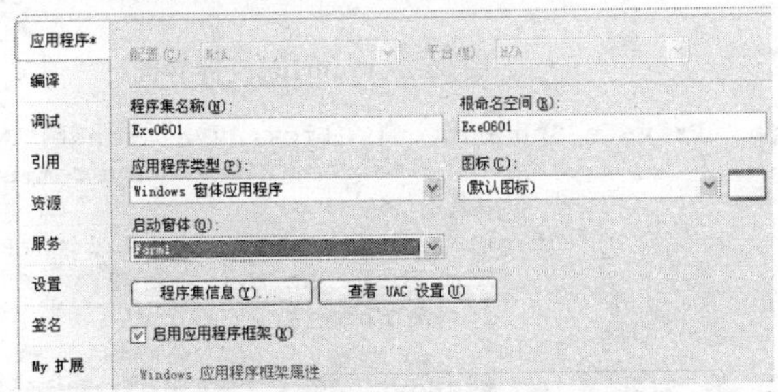

图T6-1　项目属性对话框

3. 创建控件

界面设计：在Form1窗体上放入三个标签，两个文本框，两个按钮，文本框txtName用于输入用户名，文本框txtPassWord用于输入口令。窗体控件的属性如表T6-1所示，窗体的设计界面Form1如图T6-2所示。

表T6-1　Form1属性表

对象类型	控 件 名	属 性 名	属 性 值
Label	Label1	Text	请输入用户名和密码
		AutoSize	True
		Font	隶书，小二，粗体
	Label2	Text	用户名：
		AutoSize	True
	Label2	Text	密码：
		AutoSize	True
TextBox	txtPassWord	Text	空
		PasswordChar	*
	txtName	Text	空
Button	Button1	Text	确定
	Button2	Text	退出

在Form2窗体上放置一个标签，一个按钮，它们的属性如表T6-2所示。窗体的设计界面见图T6-3所示。

表T6-2　Form1属性表

对象类型	控 件 名	属 性 名	属 性 值
Label	Label1	Text	欢迎登录！
		AutoSize	True
		Font	楷体，三号，粗体
Button	Button1	Text	返回

练习：

- 修改启动窗口为“Form2”，运行后会发生什么？
- 在Form1上使用“格式”菜单来对齐控件，统一尺寸。
- 将窗体2的最大化按钮和最小化按钮都去掉。
- 运行时，单击Tab键查看各控件的Tab键顺序，Label标签控件是否接受焦点。

4. 编写事件代码

在窗体1的文本框中分别输入用户名和口令，单击确定按钮，当用户名为“abc”并且口令为“123”时显示窗体2，否则提示出错。显示窗体用Show方法，隐藏窗体用Hide 方法。

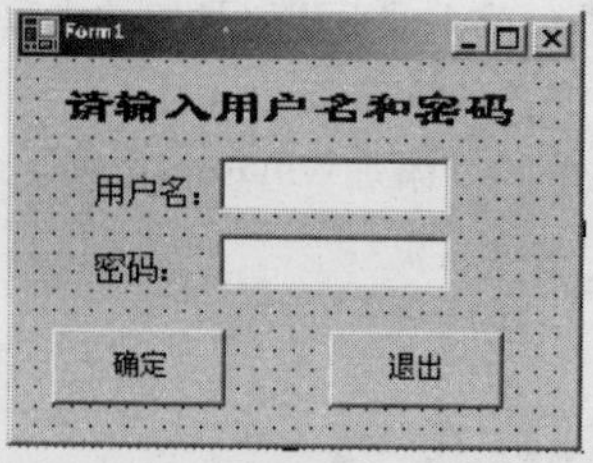

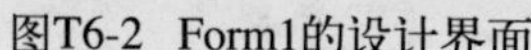

图T6-2 Form1的设计界面

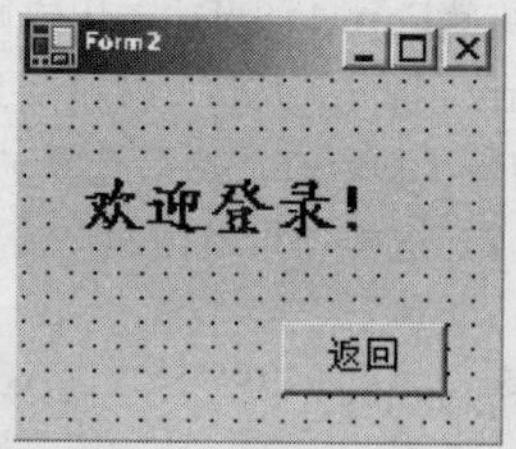

图T6-3 Form2的设计界面

```
Private Sub Button1_Click(ByVal sender As System.Object, ByVal e As _
                          System.EventArgs) Handles Button1.Click
        ' 单击确定按钮
        If txtName.Text = "abc" And txtPassWord.Text = "123" Then
            Dim form2 As New Form2()
            form2.Show()
        Else
            MsgBox("请输入正确的用户名和密码! ", MsgBoxStyle.Critical)
    End If
End Sub

Private Sub Button2_Click(ByVal sender As System.Object, ByVal e As _
                          System.EventArgs) Handles Button2.Click
    ' 单击"退出"按钮结束程序。
    End
End Sub
```

在Form2中单击“返回”按钮，卸载Form2。

```
Private Sub Button1_Click(ByVal sender As System.Object, ByVal e As _
                          System.EventArgs) Handles Button1.Click
    ' 单击"返回"按钮，退出Form2。
    Me.Close()
End Sub
```

练习：

- 在Form1中，多次单击“确定”按钮后，看看将出现什么现象。
- 将Form1中的事件代码，放在txtName_TextChanged事件中，看运行结果如何及在什么时刻触发该事件。
- 在Form2的Button1_Click事件中，将代码“Me.Close”改为“Me.Hide”，则运行结果有何不同?

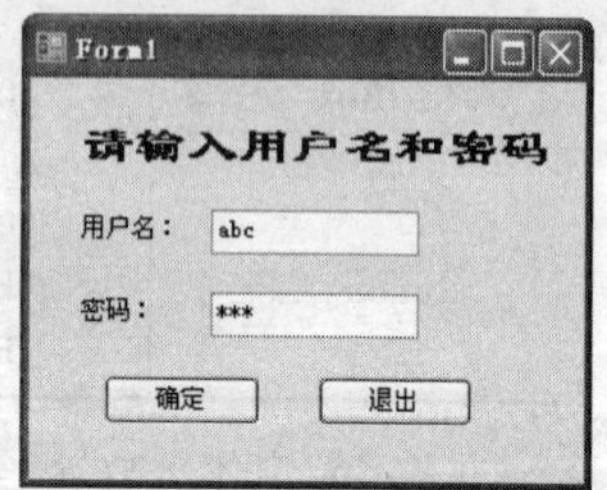

图T6-4 程序运行界面

5. 保存和运行

单击“文件”菜单，选择“全部保存”命令来保存项目和窗体Form1、Form2。按键盘上的“F5”键或单击“调试”菜单，选择“启动调试”命令，即可运行程序。

程序运行后，输入正确的用户名和密码，则可显示Form2窗体，否则将提示出错信息。程序运行界面如图T6-4所示。

二、密码验证

1. 键盘事件

给Form1的txtName文本框添加代码，使程序能实现当在该文本框输入结束后，按回车键焦点将自动跳到txtpassword文本框中。该功能的实现需要在txtName对象的KeyPress事件中编写代码，检测该事件中e对象的KeyChar属性。当KeyChar的值为chr(13)时，表示用户按下了键盘的回车键，此时再调用txtPassWord对象的Focus方法，可以实现焦点的转移。

```
Private Sub txtName_KeyPress(ByVal sender As Object, ByVal e As _
```

```
        System.Windows.Forms.KeyPressEventArgs) Handles txtName.KeyPress
    If e.KeyChar = Chr(13) Then
        txtPassWord.Focus()
        txtPassWord.SelectAll()
    End If
End Sub
```

给txtPassWord文本框的KeyPress事件编写代码，实现用户在密码框中按回车键，焦点自动跳转到“确定”按钮上。

```
Private Sub txtPassWord_KeyPress(ByVal sender As Object, ByVal e As _
        System.Windows.Forms.KeyPressEventArgs) Handles txtPassWord.KeyPress
   If e.KeyChar = Chr(13) Then
         Button1.Focus()
   End If
End Sub
```

2. 根据错误的次数做不同的选择

修改Form1中“确定”按钮的Click事件，当用户名或密码错误三次，则将“确定”禁用。修改程序代码为：

```
Private Sub Button1_Click(ByVal sender As System.Object, ByVal e As _
                              System.EventArgs) Handles Button1.Click
        Static n As Integer                          ' 静态变量记录错误的次数
        If txtName.Text = "abc" And txtPassWord.Text = "123" Then
            Dim form2 As New Form2()
            form2.Show()
        Else
            n = n + 1                                ' 错误一次，n就加1
            If n < 3 Then                            ' 错误次数小于3，则还有机会，否则禁用
                MsgBox("请输入正确的用户名和密码！", MsgBoxStyle.Critical)
            Else
                MsgBox("你无权登录！", MsgBoxStyle.Critical)
                Button1.Enabled = False              ' 禁用命令按钮
            End If
        End If
End Sub
```

程序修改后，输入错误的用户名或密码，按“确定”按钮后，系统将弹出错误的提示，如图T6-5。

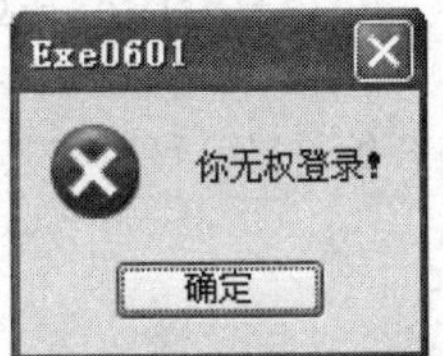

图T6-5 错误的提示界面

三次密码或用户名不对，则将禁用“确定” 按钮，如图T6-6所示。

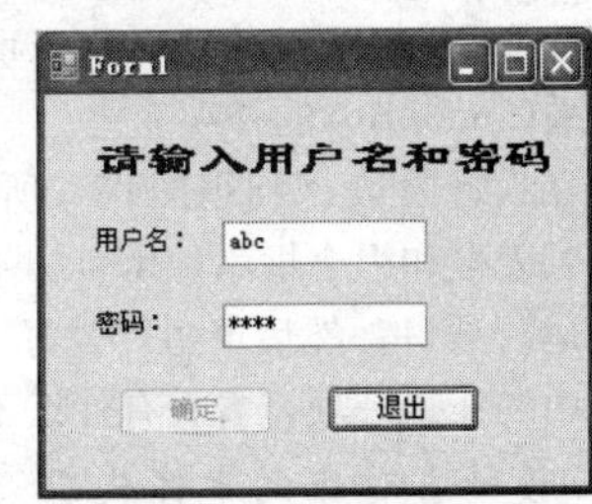

图T6-6 被禁用了“确定”按钮的界面

练习：

- 继续修改程序，使程序能自动判断，到底是用户名错误还是密码错误。
- 将Form1的Button1_Click事件中的Static改成Dim，运行程序后，看看结果如何？

实验7　单选按钮、复选框、列表框和组合框

目的和要求

1）掌握单选按钮和复选框的使用。

2）掌握列表框的使用。

3）掌握组合框的使用。

4）区别几种控件的使用场合。

内容和步骤

单选按钮、复选框、列表框、组合框各控件的特点如下：

- 单选按钮用于从一组选项中选取一项，当选中其中某一项时，其他选项钮将自动关闭。
- 复选框用于从一组选项中同时选中多个选项。
- 列表框控件显示一个项列表，用户可从中选择一项或多项。
- 组合框不能设定为多重选取模式，默认情况下分两个部分显示：一个是允许用户键入列表项的文本框，一个是显示用户可以从中选择列表项的列表框。

一、复选框与列表框、组合框联动

1. 创建界面

创建一个工程，由一个窗体组成，界面设计如图T7-1，选择任意一个爱好，将自动向Listbox和ComboBox中添加一个爱好。选择一个样式表，将改变ComboBox的DropDownStyle属性。

界面设计：在窗体Form1上放置两个组合框，并在其中分别放置七个复选框和三个单选按钮；在窗体上放置一个列表框、一个组合框和一个文本框。

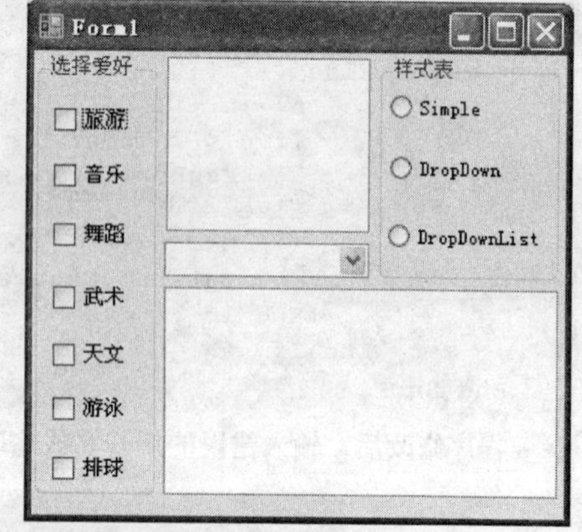

图T7-1　设计界面

2. 设计各对象的属性

各对象的属性如表T7-1所示。

可以利用“属性”窗口给ListBox或ComboBox的Items属性添加列表项，如图T7-2所示，单击Items右边的按钮，将出现字符串集合编辑器，可以在其中预先定义列表项。

表T7-1　属性设置

对象名	控件名	属性名	属性值
GroupBox	GroupBox1	Text	选择爱好
	GroupBox2	Text	样式表
CheckBox	CheckBox1	Text	旅游
	CheckBox2	Text	音乐
	CheckBox3	Text	舞蹈
	CheckBox4	Text	武术
	CheckBox5	Text	天文
	CheckBox6	Text	游泳
	CheckBox7	Text	排球
RadioButton	RadioButton 1	Text	Simple
	RadioButton 2	Text	DropDown
	RadioButton 3	Text	DropDownList
TextBox	TextBox1	Multiline	True

练习：

- 设置GroupBox的Text属性为空，看看GroupBox的外观有无变化。
- 改变ComboBox的DropDownStyle属性，看看ComboBox的外观变化。
- 在设计阶段，利用图T7-2所示的界面，为列表框和组合框添加Items属性。
- 运行项目，然后单击“爱好”或“样式表”中的任意一项，看看有什么不同。

3. 设计各对象的事件代码

设计CheckBox的事件代码，使用户选择任意一个“爱好”时，向ListBox和ComboBox中添加该爱好项，当用户不选中某一爱好时，能移除该爱好。

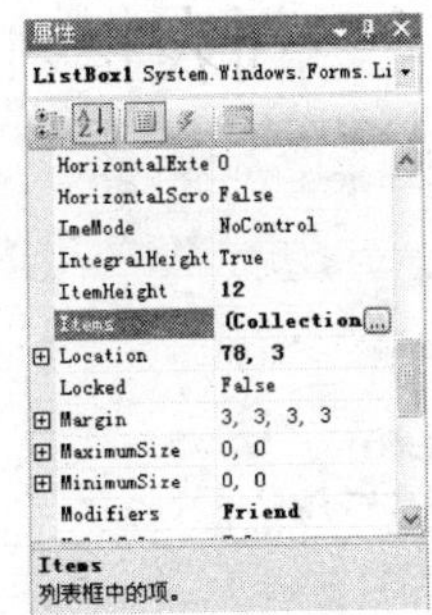

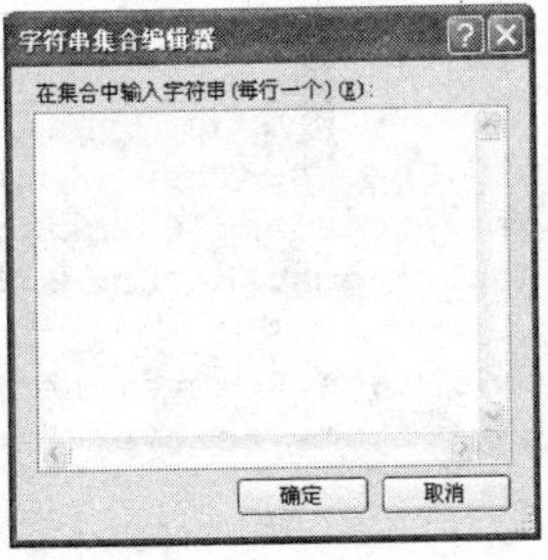

图T7-2 列表框和组合框的Items属性设定界面

```
Private Sub CheckBox1_CheckedChanged(ByVal sender As System.Object, ByVal e As _
                    System.EventArgs) Handles CheckBox1.CheckedChanged
    If CheckBox1.Checked Then
        ListBox1.Items.Add(CheckBox1.Text)
        ComboBox1.Items.Add(CheckBox1.Text)
    Else
        ListBox1.Items.Remove(CheckBox1.Text)
        ComboBox1.Items.Remove(CheckBox1.Text)
    End If
End Sub
Private Sub CheckBox2_CheckedChanged(ByVal sender As System.Object, ByVal e As _
                    System.EventArgs) Handles CheckBox2.CheckedChanged
    If CheckBox2.Checked Then
        ListBox1.Items.Add(CheckBox2.Text)
        ComboBox1.Items.Add(CheckBox2.Text)
    Else
        ListBox1.Items.Remove(CheckBox2.Text)
        ComboBox1.Items.Remove(CheckBox2.Text)
    End If
End Sub
Private Sub CheckBox3_CheckedChanged(ByVal sender As Object, ByVal e As _
                    System.EventArgs) Handles CheckBox3.CheckedChanged
    If CheckBox3.Checked Then
        ListBox1.Items.Add(CheckBox3.Text)
        ComboBox1.Items.Add(CheckBox3.Text)
    Else
        ListBox1.Items.Remove(CheckBox3.Text)
        ComboBox1.Items.Remove(CheckBox3.Text)
    End If
End Sub
Private Sub CheckBox4_CheckedChanged(ByVal sender As Object, ByVal e As _
                    System.EventArgs) Handles CheckBox4.CheckedChanged
    If CheckBox4.Checked Then
        ListBox1.Items.Add(CheckBox4.Text)
        ComboBox1.Items.Add(CheckBox4.Text)
    Else
        ListBox1.Items.Remove(CheckBox4.Text)
        ComboBox1.Items.Remove(CheckBox4.Text)
    End If
End Sub
Private Sub CheckBox5_CheckedChanged(ByVal sender As Object, ByVal e As _
                    System.EventArgs) Handles CheckBox5.CheckedChanged
    If CheckBox5.Checked Then
        ListBox1.Items.Add(CheckBox5.Text)
        ComboBox1.Items.Add(CheckBox5.Text)
    Else
        ListBox1.Items.Remove(CheckBox5.Text)
        ComboBox1.Items.Remove(CheckBox5.Text)
```

```
    End If
End Sub
Private Sub CheckBox6_CheckedChanged(ByVal sender As Object, ByVal e As _
                     System.EventArgs) Handles CheckBox6.CheckedChanged
    If CheckBox6.Checked Then
        ListBox1.Items.Add(CheckBox6.Text)
        ComboBox1.Items.Add(CheckBox6.Text)
    Else
        ListBox1.Items.Remove(CheckBox6.Text)
        ComboBox1.Items.Remove(CheckBox6.Text)
    End If
End Sub
Private Sub CheckBox7_CheckedChanged(ByVal sender As Object, ByVal e As _
                     System.EventArgs) Handles CheckBox7.CheckedChanged
    If CheckBox7.Checked Then
        ListBox1.Items.Add(CheckBox7.Text)
        ComboBox1.Items.Add(CheckBox7.Text)
    Else
        ListBox1.Items.Remove(CheckBox7.Text)
        ComboBox1.Items.Remove(CheckBox7.Text)
    End If
End Sub
```

设计RadioButton的事件代码，使用户选择样式时，能改变ComboBox的DropDownStyle属性。

```
Private Sub RadioButton1_Click(ByVal sender As Object, ByVal e As _
                             System.EventArgs) Handles RadioButton1.Click
        ComboBox1.DropDownStyle = ComboBoxStyle.Simple
End Sub

Private Sub RadioButton2_Click(ByVal sender As System.Object, ByVal e As _
                        System.EventArgs) Handles RadioButton2.CheckedChanged
        ComboBox1.DropDownStyle = ComboBoxStyle.DropDown
End Sub

Private Sub RadioButton3_Click(ByVal sender As Object, ByVal e As _
                               System.EventArgs) Handles RadioButton3.Click
        ComboBox1.DropDownStyle = ComboBoxStyle.DropDownList
End Sub
```

设计ComboBox的事件代码，使用户选择其中的任一条目时，将该条目的内容显示在文本框中。

```
Private Sub ComboBox1_TextChanged(ByVal sender As Object, ByVal e As _
                          System.EventArgs) Handles ComboBox1.TextChanged
        TextBox1.Text = ComboBox1.Text
End Sub
```

练习：

- 将RadioButton的Click事件中的代码移到该对象的CheckedChanged事件中，看看运行后有什么不同。
- 试试能否将ListBox的Items.Remove方法改成Items.RemoveAt。
- ComboBox的TextChanged事件和Click事件有何区别？试修改代码，看看运行结果有何不同。

4. 保存和运行

单击“文件”菜单，选择“全部保存”命令来保存项目和窗体。按键盘上的“F5”键或单击“调试”菜单，选择“启动调试”命令，即可运行程序。

程序运行后，选择爱好或样式表中的不同选项，看看界面有什么变化。程序运行界面如图T7-3所示。

二、将文本框内容添加到列表框

1）创建如图T7-4所示的界面，在窗体上添加两个ListBox、一个TextBox和两个按钮，要求在文本框中输入文字，然后按回车键，将把文本框中的内容添加到第一个ListBox中。

在文本框的KeyPress事件中编写如下代码：

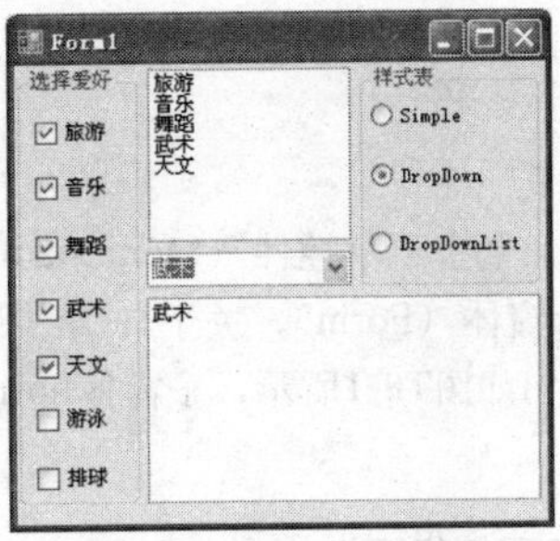

图T7-3 程序运行界面

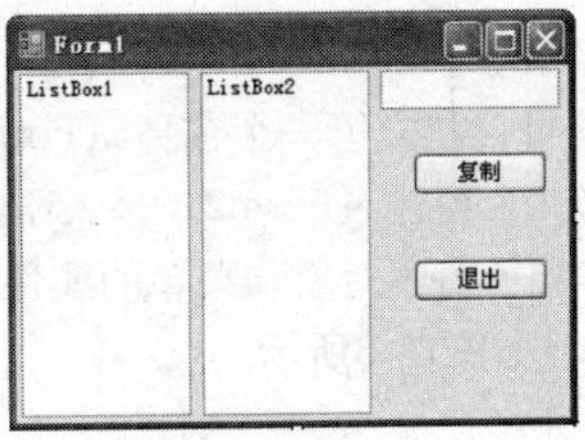

图T7-4 设计界面

```
Private Sub TextBox1_KeyPress(ByVal sender As Object, ByVal e As _
        System.Windows.Forms.KeyPressEventArgs) Handles TextBox1.KeyPress
      If e.KeyChar = Chr(13) Then                   ' 判定是否按下了回车键
          ListBox1.Items.Add(TextBox1.Text)         ' 添加列表项
          TextBox1.SelectAll()                      ' 选中文本框中的内容等待下次输入
      End If
End Sub
```

2）用RemoveAt方法在列表框中删除列表项，要求当在列表框中双击某项，则删除该项。在ListBox的DoubleClick事件中编写代码：

```
Private Sub ListBox1_DoubleClick(ByVal sender As Object, ByVal e As _
              System.EventArgs) Handles ListBox1.DoubleClick
      ListBox1.Items.RemoveAt(ListBox1.SelectedIndex)
End Sub
```

3）单击复制按钮，则将第一个文本框中的内容全部复制到第二个文本框中。

```
Private Sub Button1_Click(ByVal sender As System.Object, ByVal e As _
                           System.EventArgs) Handles Button1.Click
      Dim i As Integer
      ListBox2.Items.Clear()
      For i = 0 To ListBox1.Items.Count - 1
          ListBox2.Items.Add(ListBox1.Items(i))
      Next i
End Sub
```

4）单击“退出”按钮，退出系统。

```
Private Sub Button2_Click(ByVal sender As System.Object, ByVal e As System.EventArgs) _
                                                                Handles Button2.Click
    End
End Sub
```

练习：

- 增加一个按钮，实现将第一个文本框中的内容移动到第二个列表框中。
- 如果用Remove方法删除列表项，程序该怎么修改？

实验8 菜单、工具栏和状态条

目的和要求

1）熟练掌握菜单的编辑方法及菜单的属性设置。

2）掌握工具栏的设置方法和工具栏事件的编写。

3）掌握状态条控件的使用。

内容和步骤

一、主菜单程序设计

1. 创建窗体

新建一个项目，建立第一个窗体（Forml），在其中添加一个主菜单控件（MenuStrip1），默认为启动窗体；建立第二个窗体（Form2，录入学生成绩）和第三个窗体（Form3，关于）。表T8-1和表T8-2分别列出了主窗体和子窗体对象和菜单的属性设置。主窗体Forml如图T8-1所示，子窗体Form2如图T8-2所示，子窗体Form3如图T8-3所示。

表T8-1　主窗体和子窗体对象属性设置

对象	对象名	属性名	属性值
Form	Form1	Text	学生成绩管理系统
MenuStrip	MenuStrip1		
Form	Form2	Text	录入学生成绩
Form	Form3	Text	关于

表T8-2　主窗体Form1菜单项属性设置

菜单项	标题（Text）	名称（Name）
系统主菜单项	系统(&S)	sysMenuItem
退出子菜单项	退出	quitMenuItem
录入主菜单项	录入(&I)	importMenuItem
学生成绩子菜单项	学生成绩	inportscoreMenuItem
修改主菜单项	修改(&E)	updateMenuItem
学生信息子菜单项	学生信息	updateinfoMenuItem
查询主菜单项	查询(&Q)	selectMenuItem
学生信息子菜单项	学生信息	selectinfoMenuItem
帮助主菜单项	帮助(&H)	helpMenuItem
使用指南子菜单项	使用指南	bookhelpMenuItem
关于子菜单项	关于	aboutMenuItem

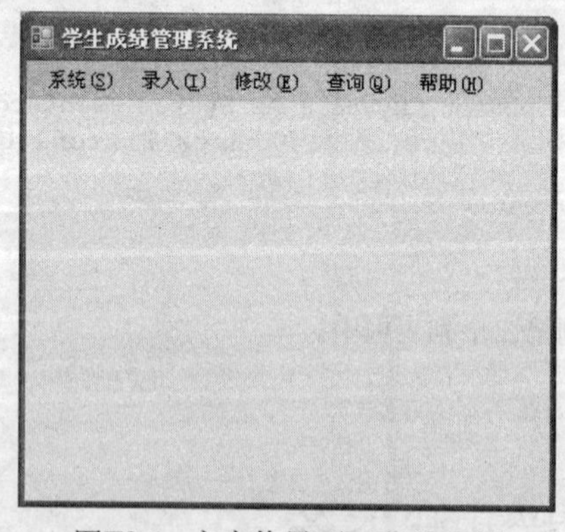

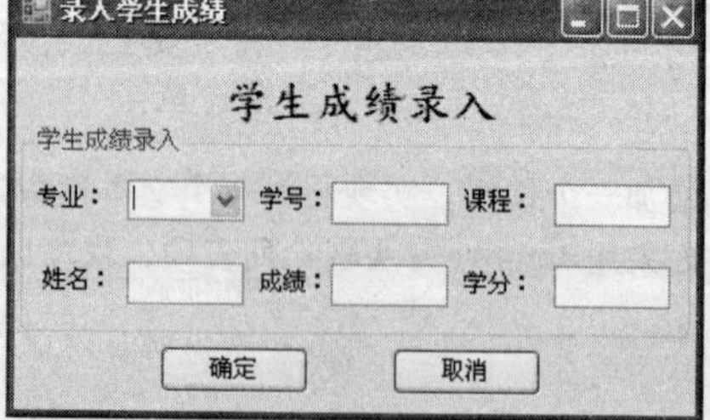

图T8-1　主窗体界面及菜单示例　　　　图T8-2　子窗体Form2界面

2. 为子菜单项设置快捷键

分别为各子菜单项建立快捷键，各子菜单项快捷键属性见表T8-3。

表T8-3　子菜单项快捷键属性设置

对象名	属性名	属性值
quitMenuItem	Text	退出
	ShortCutKeys	Ctrl+X
inportscoreMenuItem	Text	学生成绩
	ShortCutKeys	Ctrl+N
updateinfoMenuItem	Text	学生信息
	ShortCutKeys	Ctrl+E
selectinfoMenuItem	Text	学生信息
	ShortCutKeys	Ctrl+Q
aboutMenuItem	Text	关于
	ShortCutKeys	Ctrl+A
bookhelpMenuItem	Text	使用指南
	ShortCutKeys	F1

3. 为菜单编写事件代码

在“录入”菜单中单击“学生成绩”子菜单项时，将创建一个新窗体“录入学生成绩”并显示；在“帮助”菜单中有一个菜单项，当单击“关于”菜单项时，将创建一个新窗体“关于”并显示；当单击“退出”菜单项后，结束程序运行。相应的单击事件程序如下：

```
'  “录入学生成绩”菜单项事件代码
Private Sub importscoreMenuItem_Click(ByVal sender As System.Object, ByVal e _
                        As System.EventArgs) Handles importscoreMenuItem.Click
    form2.Show()                              ' 显示子窗体
End Sub
'  “关于”菜单项事件代码
Private Sub aboutMenuItem_Click(ByVal sender As System.Object, ByVal e As System.EventArgs) _
                                         Handles aboutMenuItem.Click
    Form3.Show()                              ' 显示子窗体
End Sub
'  “退出”菜单项事件代码
Private Sub quitMenuItem_Click(ByVal sender As System.Object, ByVal e As System.EventArgs) _
                                         Handles quitMenuItem.Click
    End                                       '  结束程序
End Sub
```

4. 保存并运行程序

单击“文件”菜单，选择“全部保存”命令来保存项目和窗体。按键盘上的“F5”键或单击“调试”菜单，选择“启动调试”命令，即可运行程序。程序运行后，可以通过单击子菜单项显示子窗体。程序运行界面如图T8-4所示。

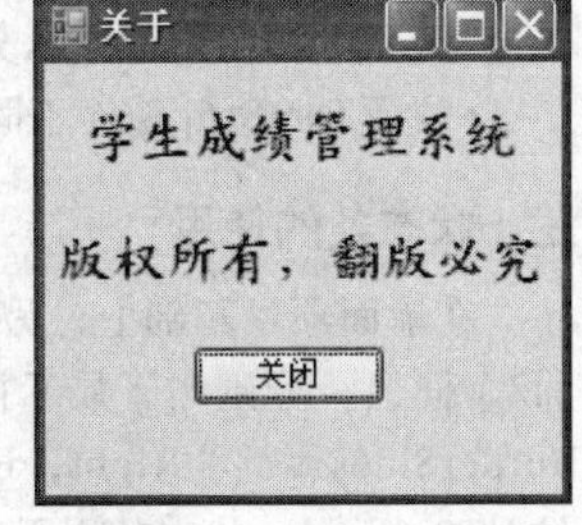

图T8-3　子窗体Form3界面

练习：

• 给主菜单增加“窗口”菜单项。

• 设置菜单的复选、有效和可见等属性。

二、工具栏的使用

在窗体中添加一个工具栏，使其按钮与菜单项对应。

1. 在主窗体上添加ToolStrip控件

从工具箱中选择ToolStrip控件并添加到Form1中，该控件将自动放置在窗体上菜单栏的上面，右击工具栏并在弹出菜单中选择“置于顶层”，即将工具栏移到菜单下方。

2. 为ToolStrip控件添加按钮

给ToolStrip1控件添加6个按钮，设置每个按钮的“DisplayStyle”属性为“Image”，并为按钮的

Image属性选择适当的位图，设置工具栏按钮及按钮属性后的界面如图T8-5所示。

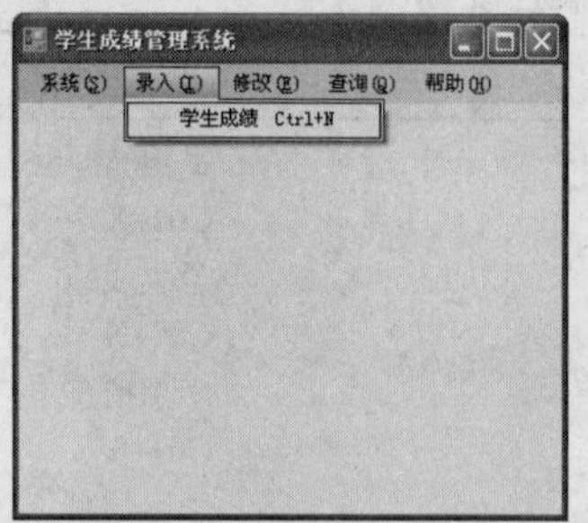

图T8-4　程序运行界面

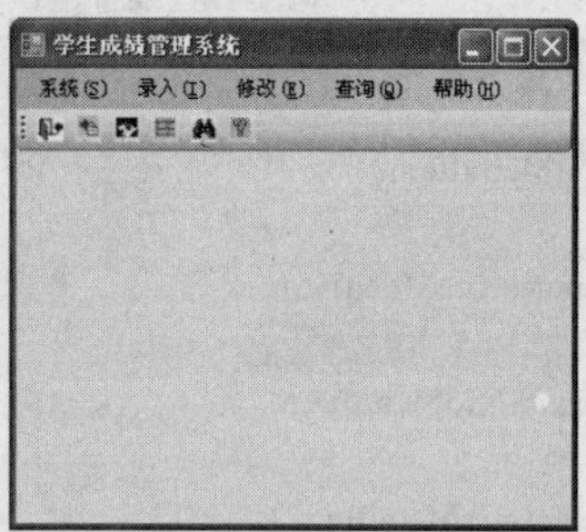

图T8-5　工具栏设计效果图

3. 为工具栏编写事件代码

工具栏中的6个按钮分别是表T8-3中6个子菜单项的快捷按钮。当用户单击工具栏中的按钮时，将触发ToolStrip1的ItemClicked事件。利用分支判断语句，通过e对象的ClickedItem属性，判断用户单击的是哪个按钮，再根据该按钮的功能，编写相应的代码。

程序代码如下：

```
'  工具栏ItemClicked事件代码
Private Sub ToolStrip1_ItemClicked(ByVal sender As System.Object , ByVal e As _
        System.Windows.Forms.ToolStripItemClickedEventArgs) Handles ToolStrip1.ItemClicked
    Select Case e.ClickedItem.Name                         ' 获得用户单击按钮的索引值
        Case "ToolStripButton1"                            ' 用户单击第1个按钮
          quitMenuItem.PerformClick()          ' 模拟用户单击“退出”菜单项，并执行相应程序
        Case "ToolStripButton2"                            ' 用户单击第2个按钮
          inportscoreMenuItem.PerformClick()    ' 调用录入学生成绩菜单项的单击事件代码
        Case "ToolStripButton6"                            ' 用户单击第6个按钮
          aboutMenuItem.PerformClick()         ' 模拟用户单击“关于”菜单项，并执行相应程序
    End Select
End Sub
```

在上面的工具栏的ItemClicked事件代码中，根据e.ClickedItem的name属性值可以获得用户单击的按钮的名称，从而确定用户点击的是哪个按钮。

练习：

- 设置ToolStrip控件中各按钮的“ToolTipText”属性，为工具按钮设置提示文本信息。
- 设置ToolStrip控件不同按钮的“图像”属性。

三、状态条的使用

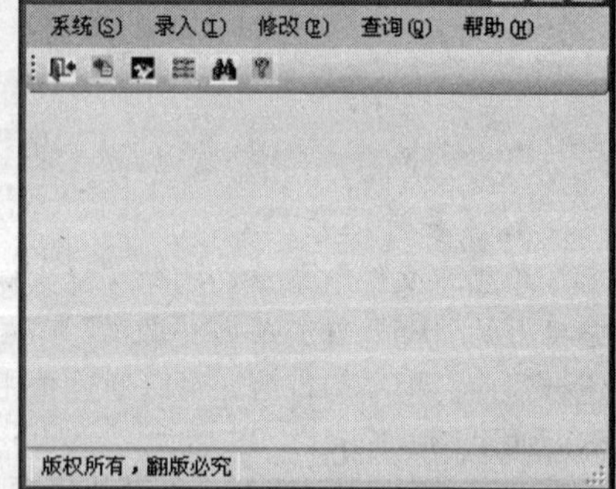

图T8-6 主窗体界面

在前面项目基础上，另给窗体添加状态条，为状态条添加2个面板，分别用于显示操作状态和版权信息，并设置其BorderSides属性为Right，BorderStyle属性为Sunken，效果如图T8-6所示。状态条用于显示操作信息，它本身一般不编写事件代码。

为了显示用户操作的状态，修改菜单的单击事件代码如下：

```
'  “录入学生成绩”菜单项事件代码
Private Sub importscoreMenuItem_Click(ByVal sender As System.Object, ByVal e _
                        As System.EventArgs) Handles importscoreMenuItem.Click
    ToolStripStatusLabel1.Text = "录入学生成绩"              ' 显示"录入学生成绩"操作状态
    form2.Show()                                         ' 显示子窗体
End Sub
'  “关于”菜单项事件代码
Private Sub aboutMenuItem_Click(ByVal sender As System.Object, ByVal e As _
```

```
                                    System.EventArgs) Handles aboutMenuItem.Click
        ToolStripStatusLabel1.Text = "关于"                  ' 显示"关于"操作状态
        Form3.Show()                                         ' 显示子窗体
    End Sub
    ' “退出”菜单项事件代码
    Private Sub quitMenuItem_Click(ByVal sender As System.Object, ByVal e As _
                                    System.EventArgs) Handles quitMenuItem.Click
            End                                              ' 结束程序
    End Sub
```

程序运行后，按快捷键“Ctrl+N”时，运行结果如图T8-7所示。

练习：

• 利用定时器控件，在状态条中添加时间显示。

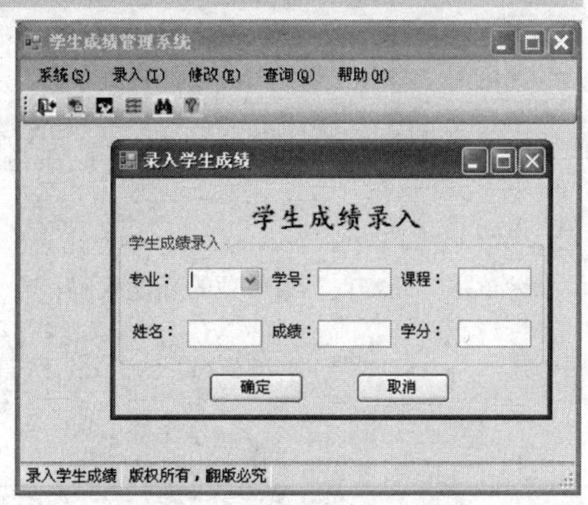

图T8-7 运行时的操作界面

实验9 图 形 图 像

目的和要求

1）理解坐标系。

2）熟练掌握绘制图形的方法。

3）熟练掌握文本输出的方法。

4）熟练掌握图像处理的方法。

内容和步骤

在VB.NET中，用Graphics对象提供的方法绘制图形和文本，可以将它们绘制在窗体、控件、图片框（PictureBox）中。可以直接将控件作为Graphics对象来画图，也可以在控件的“Bitmap”对象上画图以便永久显示。对位图对象，可以对构成图像的像素进行变换处理以产生各种效果。

将图像处理成马赛克效果

算法：马赛克效果是将图像处理成由一块块同一颜色块组成的图像。方法是先计算一块矩形区域的像素平均值，然后将该区域的各像素值都改为这一平均值。矩形区域的大小不同，效果就不同。本例选用较大的20×20像素块，以使马赛克效果明显。

1. 新建一个“Visual Basic.NET项目”

将项目命名为“Exe0901”，出现一个新的Form1窗口。

2. 界面设计

在窗体中设计一个主菜单（MenuStrip1）、一个打开文件对话框（OpenFileDialog1）和两个图片框（PictureBox1、PictureBox2），主菜单有两个子菜单，分别是“文件”和“图像处理”，它们各有相应的菜单项，其中“退出”功能是结束程序运行，“打开”功能是弹出打开文件对话框，用户可以选择一个图像文件并在PictureBox1中显示，“马赛克”功能是对打开的图像进行马赛克处理并在PictureBox2中显示。界面设计如图T9-1所示。

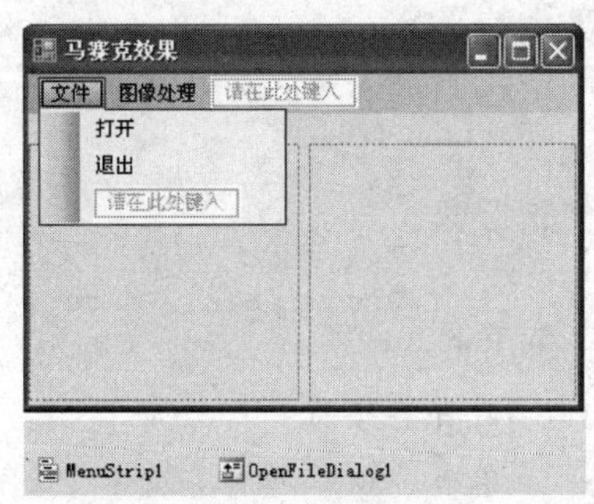

图T9-1 界面设计

3. 编写代码

• 单击“打开”菜单项的功能代码：

```
    Private Sub 打开ToolStripMenuItem_Click(ByVal sender As System.Object, ByVal e As _
```

```
                         System.EventArgs) Handles 打开ToolStripMenuItem.Click
    OpenFileDialog1.Filter = "Images|*.bmp;*.gif;*.jpg"       ' 指定可打开的文件类型
    OpenFileDialog1.ShowDialog()                                  ' 显示打开文件对话框
    If OpenFileDialog1.FileName = "" Then
        Exit Sub
    End If                                                  ' 若没有选择文件则退出过程
    PictureBox1.SizeMode = PictureBoxSizeMode.AutoSize' 设置图片框的尺寸为自动伸缩
    PictureBox1.Image = Image.FromFile(OpenFileDialog1.FileName)' 显示打开的图片
    PictureBox2.SizeMode = PictureBoxSizeMode.AutoSize
End Sub
```

• 单击“退出”菜单项的功能代码：

```
Private Sub 退出ToolStripMenuItem_Click(ByVal sender As System.Object, ByVal e As _
                         System.EventArgs) Handles 退出ToolStripMenuItem.Click
   Close()
End Sub
```

• 单击“马赛克”菜单项的功能代码：

```
Private Sub 马赛克ToolStripMenuItem_Click (ByVal sender As System.Object, ByVal _
                 e As System.EventArgs)  Handles 马赛克ToolStripMenuItem.Click
     Dim i, j, m, n As Integer
     Dim r, g, b As Integer
     Dim bmp As Bitmap
     bmp = New Bitmap(PictureBox1.Width, PictureBox1.Height)' 定义一个bitmap对象
     Dim tmpbmp As New Bitmap(PictureBox1.Image)          ' 定义一个临时bitmap对象
     ' 马赛克处理
     With tmpbmp
            For i = 10 To .Height - 11 Step 20
                For j = 10 To .Width - 11 Step 20
                    Dim p1 As Color
                    r = 0          ' 初始化红颜色值
                    g = 0          ' 初始化绿颜色值
                    b = 0          ' 初始化蓝颜色值
                    ' 分别计算20×20像素块的红、绿、蓝颜色的平均值
                    For m = -10 To 10
                        For n = -10 To 10
                            p1 = .GetPixel(j + m, i + n)
                            r = r + p1.R
                            g = g + p1.G
                            b = b + p1.B
                        Next n
                    Next m
                    For m = -10 To 10
                        For n = -10 To 10
                            bmp.SetPixel(j + m, i + n, Color.FromArgb(r / _
                                       450, g / 450, b / 450))
                        Next n
                    Next m
                Next j
            Next i
     End With
     PictureBox2.Image = bmp                        ' 将马赛克图像显示在PictureBox2中
End Sub
```

4. 保存项目

单击“文件”菜单，选择“保存”命令并将项目保存为“Exe0901.vbproj”。

5. 运行

单击“调试”菜单，选择“启动调试”命令，或单击工具栏的“启动调试”按钮。启动程序后，单击“文件\打开”菜单项，选择一个图像文件，确定后该图像显示在窗体左侧的图片框中。再单击“图像处理\马赛克”菜单项，马赛克效果图显示在窗体右侧的图片框中，运行结果如图T9-2所示。最后单

击“文件\退出”菜单项即可结束程序运行。

练习：

- 将书中介绍的浮雕、反转、柔化效果处理添加到“图像处理”菜单中，实现多种效果的集成。

图T9-2　马赛克效果

实验10　文　件

目的和要求

1）理解System.IO对象模型。

2）熟练掌握使用File和Directory对象操作文件的方法。

3）熟练掌握DriveListBox、DirListBox和FileListBox控件的使用方法。

4）理解流的概念。

5）掌握使用StreamReader和StreamWriter对象读写文本文件的方法。

内容和步骤

在VB.NET中，利用System.IO对象模型配合DriveListBox、DirListBox和FileListBox三个控件，可以对文件和文件夹进行各种操作。通过StreamReader、StreamWriter可以读写文件的内容。

一、制作一个图片浏览器

使用DriveListBox、DirListBox和FileListBox控件来选择图片文件，利用PictureBox控件显示选择的图片文件。

1. 新建一个“Visual Basic.NET项目”

将项目命名为“Exe1001”，出现一个新的Form1窗口。

2. 界面设计

在窗体中设计一个驱动器列表框（DriveListBox1）、一个文件夹列表框（DirListBox1）、一个文件列表框（FileListBox1）、一个图片框（PictureBox1）和两个按钮（btnShowPic、btnClose）。驱动器列框、文件夹列表框和文件列表框实现联动，文件列表框中只显示BMP图片文件。先选择一个图片文件，单击“显示图片”按钮时，将在PictureBox1中显示该图像文件。界面安排如图T10-1所示。

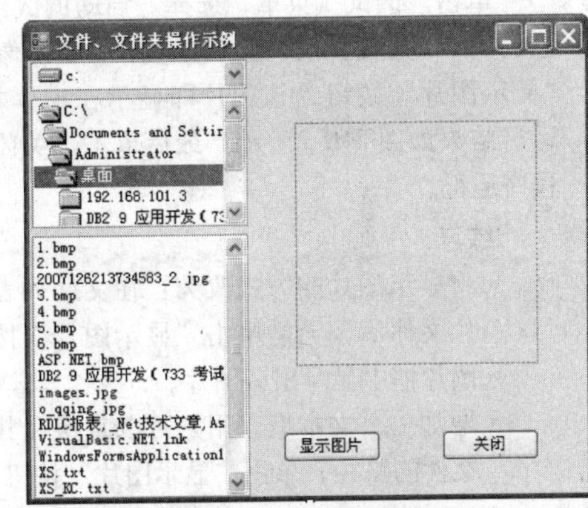

图T10-1　图片浏览器界面设计

3. 编写代码

- 为了能够使用File和Directory类提供的方法，应在模块中引入System.IO命名空间。

```
' 引入命名空间System.IO
Imports System.IO
```

- 驱动器列表框（DriveListBox1）的SelectedIndexChanged事件代码：

```
Private Sub DriveListBox1_SelectedIndexChanged(ByVal sender As System.Object, _
      ByVal e As  System.EventArgs) Handles DriveListBox1.SelectedIndexChanged
        DirListBox1.Path = DriveListBox1.Drive        ' 指定文件夹列表框的路径
End Sub
```

- 文件夹列表框（DirListBox1）的SelectedIndexChanged事件代码：

```
Private Sub DirListBox1_SelectedIndexChanged(ByVal sender As System.Object, _
        ByVal e As  System.EventArgs) Handles DirListBox1.SelectedIndexChanged
        FileListBox1.Path = DirListBox1.Path              ' 指定文件列表框的路径
        FileListBox1.Pattern = "*.bmp"                    ' 指定文件类型为.bmp图片文件
End Sub
```

- 单击“关闭”按钮的功能：

```
Private Sub btnClose_Click(ByVal sender As System.Object, ByVal e As _
                    System.EventArgs)  Handles btnClose.Click
      Close()
End Sub
```

- 单击“显示图片”按钮的功能：

```
Private Sub btnShowPic_Click(ByVal sender As System.Object, ByVal e As _
                    System.EventArgs)  Handles btnShowPic.Click
        Dim spath As String
        spath = DirListBox1.Path
        If  FileListBox1.FileName = "" Then
            MsgBox("请先选择图片文件！")
            Exit Sub
        End If
        PictureBox1.BorderStyle = BorderStyle.FixedSingle' 设置图片框为单行边框样式
        PictureBox1.SizeMode = PictureBoxSizeMode.StretchImage
                                                        ' 设置图片框的尺寸为自动伸缩
        PictureBox1.Image = Image.FromFile(spath & "\" & FileListBox1.FileName)
                                                        ' 显示打开的图片
End Sub
```

4. 保存项目

单击“文件”菜单，选择“保存”命令并将项目保存为“Exe1001.vbproj”。

5. 运行

单击“调试”菜单，选择“启动调试”命令或单击工具栏的“启动调试”按钮。在选择一个图像文件后，再单击“显示图片”按钮，该图片即显示在窗体右侧的图片框中，运行结果如图T10-2所示。最后单击“关闭”按钮即可结束程序运行。

图T10-2　显示图片效果

练习：

- 将显示图片的方式改为：在文件列表框中选择一个图片文件后，无需单击“显示图片”按钮，立刻就会在图片框中显示出该图片。
- 增加一个文本框，用户可以直接在其中输入显示图片文件的路径，单击“显示图片”按钮，根据该文本框中的文件的路径显示出该图片。

二、查找并替换文本文件的内容

使用StreamReader对象按行读取文本文件数据，将查找内容用替换内容替换，再通过StreamWriter对象将替换后的内容写回文件。

1. 新建一个“Visual Basic.NET项目”

将项目命名为“Exe1002”，出现一个新的Form1窗口。

2. 界面设计

由一个显示选择的文件的文本框（txtFile-Name）、一个查找内容的文本框（txtFindText）、一个替换内容的文本框（txtReplaceText）、一个显示打开的文件内容的多行文本框（txtContent）、三个标签（Label）和两个按钮（btnSelFile、btnReplace）组成。另外，为了能打开一个文件，还要添加一个打开文件对话框控件OpenFileDialog1。界面设计如图T10-3所示。

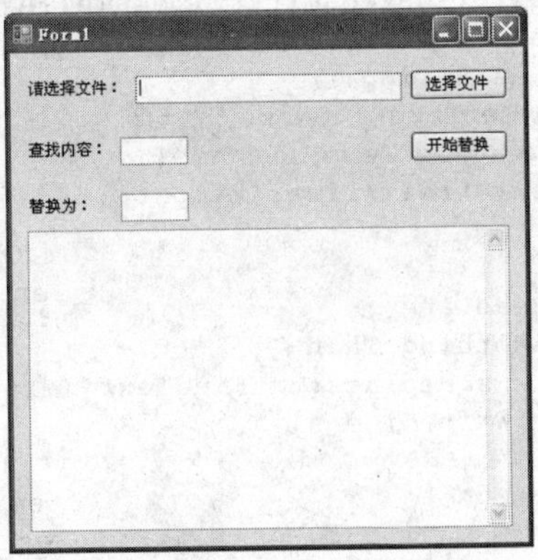

图T10-3　界面设计

3. 编写代码

• 为了能够使用StreamReader和StreamWriter对象提供的方法，应在模块中引入System.IO命名空间。

```
' 引入命名空间System.IO
Imports System.IO
```

• 显示文本文件内容的通用过程“readfile”代码：

```
' 读文件
Private Sub readfile(ByVal filename As String, ByVal txtobj As TextBox)
        Dim fs As FileStream
        fs = New FileStream(filename, FileMode.Open, FileAccess.Read)
        Dim sr As StreamReader
        sr = New StreamReader(fs)
        txtobj.Text = sr.ReadToEnd              ' 读取全部数据显示在文本框中
        sr.Close()                              ' 关闭StreamReader对象
        fs.Close()                              ' 关闭FileStream对象
End Sub
```

• 单击“选择文件”按钮的事件代码：

```
Private Sub btnSelFile_Click(ByVal sender As System.Object, ByVal e As _
                    System.EventArgs)  Handles btnSelFile.Click
        ' 选择文本文件
        OpenFileDialog1.InitialDirectory = "c:\"
        OpenFileDialog1.Filter = "文本文件 (*.txt)|*.txt|所有文件 (*.*)|*.*"
        OpenFileDialog1.FilterIndex = 1                ' 指定*.txt是默认过滤器
        OpenFileDialog1.RestoreDirectory = True
        If OpenFileDialog1.ShowDialog = DialogResult.OK Then
            txtFileName.Text = OpenFileDialog1.FileName
        End If
        ' 读出原文本文件内容，显示在多行文本框中。
        If txtFileName.Text <> "" Then                 ' 用户选择了一个文件
            readfile(txtFileName.Text, txtContent)     ' 调用读文件过程
        End If
End Sub
```

• 单击“替换”按钮的事件代码：

```
Private Sub btnReplace_Click(ByVal sender As System.Object, ByVal e As _
                    System.EventArgs)  Handles btnReplace.Click
        If txtFindText.Text = "" Then
            MsgBox(" 请输入查找字符串。", MsgBoxStyle.Critical)    ' 提示严重错误消息
        End If
        ' 替换文本文件内容并存盘
```

```
        Try
            Dim fs As New FileStream(txtFileName.Text, FileMode.Open) ' 打开文件
            Dim sr As New StreamReader(fs)
            Dim tempstr As String
            ' 利用Path类的GetTempFileName方法随机生成临时文件名
            tempstr = Path .GetTempFileName()
            Dim sw As New StreamWriter(tempstr)
            Dim s As String
            Do
                s = sr.ReadLine()                           ' 读一行文本
                If s <> Nothing Then
                    s = s.Replace(txtFindText.Text, txtReplaceText.Text)
                    sw.WriteLine(s)
                Else
                    Exit Do
                End If
            Loop While s <> Nothing                         ' 到文件尾后将读出空值
            sw.Close()
            sr.Close()
            fs.Close()
            File.Delete(txtFileName.Text)
            File.Move(tempstr, txtFileName.Text)
            ' 读出替换后的文本文件内容，显示在多行文本框中
            If txtFileName.Text <> "" Then                 ' 用户选择了一个文件
                readfile(txtFileName.Text, txtContent)' 调用读文件并显示内容的过程
            End If
            MsgBox("替换完成。", MsgBoxStyle.Information)
        Catch ex As SystemException
            MsgBox(ex.Message, MsgBoxStyle.Critical)  ' 显示当前异常的消息
        End Try
End Sub
```

4. 保存项目

单击“文件”菜单，选择“保存”命令并将项目保存为“Exe1002.vbproj”。

5. 运行

单击“调试”菜单，选择“启动调试”命令或单击工具栏的“启动调试”按钮。在选择一个文本文件后，分别在“查找内容”和“替换为”文本框中输入要查找和替换的内容后，再单击“替换”按钮，即可将该文件内容进行替换并保存到原文件中，运行效果如图T10-4所示。

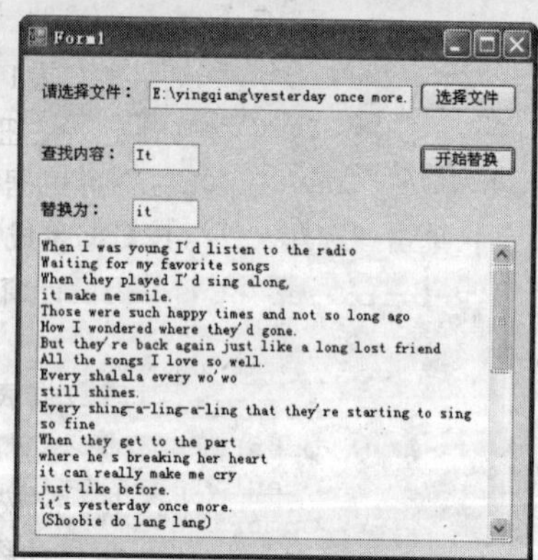

图T10-4 运行效果

练习：

- 修改“开始替换”代码，仅仅替换遇到的第一个，同时显示文件中还有多少个可以替换，并且不区分大小写。
- “开始替换”改为“开始查找”，从当前位置查找遇到的第一个查找内容。

实验11 数据库应用

目的和要求

1）掌握Access数据库文件的建立。

2）掌握VB.NET对数据库的查询。

3）学会对数据库记录的添加、修改和删除。

内容和步骤

一、对数据库进行查询

1. 建立Access数据库文件

Access数据库是以二维表格来存储数据信息，一个数据库中可以有多个表格，表格的每一行叫做一条记录，每一列叫做一个字段。可以唯一地确定该表中的一条记录的字段称为该表的主键。

启动Microsoft Access 2007后，在新建空白数据库栏中，单击“空白数据库”模板，命名为“XSCJ.accdb”，文件默认保存在“C:\Documents and Settings\Administrator\My Documents”目录下，保存位置自定，单击“创建”按钮完成数据库的新建，如图T11-1所示。

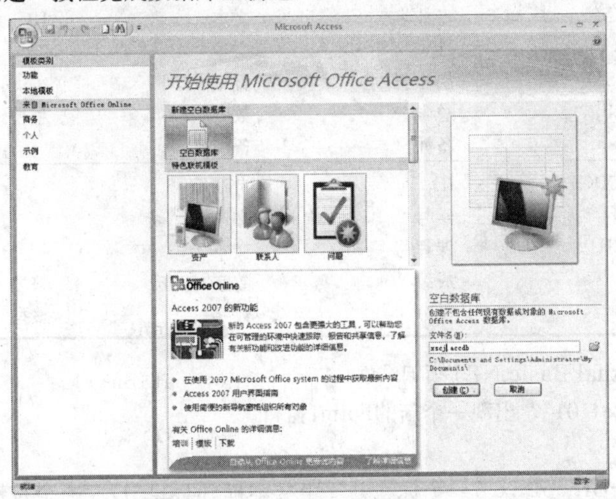

图T11-1 新建数据库

1）在“所有表”栏中右击“表1：表”，选择“设计视图”选项，在弹出的“另存为”对话框中命名表名为“KC”并单击“确定”按钮，系统打开表的设计视图，在该视图中，有“字段名称”、“数据类型”和“说明”三个选项，可根据需要创建表。本例创建KC（课程）表、XS（学生）表和XS_KC（成绩）三个表。创建XS_KC表完成之后的窗口如图T11-2所示，设计完后关闭设计窗口，另外两个表也按同样方法创建。

该设计窗口的每一行对应数据表的每一列。按设定的字段名填入后，数据类型自动默认为“文本”类型，可根据需要单击下拉按钮，再选定适当的类型；说明列可不填，仅供注释。

下部的字段属性表，对应选定行所对应的数据属性。注意“自动编号”类型的字段是该表的主键（在字段名称前有个小钥匙图标），由系统自动维护；其他类型数据的“必填字段”都是默认“否”，如果根据需要改为“是”后，以后该字段的数据必须输入。应该输入的字段没有输入，这些是初学者编程时常会引起出错的地方。

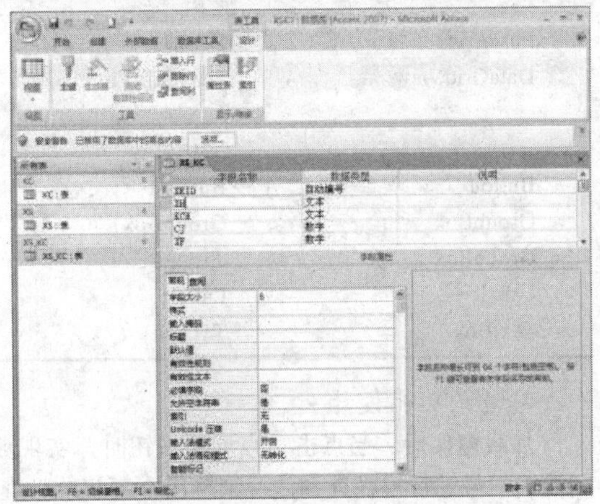

图T11-2 XS_KC数据表设计窗口

本数据库三个表的各字段名称、含义、类型和数据属性如表T11-1所示。

2）三个表建好后，用鼠标双击“XS”表名，打开数据输入界面，在每列中填入相应类型和格式的数据，即可完成该数据表的建造工作。数据输入窗口如图T11-3所示，对数据表的查询和增加、修改、删除的操作，都可在此窗口完成，表的数据可参考附录A。

表T11-1　字段名称、含义、类型表

表名	字段名称	含义	数据类型	长度	必填
KC	KCH	课程号	文本	4	是
	KCM	课程名	文本	16	否
	XQ	开课学期	数字	整型	否
	XS	学时	数字	整型	否
	XF	学分	数字	整型	否
XS	XH	学号	文本	6	是
	XM	姓名	文本	8	否
	ZYM	专业名	文本	10	否
	XB	性别	文本	2	否
	CSSJ	出生日期	日期/时间		否
	ZXF	总学分	数字	整型	否
	BZ	备注	备注		否
XS_KC	XKID	ID	自动编号		
	XH	学号	文本	6	是
	KCH	课程号	文本	4	否
	CJ	成绩	数字	整型	否
	XF	学分	数字	整型	否

2. 新建一个"Visual Basic.NET项目"

将项目命名为"Exe1101"，出现一个新的Form1窗口。

3. 查询界面设计

在窗体中添加两个GroupBox、一个标签、一个文本框（TxtXH）、一个按钮（Button1）和一个DataGridView控件，适当调整该控件的大小，其他属性都采用默认值。窗体中主要控件及对象属性见表T11-2，界面安排如图T11-4所示。

表T11-2　窗体控件及对象属性表

对象	对象名	属性名	属性值
Form	Form1	Text	学生成绩查询
DataGridView	DataGridView1	ScrollBars	Both
		SelectionMode	FullRowSelect
		ReadOnly	True
Button	Button1	Text	查询
GroupBox	GroupBox1	Text	输入查询条件
GroupBox	GroupBox2	Text	查询结果
Label	Label1	Text	学号：
TextBox	TxtXH	Text	

4. 查询功能设计

加载窗体后，当点击"查询"按钮时，实现数据库连接、打开、查询、显示，若用户输入了学号，则按该学号进行模糊查询，否则输出全部记录，查询的结果在DataGridView中显示。具体"查询"按钮的Click事件程序代码如下：

```
Private Sub Button1_Click(ByVal sender As System.Object, ByVal e As System.EventArgs) _
                                    Handles Button1.Click
    Dim objConn As New OleDb.OleDbConnection  '创建一个OleDbConnection连接对象
    Dim objDa As New OleDb.OleDbDataAdapter   '一个OleDbDataAdapter对象
    Dim objComm As New OleDb.OleDbCommand     '一个OleDbCommand对象
    Dim objDs As New DataSet                  '一个数据集DataSet对象
```

```
    Dim WhereStr As String                          '保存查询条件字符串
    WhereStr = ""
    If Trim(TxtXH.Text) <> "" Then
        WhereStr = " XH like '%" + Trim(TxtXH.Text) + "%'"
    End If

    '设置连接字符串，告诉程序应当如何连接到数据库
    objConn.ConnectionString = " Provider=Microsoft.ACE.OLEDB.12.0;data source" & _
          "='D:\VisualBasic.NET\Visual Basic.NET\实例文件\实验\EP11\XSCJ.accdb' "
    '设置SQL命令，告诉程序应当如何取数
    objComm.CommandText = "Select XKID,XH,KCH,CJ,XF  From xs_kc"   'xs_kc表(成绩)
    If WhereStr <> "" Then
        objComm.CommandText = objComm.CommandText & " where " & WhereStr
    End If
    '把objConn设置为objComm的数据库连接
    objComm.Connection = objConn
    objDa.SelectCommand = objComm
    objConn.Open()                                  '打开数据库连接
    objDa.Fill(objDs, "xs_kc")                      '填充数据集
    objConn.Close()                                 '关闭数据库连接
    '把DataGridView1的DataSource属性设置为刚刚取到的数据表，这样就可以显示数据了
    DataGridView1.DataSource = objDs.Tables("xs_kc")
End Sub
```

图T11-3　XS数据表数据输入窗口

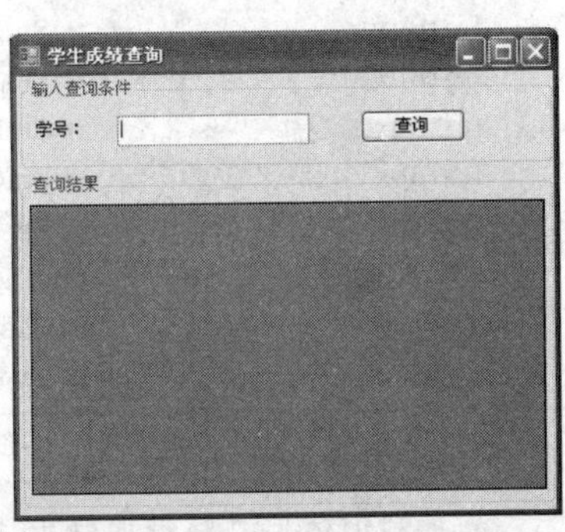

图T11-4　查询界面设计

5. 保存项目

单击“文件”菜单，选择“保存”命令，将项目保存为“Exe1101.vbproj”。

6. 运行

单击“调试”菜单，选择“启动调试”命令，或单击工具栏的“启动调试”按钮，在学号中输入“1011”，单击“查询”按钮后的运行结果如图T11-5所示。

练习：

- 修改界面和“查询”代码，将查询条件改为“姓名”。

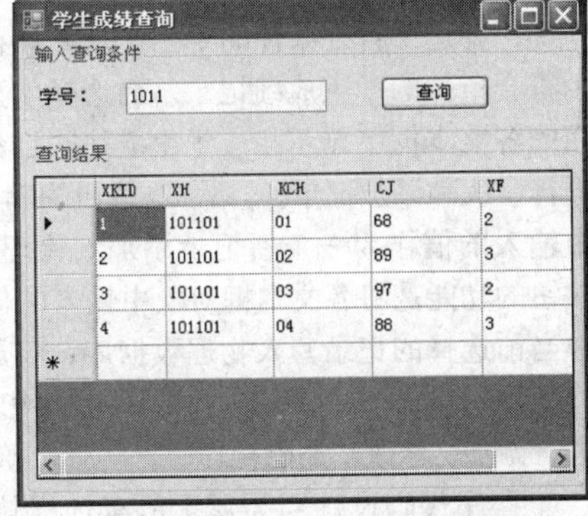

图T11-5　查询成绩表的输出结果

二、对数据表记录进行增、删、改操作

在前面实验的基础上，增加对成绩表维护的功能，要求选择学生成绩记录后，可以对其进行删除和修改，也可以添加新的成绩记录，对成绩记录的维护要求写入物理数据库中。

1. 新建一个“Visual Basic.NET项目”

将项目命名为“Exe1102”，出现一个新的Form1窗口。

2. 维护界面设计

在窗体中添加三个GroupBox、一个标签、一个文本框（TxtXH）、一个按钮（Button1）和一个DataGridView控件，适当调整该控件的大小，其他属性都采用默认值。若干个标签、文本框控件，用于显示学生成绩明细信息，三个Button分别实现添加、修改和删除学生成绩记录；另外，数据操作的Connection、DataAdapter、Command和DataSet对象在程序中添加。窗体中主要控件及对象属性见表T11-3，界面安排如图T11-6所示。

表T11-3 窗体控件及对象属性表

对象	对象名	属性名	属性值
Form	Form1	Text	学生成绩维护
DataGridView	DataGridView1	ScrollBars	Both
		SelectionMode	FullRowSelect
		ReadOnly	True
Button	Button1	Text	查询
GroupBox	GroupBox1	Text	输入查询条件
GroupBox	GroupBox2	Text	查询结果
GroupBox	GroupBox3	Text	增、删和改
Label	Label1	Text	学号：
TextBox	TxtXH	Text	
TextBox	txtStuXKID	ReadOnly	True
TextBox	txtStuXH	Text	
TextBox	txtStuKCH	Text	
TextBox	txtStuCJ	Text	
TextBox	txtStuXF	Text	
Button	btnAdd	Text	添加
	btnEdit	Text	修改
	btnDelete	Text	删除

3. 维护功能设计

当加载窗体后，将读取学生成绩表全部记录并添加到DataSet对象中，同时在DataGridView中显示全部学生成绩记录。当点击“查询”按钮时，将按用户输入的学号进行模糊查询，筛选出符合条件的学生记录，并在DataGridView中显示符合条件的学生成绩记录。当选择学生成绩记录时，在下面的各文本框中显示相应学生成绩的详细数据，可以在其中进行修改和添加记录。“添加”按钮的功能是将各文本框对象中输入的值作为一条新记录添加到物理数据库中；“修改”按钮的功能是将各文本框对象中输入的值作为DataGridView中当前选择的记录写入物理数据库；“删除”按钮的功能是将DataGridView中当前选择的记录从物理数据库中删除。当进行添加、修改、删除操作时，均弹出确认对话框提示用户。

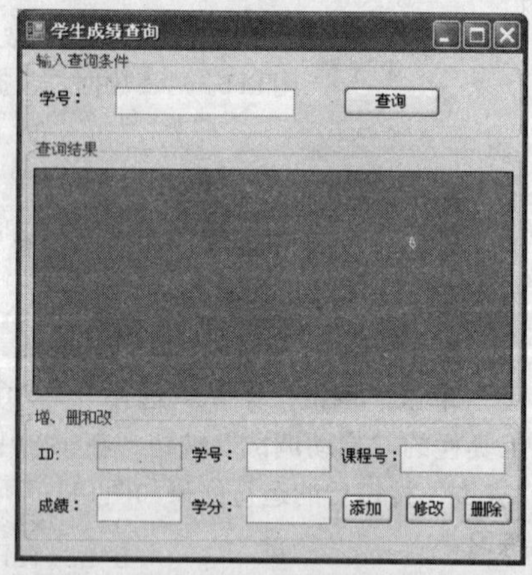

图T11-6 维护界面设计

程序代码设计：为便于所有过程访问数据库，在窗体层定义4个全局变量，分别是一个数据集DataSet对象、一个学生表DataTable对象、一个OleDbDataAdapter对象、一个查询WHERE子句。同时还定义了2个全局过程，其中refreshdata过程是用来更新物理数据库并刷新窗体中的数据显示，bindgridview过程的功能则是读取数据库并显示数据，其包含一个查询条件的字符串变量strXH。具体代码如下：

```
Dim objDs As New DataSet                    '一个数据集DataSet对象
Dim objXSTable As DataTable                 '一个学生表DataTable对象
```

```
Dim objDa As New OleDb.OleDbDataAdapter                 '一个OleDbDataAdapter对象
Dim WhereStr As String                                  '保存查询条件字符串
Public Sub refreshdata()                                '更新并刷新显示
objDa.Update(objDs, "xs_kc")                            '更新物理学生成绩表
    objXSTable.Clear()                                  '清空学生成绩表记录
    bindgridview(WhereStr)                              '重新添充学生成绩表记录
 End Sub
 Public Sub bindgridview(ByVal strXH As String)
    Dim objConn As New OleDb.OleDbConnection   '创建一个OleDbConnection连接对象
    Dim objComm As New OleDb.OleDbCommand      '一个OleDbCommand对象
    WhereStr = ""
    If Trim(TxtXH.Text) <> "" Then
        WhereStr = " XH like '%" + Trim(TxtXH.Text) + "%'"
    End If

    '设置连接字符串，告诉程序应当如何连接到数据库
    objConn.ConnectionString = " Provider=Microsoft.ACE.OLEDB.12.0;data source" & _
        "='D:\VisualBasic.NET\Visual Basic.NET\实例文件\实验\EP11\XSCJ.accdb'"
    '设置SQL命令，告诉程序应当如何取数
    objComm.CommandText = "Select XKID,XH,KCH,CJ,XF  From xs_kc"       'xs_kc表(成绩)
    If WhereStr <> "" Then
       objComm.CommandText = objComm.CommandText & " where " & WhereStr
    End If
    '把objConn设置为objComm的数据库连接
    objComm.Connection = objConn
    objDa.SelectCommand = objComm
    '创建INSERT Command
    Dim InsCommand As New OleDb.OleDbCommand("INSERT INTO xs_kc(XH,KCH,CJ,XF)
        VALUES(?, ?,?,?)", objConn)
    InsCommand.Parameters.Add("XH", OleDb.OleDbType.VarChar, 6, "XH")
    InsCommand.Parameters.Add("KCH", OleDb.OleDbType.VarChar, 4, "KCH")
    InsCommand.Parameters.Add("CJ", OleDb.OleDbType.Integer, Nothing, "CJ")
    InsCommand.Parameters.Add("XF", OleDb.OleDbType.Integer, Nothing, "XF")
    objDa.InsertCommand = InsCommand

    '创建Delete Command
    Dim delCommand As New OleDb.OleDbCommand("delete * from xs_kc where XKID=?", objConn)
    delCommand.Parameters.Add("XKID", OleDb.OleDbType.VarChar, 6, "XKID")
    objDa.DeleteCommand = delCommand
    '创建Update Command
    Dim updCommand As New OleDb.OleDbCommand("update xs_kc set XH=?,KCH=?,CJ=?,XF=?
        where XKID=?", objConn)
    updCommand.Parameters.Add("XH", OleDb.OleDbType.VarChar, 6, "XH")
    updCommand.Parameters.Add("KCH", OleDb.OleDbType.VarChar, 4, "KCH")
    updCommand.Parameters.Add("CJ", OleDb.OleDbType.Integer, Nothing, "CJ")
    updCommand.Parameters.Add("XF", OleDb.OleDbType.Integer, Nothing, "XF")
    updCommand.Parameters.Add("XKID", OleDb.OleDbType.Integer, Nothing, "XKID")
    objDa.UpdateCommand = updCommand

    objConn.Open()                                      '打开数据库连接
    objDa.Fill(objDs, "xs_kc")                          '填充数据集
    objXSTable = objDs.Tables("xs_kc")
    objConn.Close()                                     '关闭数据库连接
    '把DataGrid1的DataSource属性设置为刚刚取到的数据表,这样就可以显示数据了
    DataGridView1.DataSource = objDs.Tables("xs_kc")
    End Sub
```

程序分析：

- 在bindgridview过程代码中，没有使用OleDbCommandBuilder对象来创建自动生成用于协调对DataSet 的更改与关联物理数据库的命令，而是直接手工生成OleDbDataAdapter的UpdateCommand、InsertCommand、DeleteCommand三个更新数据库的命令属性。当用户调用OleDbDataAdapter对象

的Update方法时，就可以将DataSet中数据的更新写入到物理数据库中。

- 在refreshdata过程代码中，调用OleDbDataAdapter对象的Update方法，将DataSet中数据的更新写入到物理数据库中。

当窗体加载时，要在DataGridView中显示学生成绩数据表，因此在窗体Load事件代码中调用bindgridview过程来读取学生成绩表并显示记录，传递的参数为空字符串，表示不筛选记录。代码如下：

```
Private Sub Sub Form1_Load(ByVal sender As System.Object, ByVal e As System.EventArgs) _
                                                    Handles MyBase.Load
    WhereStr = ""
    bindgridview(WhereStr)
End Sub
```

在“查询”按钮的单击事件代码中，获取用户输入的学号条件，生成查询WHERE子句，先清空学生成绩表，再调用bindgridview过程重新添充学生成绩表并刷新显示。代码如下：

```
Private Sub Button1_Click(ByVal sender As System.Object, ByVal e As _
                            System.EventArgs) Handles Button1.Click
    WhereStr = ""
    If Trim(TxtXH.Text) <> "" Then
        WhereStr = " where XH like '%" + Trim(TxtXH.Text) + "%'"
    End If
    objXSTable.Clear()                            '清空学生成绩表记录
    bindgridview(WhereStr)                        '重新添充学生成绩表记录
End Sub
```

当用户选择DataGridView中的学生成绩记录时会触发CellClick事件，可以在该事件中实现在下面的各文本框中显示相应学生成绩的详细数据，代码如下：

```
Private Sub DataGridView1_CellClick(ByVal sender As Object, ByVal e As _
        System.Windows.Forms.DataGridViewCellEventArgs) Handles DataGridView1.CellClick
    txtStuXKID.Text = DataGridView1.CurrentRow.Cells.Item(0).Value.ToString
                                                    ' 显示ID
    txtStuXH.Text = DataGridView1.CurrentRow.Cells.Item(1).Value.ToString
                                                    ' 显示学号
    txtStuKCH.Text = DataGridView1.CurrentRow.Cells.Item(2).Value.ToString
                                                    ' 显示课程号
    txtStuCJ.Text = DataGridView1.CurrentRow.Cells.Item(3).Value.ToString
                                                    ' 显示成绩
    txtStuXF.Text = DataGridView1.CurrentRow.Cells.Item(4).Value.ToString
                                                    ' 显示学分
End Sub
```

在“添加”按钮的单击事件代码中，先弹出确认对话框要求用户确认，若确认则创建一个新的记录对象，将用户输入的各个数据分别添入记录对象相应的字段中，然后再将新记录添加到DataSet对象的学生成绩表中，最后调用refreshdata过程写入物理数据库并刷新显示。代码如下：

```
Private Sub btnAdd_Click(ByVal sender As System.Object, ByVal e As System.EventArgs) _
                                                    Handles btnAdd.Click
    Dim response As MsgBoxResult
    response = MsgBox("确实要添加记录吗？", vbOKCancel + vbQuestion, "系统提示")
    If response = MsgBoxResult.Ok Then                  ' 用户选择"确定"
        Dim myRow As DataRow = objXSTable.NewRow()
        myRow("XH") = txtStuXH.Text
        myRow("KCH") = txtStuKCH.Text
        myRow("CJ") = txtStuCJ.Text
        myRow("XF") = txtStuXF.Text
        objXSTable.Rows.Add(myRow)                      '向学生成绩表添加记录
        refreshdata()                                   '更新并刷新显示
    End If
End Sub
```

在“修改”按钮的单击事件代码中，先弹出确认对话框要求用户确认，若确认则以用户输入的各个数据对DataSet学生成绩表的当前记录对象相应的字段分别进行修改，然后再调用refreshdata过程写入物理数据库并刷新显示。代码如下：

```
Private Sub btnEdit_Click(ByVal sender As System.Object, ByVal e As System.EventArgs) _
                                                        Handles btnEdit.Click
    Dim response As MsgBoxResult
    response = MsgBox("确实要修改记录吗？", vbOKCancel + vbQuestion, "系统提示")
    If response = MsgBoxResult.Ok Then    ' 用户选择"确定"
        ' 修改学号
        objXSTable.Rows.Item(DataGridView1.CurrentRow.Index).Item(1) = txtStuXH.Text
        ' 修改课程号
        objXSTable.Rows.Item(DataGridView1.CurrentRow.Index).Item(2) = txtStuKCH.Text
        ' 修改成绩
        objXSTable.Rows.Item(DataGridView1.CurrentRow.Index).Item(3) = txtStuCJ.Text
        ' 修改学分
        objXSTable.Rows.Item(DataGridView1.CurrentRow.Index).Item(4) = txtStuXF.Text
        refreshdata()                                             '更新并刷新显示
    End If
End Sub
```

程序分析：

- 在“修改”的Click事件代码中，DataGridView1.CurrentRow.Index是用户在DataGridView中选择的记录的索引号，利用它可以访问学生成绩表对象的对应该索引号的记录。

在“删除”按钮的单击事件代码中，先弹出确认对话框要求用户确认，若确认则将用户选择的DataSet学生表的当前记录删除，然后再调用refreshdata过程写入物理数据库并刷新显示。代码如下：

```
Private Sub btnDelete _Click(ByVal sender As System.Object, ByVal e As _
                                System.EventArgs) Handles btnDelete.Click
    Dim response As MsgBoxResult
    response = MsgBox("确实要删除记录吗？", vbOKCancel + vbQuestion, "系统提示")
    If response = MsgBoxResult.Ok Then                    ' 用户选择"确定"
        '删除学生成绩表当前记录
        objXSTable.Rows.Item(DataGridView1.CurrentRow.Index).Delete()
        refreshdata()                                     '更新并刷新显示
    End If
End Sub
```

4. 保存项目

单击“文件”菜单，选择“保存”命令，将项目保存为“Exe1102.vbproj”。

5. 运行

单击“调试”菜单，选择“启动调试”命令，或单击工具栏的“启动调试”按钮，在学号中输入“1011”，单击“查询”按钮后的运行结果如图T11-7所示。

程序运行后，先选择某个学生成绩记录，在各文本框中输入相应的数据后，通过点击“添加”、“修改”、“删除”按钮就可以实现添加、修改和删除功能。

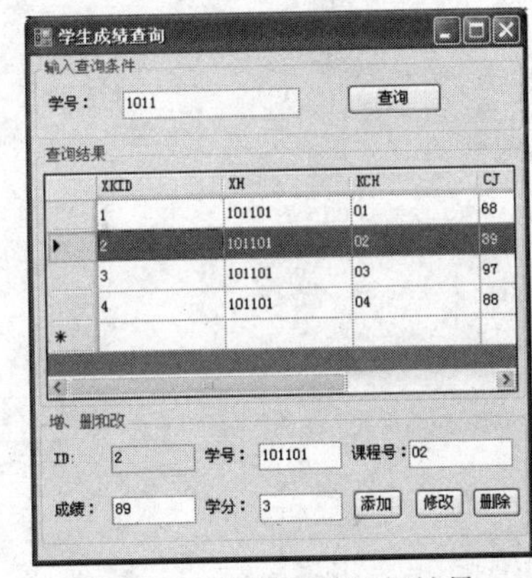

图T11-7 维护界面运行效果

练习：

- 修改界面表格，使表格的标题显示为相应的汉字。
- 将表格显示的内容由“学号”改成“姓名”，同时由“课程号”改成“课程名”。

第三部分 课程设计

VB.NET 2008开发学生成绩管理系统

本系统是用VB.NET 2008实现简单的学生成绩管理系统，采用MDI窗体形式，使用可视DataGridView控件和OLE DB.NET Framework数据提供程序连接到Access 2007数据库，同时报表的生成采用ODBC方式访问Access 2007数据库。系统包含有学生管理子窗体、课程管理子窗体、成绩管理子窗体、学生报表窗体、课程报表窗体及成绩报表窗体。系统功能包含学生信息的查询、添加、修改、删除和打印。在这里只实现了学生管理子窗体、成绩管理子窗体和学生报表窗体，其他窗体和功能由读者自己完成。

P.1 创建数据库

目的与要求：

掌握Access 2007数据库的使用。

创建方法：

本系统的后台数据库采用Access 2007，数据库的创建方法见第11章，其中数据库名为“XSCJ”，包含有三张表，分别为学生基本信息表（XS）、课程表（KC）和课程成绩表（KC_CJ），表的基本结构和样本数据见附录A。

P.2 创建学生成绩管理系统

目的与要求：

掌握VB 2008窗体项目的创建，以及其他窗体的添加。

创建步骤：

1）新建项目。运行VS2008，依次单击菜单项【文件】→【新建】→【项目】，在弹出的“新建项目”对话框中选择Visual Basic语言中的“Windows窗体应用程序”模板，命名为“XSCJSys”，选择保存位置，单击“确定”按钮完成项目的创建。如图P-1所示。

2）添加窗体。在这里将项目自带的Form1窗体作为系统的父窗体，另外还要添加学生管理子窗体（StudentManage）、成绩管理子窗体（ScoreManage）和学生报表窗体（CrystalReport.）。依次单击菜单项【项目】→【添加新项】，在弹出的“添加新项”对话框中，选中“Windows窗体”模板并命名为“StudentManage”，单击“确定”按钮完成窗体的添加，如图P-2所示。按照同样的方法分别添加“成绩管理”窗体和“学生报表”窗体。

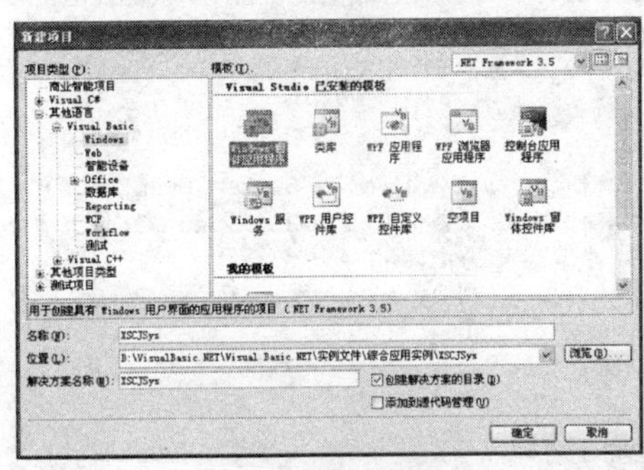

图P-1 新建项目

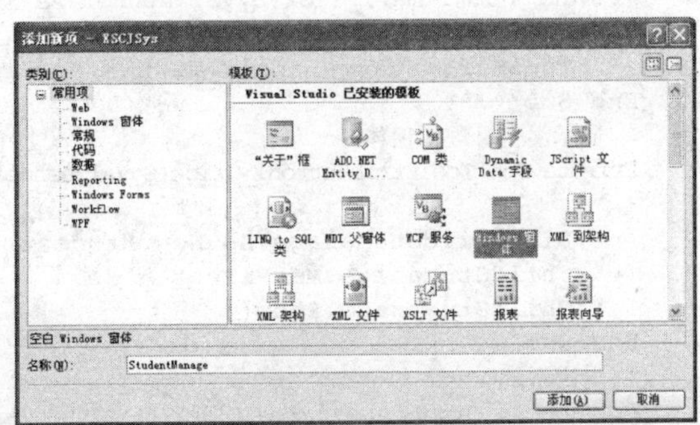

图P-2 添加窗体

P.3 设计父窗体

目的与要求：

掌握父窗体的创建以及菜单栏、工具栏和状态栏的灵活应用。

父窗体界面：

父窗体界面如图P-3所示。

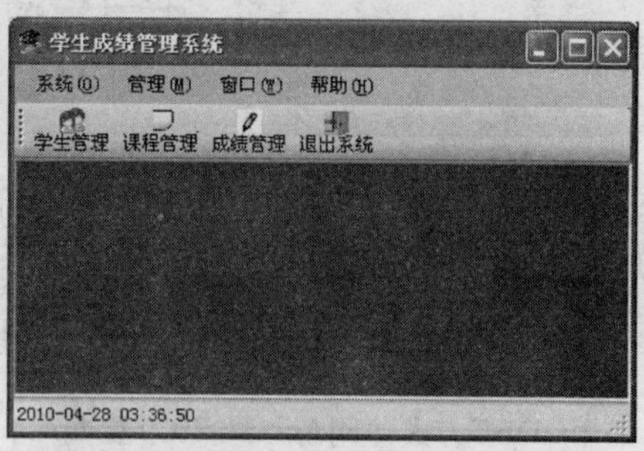

图P-3 父窗体

主要功能：

通过父窗体中菜单项和工具栏按钮的导航，可进入相应的操作窗口。在这里将项目自带的Form1窗体作为系统的父窗体。

创建过程：

1）添加控件。从工具箱中拖放1个MenuStrip、1个ToolStrip、1个StatusStrip和1个Timer控件到Form1窗体中。

2）窗体及控件的属性设置。Form1的“Text”属性设置为“学生成绩管理系统”，“IsMdiContainer”属性设置为“True”，BackgroundImage及Icon分别设置为已准备好的图片。

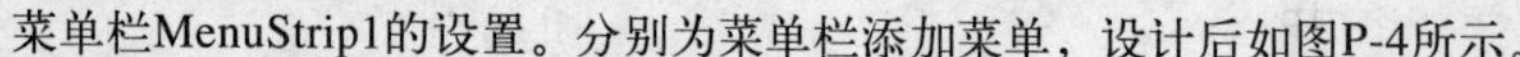

菜单栏MenuStrip1的设置。分别为菜单栏添加菜单，设计后如图P-4所示。

工具栏ToolStrip1的设置。分别添加4个ToolStripButton，“Text”属性值分别设置为“学生管理”、“课程管理”、“成绩管理”和“退出系统”；4个ToolStripButton的“TextImageRelation”和“DisplayStyle”的属性都设置为“ImageAboveText”和“ImageAndText”；“Image”分别设置为已准备好的图片。

3）状态栏StatusStrip1的设置。在本系统中状态栏用于显示当前时间，选中状态栏，添加1个ToolStripStatusLabel，其“Text”属性设置为空值。

4）计时器Timer1的设置。“Interval”属性设置为“1000”，“Enabled”设置为“True”。

实现过程：

当单击“学生管理”工具按钮或者选择菜单项“学生管理”时，则创建此学生管理子窗体的一个新实例，并显示出来。其他按钮功能实现过程类似。

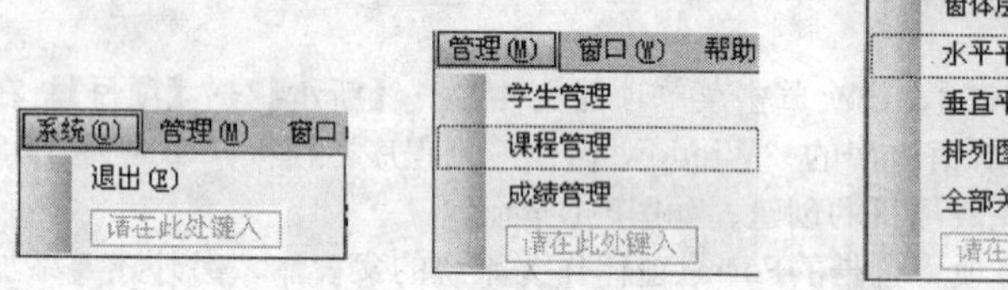

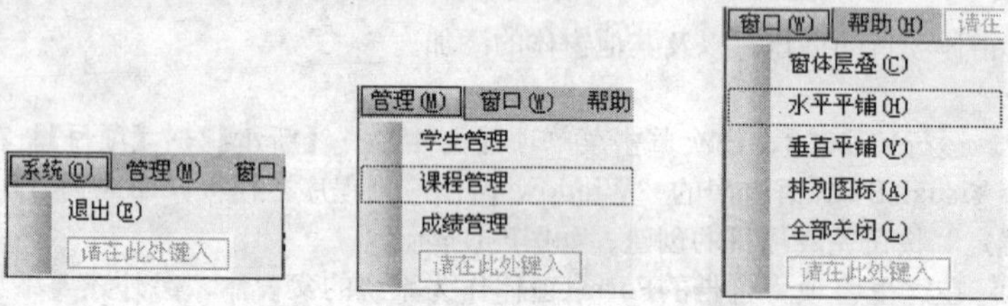

图P-4 设计后的菜单项及子菜单项

事件代码：

```
' 显示当前时间
Private Sub Timer1_Tick(ByVal sender As System.Object, ByVal e As System.EventArgs) _
                                                    Handles Timer1.Tick
    ToolStripStatusLabel1.Text = Now.ToString("yyyy-MM-dd hh:mm:ss")
End Sub
' 显示学生管理子窗体
Private Sub ToolStripButton1_Click(ByVal sender As System.Object, ByVal e As System.EventArgs) _
                                             Handles ToolStripButton1.Click
    Dim ChildStuManage As New StudentManage      ' 创建此子窗体的一个新实例
    ChildStuManage.MdiParent = Me        ' 在显示该窗体前使其成为此 MDI 窗体的子窗体
    ChildStuManage.Show()
End Sub
' 退出系统
Private Sub ToolStripButton4_Click(ByVal sender As System.Object, ByVal e As System.EventArgs) _
                                             Handles ToolStripButton4.Click
```

```
        End
    End Sub
    ' 显示成绩管理子窗体
    Private Sub ToolStripButton3_Click(ByVal sender As System.Object, ByVal e As System.EventArgs) _
                                                Handles ToolStripButton3.Click
        Dim ChildScManage As New ScoreManage
        ChildScManage.MdiParent = Me
        ChildScManage.Show()
    End Sub
    ' 窗体重叠
    Private Sub 窗体重叠CToolStripMenuItem_Click(ByVal sender As System.Object, ByVal e As _
                        System.EventArgs) Handles 窗体重叠CToolStripMenuItem.Click
        Me.LayoutMdi(MdiLayout.Cascade)
    End Sub
    ' 子窗体水平平铺
    Private Sub 水平平铺HToolStripMenuItem_Click(ByVal sender As System.Object, ByVal e As _
                        System.EventArgs) Handles 水平平铺HToolStripMenuItem.Click
        Me.LayoutMdi(MdiLayout.TileHorizontal)
    End Sub
    ' 子窗体垂直平铺
    Private Sub 垂直平铺VToolStripMenuItem_Click(ByVal sender As System.Object, ByVal e As _
                        System.EventArgs) Handles 垂直平铺VToolStripMenuItem.Click
        Me.LayoutMdi(MdiLayout.TileVertical)
    End Sub
    ' 排列图标
    Private Sub 排列图标AToolStripMenuItem_Click(ByVal sender As System.Object, ByVal e As _
                        System.EventArgs) Handles 排列图标AToolStripMenuItem.Click
        Me.LayoutMdi(MdiLayout.ArrangeIcons)
    End Sub
    ' 关闭此父窗体的所有子窗体
    Private Sub 全部关闭LToolStripMenuItem_Click(ByVal sender As System.Object, ByVal e As _
                        System.EventArgs) Handles 全部关闭LToolStripMenuItem.Click
        For Each ChildForm As Form In Me.MdiChildren
            ChildForm.Close()
        Next
    End Sub
    ' 学生管理子菜单事件
    Private Sub 学生管理ToolStripMenuItem_Click(ByVal sender As System.Object, ByVal e As _
                        System.EventArgs) Handles 学生管理ToolStripMenuItem.Click
        ToolStripButton1_Click(Nothing, Nothing)
    End Sub
    ' 成绩管理子菜单事件
    Private Sub 成绩管理ToolStripMenuItem_Click(ByVal sender As System.Object, ByVal e As _
                        System.EventArgs) Handles 成绩管理ToolStripMenuItem.Click
        ToolStripButton3_Click(Nothing, Nothing)
    End Sub
    ' 退出子菜单事件
    Private Sub 退出EToolStripMenuItem_Click(ByVal sender As System.Object, ByVal e As _
                            System.EventArgs) Handles 退出EToolStripMenuItem.Click
        End
    End Sub
```

P.4 设计学生管理子窗体

目的与要求：

掌握VB.NET操作数据库等相关知识以及数据表格控件和其他控件的应用。

窗体界面：

学生管理子窗体界面如图P-5所示。

主要功能：

添加、修改、查询、删除以及打印学生信息。

创建过程：

1）添加控件。从工具箱中拖放3个GroupBox、5个Button、2个PictureBox、3个TextBox、8个Label、1个ComboBox、2个RadioButton、1个DateTimePicker、1个DomainUpDown、1个DataGridView控件和1个OpenFileDialog组件。

2）设置窗体和控件属性。将学生管理窗体（StudentManage）调整到适当大小，其“Text”属性设置为“学生管理”，“FormBorderStyle”属性设置为“FixedDialog”，“MaximizeBox”设置为“False”。窗体中控件的属性设置如表P-1所示，其中PictureBox1和PictureBox2的Image属性设置为已经准备好的图片，TextBox1，TextBox2，TextBox3分别用于输入或显示学生的“学号”、“姓名”和“备注”。

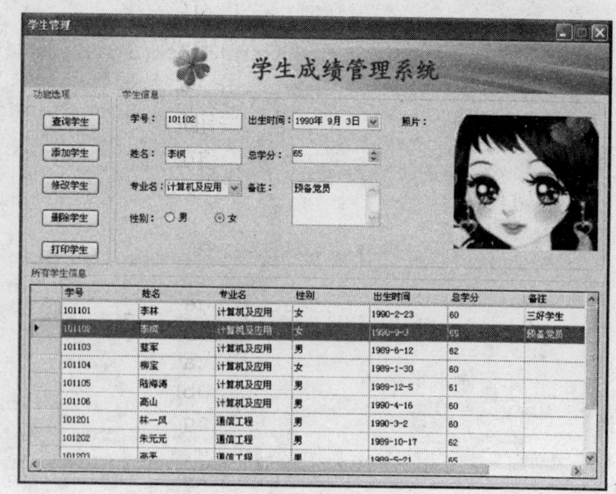

图P-5　学生管理窗体

表P-1　窗体控件及对象属性表

对象	对象名	属性名	属性值
DataGridView	DataGridView1	ScrollBars	Both
		SelectionMode	FullRowSelect
		ReadOnly	True
Button	Button1	Text	查询学生
	Button2	Text	添加学生
	Button3	Text	修改学生
	Button4	Text	删除学生
	Button5	Text	打印学生
GroupBox	GroupBox1	Text	功能选项
	GroupBox2	Text	学生信息
	GroupBox3	Text	所有学生信息
Label	Label1	Text	学号：
	Label2	Text	姓名：
	Label3	Text	专业名：
	Label4	Text	性别：
	Label5	Text	出生时间：
	Label6	Text	总学分：
	Label7	Text	备注：
	Label8	Text	照片：
ComboBox	ComboBox1	Items	计算机及应用 / 通信工程
RadioButton	RadioButton1	Checked	True
		Text	男
	RadioButton2	Text	女
DomainUpDown	DomainUpDown1	Text	0
TextBox	TextBox3	Multiline	True
		ScrollBars	Both
PictureBox	PictureBox1	SizeMode	StretchImage
	PictureBox2	SizeMode	StretchImage

实现过程：

当弹出学生管理窗口时，将所有学生信息显示在数据表格中，在数据表格中选择某个学生后，此学生的详细信息将显示在窗体中；当输入学生学号单击“查询学生”按钮后将此学生的详细信息显示在窗体中；输入一个新学生的信息单击“添加学生”按钮后将此学生添加到数据库中；当输入学生学号、修改学生信息、单击“修改学生”按钮后修改学生信息；当输入学生学号单击“删除学生”按钮后删除此学生；当单击“打印学生”按钮后将弹出学生报表窗体用于打印学生信息。

事件代码：

```
Imports System.Data.OleDb
Imports System.IO
Public Class StudentManage
    Dim objDs As New DataSet                              '一个数据集DataSet对象
    Dim objTSTable As DataTable                           '一个图书表DataTable对象
    Dim objDa As New OleDbDataAdapter                     '一个OleDbDataAdapter对象
    Dim WhereStr As String
    Dim picPath As String                                 '选择图片的路径
    Dim FileByteArray() As Byte                           '存放图片的二进制流
    Dim DBConnectionStr As String = "Provider=Microsoft.ACE.OLEDB.12.0;data source=
        '|DataDirectory|\XSCJ.accdb'"

Public Sub bindgridview(ByVal strXH As String)
    Dim objConn As New OleDbConnection                    '创建一个OleDbConnection连接对象
    Dim objComm As New OleDbCommand                       '一个OleDbCommand对象
    '设置连接字符串，告诉程序应当如何连接到数据库
    objConn.ConnectionString = DBConnectionStr
    '设置SQL命令，告诉程序应当如何取数
    objComm.CommandText = "Select XH as 学号,XM as 姓名,ZYM as 专业名,XB as 性别,CSSJ as
        出生时间,ZXF as 总学分,BZ as 备注,ZP as 照片 From XS"
    If Trim(strXH) <> "" Then
        objComm.CommandText = objComm.CommandText & strXH
    End If
    '把objConn设置为objComm的数据库连接
    objComm.Connection = objConn
    objDa.SelectCommand = objComm
    '创建能自动生成用于协调对 DataSet 的更改与关联物理数据库的单表命令的对象
    'Dim builder As OleDbCommandBuilder = New OleDbCommandBuilder(objDa)
    objConn.Open()                                        '打开数据库连接
    objDa.Fill(objDs, "XS")                               '填充数据集
    objTSTable = objDs.Tables("XS")
    objConn.Close()                                       关闭数据库连接
    '把DataGridView1的DataSource属性设置为刚刚取到的数据表,这样就可以显示数据了
    DataGridView1.DataSource = objTSTable
End Sub
'单击查询学生按钮事件
Private Sub Button1_Click(ByVal sender As System.Object, ByVal e As System.EventArgs) _
                                             Handles Button1.Click
    Try
        WhereStr = ""
        If Trim(TextBox1.Text) <> "" Then
            WhereStr = " where XH like '%" + Trim(TextBox1.Text) + "%'"
        End If
        objTSTable.Clear()                                '清空学生表记录
        bindgridview(WhereStr)                            '重新添充学生表记录
        Dim memoryStream As MemoryStream
        Dim cn As OleDbConnection = New OleDbConnection(DBConnectionStr)
        cn.Open()
        Dim command As OleDbCommand = New OleDbCommand("select * from XS where XH ='" +
                                          Trim(TextBox1.Text) + "'", cn)
        Dim dr As OleDbDataReader = command.ExecuteReader
```

```
            If (dr.Read()) Then
                If dr("ZP") Is DBNull.Value Then
                    PictureBox2.Image = My.Resources.wutu
                Else
                    Dim buffer As Byte()
                    buffer = CType(dr("ZP"), Byte())
                    memoryStream = New MemoryStream(buffer)
                    Me.PictureBox2.Image = New System.Drawing.Bitmap(memoryStream)
                    memoryStream.Dispose()
                End If
                TextBox2.Text = dr("XM").ToString()
                ComboBox1.Text = dr("ZYM").ToString()
                If Trim(dr("XB")) = "女" Then
                    RadioButton2.Checked = True
                End If
                DateTimePicker1.Text = dr("CSSJ").ToString()
                DomainUpDown1.Text = dr("ZXF").ToString()
                TextBox3.Text = dr("BZ").ToString()
            End If
            cn.Dispose()
        Catch ex As Exception
            MsgBox(ex.Message, MsgBoxStyle.Information, "错误提示")
        End Try
    End Sub
    '窗体加载事件
    Private Sub StudentManage_Load(ByVal sender As System.Object, ByVal e As System.EventArgs) _
                                                                    Handles MyBase.Load
        WhereStr = ""
        bindgridview(WhereStr)
    End Sub
    '单击添加学生按钮
    Private Sub Button2_Click(ByVal sender As System.Object, ByVal e As System.EventArgs) _
                                                                    Handles Button2.Click
        Try
            Dim cn As OleDb.OleDbConnection = New OleDb.OleDbConnection(DBConnectionStr)
            cn.Open()
            Dim command As OleDb.OleDbCommand = New OleDb.OleDbCommand("INSERT INTO XS
                (XH,XM,ZYM,XB,CSSJ,ZXF,BZ,ZP) VALUES
                (@XH,@XM,@ZYM,@XB,@CSSJ,@ZXF,@BZ,@ZP)", cn)
            command.Parameters.AddWithValue("@XH", TextBox1.Text.Trim())
            command.Parameters.AddWithValue("@XM", TextBox2.Text.Trim())
            command.Parameters.AddWithValue("@ZYM", ComboBox1.Text.Trim())
            If RadioButton2.Checked Then
                command.Parameters.AddWithValue("@XB", "女")
            Else
                command.Parameters.AddWithValue("@XB", "男")
            End If
            command.Parameters.AddWithValue("@CSSJ", 0) '当添加一个学生，学分为0
            command.Parameters.AddWithValue("@ZXF", Val(DomainUpDown1.Text))
            command.Parameters.AddWithValue("@BZ", TextBox3.Text)
            If FileByteArray Is Nothing Then
                command.Parameters.AddWithValue("@ZP", DBNull.Value)
            Else
                command.Parameters.AddWithValue("@ZP", FileByteArray)
            End If
            command.ExecuteNonQuery()
            cn.Dispose()
            MsgBox("添加成功", MsgBoxStyle.OkOnly, "提示")
            objTSTable.Clear()                          '清空学生表记录
            bindgridview("")
        Catch ex As Exception
```

```
            MsgBox(ex.Message, MsgBoxStyle.Information)
        End Try
    End Sub
    '单击修改学生按钮事件
    Private Sub Button3_Click(ByVal sender As System.Object, ByVal e As System.EventArgs) _
                                                            Handles Button3.Click
        Try
            Dim cn As OleDb.OleDbConnection = New OleDb.OleDbConnection(DBConnectionStr)
            cn.Open()
            Dim command As OleDb.OleDbCommand = New OleDb.OleDbCommand("UPDATE XS SET
                XM=@XM,ZYM=@ZYM,XB=@XB,CSSJ=@CSSJ,BZ=@BZ,ZP=@ZP
                WHERE XH='" + TextBox1.Text.Trim() + "'", cn)
            command.Parameters.AddWithValue("@XM", TextBox2.Text.Trim())
            command.Parameters.AddWithValue("@ZYM", ComboBox1.Text.Trim())
            If RadioButton2.Checked Then
                command.Parameters.AddWithValue("@XB", "女")
            Else
                command.Parameters.AddWithValue("@XB", "男")
            End If
            command.Parameters.AddWithValue("@CSSJ", CDate(DateTimePicker1.Text))
            command.Parameters.AddWithValue("@BZ", TextBox3.Text)
            If FileByteArray Is Nothing Then
                command.Parameters.AddWithValue("@ZP", DBNull.Value)
            Else
                command.Parameters.AddWithValue("@ZP", FileByteArray)
            End If
            command.ExecuteNonQuery()
            cn.Dispose()
            MsgBox("修改成功", MsgBoxStyle.OkOnly, "提示")
            objTSTable.Clear()                          '清空学生表记录
            bindgridview("")
        Catch ex As Exception
            MsgBox(ex.Message, MsgBoxStyle.Information, "错误提示")
        End Try
    End Sub
    '单击图片框用于添加或修改图片
    Private Sub PictureBox2_Click(ByVal sender As System.Object, ByVal e As System.EventArgs) _
                                                            Handles PictureBox2.Click
        OpenFileDialog1.InitialDirectory = My.Computer.FileSystem.SpecialDirectories.MyPictures
        OpenFileDialog1.Filter = "JPG文件(*.*)|*.jpg|BMP文件(*.bmp)|*.bmp|GIF文件(*.gif)|*.gif|
            所有文件(*.*)|*.*"
        If (OpenFileDialog1.ShowDialog(Me)) = DialogResult.OK Then
            PictureBox2.Image = System.Drawing.Bitmap.FromFile(OpenFileDialog1.FileName)
            picPath = OpenFileDialog1.FileName.ToString
            Dim o As FileStream
            Dim r As StreamReader
            o = New FileStream(picPath, FileMode.Open, FileAccess.Read, FileShare.Read)
            r = New StreamReader(o)
            ReDim FileByteArray(o.Length - 1)
            o.Read(FileByteArray, 0, o.Length)
        End If
    End Sub
    '单击删除学生按钮事件
    Private Sub Button4_Click(ByVal sender As System.Object, ByVal e As System.EventArgs) _
                                                            Handles Button4.Click
        Try
            Dim cn As OleDb.OleDbConnection = New OleDb.OleDbConnection(DBConnectionStr)
            cn.Open()
            Dim command As OleDb.OleDbCommand = New OleDb.OleDbCommand("delete from XS
                where XH='" + TextBox1.Text.Trim() + "'", cn)
```

```
            command.ExecuteNonQuery()
            cn.Dispose()
            MsgBox("删除成功", MsgBoxStyle.OkOnly, "提示")
            objTSTable.Clear()              '清空学生表记录
            bindgridview("")
        Catch ex As Exception
            MsgBox(ex.Message, MsgBoxStyle.Information, "错误提示")
        End Try
    End Sub
    '在数据表中选择某个学生
    Private Sub DataGridView1_CellClick(ByVal sender As System.Object, ByVal e As _
        System.Windows.Forms.DataGridViewCellEventArgs) Handles DataGridView1.CellClick
        TextBox1.Text = DataGridView1.CurrentRow.Cells.Item(0).Value.ToString
                                            '显示学号
        TextBox2.Text = DataGridView1.CurrentRow.Cells.Item(1).Value.ToString
                                            '显示姓名
        ComboBox1.Text = DataGridView1.CurrentRow.Cells.Item(2).Value.ToString
                                            '显示专业名
        Dim xb As String = DataGridView1.CurrentRow.Cells.Item(3).Value.ToString
                                            '显示性别
        If Trim(xb) = "女" Then
            RadioButton2.Checked = True
        End If
        DateTimePicker1.Text = DataGridView1.CurrentRow.Cells.Item(4).Value.ToString
                                            '显示出生时间
        DomainUpDown1.Text = DataGridView1.CurrentRow.Cells.Item(5).Value.ToString
                                            '显示总学分
        TextBox3.Text = DataGridView1.CurrentRow.Cells.Item(6).Value.ToString
                                            '显示备注
        If DataGridView1.CurrentRow.Cells.Item(7).Value Is DBNull.Value Then
                                            '学生照片
            PictureBox2.Image = My.Resources.wutu
        Else
            Dim ms As New MemoryStream(CType(DataGridView1.CurrentRow.Cells.Item(7).Value, Byte()))
            PictureBox2.Image = Image.FromStream(ms)
        End If
    End Sub
    '单击打印学生按钮事件
    Private Sub Button5_Click(ByVal sender As System.Object, ByVal e As System.EventArgs) _
                                                            Handles Button5.Click
        ' 创建此子窗体的一个新实例
        Dim CR As New CrystalReport
        CR.Show()
    End Sub
End Class
```

P.5　设计学生报表窗体

目的与要求：

掌握报表的创建。

窗体界面：

学生报表窗体界面如图P-6所示。

主要功能：

显示及打印学生信息。

创建过程：

1）添加控件。从工具箱中拖放1个CrystalReportViewer控件到学生报表窗体（CrystalReport）上。

2）设置窗体属性。将学生报表窗体调整到适当大小，其“Text”属性设置为“报表”。

3）配置ODBC数据源。通过系统“开始”菜单打开“控件面板”，在控制面板中选择“性能和维护”，在性能和维护中单击“管理工具”，双击“数据源（ODBC）”打开“ODBC数据源管理器”对话框，如图P-7所示。在此对话框中单击“添加”按钮，在弹出的“创建新数据源”对话框中选择“Microsoft Access Driver”，如图P-8所示，单击“完成”按钮弹出“ODBC Microsoft Access安装”对话框，如图P-9所示，数据源名设置为“XSCJ”，数据库选择“XSCJ.accdb”，如图P-10所示，单击“确定”按钮完成数据源配置。

学号	姓名	专业名	性别	出生时间	总学分	备注
101101	李林	计算机及应用	女	1990-2-23	60	三好学生
101102	李枫	计算机及应用	女	1990-9-3	65	预备党员
101103	蓝军	计算机及应用	男	1989-6-12	62	
101104	柳宝	计算机及应用	女	1989-1-30	60	
101105	陆海涛	计算机及应用	男	1989-12-5	61	
101106	高山	计算机及应用	男	1990-4-16	60	
101201	林一风	通信工程	男	1990-3-2	60	
101202	朱元元	通信工程	男	1989-10-1	62	
101203	高平	通信工程	男	1989-5-21	65	
101204	李玲	通信工程	女	1989-3-12	63	
101205	刘刚	通信工程	男	1989-6-12	61	

图P-6　学生报表窗体

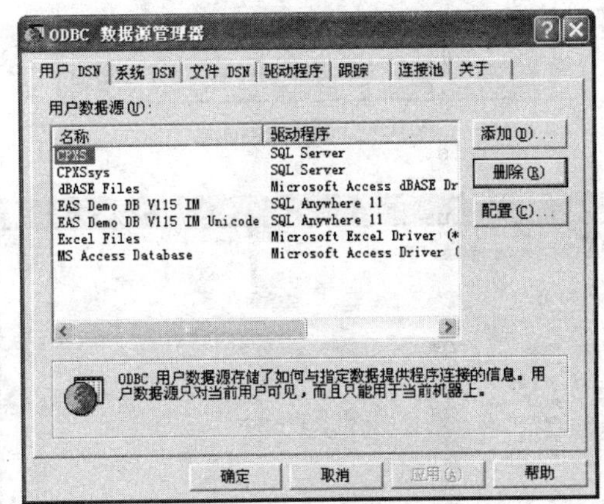

图P-7　ODBC数据源管理器

图P-8　创建新的数据源

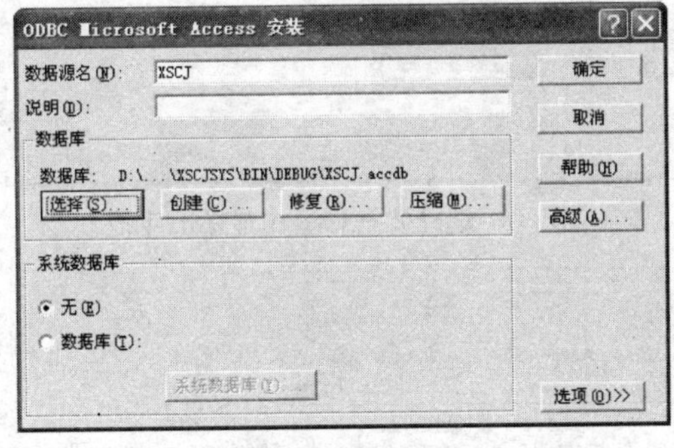

图P-9　ODBC Microsoft Access安装

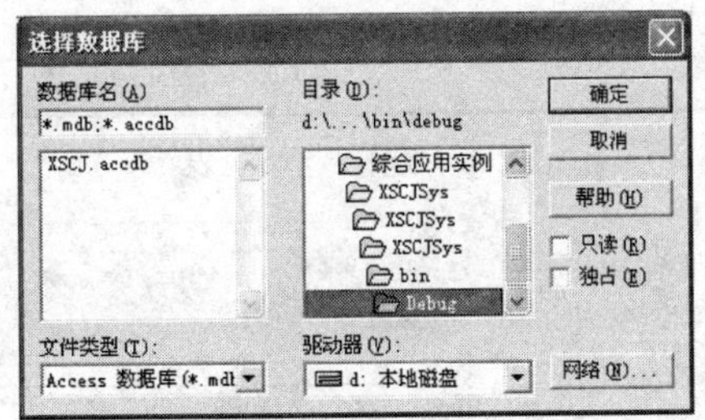

图P-10　选择数据库

4）创建报表。右击CrystalReportViewer1，选择“创建新Crystal报表”选项，在弹出的“创建新Crystal报表”对话框中使用默认名称“CrystalReport1.rpt”不变，单击“确定”按钮，弹出“Crystal Reports库”对话框，单击“确定”按钮，在弹出的“标准报表创建向导”对话框中选择创建新连接下的“ODBC(RDO)”，如图P-11所示，在弹出的“ODBC(RDO)”对话框中选择“XSCJ”数据源，如图P-12

所示。选择“XS”表，如图P-13所示，单击“下一步”按钮，在“字段”对话框中选择所有字段，如图P-14所示。单击“下一步”按钮弹出“分组”对话框，再单击“下一步”按钮弹出“记录选定”对话框，单击“下一步”按钮弹出“报表样式”对话框，单击“完成”按钮。

从工具箱中拖放一个文本对象到报表中并输入“学生信息”，将字体设置为“二号楷体字”，将页眉中的“XH”、“XM”、“ZYM”、“XB”、“CSSJ”、“ZXF”和“BZ”分别修改为“学号”、“姓名”、“专业名”、“性别”、“出生时间”、“总学分”和“备注”。修改后如图P-15所示。

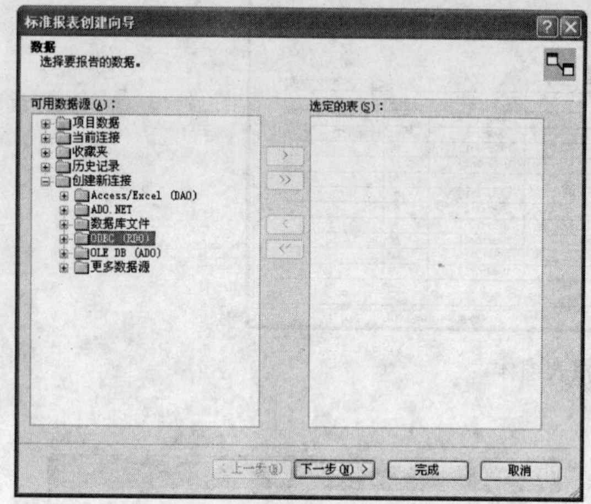

图P-11　选择要报告的数据

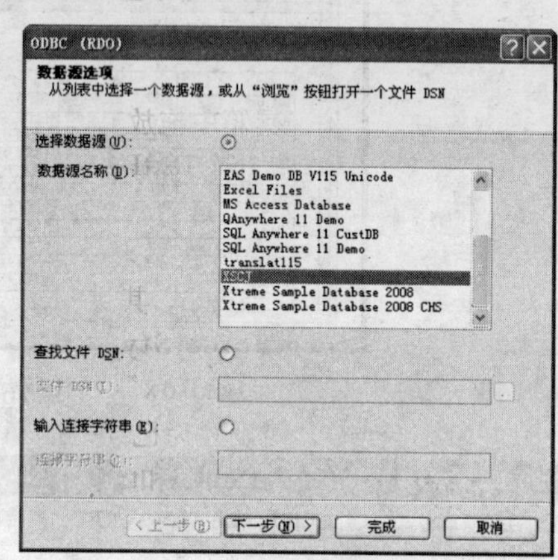

图P-12　选择数据源

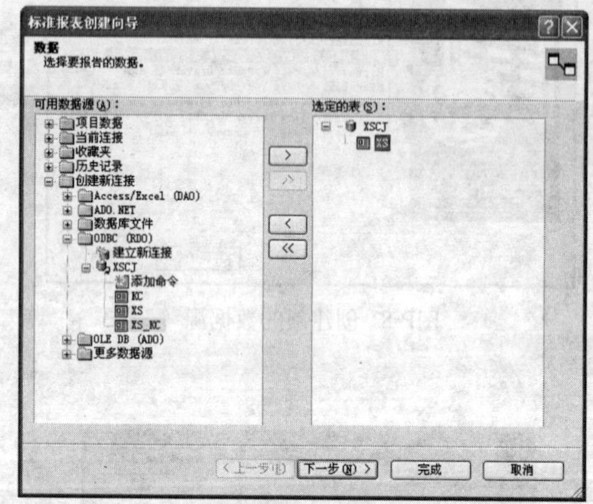

图P-13　选择“XS”表

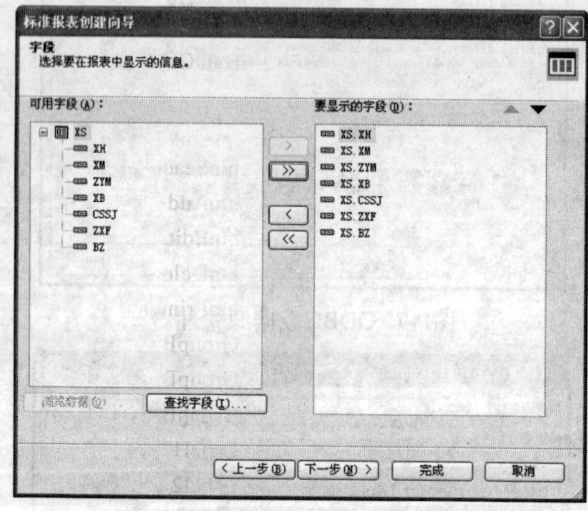

图P-14　选择要在报表中显示的字段

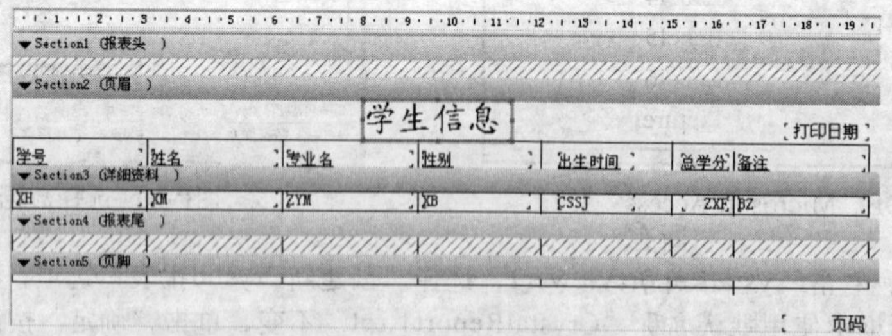

图P-15　设置报表

P.6 设计成绩管理子窗体

目的与要求：

掌握VB.NET中数据集操作数据库等相关知识。

窗体界面：

成绩管理子窗体界面如图P-16所示。

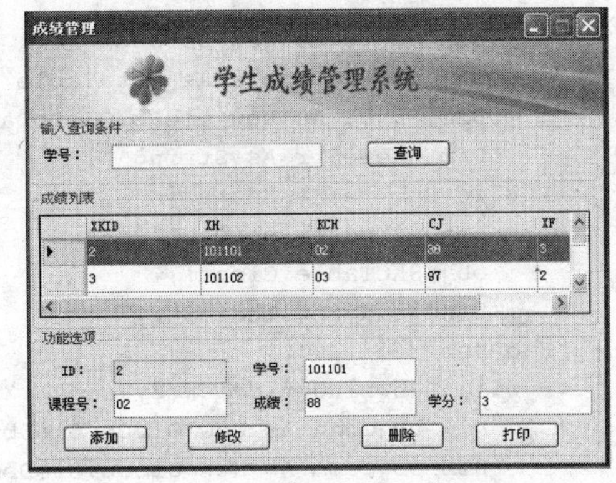

图P-16 成绩管理窗体

主要功能：

添加、修改、删除以及打印学生成绩信息。其中打印学生成绩信息由学生自己完成。

创建过程：

1）添加控件。从工具箱中拖放3个GroupBox、5个Button、1个PictureBox、6个TextBox、6个Label和1个DataGridView控件。

2）设置窗体和控件属性。将学生管理窗体（StudentManage）调整到适当大小，其“Text”属性设置为“成绩管理”，“FormBorderStyle”属性设置为“FixedDialog”，“MaximizeBox”设置为“False”。窗体中控件的属性设置如表P-2所示，其中PictureBox1的Image属性设置为已经准备好的图片，TxtXH用于输入学生的“学号”，txtStuXKID、txtStuXH、txtStuKCH、txtStuCJ和txtStuXF分别显示“学生课程主键值”、“学号”、“课程号”、“成绩”和“学分”。

表P-2 窗体控件及对象属性表

对象	对象名	属性名	属性值
DataGridView	DataGridView1	ScrollBars	Both
		SelectionMode	FullRowSelect
		ReadOnly	True
Button	btnSeach	Text	查询学生成绩
	btnAdd	Text	添加学生成绩
	btnEdit	Text	修改学生成绩
	btnDelete	Text	删除学生成绩
	btnPrint	Text	打印学生成绩
GroupBox	GroupBox1	Text	输入查询条件
	GroupBox2	Text	成绩列表
	GroupBox3	Text	功能选项
Label	Label1	Text	学号：
	Label2	Text	ID：
	Label3	Text	学号：
	Label4	Text	课程号：
	Label5	Text	成绩：
	Label6	Text	学分：
PictureBox	PictureBox1	SizeMode	StretchImage

实现过程：

当弹出成绩管理窗口时，将所有学生成绩显示在数据表格中，在数据表格中选择某个行后，此行的详细信息将显示在窗体中；当输入学生学号单击“查询”按钮后将此学生所有成绩显示在数据表中；输入一个学生的课程信息单击“添加”按钮后将此学生的课程成绩添加到数据库中；当单击“修改”按钮后修改学生此门课程信息；当单击“删除”按钮后删除学生此门课程信息；当单击“打印”按钮后将弹出成绩报表窗体用于打印学生成绩信息。

事件代码：

```
Public Class ScoreManage
    ' 全局变量
    Dim objDs As New DataSet                              ' 一个数据集DataSet对象
    Dim objXSKCTable As DataTable                         ' 一个学生课程表Table对象
    Dim objDa As New OleDb.OleDbDataAdapter               ' 一个OleDbDataAdapter对象
    Dim WhereStr As String                                ' 保存查询条件字符串
Public Sub refreshdata()                                  ' 更新并刷新显示
    objDa.Update(objDs, "xs_kc")                          ' 更新物理学生成绩表
    objXSKCTable.Clear()                                  ' 清空学生成绩表记录
    bindgridview(WhereStr)                                ' 重新添充学生成绩表记录
End Sub
Public Sub bindgridview(ByVal strXH As String)
    Dim objConn As New OleDb.OleDbConnection          ' 创建一个OleDbConnection连接对象
    Dim objComm As New OleDb.OleDbCommand                 ' 一个OleDbCommand对象
    WhereStr = ""
    If Trim(TxtXH.Text) <> "" Then
        WhereStr = " XH like '%" + Trim(TxtXH.Text) + "%'"
    End If
    ' 设置连接字符串，告诉程序应当如何连接到数据库
    objConn.ConnectionString = "Provider=Microsoft.ACE.OLEDB.12.0;
        datasource='|DataDirectory|\XSCJ.accdb'"
    ' 设置SQL命令，告诉程序应当如何取数
    objComm.CommandText = "Select XKID,XH,KCH,CJ ,XF From xs_kc"      ' xs_kc（成绩表）
    If WhereStr <> "" Then
        objComm.CommandText = objComm.CommandText & " where " & WhereStr
    End If
    ' 把objConn设置为objComm的数据库连接
    objComm.Connection = objConn
    objDa.SelectCommand = objComm
    ' 直接创建INSERT Command
    Dim InsCommand As New OleDb.OleDbCommand("INSERT INTO xs_kc(XH,KCH,CJ,XF)
        VALUES(?,?,?,?)", objConn)
    ' 添加INSERT Command参数
    InsCommand.Parameters.Add("XH", OleDb.OleDbType.VarChar, 6, "XH")
    InsCommand.Parameters.Add("KCH", OleDb.OleDbType.VarChar, 4, "KCH")
    InsCommand.Parameters.Add("CJ", OleDb.OleDbType.Integer, Nothing, "CJ")
    InsCommand.Parameters.Add("XF", OleDb.OleDbType.Integer, Nothing, "XF")
    objDa.InsertCommand = InsCommand

    ' 直接创建Delete Command
    Dim delCommand As New OleDb.OleDbCommand("delete * from xs_kc where XKID=?", objConn)
    ' 添加Delete Command参数
    delCommand.Parameters.Add("XKID", OleDb.OleDbType.VarChar, 6, "XKID")
    objDa.DeleteCommand = delCommand

    ' 直接创建Update Command
    Dim updCommand As New OleDb.OleDbCommand("update xs_kc set XH=?,KCH=?,CJ=?,XF=?
        where XKID=?", objConn)
    ' 添加Update Command参数
    updCommand.Parameters.Add("XH", OleDb.OleDbType.VarChar, 6, "XH")
```

```
    updCommand.Parameters.Add("KCH", OleDb.OleDbType.VarChar, 4, "KCH")
    updCommand.Parameters.Add("CJ", OleDb.OleDbType.Integer, Nothing, "CJ")
    updCommand.Parameters.Add("XF", OleDb.OleDbType.Integer, Nothing, "XF")
    updCommand.Parameters.Add("XKID", OleDb.OleDbType.Integer, Nothing, "XKID")
    objDa.UpdateCommand = updCommand

    objConn.Open()                                          ' 打开数据库连接
    objDa.Fill(objDs, "xs_kc")                              ' 填充数据集
    objXSKCTable = objDs.Tables("xs_kc")
    objConn.Close()                                         ' 关闭数据库连接
    ' 把DataGrid1的DataSource属性设置为刚刚取到的数据表,这样就可以显示数据了
    DataGridView1.DataSource = objDs.Tables("xs_kc")
End Sub

Private Sub ScoreManage_Load(ByVal sender As System.Object, ByVal e As System.EventArgs) _
                                                        Handles MyBase.Load
    WhereStr = ""
     bindgridview(WhereStr)
End Sub

Private Sub btnSeach_Click(ByVal sender As System.Object, ByVal e As System.EventArgs) _
                                                        Handles btnSeach.Click
    WhereStr = ""
    If Trim(TxtXH.Text) <> "" Then
        WhereStr = " where XH like '%" + Trim(TxtXH.Text) + "%'"
    End If
    objXSKCTable.Clear()                                    ' 清空学生成绩表记录
    bindgridview(WhereStr)                                  ' 重新添充学生成绩表记录
End Sub

Private Sub btnAdd_Click(ByVal sender As System.Object, ByVal e As System.EventArgs) _
                                                        Handles btnAdd.Click
    Dim response As MsgBoxResult
    response = MsgBox("确实要添加记录吗？", vbOKCancel + vbQuestion, "系统提示")
    If response = MsgBoxResult.Ok Then                      ' 用户选择“确定”
        Dim myRow As DataRow = objXSKCTable.NewRow()
        myRow("XH") = txtStuXH.Text
        myRow("KCH") = txtStuKCH.Text
        myRow("CJ") = txtStuCJ.Text
        myRow("XF") = txtStuXF.Text
        objXSKCTable.Rows.Add(myRow)                        ' 向学生成绩表添加记录
        refreshdata()                                       ' 更新并刷新显示
     End If
End Sub

Private Sub btnEdit_Click(ByVal sender As System.Object, ByVal e As System.EventArgs) _
                                                        Handles btnEdit.Click
    Dim response As MsgBoxResult
    response = MsgBox("确实要修改记录吗？", vbOKCancel + vbQuestion, "系统提示")
    If response = MsgBoxResult.Ok Then                      ' 用户选择“确定”
        ' 修改学号
        objXSKCTable.Rows.Item(DataGridView1.CurrentRow.Index).Item(1) = txtStuXH.Text
```

```
            ' 修改课程号
            objXSKCTable.Rows.Item(DataGridView1.CurrentRow.Index).Item(2) = txtStuKCH.Text
            ' 修改成绩
            objXSKCTable.Rows.Item(DataGridView1.CurrentRow.Index).Item(3) = txtStuCJ.Text
            ' 修改学分
            objXSKCTable.Rows.Item(DataGridView1.CurrentRow.Index).Item(4) = txtStuXF.Text
            refreshdata()                                     ' 更新并刷新显示
        End If
    End Sub

    Private Sub btnDelete_Click(ByVal sender As System.Object, ByVal e As System.EventArgs) _
                                                    Handles btnDelete.Click
        Dim response As MsgBoxResult
        response = MsgBox("确实要删除记录吗？", vbOKCancel + vbQuestion, "系统提示")
        If response = MsgBoxResult.Ok Then                     ' 用户选择"确定"
            ' 删除学生成绩表当前记录
            objXSKCTable.Rows.Item(DataGridView1.CurrentRow.Index).Delete()
            refreshdata()                                     ' 更新并刷新显示
        End If
    End Sub

    Private Sub DataGridView1_CellClick(ByVal sender As System.Object, ByVal e As _
          System.Windows.Forms.DataGridViewCellEventArgs) Handles DataGridView1.CellClick
        txtStuXKID.Text = DataGridView1.CurrentRow.Cells.Item(0).Value.ToString
                                                              ' 显示ID
        txtStuXH.Text = DataGridView1.CurrentRow.Cells.Item(1).Value.ToString
                                                              ' 显示学号
        txtStuKCH.Text = DataGridView1.CurrentRow.Cells.Item(2).Value.ToString
                                                              ' 显示课程号
        txtStuCJ.Text = DataGridView1.CurrentRow.Cells.Item(3).Value.ToString
                                                              ' 显示成绩
        txtStuXF.Text = DataGridView1.CurrentRow.Cells.Item(4).Value.ToString
                                                              ' 显示学分
    End Sub
End Class
```

P.7 读者完成部分

1. 完成课程管理子窗体

课程管理子窗体主要功能是查询、添加、修改和删除课程信息。可以参考学生管理子窗体和成绩管理子窗体来设计。

2. 成绩报表窗体

成绩报表窗体主要功能是显示和打印所有学生的成绩。可以参考学生报表窗体来设计。

3. 完善系统

1）当删除学生时，在XS_KC表中将此学生的所有课程成绩信息也同时删除。

2）当要添加学生成绩时，需要判断是否存在此学生和课程信息。

3）当要删除课程信息时，在XS_KC表中将所有此课程的成绩删除。

附录A　学生成绩数据库

数据库应用实例采用学生成绩数据库，数据库名为XSCJ，包含学生基本信息表XS、课程表KC和学生成绩表XS_KC等数据库表。DBMS为ACCESS 2007中文版。

1. 学生基本信息表XS

学生基本信息表结构如表A-1所示。

表A-1　学生基本信息表（表名XS）结构

列名	数据类型	长度	是否允许为空值	默认值	说明
🔑XH	文本	6	×	无	学号，主键
XM	文本	8	×	无	姓名
ZYM	文本	10	√	无	专业名
XB	文本	2	×	男	性别
CSSJ	日期/时间	4	×	无	出生时间
ZXF	数字	整型	√	无	总学分
BZ	备注		√	无	备注
ZP	OLE对象		√	无	照片

说明：带🔑标志的字段是主键。

学生信息表部分记录如下：

学号	姓名	专业名	性别	出生时间	总学分	备注	照片
101101	李林	计算机及应用	男	1990-2-23	60		
101102	李枫	计算机及应用	女	1990-9-3	65		
101103	蓝军	计算机及应用	男	1989-6-12	62		
101104	柳宝	计算机及应用	女	1989-1-30	60		
101105	陆海涛	计算机及应用	男	1989-12-5	61		
101106	高山	计算机及应用	男	1990-4-16	60		
101201	林一风	通信工程	男	1990-3-2	60		
101202	朱元元	通信工程	男	1989-10-17	62		
101203	高平	通信工程	男	1989-5-21	65		
101204	李玲	通信工程	女	1989-3-12	63		
101205	刘刚	通信工程	男	1989-6-12	61		

2. 课程表KC

课程表结构如表A-2所示。

表A-2　课程表（表名KC）结构

列名	数据类型	长度	是否允许为空值	默认值	说明
🔑KCH	文本	4	×	无	课程号，主键
KCM	文本	16	×	无	课程名
XQ	数字	整型	×	1	开课学期，只能为1～8
XS	数字	整型	×	无	学时
XF	数字	整型	√	无	学分

课程表部分记录如下：

课程号	课程名	开课学期	学时	学分
01	中文Windows2000	1	3	2

02	Visual FoxPro6.0	2	4	3
03	管理信息系统	3	3	2
04	数字电路	3	4	3
05	数据结构	3	3	3
06	英语	1	6	3

3. 学生成绩表XS_KC

学生成绩表结构如表A-3所示。

表A-3 学生成绩表（表名XS_KC）结构

列名	数据类型	长度	是否允许为空值	默认值	说明
XKID	自动编号	长整数	×	无	主键
XH	文本	6	×	无	学号
KCH	文本	4	×	无	课程号
CJ	数字	整型	✓	无	成绩
XF	数字	整型	✓	无	学分

学生成绩表部分记录如下：

XKID	学号	课程号	成绩	学分
1	101102	01	78	2
2	101102	02	56	3
3	101102	04	78	3
4	101103	01	89	2
5	101103	03	87	2
6	101103	04	89	3
7	101104	01	78	2
8	101104	04	89	3
9	101104	05	97	3
10	101105	01	98	2
11	101105	03	67	2
12	101105	04	56	3
13	101106	01	87	2
14	101106	02	90	3
15	101106	04	45	3
17	101201	01	77	2
18	101201	04	80	3
19	101202	01	23	2
20	101202	04	96	3
21	101203	01	89	2
22	101203	04	45	3
23	101204	01	69	2
24	101205	01	67	2
25	101205	04	78	3
26	101206	01	78	2
27	101206	04	45	3
28	101207	01	99	2
29	101207	04	68	3
30	101101	01	68	2
31	101101	02	89	3
32	101101	03	97	2
33	101101	04	88	3

附录B 程序调试

应用系统越复杂，就越可能出错。在程序设计过程中，无论怎样细心，也难免出现错误。为确保代码顺利运行，就需要进行程序调试和测试，力求找到程序中的错误并加以改正。VB.NET提供了丰富的跟踪调试和异常处理的功能。

B.1 程序中的错误类型

在VB.NET 2008中，错误（称为“异常”）有三种基本类型，分别是“语法错误”、“运行错误”和“逻辑错误”。

1. 语法错误

顾名思义，这是代码中的语法有错。“语法错误”是发生在编写程序代码时出现的错误，通常是由于违反了VB.NET语法而产生的错误。在开发VB.NET程序时，这是最有可能发生的错误，出现此类错误常见的原因是：

- 关键字错误。如键入了错误的空格函数spa(3)，正确应是space(3)。
- 使用了未定义的变量或变量名键入错。如在模块中定义了变量XX，而在表达式中却使用X变量（键入错）。
- 漏掉标点符号。如声明了函数F(x as string，y as integer)，而调用时却写为F(ab)，漏写逗号。
- 没有正确闭合某个结构。如在 for ...next 结构中忘了next，在 if ... else... end if 嵌套结构中忘了end if。

VB.NET能自动检查“语法错误”。当出现语法错误时，系统会自动在错误的语句下画一条蓝色波浪线。当鼠标移到波浪线上时，系统会显示错误原因提示框。当错误改正后，蓝色波浪线会自动消失。

2. 运行错误

“运行错误”是发生在编译并运行程序代码后出现的错误。程序本身没有语法错误，却不能正确执行而导致错误。例如，打开一个不存在的文件或使用一个关键属性没有正确设置的对象等。运行错误只有在程序运行后才能表现出来，因此这种错误比语法错误难以发现和处理。

当发生“运行错误”时，VB.NET会弹出如图B-1所示的错误提示框，并将程序中出错的代码用黄色高亮显示。

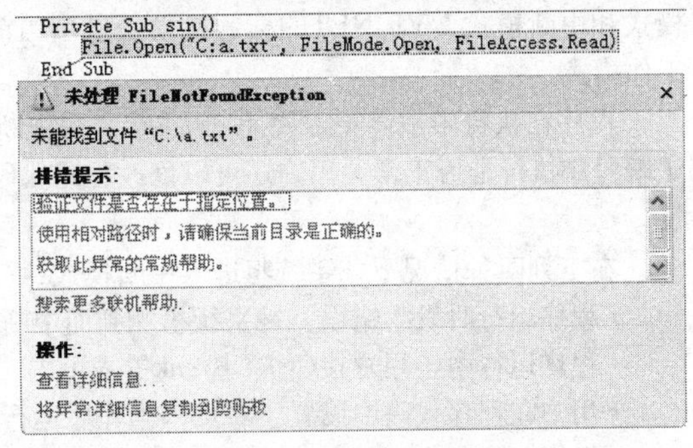

图B-1 运行错误提示框

3. 逻辑错误

逻辑错误是编程逻辑出错而发生的。往往表现为程序能够运行，但不能实现要求的功能，其结果是错误的。这种错误最难查找和更正，出现这种错误的常见原因有：

- 除数为0。如果程序中没有使用Option Explicit设置，或除数变量名中出现键入错误时，就会出现这种错误。
- 类型不匹配。这种类型的错误原因是试图处理不兼容的数据类型。如无意中把一个数字加到字符串上，或把字符串存储为日期型的变量。解决此类错误的方法是：在对一个值进行操作前，先显式地转换它的数据类型。
- 不正确的输出。在程序中使用一个函数或子例程，其返回的结果与希望的不同时，会出现这类错误。
- 使用不存在的对象。试图使用一个没有创建的对象，或该对象创建失败时，会出现这类错误。

- 错误的假定。这是另一类常见的错误，如程序把提款额加到余额上，而不是减去它们。
- 处理无效的数据。这类错误是在程序接收无效的数据时发生的。如图书馆的登记程序把某个图书的归还日期定为过去的时间，如2002年6月10日，那么将永远无法还回这本书了。

逻辑错误是这三类错误中最难查找的一种错误，因为这种错误发生的位置都不明确，系统也不能给出提示信息。检查逻辑错误的唯一方法就是以手动或自动的方式测试程序，验证输出是否符合要求。VB.NET提供的调试器可以帮助程序员观察程序的运行状况以及输出结果，从而定位逻辑错误。

B.2 VB.NET调试工具

VB.NET提供了很多调试功能，可以通过两种方式来使用这些调试功能。

1. 调试菜单

VB.NET提供了一个“调试”菜单，在“调试”菜单中提供了启动、中断、逐句执行、查看变量值等功能，具体菜单功能见图B-2。

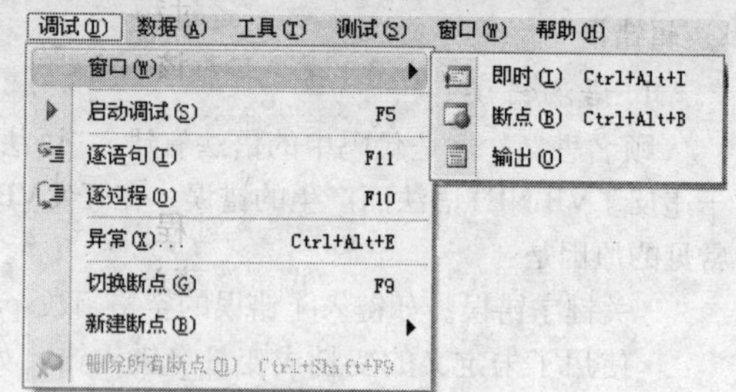

图B-2 调试菜单

2. 调试工具栏

除了通过菜单来使用调试功能以外，VB.NET还提供了一个“调试工具栏”，如图B-3所示，其功能与“调试”菜单中提供的功能对应。若“调试工具栏”不可见，可以在任何工具栏上单击鼠标右键，在弹出的菜单中选择“调试”即可。

B.3 调试方法

VB.NET调试器是一个功能强大的工具。它允许观察程序运行的行为，可以中断（挂起）程序的执行以检查代码，计算和编辑程序中的变量，查看寄存器，查看从源代码创建的指令，以及查看应用程序所占用的内存空间。

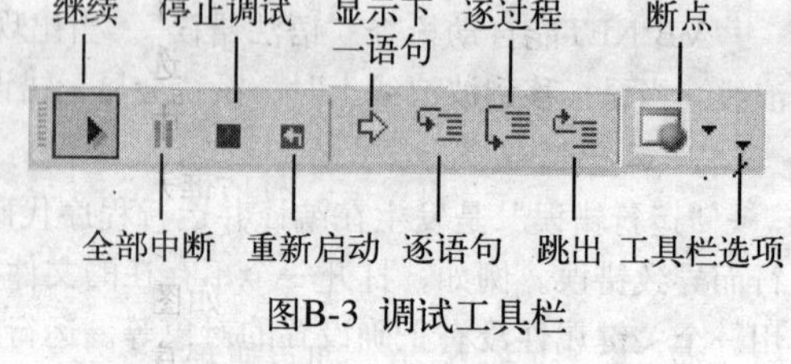

图B-3 调试工具栏

1. 中断模式的进入和退出

VB.NET共有三种工作模式，即设计模式、运行模式和中断模式。VB.NET的标题栏总是显示当前的工作模式。

程序在执行中被停止，称为“中断”。在中断状态下，用户可以查看各变量及属性的当前值，从而了解程序执行是否正常。用户还可以修改程序代码，观察界面状况，修改变量及属性值，修改程序流程等。

在下列四种情况下，系统将进入中断模式：

- 程序运行时发生错误，被系统检测到而中断。
- 程序运行中，用户按Ctrl + Break键或单击“调试”菜单中的“全部中断”命令。
- 用户在程序代码中设置了断点，当程序运行到断点处。
- 采用逐语句或逐过程，每执行完一行语句或一个过程后。

进入中断模式后，若要退出并且继续程序执行，则可单击“调试”菜单中的“继续”命令；若要结束程序执行，则可单击“调试”菜单中的“停止调试”命令。

2. 控制程序的执行

调试中最重要的就是控制程序的运行过程，以便找到错误。控制功能包括启动、中断、停止调试、逐语句、逐过程、运行到断点等。

(1) 启动

单击“调试”菜单中的“启动”命令可以开始调试执行程序。

(2) 中断执行

当执行到达一个断点或发生异常时，VB.NET将中断程序的执行。当然也可以随时手动中断执行，方法是单击“调试”菜单的“全部中断”命令。此时程序暂停执行，处于中断模式，但是程序并没有退出，可以随时恢复执行。

(3) 停止执行

停止执行就是终止当前正在调试执行的程序，退出程序的执行。停止调试的方法是单击“调试”菜单的“停止调试”命令。如果既要停止当前正在调试的程序还要立即开始新的运行，可以单击“调试”菜单的“重新启动”命令。

(4) 逐语句运行

调试程序时，可以采用单步执行来观察程序运行的状况。逐语句运行即单步执行，指一条语句一条语句地执行代码。当程序执行到过程调用语句时，逐语句将进入被调用的过程中，然后从过程的开始语句逐条执行。进入单步执行的方法是按F11键或单击“调试”菜单中的“逐语句”命令。

(5) 逐过程运行

当程序运行到调用过程时，“逐过程运行”将整个过程作为整体来执行。一般在确认某些过程无错误时采用逐过程运行，这样就不必对该过程中的语句逐个调试。进入逐过程运行的方法是按F10键或单击“调试”菜单中的“逐过程”命令。

(6) 从过程中跳出

当执行逐语句运行调试而进入过程内部后，若要跳出过程，可以从过程中跳出。从过程中跳出的方法是按Shift + F11键或单击“调试”菜单中的“跳出”命令。

(7) 运行到指定的位置

如果在调试时不需要单步执行每一行，想要直接跳到某一处中断，可以采用下面三种方法之一来实现：

- 运行到断点处：在要中断的代码行处设置断点。
- 运行到光标处：在程序中将光标定位到要中断的代码处，右击鼠标并从弹出菜单中选择“运行到光标处”，则程序运行到光标处将中断。
- 运行到指定函数处：在程序中选中要中断的函数名，并从“调试”菜单中选择“新断点”，打开“新断点”对话框并选择“函数”选项卡，此时在“函数”文本框中，函数名已自动添加进去了，如图B-4所示，单击“确定”按钮，即可使程序运行到函数处中断。

图B-4 新建断点对话框

(8) 设置下一条执行的语句

如果在调试时要跳过部分代码并继续调试其他部分时，可以移动执行点到下一条执行的语句处。设置的方法是：在中断模式下，鼠标右击程序中要执行的下一条语句，从弹出菜单中选择“设置下一语句”。

3. 断点的设置

断点是程序中做了标记的位置，通过断点可使程序进入中断模式，在需要中断的地方自动停止运行。断点通常安排在程序代码中能够反映程序执行状况的位置，例如可在循环体中设置断点，从而了解每次循环时各变量的值。

(1) 设置断点

设置断点非常简单，方法是：在“代码编辑器”窗口中，将光标指向要设置断点的代码行处，单击代码窗口左侧灰色竖条边框，即可在该代码行设置断点，设置了断点的代码行的边框出现圆点标记。

(2) 清除断点

若要取消已设置的断点，可以直接单击断点代码行边框中的圆点标记，则圆点标记将消失，即清除了该断点。

4. 调试窗口

任何调试工具的主要目的都是显示正在调试的程序的状态信息，同时还可以修改状态。在中断模式下，VB.NET提供了多种用于检查和修改程序状态的窗口，如表B-1所示。

表B-1　调试窗口

窗口名称	功能描述
自动窗口	显示当前语句和前一语句中的变量
局部变量窗口	显示局部变量
即时窗口	显示计算表达式或变量的值，或为变量、对象赋予新值
监视窗口	显示变量、寄存器、调试器识别的任何有效表达式
堆栈窗口	显示调用堆栈上的函数名、参数类型、参数值
线程窗口	显示有关程序所创建的线程的信息
模块窗口	显示程序使用的模块（DLL和EXE）
寄存器窗口	显示寄存器内容
内存窗口	显示内存内容
反汇编窗口	显示由编译器为程序生成的程序集代码

下面介绍几个常用的窗口。

（1）自动窗口

自动窗口能根据当前程序执行的进度自动决定显示哪些变量的值。当程序执行到断点处进入中断模式，在集成环境的下方出现自动窗口。

（2）局部变量窗口

局部变量窗口与自动窗口功能相似，但区别在于局部变量窗口显示当前过程中的所有变量的值。当程序执行到断点处进入中断模式，在集成环境的下方出现局部变量窗口。

（3）监视窗口

监视窗口可以用来监视变量、寄存器、调试器识别的任何有效表达式的值。当变量很多而我们只关心某些变量时，使用监视窗口十分方便。操作方法是向监视窗口添加要查看的变量。

若不想查看监视窗口中的变量，可以在监视窗口中用鼠标右击该变量，在弹出的菜单中选择“删除监视”即可。

（4）即时窗口

即时窗口可以显示计算表达式或变量的值，或为变量、对象赋予新值，从而达到调试程序的目的。

若要为变量、对象赋予新值，使用的方法是：在中断模式下，在命令窗口中键入命令“>immed”，该窗口即成为“命令窗口 - 即时”，可以在即时窗口中输入改变某个变量的值的表达式，如输入“i=8”。

B.4　异常处理

异常是在执行程序的过程中发生的错误情况或意想不到的情况，异常会破坏正常的指令流。当出现异常时，异常将被传送给调用的代码，这些代码可以捕获异常或把异常传送给调用该代码的代码，依此类推，一直传送回最初的堆栈。如果异常到达了堆栈的顶部，且没有被任何一个处理程序捕获，程序就会崩溃。

程序运行中出现的任何错误都是致命的，会引发程序允许的终止。VB.NET支持“结构化”和“非结构化”异常处理，通过在应用程序中使用特定语句，可以处理程序运行中出现的大多数错误，使程序能够继续运行。异常处理允许对潜在的错误进行防范，以防这些错误干扰应用程序的正常工作。

1. 结构化异常处理

结构化异常处理能够创建可靠的且全面的错误处理的程序，它可以保护正常的程序代码块，使得当受保护的程序代码块内的代码引发异常时，可以自动转到相应的错误处理程序去执行。VB.NET使用Try ... Catch ... Finally 语句来进行结构化异常处理。

语法：

```
Try
[Try块]
[Catch [变量名 [As 错误类型]] [When 条件表达式]
   [Catch块] ]
[Exit Try]
...
[Finally
   [Finally块] ]
End Try
```

说明：

1）Try块：可选项。要保护的程序代码块，块内的语句若出现异常将会转到错误处理程序进行处理。

2）Catch：可选项。定义一个Catch块的关键字，允许出现多个Catch块。

3）变量名：可选项。可以是任何合法的变量名，它的值就是引发的错误的值，用它可以指定所捕获的错误。

4）错误类型：可选项。指定类筛选器的类型，用它来指定所捕获的异常类型。

5）When 条件表达式：可选项。只有当条件表达式的结果为True时，Catch所指定的异常才会被捕获。

6）Catch块：可选项。处理指定的异常的代码块。

7）Exit Try：可选项。中断Try ... Catch ... Finally结构的关键字，程序从紧随在End Try语句后的代码继续执行。这个语句不能在Finally块中使用。

8）Finally：可选项。定义Finally块的关键字。

9）Finally块：可选项。在所有其他错误处理结束后执行的代码块。可以做一些清理工作，如关闭文件和释放对象。

Try ... Catch ... Finally结构的执行过程说明如下：

如果Try块中语句出现异常，VB.NET将检查Try ... Catch ... Finally结构内的每个Catch语句，直到找到条件与该错误匹配的语句。若找到，则转到该Catch块执行，最后，转到Finally块中执行Finally代码块。注意，无论是否出现异常都将执行Finally代码块。

例如，在下面的“StructuredErrorHandling”代码中，当执行该过程中的一条错误语句“intCounter = “把字符串存入整数变量从而引发异常””时，将出现异常。通过“Catch excep as InvalidCastException”语句，系统将捕获到发生的异常，并显示发生的异常名称，通过判断Err对象的Number属性值是否大于0来确定是否发生了异常，若有则显示“发生异常”；当处理完异常，在“Finally”中定义的清理代码执行清理任务，此处将显示“异常已处理完成”。

```
Sub StructuredErrorHandling ()
     Try
          dim intCounter as integer
          intCounter =1
          for intCounter=1 to 10
               intCounter = intCounter+1
          next
          Debug.WriteLine ("记数值为:" & intCounter)
          intCounter = "把字符串存入整数变量从而引发异常"
          ' 无效数据的异常处理代码如下
   Catch excep as InvalidCastException
          Debug.WriteLine ("发生异常: "& excep.ToString)
   Catch when Err.Number <> 0          ' 判断是否有错误发生
          Debug.WriteLine ("发生异常")
   Finally
          Debug.WriteLine ("异常已处理完成")
   End Try
End sub
```

2. 非结构化异常处理

非结构化的错误处理使用On Error语句。On Error语句用于处理该代码块中发生的任何错误。On

Error语句有下面几种形式：

1）On Error Resume Next语句：忽略错误，继续执行错误代码后面的代码，避免把错误消息显示给用户。

2）On Error Goto Handler语句：错误发生时执行Handler标签指向的代码段。该语句指定了错误处理代码的位置。如果发生异常，则控制转到Handler参数指定的行标签处执行，可以在该行标签处放置错误处理程序代码。例如在下面的代码中，窗体加载时，当执行该过程中的一条错误语句“6 / 0”时，将出现异常。系统将执行“OurHandler”标签定义的语句，即显示“发生异常”。

```
Sub Form1_Load()
    On Error Goto OurHandler
    6 / 0                    ' 除数为0异常
    Debug.WriteLine ("程序执行结束")
    Exit Sub
    OurHandler:
        Debug.WriteLine ("发生异常")
End Sub
```

3）On Error GoTo 0语句：禁用异常处理，在过程中到处都可以使用On Error GoTo 0语句，该语句禁用当前过程中的任何错误处理程序。

好 书 推 荐

作者：邹 晓
ISBN：7-111-25530-7
定价：32.00

作者：周玲艳 张希
ISBN：7-111-24609-1
定价：25.00

作者：孙建华
ISBN：7-111-24610-7
定价：32.00

作者：尤克 常敏慧
ISBN：7-111-24608-4
定价：28.00

作者：郑阿奇
ISBN：7-111-24509-4
定价：36.00

作者：沈朝辉
ISBN：7-111-21554-7
定价：26.00

作者：张莹
ISBN：7-111-20561-6
定价：28.00

作者：郑阿奇 梁敬东
ISBN：7-111-20684-2
定价：33.00

作者：郑阿奇
ISBN：7-111-19572-8
定价：38.00

教师服务登记表

尊敬的老师：

您好！感谢您购买我们出版的________________________________教材。

机械工业出版社华章公司为了进一步加强与高校教师的联系与沟通，更好地为高校教师服务，特制此表，请您填妥后发回给我们，我们将定期向您寄送华章公司最新的图书出版信息！感谢合作！

个人资料（请用正楷完整填写）

教师姓名		□先生 □女士	出生年月		职务		职称：□教授 □副教授 □讲师 □助教 □其他
学校			学院			系别	
联系电话	办公： 宅电： 移动：			联系地址及邮编			
				E-mail			
学历		毕业院校		国外进修及讲学经历			
研究领域							

主讲课程	现用教材名	作者及出版社	共同授课教师	教材满意度
课程： □专 □本 □研 人数： 学期：□春□秋				□满意 □一般 □不满意 □希望更换
课程： □专 □本 □研 人数： 学期：□春□秋				□满意 □一般 □不满意 □希望更换
样书申请				
已出版著作		已出版译作		
是否愿意从事翻译/著作工作 □是 □否	方向			
意见和建议				

填妥后请选择以下任何一种方式将此表返回：（如方便请赐名片）

地 址：北京市西城区百万庄南街1号 华章公司营销中心 邮编：100037

电 话：(010) 68353079 88378995 传真：(010)68995260

E-mail:hzedu@hzbook.com markerting@hzbook.com 图书详情可登录http://www.hzbook.com网站查询